STUD BOOK FRANÇAIS

REGISTRE

DES

CHEVAUX DE DEMI-SANG

NÉS ET IMPORTÉS EN FRANCE

Publié par ordre de M. le Ministre de l'Agriculture

SECTION DU NORD ET DE L'EST

TOME I — ÉTALONS

(1840-1899)

Prix : 10 Francs

PARIS

EN VENTE CHEZ J. KUGELMANN

12, rue de la Grange-Batelière, 12

1901

Reproduction interdite.

STUD BOOK FRANÇAIS

REGISTRE

DES

CHEVAUX DE DEMI-SANG

NÉS ET IMPORTÉS EN FRANCE

SECTION DU NORD ET DE L'EST

TOME I — ÉTALONS

(1840-1899)

STUD BOOK FRANÇAIS

REGISTRE

DES

CHEVAUX DE DEMI-SANG

NÉS ET IMPORTÉS EN FRANCE

Publié par ordre de M. le Ministre de l'Agriculture

SECTION DU NORD ET DE L'EST

TOME I — ÉTALONS

(1840-1899)

Prix : 10 Francs

PARIS

EN VENTE CHEZ J. KUGELMANN

12, rue de la Grange-Batelière, 12

—

1901

Reproduction interdite.

———

Paris, le 30 avril 1887.

RAPPORT

A MONSIEUR LE MINISTRE DE L'AGRICULTURE

———

Monsieur le Ministre,

L'Administration des Haras a reconnu de tout temps la nécessité de tenir grand compte, dans les accouplements, de l'origine et de la généalogie des étalons et des juments livrés à la reproduction. Elle a toujours considéré que l'adoption de ce principe était la base la plus sûre pour poursuivre utilement l'amélioration des races chevalines.

Dès 1833, elle provoquait une ordonnance « portant établissement d'un registre matricule pour l'inscription des chevaux de race pure existant en France *(Stud Book français)* et institution d'une Commission spéciale pour la tenue de ce registre ».

Cette publication a été continuée, sans interruption, depuis cette époque, et la Commission instituée par l'ordonnance précitée fonctionne chaque année pour l'examen des titres produits à l'appui des demandes d'inscription. Aucune inscription n'est faite si elle n'a été proposée à M. le Ministre de l'Agriculture par cette Commission.

Parmi les dispositions arrêtées par le Ministre du Commerce (qui avait alors le service des Haras dans ses attributions), sur la proposition de la Commission du registre matricule, pour l'exécution de l'ordonnance du 3 mars 1833, figurait le paragraphe suivant : « Un registre matricule pourra être établi, à l'avenir, pour l'inscription des chevaux provenant du croisement des races pures avec d'autres races, lorsque ce croisement sera parvenu à un degré qui sera ultérieurement déterminé. »

En 1850, la Direction du service fut d'avis que le moment était venu de donner suite à cette disposition spéciale. Des instructions ministérielles en date du 15 juillet de la même année prescrivirent l'ouverture, au dépôt d'étalons de Tarbes, par les soins du personnel de cet établissement, d'un registre matricule pour l'inscription des poulinières d'élite du département des Hautes-Pyrénées et plus particulièrement encore celles de la plaine de Tarbes, siège de la race bigourdane améliorée.

Ce registre, destiné à constater l'importance de la nouvelle famille, devait en former les archives sommaires et authentiques, et offrir plus tard des matériaux pleins d'intérêt à l'histoire physiologique de la production du cheval dans cette partie de la France.

Les éleveurs, informés du désir qu'avait l'Administration de constater, dans un livre officiel, l'existence des juments de choix, reconnurent l'utilité de ce travail et fournirent, avec empressement, des renseignements pour l'inscription d'un grand nombre d'animaux.

Le travail, complètement terminé dans le courant de 1851, fut livré à l'impression par ordre du Ministre de 'Agriculture et du Commerce à la fin de la même année, sous le titre suivant : *État civil de la race bigourdane améliorée*.

Le 15 juillet 1850, le Directeur du haras du Pin recevait, comme son collègue du dépôt de Tarbes, des instructions ministérielles relativement à la rédaction d'un

Stud Book spécial de la race chevaline normande améliorée. En exécution de ces ordres, des recherches furent faites sans interruption, à partir de cette époque, afin de recueillir tous les documents nécessaires pour mener à bonne fin cette délicate et très difficile mission.

Les renseignements fournis par les éleveurs de la circonscription ont été rapprochés des documents consignés dans les archives du dépôt du Pin et contrôlés avec le plus grand soin. Le travail préparatoire a été terminé le 22 mars 1853, et une décision ministérielle du 19 avril suivant a approuvé les bases adoptées pour sa rédaction.

Le *Stud Book normand*, définitivement clos le 25 juin 1853, contenait 1,196 noms, savoir : 260 étalons, 411 poulinières et 525 produits de divers âges. Il fut adressé à M. le Ministre de l'Agriculture et du Commerce, qui voulut bien faire connaître sa satisfaction au sujet de ce travail.

L'impression de ce document important était admise en principe et annoncée aux éleveurs. Divers motifs en retardèrent la publication, qui fut définitivement ajournée : elle n'a pas été faite au grand regret des intéressés, qui ont été unanimes à reconnaître que cette mesure était très préjudiciable au progrès de l'amélioration de la race chevaline anglo-normande.

Une étude spéciale des origines de la famille chevaline vendéenne a été faite en 1868 et 1869, avec l'autorisation du Ministre, par l'inspecteur général qui était chargé à cette époque de l'arrondissement de l'Ouest.

Ce travail devait se diviser en deux parties : la première contenant le recueil généalogique des étalons employés à la reproduction dans les départements de la Vendée et de la Loire-Inférieure depuis 1839; la seconde était destinée aux poulinières de la même région et à leurs produits. Il était terminé en avril 1869 et soumis à l'Administration supérieure, qui voulut bien l'approuver et en décider la publication.

Le premier volume de l'ouvrage, qui reçut le titre de « chevaux vendéens », a été imprimé dans le cours de cette même année : il contenait l'origine de 369 étalons. Ce livre, tiré à plusieurs centaines d'exemplaires, a été distribué à tous les éleveurs de la région.

Les événements de 1870 ont arrêté la publication du recueil généalogique des poulinières, qui renfermait 257 juments et 158 produits.

L'essor de la production et de l'amélioration des diverses familles de demi-sang, amené par le fonctionnement de la loi organique de 1874 sur les Haras, rend nécessaire la reprise et la continuation de ces registres généalogiques.

Leur établissement a fait l'objet d'un vœu du Conseil supérieur des Haras ; les éleveurs attendent avec impatience cette nouvelle consécration de leurs efforts, et l'Administration des remontes militaires attache à cette œuvre la plus haute importance. Elle a la ferme conviction qu'elle y puisera des renseignements précieux, au point de vue de la production du cheval de guerre, sur les ressources hippiques des grands centres d'élevage de la France.

Les nations voisines se sont depuis longtemps préoccupées de cette question : c'est ainsi que la Prusse a établi un *Stud Book* très intéressant de la race Trakehnen ; que l'Autriche a fondé celui des chevaux de Lippiza ; qu'aux États-Unis la liste complète et spéciale des trotteurs joue un rôle des plus importants, et, enfin, qu'en Angleterre et en Belgique, on a jugé indispensable d'ouvrir des registres pour l'inscription des sujets de races de trait.

Pour maintenir la France à la hauteur de sa prospérité chevaline, j'ai l'honneur de vous prier de vouloir bien décider que les travaux antérieurs seront repris et arrêter que des *Stud Book* spéciaux pour les familles de demi-sang de races améliorées seront établis et continués par les soins de l'Administration des Haras, qui demeurera chargée de les publier, pour les diverses régions, dans des conditions analogues au *Stud Book* des races pures.

Afin d'étudier les meilleures mesures à prendre pour la rédaction de ce travail et dans le but de lui donner une base régulière et uniforme, j'ai l'honneur de vous proposer de former une Commission composée de membres dont les connaissances spéciales permettraient de fixer les diverses conditions à adopter comme point de départ.

Si vous voulez bien approuver le présent rapport, je vous serai obligé de le revêtir de votre signature, ainsi que l'arrêté ci-joint portant formation de la Commission.

Veuillez agréer, Monsieur le Ministre, l'hommage de mon respectueux dévouement.

Le Directeur des Haras,

H. DE CORMETTE.

Approuvé :

Le Ministre,

J. DEVELLE.

MINISTÈRE DE L'AGRICULTURE

———

ARRÊTÉ

Le Ministre de l'Agriculture,

Vu l'ordonnance du 3 mars 1833, portant établissement d'un registre matricule pour l'inscription des chevaux de race pure ;

Vu le dernier paragraphe de l'arrêté pris par le Ministre du Commerce, en exécution de ladite ordonnance ;

Considérant qu'il y a lieu, par suite, d'ouvrir, pour la conservation des races améliorées de demi-sang dans les centres les plus importants d'élevage, un registre généalogique qui établisse leur confirmation,

Arrête :

ARTICLE PREMIER.

L'Administration des Haras est chargée d'établir, de continuer et de publier des *Stud Book* spéciaux pour les familles de demi-sang.

ART. 2.

(Suit la désignation des membres composant la Commission.)

Paris, le 30 avril 1887.

J. DEVELLE.

DÉCISIONS DE LA COMMISSION

La Commission du *Stud Book* de demi-sang s'est réunie les 27 mai 1887, 13 juin 1890 et 21 avril 1891. Elle a émis les vœux suivants qui ont été adoptés par M. le Ministre, et à la suite desquels des instructions ont été données à MM. les Directeurs des dépôts d'étalons pour l'établissement des inscriptions :

« Il ne sera ouvert qu'un seul *Stud Book* des chevaux de demi-sang. »

« Le *Stud Book* sera divisé en six sections, savoir :
« Section normande.
« Section bretonne.
« Section vendéenne et charentaise.
« Section du Midi.
« Section du Centre.
« Section du Nord et de l'Est. »

« Seront inscrits aux diverses sections du *Stud Book* des chevaux de demi-sang :
« 1º Les animaux qui, nés avant 1882, auront du côté paternel et du côté maternel un ascendant de pur sang ou de demi-sang ;
« 2º Les animaux qui, nés depuis 1882, auront du côté paternel et du côté maternel deux ascendants de pur sang ou de demi-sang. »

« Seront inscrits d'office tous les étalons de demi-sang qui appartiennent ou qui ont appartenu à l'Etat et les étalons approuvés de même catégorie, lors même qu'ils ne rempliraient pas les conditions ci-dessus. »

. . . .

« Les étalons et les juments seront inscrits dans la section du pays où ils produisent.

« Les produits seront inscrits dans la section du pays où ils sont nés. »

. . . .

« Aucun animal ne pourra être inscrit s'il ne porte un nom. »

. . . .

« Les étalons de pur sang qui ont concouru à la formation de la famille seront rappelés dans un appendice placé à la fin du volume.

« Seront également inscrits dans un appendice spécial, les étalons de demi-sang qui ont marqué, avant 1840, dans les fastes de la production chevaline. »

COMMISSION

DU

STUD BOOK DES CHEVAUX DE DEMI-SANG

———

Président :

M. LE MINISTRE DE L'AGRICULTURE OU LE DIRECTEUR DES HARAS.

Membres :

MM. AUGÉRE, ancien Député ;

BASLY (de), Propriétaire-Eleveur à Saint-Contest (Calvados);

BASTID, Député du Cantal ;

CUGNAC (de), Directeur de l'École de dressage de Rochefort;

GANAY (de), Inspecteur général honoraire des Haras ;

GÉVELOT, Député de l'Orne ;

HENRY, ancien Député, Membre du Conseil supérieur des Haras;

L'INSPECTEUR GÉNÉRAL PERMANENT DES REMONTES MILITAIRES (Général Faverot de Kerbreck);

LANNEY (de), Inspecteur général des Haras ;

LINDET, Propriétaire-Eleveur à Saint-Léger-sur-Sarthe (Orne);

MARCHEGAY, Député de la Vendée ;

MM. MOREL, sous Gouverneur de la Banque de France ;

PORTALÈS, Inspecteur général des Haras ;

ROZIER (du) (Philippe), Propriétaire-Eleveur au Château du Petit Jars (Orne) ;

SEMPÉ, Propriétaire-Eleveur, à Tarbes, Membre du Conseil supérieur des Haras ;

SIMONNIN, Inspecteur général, hors cadres, chargé du 2e Bureau de la Direction des Haras.

Secrétaires :

MM. GUILLEMOT, Sous-Directeur de Dépôt d'Étalons.

FILIPPINI, Rédacteur à la Direction des Haras.

ABRÉVIATIONS

H. N.............. Haras nationaux.
Al................ Alezan.
Aub.............. Aubère.
B................ Bai.
Bb............... Bai brun.
Bl............... Blanc.
C. L............. Café au lait.
F. P............. Fleur de pêcher.
Gr............... Gris.
Is............... Isabelle.
N................ Noir.
P................ Pie.
Ro............... Rouan.
P. S. A.......... Pur-sang anglais.
P. S. Ar......... —   arabe.
P. S. A.-A....... —   anglo-arabe.
1/2 s............ Demi-sang.
1/2 s. A......... —   anglais.
1/2 s. Al........ —   allemand.
1/2 s. Am........ —   américain.
1/2 s. Ar........ —   arabe.
1/2 s. A.-A...... —   anglo-arabe.
1/2 s. A.-N...... —   anglo-normand.
1/2 s. N......... —   normand.
1/2 s. Br........ —   breton.
1/2 s. Big....... —   bigourdan.
1/2 s. Char...... —   charentais.
1/2 s. V......... —   vendéen.
1/2 s. L......... —   limousin.
1/2 s. Norf...... —   norfolk.
1/2 s. Norf.-Ang. —   norfolk-anglais.
1/2 s. Norf.-Br.. —   norfolk-breton.
1/2 s. R......... —   russe.
1/2 s. Orl....... —   orloff.
1/2 s. Meck...... —   mecklembourgeois.
1/2 s. Carr...... —   carrossier.
S.B.F., t.   , p. .. Stud Book français, tome   , page .
S.B.A., t.   , p. .. Stud Book anglais, tome   , page .
S. R............. Sans renseignements.
S. B. N., t.   , p. .. Stud Book normand, tome   , page .
S. B. V., t.   , p. .. Stud Book vendéen, tome   , page .
S. B. Br., t.   , p. .. Stud Book breton, tome   , page .
S. B. M., t.   , p. .. Stud Book du midi, tome   . page .

SECTION DU NORD ET DE L'EST

Circonscriptions des Dépôts d'Étalons
de Besançon, Compiègne,
Montier-en-Der et Rosières.

6e ARRONDISSEMENT

BESANÇON........ { Côte-d'Or. / Doubs. / Jura. / Haut-Rhin [Belfort]. / Saône (Haute-)

COMPIÈGNE ...... { Aisne. / Nord. / Oise. / Pas-de-Calais. / Seine-et-Marne. / Somme,

MONTIER-EN-DER { Aube. / Ardennes. / Marne. / Marne (Haute-). / Yonne.

ROSIÈRES........ { Meurthe-et-Moselle. / Meuse. / Vosges.

1°

ÉTALONS DE DEMI-SANG

AYANT FAIT LA MONTE DANS LES CIRCONSCRIPTIONS
DE BESANÇON,
COMPIÈGNE, MONTIER-EN-DER ET ROSIÈRES

ETALONS DE DEMI-SANG

**Ayant fait la monte dans les circonscriptions de Besançon,
Compiègne, Montier-en-Der et Rosières,**

ABBEVILLE, 1/2 s. N. — H. N.
B. 1878. — Normandie.
Par *Nagel*, 1/2 s. N., et une fille de Volant, 1/2 s. N.
Compiègne : 1882. — Passé au Pin en septembre 1882.

ABDEL-KADER, 1/2 s.
Gr. 1834. — Meurthe-et-Moselle.
Approuvé.—M. A. de Scitivaux. 1847.
Par un étalon de race arabe et une jument du Wurtemberg.
Rosières : 1847. — Acheté par la Direction des Haras en 1848. —
Castré en novembre 1849.

ABDIAS, 1/2 s. N. — H. N.
B. 1878. — Manche.
Par *Ignoré*, 1/2 s. N. et *Newton*, 1/2 s. N., par *Newton*, 1/2 s. N.
Montier-en-Der : 1882. — Vendu en août 1889.

ABEILARD, 1/2 s. V. — H. N.
Al. 1878. — Charente-Intérieure.
Par *Ruyter* 1/2 s. N., et une jument 1/2 s., par *Kalbreimer*,
1/2 s. N.
Besançon : 1882. — Castré en 1883.

ABEL, ex-**AVRIL**, 1/2 s. V. — H. N.
Al. d. 1878. — Vendée.
Par *Qu'en-Dira-t-on* et une fille de Madrigal et Florestan, 1/2 s. fr.
Annecy : 1882. — Castré en août 1886.

ABIAN, 1/2 s. L. — H. N.

B. 1838. — Deux-Ponts.

Par *Abian*, arabe, et N., jument de race Ducale.

Rosières : 1843. — Castré en 1850.

ABROCAS, 1/2 s.

Approuvé. — M. E. Raclot (Haute-Marne).

B. 1878.

Montier-en-Der. : 1882-1884.

ABSALON, 1/2 s. N.

Approuvé. — 1882. M. Dougois (Haute-Marne).

1897. M. Gelin-Morel (Haute-Marne).

B. 1878. — Orne.

Par *Faliero*, 1/2 s. N., et *Célina*, 1/2 s. N., par Hilaire, 1/2 s. N.

Sa grand'mère : *N.*, 1/2 s. N., par Inkermann, 1/2 s. N.

Montier-en-Dér. : 1882. — Réformé en 1894.

ABSOLU. 1/2 s.

Approuvé. — M. Jobard (Côte-d'Or).

N. 1878.

Besançon : 1882. — S. r.

ACTIF, 1/2 s. A. N. — H. N.

B. 1851. — Normandie.

Annecy : 1856. — Castré en février 1861.

ACTIF, 1/2 s. V. — H. N.

Al. 1878. — Vendée.

Par *Kapiral*, 1/2 s. N., et une fille de John-Bull, 1/2 s. N.

Rosières : 1882. — Abattu en juin 1894.

ADAM, 1/2 s.

Approuvé. — M. Jobard (Côte-d'Or).

B. 1878. — Normandie.

Par *Orphelin*, 1/2 s. N., et une jument 1/2 s., par Balthazar, 1/2 s. N.

Besançon : 1883. — Mort en 1887.

ADERNO, 1/2 s. N. — H. N.
Al. 1878. — Manche.
Par *Ray-Grass*, 1/2 s. N., et *L'Étoile*, 1/2 s. N.,
par J'y-Songerai, 1/2 s. N.
Rosières : 1882. — Mort en juin 1895.

ADJOINT, 1/2 s. N. — H. N.
B. 1878. — Calvados.
Par *Léotard*, 1/2 s. N., et *Mouton*, 1/2 s. N., par Ursin, 1/2 s. N.
Montier-en-Der : 1882 — Réformé en novembre 1882.

ADONIS, 1/2 s.
Approuvé. — M. Pichery (Haute-Saône).
B. 1878. — Normandie.
Par *Mine-d'Or*, 1 /2 s. N., et une jument 1/2 s., par Guelfe, 1/2 s. N.
Besançon 1882. — Réformé en 1893.

ADONIS, 1/2 s. V. H. N.
Al. 1878. — Vendée.
Par *Kapirat II*, 1/2 s. N. et une fille de Necker, 1/2 s. N.,
ou de Madrigal, 1/2 s. N.
Rosières : 1882. — Abattu en juillet 1892.

ADRASTE, 1/2 s. N. — H. N.
B. 1878. — Calvados.
Par *Hick*, 1/2 s. N., et *Madeleine*, 1/2 s. N., par Extase, 1/2 s. N.
Montier-en-Der : 1882. — Réformé en août 1884.

ADRIEN, 1/2 s. N. — H. N.
B. 1856. — Manche.
Par *Perfection*, 1/2 s. N., et N., 1/2 s. N., par Robinson, P. S. A.
Montier-en-Der : 1861. — Mort en février 1861.

AFFABLE, 1/2 s. N. — H. N.
Al. en 78. — Marne.
Par *Newton*, 1/2 s. N., et *Cultivatrice*, 1/2 s. N.
par Cultivateur, 1/2 s. N. (approuvé).
Montier-en-Der : 1882. — Vendu en août 1893.

AGENT, 1/2 s. N. (approuvé).
M. Brice, 1882. — M. Cherpitel, 1893. — M. Bouyer, 1897.
Bb. 1878. — Normandie.
Par *Quoties*, 1/2 s. N., et une fille d'Esculape, 1/2 s. N.
Sa grand'mère : par Abrantès, 1/2 s. N.
Rosières : 1882. — Réformé en 1898.

AGIB, 1/2 s. N. — H. N.
B. 1878. — Manche.
Par *Partisan*, 1/2 s. N., et une jument 1/2 s., par Sylvine.
Besançon : 1883. — Abattu en 1886.

AGRÉABLE, 1/2 s. L. — H. N.
Al. 1841. — Haras de Rosières.
Par *Alibaba*, P. S. A., et *Belmine*, de la race Ducale,
née au haras de Rozières.
Rosières : 1845. — Castré en août 1863.

AGRICOLA, 1/2 s.
Approuvé. — M. Dussour (Jura).
Gr. 1851. — Normandie (?).
Besançon : 1864. — Vendu en 1866.

AGRICOLE, 1/2 s.
Approuvé. — M. Bleuart, à Hellienne.
N. 1862.
Compiègne, 1868-1869. — S. R.

AIGUILLON, 1/2 s. N. — H. N.
B. 1878. — Eure.
Par *Bucci*, 1/2 s. N., et *Frégate*, 1/2 s. N., par Kilomètre, 1/2 s. N.
Montier-en-Der : 1882. — Passé à l'École du Pin en octobre 1882.

AJAX, 1/2 s.
Approuvé. — M. Fougeron, à Breilly (Somme).
Bb. 1864.
Compiègne : 1871-1878. — S. r.

ALARIC, 1/2 s. N. — H. N.
Bb. 1878. — Orne.
Par *Montmorency*, 1/2 s. N., et une fille de Foulques, 1/2 s. N.
Annecy : 1882. — Mort en février 1888.

ALCALA, 1/2 s. N. — H. N.
Bb. 1878. — Orne.
Par *Quiclet*, 1/2 s. N., et *Glorieuse*, 1/2 s. N., par Gall, 1/2 s. N.
Rosières : 1882. — Castré en septembre 1883.

ALCAZAR, 1/2 s. N. — H. N.
B. ch. 1878. — Calvados.
Par *Pompon*, 1/2 s. N., et une fille de Coloraine, 1/2 s. N.
Annecy : 1896. — Abattu en juillet 1899.

ALCIBIADE, 1/2 s. N.
Approuvé. — M. Darbot (Haute-Marne).
Al. 1878. — Marne.
Montier-en-Der : 1882. — Non présenté en 1898·

ALCIBIADE, 1/2 s.
Approuvé. — M. Migeau (Haute-Saône).
B. 1878. — Normandie.
Par *Schamyl*, 1/2 s. L., et une jument 1/2 s., par *Feu-de-Joie*, 1/2 s. N.
Besançon : 1882. — Réformé en 1896.

ALCINDOR, 1/2 s. — H. N.
B. 1856. — France.
Par *Raphaël*, 1/2 s. N., et *N.*, 1/2 s. N., par *Tipple-Cider*, P. S. A.
Montier-en-Der : 1860. — Réformé en décembre 1863.

ALGÉRIEN, 1/2 s.
Approuvé. — M. Mourand (Jura).
B. 1878.
Besançon : 1882. — Réformé en 1890.

ALISOR, 1/2 s. N. — H. N.
Al. 1834. — Calvados.
Par *Y. Rattler*, 1/2 s. A., et *N.*, fille de Edgard, 1/2 s. N.
Rosières : 1839. — Passé à Saint-Maixent en février 1843.

ALI-SULTAN, 1/2 s. — H. N.
Al. 1841. — Lorraine.
Sans renseignements.
Rosières : 1853. — Castré en mai 1861.

ALLO, 1/2 s.
Autorisé. — M. Leclerq (Pas-de-Calais).
Bb. 1881.
Par *Abouna*, 1/2 s.
Compiègne : 1896. — S. r. en 1897

ALLOBROGE, ex-**ARGUS**, 1/2 s. N. — H. N.
B. c. 1878. — Calvados.
Par *Médicis*, P. S. A., et une fille de Bisson, 1/2 s. N.
Annecy : 1882. — Castré en août 1884.

ALLOPATHE, ex-**AH !** 1/2 s. N. — H. N.
B. 1878. — Calvados.
Par *Phare*, 1/2 s. N., et *Glorieuse*, 1/2 s. N., par Glorieux, 1/2 s. N.
Rosières : 1882. — Abattu en août 1898.

ALPHA, 1/2 s. N.
Approuvé. — M. Flammarion (Haute-Marne).
B. 1878. — Orne.
Par *Koping*, 1/2 s. N., et *Séducieuse*, par Séducteur, 1/2 s. N
Sa grand'mère : N., 1/2 s. N., par Virgile, 1/2 s. N.
Montier-en-Der : 1882. — Réformé en 1886.

ALPHA, 1/2 s. — H. N.
N. 1858. — Haute-Saône.
Par *Pétrarque*, P. S. A.
Besançon : 1862. — Réformé en 1864.

ALTIER, 1/2 s. N. — H. N.
Al. 1878. — Marne.
Par *Royal*, P. S. A., et une fille d'Invariable, 1/2 s. N.
Compiègne : 1882. — Passé au Pin en juillet 1882.

AMATEUR, 1/2 s.
Approuvé. — M. Roulnois (Oise).
B. 1878.

Compiègne : 1882-1885. — S. R.

AMAURY, 1/2 s. Ch. — H. N.
Bb. 1878. — Charente-Inférieure.

Par *Avant-Garde*, P. S. A., et une fille de Cauvicourt, 1/2 s. N.
Rosières : 1882. — Castré en août 1890.

AMÉDÉE, 1/2 s.
Approuvé. — M. Bertrand (Côte-d'Or).
Al. 1878. — Vendée.

Par *Kapirat II*, 1/2 s. N., et une jument 1/2 s., par Julien, 1/2 s. N.
Besançon : 1882-1887. — S. R.

AMEN, 1/2 s. N. — H. N.
B. 1856. — Calvados.

Par *Parfait*, 1/2 s. N., et une fille de Montaigne, 1/2 s. N.
Compiègne : 1860-1872. — Le Pin, 1873-1874.

AMÉRICAIN, 1/2 s.
Approuvé. — M. Thierrot (Marne).
Al. 1869.

Montier-en-Der : 1875-1878. — S. R.

AMIGO, 1/2 s. N. — H. N.
Bb. 1835. — Normandie.

Par *Émule*, 1/2 s. N., et une fille de Buffalo, 1/2 s. A.
Rosières : 1839. — Castré en août 1848.

AMPHITRION, 1/2 s.
Approuvé. — M. Galin. — 1887.
B. ch. 1878. — France.

Par *Luther* et une fille de Lothaire.
Annecy : 1887-1898. — S. R.

AMURAT, 1/2 s.

Approuvé. — M. Prieur (Côte-d'Or).

Al. 1878. — Normandie.

Par *Requin*, 1/2 s. N., et une jument 1/2 s., par Danseur, 1/2 s. N.

Besançon : 1882-1887. — S. R.

ANATOLE, 1/2 s. L. — H. N.

Al. 1841. — Meurthe-et-Moselle.

Par *Général-Mina*, P. S. A., et *Kismy*, jument de race Ducale, née au Haras de Rosières.

Rosières : 1845. — Castré en novembre 1847.

ANCAN, 1/2 s. N. — H. N.

B. 1878. — Calvados.

Par *Glorieux*, 1/2 s. N., et *Brebis*, 1/2 s. N., par Malakoff, 1/2 s. N. — Approuvé.

Montier-en-Der : 1882. — Vendu en juillet 1885.

ANCO, 1/2 s. N.

Approuvé : 1882. M. Ch. Célestin (Haute-Marne).

1897. M Bréger (Haute-Marne.

Al. 1878. — Manche.

Par *Quickly*, 1/2 s. N., et *Blancpied*, par Volcan, 1/2 s. N.

Sa grand'mère : N., 1/2 s. N., par Qui-Perd-Gagne, 1/2 s. N.

Montier-en-Der : 1882. — Réformé en 1898.

ANDROCLÈS, 1/2 s. N. — H. N.

Al. 1878. — Manche.

Par *Incroyable*, P. S. A., et une fille de Lothaire, 1/2 s. N

Annecy : 1882. — Castré en décembre 1893.

ANGLO-NORMAND, 1/2 s. N.

Approuvé. — M. Paunnier, à Gutterville (Seine-Inférieure).

B. cᵉ. — Normandie.

Compiègne : 1875. — S. R.

ANGO, 1/2 s. N. — H. N.

B. 1856. — Calvados.

Par *Ravissant*, 1/2 s. N., et une fille de Diomède, 1/2 s. N.

Le Pin : 1860. — Compiègne : 1861-1871. — Le Pin : 1872. — S. R.

ANNIBAL, 1/2 s. N. — H. N.
B. m. 1878. — Manche.
Par *Qui-Vive*, 1/2 s. N., et *J'y-Songerai*, 1/2 s. N.
Annecy : 1883. — Mort en septembre 1885.

APOLLON, 1/2 s. N. — H. N.
Al. 1856. — Normandie.
Par *Lully*, P. S. A., et *N.*, 1/2 s. N., par Governor, P. S. A.
Compiègne : 1860-1863. — Passé à Strasbourg en janvier 1864.

APOLLON, 1/2 s. N. — H. N.
Al. 1873. — Calvados.
Par *Prétender*, 1/2 s. A., et fille de Nourrissier, 1/2 s. N.
Rosières : 1877. — Castré en octobre 1879.

AQUERNY, 1/2 s.
Approuvé. — M. Tartochaux (Côte-d'Or). — C\[te\] de Molen.
B. 1878.
Besançon : 1882. — Réformé en 1883

AQUILON, 1/2 s. N.
Approuvé. — M. Mathey-Ladmiral (Haute-Marne).
Al. 1878. — Marne.
Par *Bœuf*, 1/2 s. N., et *La Brûlée*, 1/2 s. N.
Montier-en-Der : 1882. — Castré la même année.

ARABIAN, 1/2 s. A. — H. N.
B. 1850. — Angleterre.
Montier-en-Der : 1856. — Réformé en décembre 1859.

ARABIAN, 1/2 s. L. — H. N.
Gr. 1838. — Lorraine.
Par *Général-Mina*, P. S. A., et *Joconde*, de la race Ducale.
Rosières : 1853. — Castré en décembre 1856.

ARABOS, 1/2 s.
Approuvé. — Em. Colas (Haute-Marne).
Is. 1878.
Montier-en-Der : 1882. — Réformé en 1898.

ARANUS, 1/2 s.
Approuvé. — M. Padier (Marne).
B. 1869.
Montier-en-Der : 1873-1878. — S. R.

ARATOR, 1/2 s. L. — H. N.
B. 1873. — Creuse.

Par *Élastique*, 1/2 s. N., ou *Caprice*, 1/2 s. L., et une fille
de Kanguroo, 1/2 s. N., par Sylvio, P. S.
Sa grand'mère : par Régent, P. S. Ar.
Rosières : 1877. — Castré en octobre 1879.

ARBITRE, 1/2 s. N. — H. N.
Al. 1878. — Calvados,

Par *Centaure*, 1/2 s N , et une fille d'Idoménée, 1/2 s. N.
Annecy : 1882. — Castré en octobre 1885.

ARC-EN-CIEL, 1/2 s.
Approuvé. — M. L'Abbé-Cornut (Côte-d'Or).
1878. — Normandie.

Par *Ray-Grass*, 1/2 s. N., et une jument 1/2 s.,
par Impétueux, 1/2 s. N.
Besançon : 1882. — Castré en 1890.

ARC-EN-CIEL, 1/2 s. N. — H. N.
Al. 1878. — Manche.

Par *El Ghor*, P. S. Ar., et une fille de Koping, 1/2 s. N.
Annecy : 1882. — Mort en juin 1891.

ARCHIDUC, 1/2 s. V. — H. N.
Al. 1878. — Vendée.

Par *Myosotis*, 1/2 s. N., et une jument 1/2 s.,
par Jambes-d'Argent, 1/2 s. N.
Besançon : 1882. — Castré en 1883.

ARCOLE, 1/2 s. N. — H. N.
Al. 1835. — Orne.

Par *Napoléon*, P. S. A., et *Marquise*, 1/2 s. N.,
par Y. Topper, 1/2 s. A.
Besançon : 1841. — Réformé en 1850...

ARDRAD, 1/2 s. Lorr. — H. N.
Al. 1833. — Haras de Rosières.

Par *Général-Mina*, P. S. A., et *Corésie*, de la race Ducale,
née au haras de Rosières.

Rosières : 1838. — Abattu en avril 1841.

ARGENCES, 1/2 s. N. — H. N.
B. ch. 1878. — Manche.

Par *Kaolin*, P. S. A., et *Mademoiselle-d'Épouseur*, 1/2 s. N.

Annecy : 1882. — Castré en août 1884.

ARGENTEUIL, 1/2 s. N. — H. N.
Al. 1878. — Normandie.

Par *Newton*, 1/2 s. N., et une fille de Hussein, 1/2 s. N.
Compiègne : 1882. — Réformé en août 1886.

ARGOS, 1/2 s. N. — H. N.
B. 1856. — Calvados.

Par *Ottoman*, 1/2 s. N., et une jument 1/2 s.,
par Kœnigsberg, 1/2 s. N.
Besançon : 1872. — Vendu en 1875.

ARGUS, 1/2 s.
Approuvé. — M. Picard (Côte-d'Or)
Al. 1878. — Normandie.

Par *Liberator*, 1/2 s. A., ou *Radeau*, 1/2 s. N.
Besançon : 1882-1888. — S. R.

ARISTIDE, ex-**ATTILA**, 1/2 s. N. — H. N.
Al. 1878. — Manche.

Par *Sidi*, P. S. Ar., et une fille de Pretty-Boy, 1/2 s. N.
Annecy : 1882. — Castré en août 1886.

ARISTOGITON, 1/2 s. N. — H. N.
Al. 1878. — Manche.

Par *Mine-d'Or*, 1/2 s. N., et *Brebis*, 1/2 s. N., par Piquillo, 1/2 s. N.
Montier-en-Der : 1882. — Vendu en août 1887.

ARISTOPHANE, 1/2 s. N. — H. N.
B. 1878. — Calvados.

Par *Patrick*, 1/2 s. N., ou *Irlandais*, 1/2 s. N., et *Sultane*, 1/2 s. N.,
par Interprète, 1/2 s. N.
Montier-en-Der : 1882. — Vendu en novembre 1898.

ARISTOTE, 1/2 s. N. — H. N.
B. 1878. — Calvados.

Par *Liberator*, 1/2 s. A., et *Kilomètre*, 1/2 s. N., par Minerve,
par Trouville, P. S. A.
Besançon : 1882. — Abattu en 1899.

ARLEQUIN, 1/2 s. N. — H. N.
B. 1878. — Normandie.

Par *Centaure* ou *Marignan*, 1/2 s. N., et une fille de Français,
1/2 s. N.
Compiègne : 1882. — Réformé en août 1886.

ARMATEUR, 1/2 s.
Approuvé. — M. Lesprot (Côte-d'Or).
1878.
Besançon : 1882. — S. R.

ARPENT, ex-**ATTILA**, 1/2 s. — H. N.
B. 1878. — Aisne.

Par *Lictonne* (approuvé) et *Iris*, 1/2 s., par The Heir-of-Linne,
P. S. A.
Rosières : 1883. — Castré en août 1886.

ARPENTEUR, 1/2 s. N. — H. N.
Gr. 1871. — Orne.

Par *Taconnet*, 1/2 s. N., et *N.*, jument percheronne,
par Bernard, percheron.
Montier-en-Der : 1875. — Mort en mai 1892.

ARREAU, 1/2 s. N.   S. B. 1/2 s. N., t. I, p. 32.
Approuvé.—M. d'Imbleval, à Nesles-Normandeuse (Seine-Inférieure).
B. 1858. — Normandie.

Par *Piquillo*, 1/2 s. N., et une jument 1/2 s. N.
Compiègne : 1871. — S. R.

ARROGANT, 1/2 s.
Approuvé. — M. Marpaux : 1882 (Côte-d'Or). — M. Rossat : 1890
(Haut-Rhin).
B. 1878. — Normandie.
Besançon : 1882-1896. — S. R.

ARTABAN, 1/2 s. N. — H. N.
B, 1856. — Normandie.
Par *Noteur*, 1/2 s. N., et une fille de Multum-in-Parvo, 1/2 s. A.
Compiègne : 1860. — Réformé en juin 1864.

ARTABAN, 1/2 s.
Approuvé. — M. Loiret (Côte-d'Or).
B. 1878. — Normandie.
Par *Quissac*, 1/2 s. N., et une jument 1/2 s., par Diadème, 1/2 s. N.
Besançon : 1882. — Mort en 1890.

ARTAXERXE, ex-**AGRICOLE**, 1/2 s. N. — H. N.
B. 1878. — Manche.
Par *Bandit*, 1/2 s. N., et *Rosette*, 1/2 s. N., par Tamerlan, 1/2 s. N.
Rosières : 1882. — Castré en juillet 1897.

ARTENAY, ex-**A-PROPOS**, 1/2 s. N. — H. N.
B. 1878. — Calvados.
Par *Noville*, 1/2 s. N., et *Promise*, par Conquérant, 1/2 s. N.
Besançon : 1883. — Castré en 1891.

ARTHUR, 1/2 s. N. — H. N.
Al. 1878. — Calvados.
Par *Pretty-Boy*, P. S. A., et une fille de *Pater*, 1/2 s. N.
Compiègne : 1882. — Passé au Pin en septembre 1882.

ARTISTE, 1/2 s. N. — H. N.
B. 1878. — Orne.
Par *Héliotrope*, 1/2 s. N., et *Brebis*, 1/2 s. N., par Epouseur,
1/2 s. N.
Rosières : 1882. — Castré en septembre 1891.

3.

ARZOUF, ex-ALBERT, 1/2 s. Br. — H. N.
Aub. 1879. — Finistère.
Par *Ingres*, 1/2 s. N., et une jument, 1/2 s. N., par Soleil (?).
Besançon : 1883. — Castré en 1888.

ASMODÉE, ex-AUTHENTIQUE, 1/2 s. N. — H. N.
B. 1878. — Manche.
Par *Schamyl*, 1/2 s. L. (par Nervaëz, 1/2 s. N.),
et *Bergère*, 1/2 s. N., par Lucullus, 1/2 s. N., par Noteur, 1/2 s N
Rosières : 1882. — Castré en septembre 1883.

ASPIRANT, 1/2 s. N. — H. N.
B. c. 1878. — Manche.
Par *Quitri*, 1/2 s. N., et une fille de *Pater*, 1/2s. N.
Annecy : 1882. — Castré en août 1897.

ASSIGNAT, ex-**ASTROLABE**, 1/2 s. N. — H. N.
B. 1878. — Manche.
Par *Regnard*, 1/2 s. N., et *Victorieuse*, par Victorieux, 1/2 s. N.
Besançon : 1882. — Castré en 1896.

ASSUÉRUS, 1/2 s. N. — H. N.
B. 1878. — Manche.
Par *Souvenir*, P. S. A., et *Hussein*, 1/2 s. N., par Hussein,
1/2 s. N.
Montier-en-Der : 1882. — Vendu en juillet 1885.

ASTROLABE, 1/2 s. Br. — H. N.
A. 1878. — Finistère.
Par *Gourieux*, P. S. A., et une jument 1/2 s. N., par Bacchus,
1/2 s. N.
Besançon : 1884. — Passé au Pin en 1884.

ATACON, 1/2 s. N.
Approuvé. — M. Jacob (Haute-Marne).
B. 1878. — Normandie.
Par *Quarteron*, 1/2 s. N.
Montier-en-Der : 1882. — Mort en 1890.

ATHOS, 1/2 s.

Approuvé. — M. Dantel (Côte-d'Or) ; M. Griblin-Beauny.
B. 1878.
Besançon : 1882. — Réformé en 1883.

ATLAS, 1/2 s.

Approuvé. — M. Dervoze (Côte-d'Or).
B. 1878. — Normandie.

Par *Normand*, 1/2 s. N., et une jument 1/2 s.,
par Bassompierre, 1/2 s. N.
Besançon : 1882-1884. — S. R..

ATTICUS, 1/2 s. N. — H. N.
B. 1856. — Manche.

Par *Perfection*, 1/2 s. N., et une fille de Boucanier, P. S. A.
Compiègne : 1860. — Réformé en 1867 après la monte.

ATTICUS, ex-**AURAUCARIA**, 1/2 s. N. — H. N.
Bl. 1878. — Calvados.

Par *Phare*, 1/2 s. N., et une fille de Bravo, 1/2 s. N.
Annecy : 1882. — Mort en septembre 1884.

AUDACIEUX, 1/2 s.

Approuvé. — M. Robardy, 1882. — M. George, 1893 (Haute-Saône).
Par *Palm*, 1/2 s. N., et une jument 1/2 s., par Y. Pretendea,
1/2 s. A.
Besançon : 1882. — Réformé en 1896.

AUGIAS, 1/2 s.

Approuvé. — M. Champan, 1882 (Haute-Saône). — M. Thomas, 1893.
Par *Centaure*, 1/2 s. N., et une jument 1/2 s., par Ottoman,
1/2 s. N.
Besançon : 1882-1894. — S. R.

AUSTERLITZ, 1/2 s.

Approuvé. — M. Benoît-Champy (Côte-d'Or).
Al. 1873. — Normandie.
Besançon : 1877 — Vendu en 1881.

AUSTERLITZ, 1/2 s.
Approuvé. — 1887, M. Collet.
Al. 1878. — France.
Par *Templier* et une fille d'Estafette.
Annecy : 1887-1898. — S. R.

AVANT-GARDE, 1/2 s. du Midi. — H. N.
Gr. 1878. — Midi.
Par *Massim*, P. S. Ar., et *Mademoiselle-de-Coron*, 1/2 s.
Annecy : 1882. — Castré en août 1893.

AVANT-POSTE, 1/2 s. V. — H. Ñ.
B. c. 1878. — Vendée.
Par *Quinquonce*, 1/2 s. V., et une fille de Cornichon, 1/2 s. V.
Anncoy : 1882. — Castré en septembre 1890.

AVENIR, 1/2 s.
Approuvé. — M. Sirugnes (Côte-d'Or).
B. 1878. — Normandie.
Par *Newton*, 1/2 s. N., et une jument 1/2 s., par Egesippe, 1/2 s. N.
Besançon : 1882. — Réformé en 1889.

AVENIR, 1/2 s.
Approuvé. — M. Poirot, à Saint-Epin.
N. 1873.
Compiègne : 1880-82. — S. R.

AVIGNON, 1/2 s.
Approuvé. — M. Aubert (Haute-Marne).
Bb. 1877.
Montier-en-Der : 1882. — Castré en 1883.

AZLAN, 1/2 s. Ar.
Autorisé. M Profit (Seine-et-Marne).
Gr. 1864.
Compiègne : 1867-70. · S. R.

AZOF, 1/2 s. Russe. — H. N',
N. 1853. — Russie.
Besançon : 1867. — Réformé en 1869.

BAAL, ex-**BACCHUS**, 1/2 s. N. — H. N.
N. 1879. — Manche.
Par *Lavater*, 1/2 s. N., et *Bijou*, par Daniel, 1/2 s. N.
Besançon : 1883. — Abattu en 1896.

BAAL, ex-**FITZ-BAAL**, 1/2 s.
Approuvé : 1893. — Autorisé : 1892. — M. Beyl (Jura).
N. 1887. — (Haute-Saône).
Par *Baal*, 1/2 s N., et une jument 1/2 s.
par Fashionable, 1/2 s. N.
Besançon : 1892. — Castré en novembre 1895.

BAB, 1/2 s. N. — H. N.
Al. 1879. — Manche.
Par *Oranger*, 1/2 s. N., et *Sophie*, 1/2 s. N., par Lucullus, 1/2 s. N.
Montier-en-Der : 1883. — Abattu en juillet 1892.

BACCHANAL, 1/2 s. N. — H. N.
B. 1857. — Calvados.
Par *Oriby*, 1/2 s. N., et une jument percheronne.
Besançon : 1862. — Réformé en 1873.

BACCHUS, 1/2 s. Br.
Approuvé. — M. Vincard.
Gr. 1878. — Bretagne.
S. R.
Rosières : 1882. — Réformé en 1888.

BACHOT, 1/2 s.
Approuvé. — M. Tarboché (Côte-d'Or).
B. 1879. — Normandie.
Par *Esculape*, 1/2 s. N., et une jument 1/2 s., par Quia, 1/2 s. N.
Besançon : 1883-1887. — S. R.

BADAJOZ, 1/2 s. N. — H. N.
B. ch. 1879. — Orne.
Par *Quiclet*, 1/2 s. N., et *Serpolette*, par Inkermann, 1/2 s. N.
Annecy : 1896. — Mort en juin 1896.

BAFFIN, ex-**BANCO**, 1/2 s. V. — H. N.
B. 1879. — Vendée.
Par *Kopirat II*, 1/2 s. N., et *N.*, 1/2 s. V., par Julien, 1/2 s. N.
Sa grand'mère : N. 1/2 s., par Gainsborough, 1/2 s. A.
Montier-en-Der : 1883. — Réformé en septembre 1886.

BAGNEUX, 1/2 s. N. — H. N.
B 1879. — Calvados.
Par *Salim*, 1/2 s. N., et *Bijou*, 1/2 s. N., par Jarnac, 1/2 s. N.
Montier-en-Der : 1883. — Réformé en août 1883.

BAGNOLET, 1/2 s. N. — H. N.
B. 1879. — Manche.
Par *Brodick*, P. S. A., et *Rosette*, par Mirliton, 1/2 s. N.
Compiègne : 1883. — Réformé en septembre 1886.

BAILLON, ex-**BATACLAN**, 1/2 s. V. — H. N.
B. c. 1879. — Vendée.
Par *Sphènc*, 1/2 s. N., et une fille de Novus, 1/2 s. V.
Annecy : 1883. — Castré en août 1897.

BAILLY, 1/2 s. N. — H. N.
B. 1857. — Calvados.
Par *The Great-Western*, 1/2 s. A., et *N.*, 1/2 s. N., par Lucain,
1/2 s. N.
Montier-en-Der : 1861. — Abattu en octobre 1872.

BAJAZET, 1/2 s. V. — H. N.
B. 1857. — Vendée.
Par *Necker*, 1/2 s. N., et *N.*, jument poitevine.
Compiègne : 1863. — Réformé en août 1879.

BALADIN, 1/2 s.
Approuvé. — M. Morel (Haute-Saône).
B. 1879. — Normandie.
Par *Ray-Grass*, 1/2 s. N., et une jument 1/2 s., par *Infant*, 1/2 s. N.
Besançon : 1883. — Réformé en 1893.

BALANCIER, ex-**BIARRITZ**, 1/2 s. N. — H. N.
Bb. 1879. — Calvados.
Par *Quintin*, 1/2 s. N., et *Rayot*, par Impérial, 1/2 s. N.
Annecy : 1883. — Castré en août 1896.

BALLON, 1/2 s.
Approuvé. — M. Boudrot (Côte-d'Or).
Al. 1879. — Normandie.
Par *Quinte-Curce*, 1/2 s. N., et une jument 1/2 s.,
par Inkermann, 1/2 s. N.
Besançon : 1883. — Réformé en 1885.

BALTHAZAR, 1/2 s.
Approuvé. — M. Pepin Camille, à Avesnes (Nord).
B. 1864.
Sans renseignements.
Compiègne : 1871-1872. — S. R.

BALTHAZAR, 1/2 s.
Accepté. — M. Boiselle, à Montigny-les-Conde (Aisne).
Al. 1894.
Compiègne : 1898. — S. R.

BALTIMORE, 1/2 s. N. — H. N.
Al. 1879. — Normandie.
Par *Liberator*, 1/2 s. N., et *Civette*, 1/2 s. N.
Compiègne : 1883. — Réformé en août 1890.

BALZAMO, 1/2 s. du Midi. — H. N.
Gr. 1878. — Gers.
Par *Drummond*, P. S. A., et *Fleurande*, P. S. A. Ar.
Annecy : 1882. — Passé à l'Ecole du Pin en octobre 1893.

BALZANE, 1/2 s.
Approuvé. — M. Magniez (Léon), à Fün (Somme).
Aubère 1865.
Compiègne : 1871. — S. R.

BAMBIN, 1/2 s. N. — H. N.
Bb. 1857. — Orne.
Par *Homère*, 1/2 s. N., et *N.*, 1/2 s. N., par Dupleix, 1/2 s. N.
Montier-en-Der : 1861-1863. — S. R.

BANCKNOTE, 1/2 s. N. — H. N.
Ro. 1879. — Manche.
Par *Jackson*, 1/2 s. N., et la jument *Milan*, 1/2 s. N.,
par Milanais, 1/2 s. N.
Rosières : 1883. — Castré en septembre 1891.

BANDIT, 1/2 s. N. — H. N.
B. 1879. — Orne.
Par *Saint-Rigomer*, 1/2 s. N., et *Reine-des-Indes*, 1/2 s. N.,
par Taconnet, 1/2 s. N.
Montier-en-Der : 1883. — Passé à Rosières en décembre 1884.
Rosières : 1885. — Abattu en juin 1894.

BANDIT, 1/2 s. N. — H. N.
Al. 1857. — Normandie.
Par *Lully*, P. S. A., et une fille d'Incomparable, 1/2 s. N.
Voir S. B. N., t. I, p. 36.
Le Pin : 1861. — Compiègne : 1862-1871. — Saint-Lô : 1872-1883.

BANDIT, 1/2 s.
Approuvé. — M. Besançon (Jura).
B. 1879. — Normandie.
Par *Législateur*, 1/2 s. N., et une jument 1/2 s., par Quality,
1/2 s. N.
Besançon : 1883-1884. — S. R.

BARCA, ex-**BOUQUET**, 1/2 s. N. — H. N.
B. m. 1879. — Manche.
Par *Washington*, 1/2 s. N., et *Simone*, par Moteur ou Abrantès,
1/2 s. V.
Mort le 14 janvier 1883. — N'a pas fait la monte.

BARCLAY, ex-**BOUTON-D'OR**, 1/2 s. N. — H. N.
Al. br. 1879. — Manche.

Par *Stern*, 1/2 s. N., et *Matifa*, par Ivanoff, 1/2 s. N.
Annecy : 1883. — Castré en août 1897.

BARDE, 1/2 s. N. — H. N.
Gr. 1857. — Orne.

Par *Montaigne*, 1/2 s. N., et *N.*, jument percheronne.
Montier-en-Der : 1861-1867. — S. R.

BARDE, 1/2 s.
Approuvé. — M. Brocard (Jura).
B. 1879. — Normandie.

Par *Régnard*, 1/2 s. N., et une jument 1/2 s., par Josaphat,
1/2 s. N.
Besançon : 1883. — Réformé en 1885.

BARDIN, ex-**BOXEUR**, 1/2 s. V. — H. N.
Al. 1879. — Vendée.

Par *Quinconce*, 1/2 s. V., et une jument 1/2 s., par *Kalender*,
1/2 s. N.
Besançon : 1883. — Castré en 1883.

BARIOLET, 1/2 s. N. — H. N.
Al. 1879. — Manche.

Par *Lansborn*, 1/2 s. N. (approuvé), et *Cocotte*, 1/2 s. N.,
par Dictateur, 1/2 s. N.
Montier-en-Der : 1883. — Abattu en juillet 1897.

BARMEN, ex-**BRACONNIER**, 1/2 s. N. — H. N.
B. 1879. — Orne.

Par *Gaulois*, 1/2 s. N., ou *Palanquin*, 1/2 s. N., et Rosine, 1/2 s. N.,
par Reignier, 1/2 s. N.
Rosières : depuis 1883.

BAROMÈTRE, 1/2 s. N. — H. N.
B. 1879. — Calvados.

Par *Hick*, 1/2 s. N., et *Margot*, par Normand, 1/2 s. N.
Besançon : 1883. — Abattu en 1894.

BARROIS, ex-**BRAS-DE-FER**, 1/2 s. N. — H. N.
Al. 1879. — Manche.

Par *Récif*, 1/2 s. N., et *Hirondelle*, 1/2 s. N., par Ignoré,
1/2 s. N.
Rosières : 1883. — Abattu en octobre 1896.

BASLY, 1/2 s. N. — H. N.
B. 1834. — Normandie.

Par *Eastham*, P. S. A., et *N.*, 1/2 s. N., par D. I. O., P. S. A.
Le Pin : 1838-1848. — Compiègne : 1849-1851.
Passé à Abbeville après la monte de 1851.

BASQUE, 1/2 s. N. — H. N.
Bb. 1879. — Manche.

Par *Quinte-Curce*, 1/2 s. N., et *Lisette*, par Germanicus, 1/2 s. N.
Annecy : 1883. — Castré en septembre 1888.

BASSOMPIERRE, 1/2 s. N. — H. N.
B. 1879. — Manche.

Par *Lansborn*, 1/2 s. N. (approuvé), et *Coquette*, 1/2 s. N.,
par Arétin, 1/2 s. N.
Montier-en-Der : 1883. — Mort en novembre 1894.

BASTION, 1/2 s. N. — H. N.
B. 1879. — Calvados.

Par *Esculape*, 1/2 s. N., et *La Brune*, 1/2 s. N.,
par Phoenomenon, 1/2 s. A.
Rosières : depuis 1883.

BASTION, 1/2 s. N. — H. N.
B. 1857. — Normandie.

Par *Ballinkecle*, P. S. A., et une fille de Favori, 1/2 s. N.
Rosières : 1861. — Castré en août 1867.

BASTION, 1/2 s.
Approuvé. — M. Grandjean (Haute-Saône).
Gr. 1858. — Normandie.
Besançon : 1863-1868. — S. R.

BATNICK, 1/2 s.

Approuvé. — M. Lhotte (Saint-Quentin). — Duc de Vicence.

Gr. f. 1874.

Compiègne : 1881-1893. — S. R.

BAUDRIER, 1/2 s. N. — H. N.

Al. 1879. — Orne.

Par *Racoleur*, 1/2 s. N., et *Paquerette*, par Niger, 1/2 s. N.

Compiègne : 1883. — Réformé en juillet 1897.

BAVAROIS, 1/2 s.

Approuvé. — M. Petitjean (Côte-d'Or).

Par *Bavarois*, 1/2 s. N., et une jument de 1/2 s., par Saint-Floxel,
1/2 s. N.

Besançon : 1891. — Castré en novembre 1895.

BAVAROIS, 1/2 s.

Approuvé. — M. Labaud (Jura).

Al. 1879. — Normandie.

Par *Lodi*, 1/2 s. N., et une jument de 1/2 s., par Urus, 1/2 s. N.

Besançon : 1883-1888. — S. R.

BAYARD, 1/2 s. A. n. — H. N.

B. 1846. — Normandie.

Annecy : 1851. — Abattu en juillet 1868.

BAYARD, 1/2 s.

Approuvé. — M. Fostier, à Maucomble (Seine-Inférieure).

B. 1869.

Compiègne : 1871-1879. — S. R.

BAYARD, 1/2 s. Br. — H. N.

Al. 1879. — Côtes-du-Nord.

Par *Omar*, 1/2 s. Br., ou *Bayard*, 1/2 s. N., et une fille de Urtin,
1/2 s. Br.

Rosières : 1884. — Abattu en juillet 1899.

BAYARD, 1/2 s.
Approuvé. — M. Léchenault (Côte-d'Or).
B. 1887. — Côte-d'Or.
Par *Arthenay*, 1/2 s. N., et une jument de 1/2 s.
Besançon : 1891. — Mort en août 1896.

BAZAN, ex-**BRELAN**, 1/2 s. N. — H. N.
B. m. 1879. — Manche.
Par *Lavater*, 1/2 s. N., et *Lisette*, par Impétueux, 1/2 s. N.
Annecy : 1883. — Castré en octobre 1886.

BÉARNAIS, 1/2 s. V. — H. N.
B. 1879. — Vendée.
Par *Supérieur*, 1/2 s. N., et une fille de Julien ou de Necker,
1/2 s. N.
Rosières : 1883. — Castré en novembre 1893.

BEAULIEU, 1/2 s.
Approuvé. — M. Bleuart, à Hélienne.
B. 1862.
Compiègne : 1868-1879. — S. r.

BEAULIEU, 1/2 s. N. — H. N.
B. m. 1879. — Orne.
Par *Niger*, 1/2 s. N., et *Impérieuse*, par Uhecht, 1/2 s. N.
Annecy : 1883. — Castré en août 1889.

BEAU-MARAIS, 1/2 s.
Autorisé. — M. Em. Shadet (Pas-de-Calais).
B. 1895.
S. R.
Compiègne : depuis 1899.

BEAUMINOIS, 1/2 s. L. — H. N.
B. 1842. — Haras de Rosières.
Par *Alibaba*, P. S. A., et *Belmine*, de la race Ducale, née au Haras
de Rosières.
Rosières : 1847. — Réformé en juillet 1867.

BEAUMINOIS, 1/2 s. N. — H. N.
B. 1857. — Manche.
Par *Junior*, 1/2 s. N., et une jument 1/2 s., par Ballinkeele, P. S. A.
Besançon : 1862. — Mort en 1867.

BEAUVAIS II, 1/2 s. Br.
Approuvé. — M. G. Guillard (Haute-Marne) ; M. Charles George
(Haute-Saône), 1892.
B. 1886. — Finistère.
Par *Beauvais*, 1/2 s. N., et *N.*, jument bretonne.
Besançon : 1893. — Castré en décembre 1896.

BEL-AVENIR, 1/2 s. V.
Approuvé. — Cte de Nettancourt.
B. 1879. — Vendée.
Par *Pactole*, 1/2 s. N., et une fille de Kapirat II, 1/2 s. N.
Rosières : 1884. — Mort en 1897.

BÉLISAIRE, 1/2 s. Br. — H. N.
Al. 1878. — Finistère.
Par *Y. Trottaway*, 1/2 s. Norf., et une fille d'Aubriot, 1/2 s. Br.
Rosières : 1882. — Passé à Besançon en novembre 1882.
Besançon : 1883. — Castré en 1894.

BELLOVÈZE, 1/2 s.
Approuvé. — M. Magniez, à Fins (Somme).
B. 1879.
S. R.
Compiègne : 1884-1885. — S. R.

S. B. 1/2 s. Midi, p. 37.

BEN-CHOUEIMANN, 1/2 s. L. — H. N.
Al. 1839. — Haras de Rosières.
Par *Choucïmann*, P. S. Ar., et *Procmatrix*, de la race Ducale,
née au Haras de Rosières.
Rosières : 1843. — Passé à Tarbes en février 1845.

BENI-SAOUD, 1/2 s. L. — H. N.
B. 1852. — Meuse.
Par *Saoud*, arabe, et une jument du Merlerault.
Rosières : 1857. — Castré en septembre 1859.

BENJOUINE, 1/2 s.
Approuve. — M. Aubry (Côte-d'Or).
Al. 1879. — Normandie.
Par *Pharaon*, 1/2 s., ou *Irlandais*, 1/2 s. N., et une jument, 1/2 s. N.
Besançon : 1883-1889. — S. R.

BERER, 1/2 s.
Approuvé : 1887. — M. Montlarbon.
B. m. 1879. — France.
Par *Palm* et une fille de Pretender.
Annecy : 1887-1897. — S. R.

BERGER, 1/2 s. V. — H. N.
Al. 1879. — Vendée.
Par *Quinquonce*, 1/2 s. V., et *Finette*, 1/2 s. V., par Cornichon.
Rosières : 1883. — Castré en août 1888.

BERQUIN, 1/2 s. N.
Al. 1857. — Orne.
Par *The Juggler*, P. S. A., et *N.*, 1/2 s. N., par Hospodar,
1/2 s. N.
Montier-en-Der : 1861. — Réformé en septembre 1861.

BERTHOLET, 1/2 s. N. — H. N.
B. 1857. — Normandie.
Par *The Great-Western*, 1/2 s. A., et une fille de Voltaire, 1/2 s. N.
Rosières : 1861. — Castré en novembre 1873.

BETEL, 1/2 s. Ch. — H. N.
Bb. 1879. — Charente-Inférieure.
Par *Quibbler*, 1/2 s. N., et une fille de *Bissextil*, P. S. A.
Rosières : 1883. — Mort en mai 1893.

BÉTHUNE, 1/2 s.
Approuvé. — M. Thiébaut (Haute-Saône).
Par *Quémandeur*, 1/2 s. N., et une jument 1/2 s., par Sinope,
1/2 s. N.
Besançon : 1883-1895. — S. R.

BIANCO, 1/2 s. — H. N
S. R.
Annecy : 1862. — Castré en août 1869.

BICEPS, 1/2 s. N. — H. N.
Al. 1879. — Orne.
Par *Racoleur*, 1/2 s. N., et *Odalisque*, par Inkermann.
Compiègne : 1883. — Réformé en septembre 1886.

BICHAT, 1/2 s. N. — H. N.
B. 1857. — Normandie.
Par *Sultan*, 1/2 s. N., et une fille de Ramsay, P. S. A.
Rosières : 1861. — Castré en juillet 1867.

BIENFAIT, 1/2 s.
Approuvé. — MM. F. Delangle et Dubus-Gervais, Lille.
B. 1876.
Compiègne : 1880-1881. — S. R.

BIENVENU, 1/2 s.
Approuvé. — M. Fougeron, à Broiliy (Somme).
Al. 1864.
S. R.
Compiègne : 1868-1879. — S. R.

BIGNAN, ex-**INGRES**, 1/2 s. Br. — H. N.
Al. 1879. — Finistère.
Par *Ingres*, 1/2 s. N., et une fille de Lieutenant, P. S. A.
Rosières : 1883. — Castré en août 1893.

BIJOU, 1/2 s. N.
Al. 1878. — Normandie.
Approuvé. — M. Ménard-Lariotte, 1882 ; M. Aubry, 1889.
Par *Page*, 1/2 s. N., et une fille de Dauphin, 1/2 s. N.
Rosières : 1882. — Vendu en 1890.

BIRDCATCHER, 1/2 s.
Approuvé. — M. Delangle, à Lille (Nord).
B. 1879. — Manche.
Compiègne : 1884-1887. — S. R.

BISCUIT, 1/2 s. N. — H. N.
B. 1879. — Manche.
Par *Idoménée*, 1/2 s. N., et *Riga*, 1/2 s. N., par Riga, 1/2 s. N.
Rosières : 1884. — Castré en novembre 1896.

BIZARRE, 1/2 s.
Approuvé en 1892. — M. Cottin.
B. c. 1887. — France.
Par *Contrôleur* et une fille de Guelfe.
Annecy : 1892. — Mort en 1895.

BLACK, 1/2 s.
Approuvé. — M. Gutel, à Berny (Somme).
N. 1870.
Compiègne : 1874-1881. — S. R.

BLACK-NORFOLK, ex-**OHÉ-LA-BAS**, 1/2 s. A. — H. N.
N. 1870. — Angers.
Par *Prickwillow*, 1/2 s. A., et une fille de Norfolk-Hero, 1/2 s. A.
Compiègne : 1877-1880. — Lamballe : 1881-1888. — S. R.

BLACK-PLUM, 1/2 s. Norf. — H. N.
N. 1880. — Angleterre.
S. R.
Rosières : 1884. — Castré en août 1890.

BLACK-PRINCE, 1/2 s.
Approuvé. — M. du Plouy.
N. 1867. — Angleterre.
Compiègne : 1875-1881. — S. R.

BLAIRENCOURT, 1/2 s. N. — H. N.
B. 1879. — Calvados.
Par *Kilomètre*, 1/2 s. N., et *Bruyère*, 1/2 s. N.,
par Succès, 1/2 s. N.
Montier-en-Der : 1883. — Réformé en septembre 1884.

BLONDOR, 1/2 s.
Approuvé. — M. Bartholomot (Jura).
B. 1879. — Normandie.
Par *Koping*, 1/2 s. N., *Hamon*, 1/2 s. N., ou *Phaëton*, 1/2 s. N.,
et une jument 1/2 s., par Elu, 1/2 s. N.
Besançon : 1883. — Réformé en 1884.

BOB, 1/2 s.
Approuvé. — M. Dubéchot (Côte-d'Or).
Par *Oméga*, 1/2 s. N., et une jument 1/2 s., par Dictateur,
1/2 s. N.
Besançon : 1883-1890. — S. R.

BOCCACE, 1/2 s.
Approuvé. — M. Barillet, 1883 ; M. Gribelin (Côte-d'Or).
B. 1879. — Normandie.
Par *Idoménée*, 1/2 s. N., et une jument 1/2 s., par Kapirat,
1/2 s. N.
Besançon : 1883. — Castré en 1890

BOIARD, 1/2 s.
Approuvé. — M. George (Haute-Saône).
B. 1879. — Normandie.
Par *Schomyl*, 1/2 s. L., et une jument 1/2 s., par Glorieux
1/2 s. N.
Besançon : 1883. — Vendu en 1874. M. Clément, 1895 :
M. Gérard, 1896 ; M. Drapier, 1899. — Rosières : depuis 1895.

BOILEAU, 1/2 s. N. — H. N.
B. 1879. — Orne.
Par *Oriental*, 1/2 s. N., et *Rousselière*, 1/2 s. N., par Taconnet,
1/2 s. N.
Montier-en-Der : 1883. — Réformé en août 1884.

BOLATOU, 1/2 s. N. — H. N.
Al. 1879. — Calvados.
Par *Renémesnil*, 1/2 s. N., et *Irlandaise*, 1/2 s. N., par Irlandais,
1/2 s. N.
Montier-en-Der : 1883. — Réformé en juillet 1894.

4.

BON-AMI, 1/2 s. V. — H. N.
B. 1879. — Vendée.

Par *Nique*, 1/2 s. N., et *N.*, 1/2 s. V., par Kapirat II, 1/2 s. N.
Sa grand'mère : *N.*, 1/2 s. V., par Cornichon, 1/2 s. V. (approuvé).
Montier-en-Der : 1883. -- Réformé en août 1883.

BONAPARTE, 1/2 s.
Approuvé. — M. Vachet (Côte-d'Or).
B. 1879. — Normandie.

Par *Palm*, 1/2 s. N., et une jument 1/2 s., par Conquérant,
1/2 s. N.
Besançon : 1883. — Mort en 1888.

BON-CŒUR, 1/2 s.
Approuvé : 1887. — M. Legrand.
N. 1879. — France.
S. R.
Annecy : 1887-1889. — S. R.

S. B., 1/2 s., Midi, p. 191.

BON-ESPOIR, 1/2 s. N. — H. N.
B. 1865. — Orne.

Par *Centaure*, 1/2 s. N., et mère inconnue.
Rosières : 1869. — Castré en juillet 1884.
A fait la monte à Villeneuve en 1871.

BONJOUR, 1/2 s.
Approuvé. — M. Fraichard (Jura).
B. 1879. — Normandie.

Par *Lavater*, 1/2 s. N., et une jument 1/2 s., par Hussein, 1/2 s. N
Besançon : 1883. — S. R.

BONNIVET, 1/2 s. N. — H. N.
B. 1857. — Calvados.

Par *Hébreu*, 1/2 s. N., et *N.*, 1/2 s. N.
Montier-en-Der : 1861. — Réformé en septembre 1872.

BONTON, 1/2 s. V. — H. N.
N. 1876. — Vendée.

Par *Néfier*, 1/2 s. N., et une jument 1/2 s., par Bonton, P. S. A
Besançon : 1880. — Réformé en 1887.

BONVOISIN, 1/2 s.
Approuvé. — M. Martin (Côte-d'Or).
N. 1879. — Normandie.
Par *Marignan*, 1/2 s. N., et une jument 1/2 s., par Ignoré, 1/2 s. N.
Besançon : 1883-1890. — S. R.

BORDA, 1/2 s. N, — H. N.
B. 1857. — Calvados.
Par *Schamyl*, P. S. A., et une jument 1/2 s.,
par Herschell, 1/2 s. N.
Besançon : 1862. — Réformé en 1869.

BORNAU, 1/2 s. N. — H. N.
B. 1879. — Orne.
Par *Vladimir*, 1/2 s. N., et *Néméa*, 1/2 s. N., par Noteur, 1/2 s. N.
Compiègne : 1883. — Mort après la monte de 1884.

BOSTON-IDAL, 1/2 s.
Approuvé. — M. Ferd. Delangle (Lille)
B. 1871.
Compiègne : 1878. — Réformé en 1886.

S. B., 1/2 s., V. p. 67.
BOTZARIS, 1/2 s. N.
B. 1857. — Normandie.
Par *Lionceau*, 1/2 s. N., et *N.*, fille de Diomède, 1/2 s. N.
Rosières : 1861. — Castré en novembre 1873.
En 1871 n'a pas fait la monte en Vendée.

BOUBON, 1/2 s. N. — H. N.
B. 1879. — Manche.
Par *Newton*, 1/2 s. N., et *Louise*, 1/2 s. N., par Ugolin, 1/2 s. N.
Rosières : 1883. — Abattu en juillet 1897.

BOUCLIER, 1/2 s.
Approuvé. — M. Tissot (Côte-d'Or).
B. 1879. — Normandie.
Par *Esculape*, 1/2 s. N., où *Renaissant*, 1/2 s. N.,
et une jument 1/2 s., par Fleuron, 1/2 s. N.
Besançon : 1883. — Castré en 1890.

BOULONNAIS, 1/2 s. (approuvé).
Gr. 1863.
S. R.
Compiègne : 1869-1870. — S. R.

BOURBAKI, 1/2 s.
Approuvé. — Mis de Balathiet (Côte-d'Or).
B. 1879. — Normandie
Par *Palm*, 1/2 s. N., et une jument 1/2 s., par Matchless, 1/2 s. A.
Besançon : 1883. — Réformé en 1889.

BOURDON, 1/2 s. N. — H. N.
Al. 1852. — Calvados.
Par *Lucain*, 1/2 s. N., et *N.*, 1/2 s. N., par Kenilworth, 1/2 s. N.
Montier-en-Der : 1862. — Abattu en juin 1879.

BOURGELAT, 1/2 s. Br. — H. N.
B. 1857. — Bretagne.
Par *Éclipse*, 1/2 s., et une fille d'Eylau, 1/2 s. N.
Annecy : 1862. — Castré en juillet 1866.

BOURGET, 1/2 s. N. — H N.
B. ac. 1879. — Calvados.
Par *Hick*, 1/2 s. N., et une fille d'Irlandais, 1/2 s. N.
Annecy : 1883. — Castré en août 1899.

BOURGUEBUS, 1/2 s. N. — H. N.
Al. 1879. — Manche.
Par *Romano*, 1/2 s. N., et *Castille*, par Paladin, P. S. A.
Compiègne : 1883. — Réformé en août 1896.

BOURIENNE, 1/2 s. N. — H. N.
N. 1857. — Orne.
Par *Tipple-Cider*, P. S. A., et une jument 1/2 s., par Mahomet,
1/2 s. N.
Besançon : 1862. — Mort en 1881.

BOUTON-D'OR, 1/2 s. Char. — H. N.
Al. 1879. — Charente-Inférieure.

Par *Quibbler*, 1/2 s. N., et *N.*, 1/2 s. Char., par Routier, 1/2 s. N.
Montier-en-Der : 1883. — Passé au Pin en janvier 1886.

BOSSUET, 1/2 s.
Approuvé. — M. Grandjean (Haute-Saône).
B. 1879. — Normandie.

Par *Muphti*, 1/2 s. N., et une jument 1/2 s., par Orphelin, 1/2 s. N.
Besançon : 1883-1884. — S. R.

BOYER 1/2 s. A. N. — H. N.
B. 1857. — Normandie.

Par *Assault*, P. S. A., et une fille de Lecteur, 1/2 s. N.
Annecy   1861. — Castré en juillet 1867.

BRAHMA, 1/2 s.
Approuvé. — M. Perret, à Campagne-les-Hesdin (Pas-de-Calais).
R. 1857.
S. R.
Compiègne : 1871-1872. — S. R.

BRAHMANE, 1/2 s. Ch. — H. N.
B. f. 1879. — Charente-Inférieure.

Par *Quibler*, 1/2 s. N., et une fille de Lamborn, 1/2 s. V.
Annecy, 1883. — Castré en août 1899.

BRAMANTE et le **ZOULOU**, 1/2 s. A.-Ar. — H. N.
Al. 1877. — Gers.

Par *Bind*, P. S. A.-Ar., et une fille d'Emichi, 1/2 s. N., ou Memphis,
P. S. A.-Ar.
Rosières : 1881. — Castré en août 1895.

BRANDON, 1/2 s. N. — H. N.
Gr. 1852. — France.

Par *Quadrilatère*, P. S. A., ou *Quinquina*, P. S. A., et une jument
de trait.
Montier-en-Der : 1860. — Abattu en novembre 1873.

BRANTOME, 1/2 s.

Approuvé. — M. Ponsot (Côte-d'Or).

B. 1879. — Normandie.

Par *Idoménée*, 1/2 s. N., et une jument 1/2 s., par Mariclet, 1/2 s. N.

Besançon : 1883. — Réformé en 1890.

BRAS-DE-FER, 1/2 s. N. — H. N.

B. 1879. — Calvados.

Par *Interprète*, 1/2 s. N., et *Sultane*, par Sultan, 1/2 s. N.

Compiègne : 1883. — Réformé en août 1884.

BRASSEUR, 1/2 s. N. — H. N.

B. 1879. — Calvados.

Par *Palm*, 1/2 s. N., et *Carlotta*, 1/2 s. N., par Ignace, 1/2 s. N.,

Montier-en-Der : 1883. — Réformé en août 1898.

BREHAT, ex-**FIRE-KING**, 1/2 s. Br. — H. N.

Gr. 1879. — Finistère.

Par *Page*, 1/2 s. N., ou *Fire-King*, 1/2 s. N.

Besançon : 1882. — Mort en 1885.

BRELAN, 1/2 s. V. — H. N.

Al. 1879. — Vendée.

Par *Rovigo*, 1/2 s. V., et une fille de Black-Eyes, P. S. A.

Sa grand'mère : par Jambe-d'Argent, 1/2 s. N.

Rosières : 1883. — Castré en août 1888.

BRENNUS, 1/2 s.

Approuvé. — M. Darche, à Gognies-Chaussée (Nord).

B. 1861.

S. R.

Compiègne : 1871-1881. — S. R.

BRICE, 1/2 s. L.

Approuvé. — M. Simon.

B. 1872. — Lorraine.

Par *Point-de-Départ*, 1/2 s. N. (approuvé).

Rosières : 1878. — Réformé en 1887.

BRID'OISON, 1/2 s. N. — H. N.
B. 1856. — Normandie.
Par *Tic-Tac*, 1/2 s. N., et *Cotentine*, 1/2 s. N,
Annecy : 1861. — Castré en septembre 1863.

BRIGADIER, 1/2 s. N. — H. H.
B. 1836. — Normandie.
Par *Prosélyte*, 1/2 s. A., et une jument normande.
Besançon : 1841. — Réformé en 1849.

BRILLANT, 1/2 s. N. — H. N.
Gr. 1837. — Orne.
Par *Sandy*, 1/2 s. A., et une jument du Perche.
Besançon : 1842. — Réformé en 1850.

BRILLANT, 1/2 s. — H. N.
Gr. f. — 1856.
Par *Fernay*.
Annecy : 1863. — Castré en juillet 1868.

BRILLANT, 1/2 s.
Approuvé. — M. Tostier, à Maucomble (Seine-Inférieure).
N. 1861.
S. R.
Compiègne : 1871-1876. — S. R.

BRILLANT, 1/2 s.
Approuvé. — M. Gallain (Aube); 1872, M. Jacquier (Marne).
B. 1862.
S. R.
Montier-en-Der : 1871-1872. — S. R.

BRILLANT, 1/2 s. N.
Approuvé. — M. Roussez-Deplace.
Bb. 1870. — Normandie.
S. R.
Compiègne : 1876-1879. — S. R.

N. 1879. — Vendée.
Par *Avant-Garde*, 1/2 s. A., et *N.*, 1/2 s. V., par Lycurgue,
1/2 s. N.
Montier-en-Der : 1883. — Réformé en juillet 1886.

BRISTOL, 1/2 s. Lorr. — H. N.
B. 1835. — Haras de Rosières.
Par *Belmont*, P. S. A., et *Sultane*, 1/2 s. N.
Rosières : 1839. — Castré en août 1848.

BRISTOL, 1/2 s.
Approuvé. — M. Renard (Côte-d'Or).
B. 1879. — Normandie.
Par *Newton*, 1/2 s. N., et une jument 1/2 s., par Hussein, 1/2 s. N.
Besançon : 1883. — Mort en 1885.

S. B. 1/2 s. Midi. p. 191.
BRITANNICUS, 1/2 s. N. — H. N.
Ro. 1857. — Orne.
Par *Sully*, P. S. A., et une fille de Napoléon, P. S. A.
Rosières : 1861. — Abattu en octobre 1878.

BRUCYS, 1/2 s. N. — H. N.
B. 1857. — Normandie.
Par *Rocroi*, 1/2 s. N., et une jument normande.
Rosières : 1861. — Castré en novembre 1863.

BRULOT, 1/2 s. N. — H. N.
Gr. 1857. — Manche.
Par *Sébastopol*, 1/2 s. N., et *N.*, 1/2 s. N., par Lahore, 1/2 s. A.
Montier-en-Der : 1861. — Réformé en octobre 1862.

S. B. 1/2 s. N., t. I. p. 45.
BUCÉPHALE, 1/2 s. N.
Approuvé. — M. Ginfray.
Par *Professeur*, 1/2 s. N., et une jument 1/2 s. N., par Performer,
1/2 s. A.
Compiègne : 1876-1876. — S. R.

BUCÉPHALE, 1/2 s.
Approuvé. — M. Carpentier, à Roye (Somme).
B. 1866.
S. R.
Compiègne : 1871-1874. — S. R.

BUCÉPHALE, 1/2 s. Br. — H. N.
Al. 1878. — Bretagne.
Par *Neuilly*, 1/2 s. Br., et une jument 1/2 s., par Windham, P. S. A.
Rosières : 1882. — Passé à Besançon en novembre 1882.
Besançon : 1883. — Castré en 1883.

S. B. 1/2 s. Midi, p. 191.
BUFFALO, 1/2 s. A. — H. N.
B. 1821. — Angleterre.
Par *Holm*, P. S. A., et une fille de Petit-Isaac, P. S. A.
Rosières : 1843. — Vendu en octobre 1843.

BUFORD, 1/2 s. Am.
Approuvé. — M. Abel Bassigny, à La Chapelle-en-Serval (Oise).
B. 1888. — Amérique.
Par *Princeton*, 1/2 s. Am., et une fille de Mambrino, 1/2 s. Am.
Compiègne : depuis 1896.

BUISSON, 1/2 s.
Approuvé. — M. Vincent (Jura).
B. 1879. — Normandie.
Par *Regret*, 1/2 s. N., et une jument 1/2 s., par Sir Edwin-Landsyer,
1/2 s. A.
Besançon : 1883-1889. — S. R.

CABRIOLE, 1/2 s. N. — H. N.
Al. 1858. — Normandie.
Par *Idalis*, 1/2 s. A., et une fille de *Sylvio*, P. S. A.
Rosières : 1862. — Vendu en janvier 1864 à M. Hutin (approuvé).
Rosières : 1864. — Réformé en 1872.
A fait la monte à Montier-en-Der en 1864. — S. R. depuis 1869.

CABRIOLE, 1/2 s.
Approuvé. — M. Collet.
Bb. 1868. — Meuse.
Par *Halles*, 1/2 s. N. (approuvé), et une jument de trait.
Rosières : 1875-1879. — S. R.

CADMUS, 1/2 s. V. — H. N.
Al. 1880. — Vendée.

Par *Kapirat II*, 1/2 s. N., et une fille de Glaneur, P. S. A.
Annecy : 1884. — Castré en septembre 1888.

CADOLE, 1/2 s.
Approuvé. — M. Belorgey (Côte-d'Or).
B. 1880. — Normandie.

Par *Léotard*, 1/2 s. N., et une fille de Torticolis, 1/2 s. N.
Besançon : 1884. — Réformé en novembre 1897.

CAEN, 1/2 s. N. — H. N.
B. 1858. — Normandie.

Par *Stocker*, P. S. A., et une fille de Xerxès, 1/2 s.
Annecy : 1862. — Castré en juillet 1866.

CAEN, 1/2 s. N.
Approuvé. — M. Namur-Daire (Ardennes).
B. 1887. — Calvados.

Par *Epicurien*, 1/2 s. N.
Montier-en-Der : 1891. — Castré en 1898.

S. B. P. S. A., t. 2, p. 24.

CAGLIOSTRO, 1/2 s. A.
Approuvé. — Duc de Vicence, à Caulaincourt.
B. 1855.

Par *Nunnykirk*, P. S. A., et *Fair-Hellen*, par Priam et Dirse,
par Partisan.
Compiègne : 1871-1874. — S. R.

CAGLIOSTRO, 1/2 s.
Approuvé. — M. Arnoult (Haute-Saône).
B. f. 1880.
S. R.
Besancon : 1884. — Mort en juillet 1884.

CAGNY, 1/2 s. N. — H. N.
Al. 1880. — Calvados.

Par *Kaolin*, P. S. A., ou *Montfort*, P. S. A., et *Rosette*, 1/2 s. N..
par Kabin, 1/2 s. N.
Rosières : 1884. — Castré en août 1895.

CAHORS, ex-**RIVAL**, 1/2 s. N. — H. N.
B. 1873. — S. R.
Par *Diego*, 1/2 s. N., et une fille de Victorieux, 1/2 s. N.
Rosières : 1883. — Castré en 1893.

CAID, 1/2 s.
Approuvé. — M. Ballot (Marne).
B. 1875.
S. R.
Montier-en-Der : 1880-1881. — S. R.

CAMARADE, 1/2 s. N. — H. N.
Al. 1880. — Manche.
Par *Paxaretta*, P. S. A., et *La Petite*, 1/2 s. N.,
par Hippocrate, 1/2 s. N.
Montier-en-Der : depuis 1884.

CAMARADE, 1/2 s. N. — H. N.
B. 1887. — Somme.
Par *Pique-Hardy*, 1/2 s. N., et une fille de Problemodique, 1/2 s. N.
Compiègne : depuis 1893.

CAMÉLIA, 1/2 s. N. — H. N.
Bb. 1880. — Calvados.
Par *Phare*, 1/2 s. N., et *Lapin*, fille de Mars, 1/2 s. N.
Annecy : 1884. — Castré en août 1886.

S. B. 1/2 s., Vendée., p. 69.
CAMILLE, 1/2 s. N. — H. N.
B. 1858. — Normandie.
Par *Impérieux*, 1/2 s. N., et fille de Troarn ou Nougatine, 1/2 s. N.
Rosières : 1862. — Castré en décembre 1874.

CAMPDEUR, 1/2 s. Lorr. — H. N.
B. 1828. — Haras de Rosières.
Par *Spy*, P. S. A., et *Tamise*, jument de race de Deux-Ponts
née au Haras de Rosières.
Rosières : 1830. — Mort en août 1845.

CANDIDE, 1/2 s. Br. — H. N.
Al. 1880. — Finistère.
Par *Fire-King* (Norfolk), et une fille de Dauphin, 1/2 s. Br.
Annecy : 1884. — Castré en juillet 1895.

CANICHE, 1/2 s. V. — H. N.
B. 1858. — Vendée.
Par *Intact*, 1/2 s. N., et une fille de Cornichon, 1/2 s. V.
Annecy : 1862. — Castré en novembre 1873.

S. B. 1/2 s. N.. t. 1.. p. 49.
CAPABLE, 1/2 s. N.
Approuvé. — M. Magniez, à Revellon (Somme)
Bb. 1858.
Par *Stoker*. P. S. A., et une fille de Volontaire, 1/2 s. N.
Compiègne : 1871-1881. — S. R.

CAPITAINE, 1/2 s. N.
Approuvé. — M. Calvin, à Pont-Séricourt (Aisne).
B. 1858.
S. R.
Compiègne : 1871-1874. — S. R.

CAPITAINE, 1/2 s.
Approuvé. — M. Desprez, à Abbeville (Somme).
Bb. 1866.
S. R.
Compiègne : 1871-1881. — S. R.

CAPITAINE, 1/2 s.
Accepté. — M. Devillers (Pas-de-Calais).
B. 1883.
S. R.
Compiègne : 1889-1890. — S. R.

CAPITAINE, 1/2 s.
Approuvé. — M. Em. Bréger (Haute-Marne).
Aub. 1895.
S. R.
Montier-en-Der ; depuis 1899.

CAPORAL, 1/2 s. N. — H. N.
Al. 1836. — Orne.
Par *Captain-Candid*, P. S. A., et *N*., 1/2 s., par Rattler.
Compiègne : 1840. — Réformé en 1848.

CAPORAL, 1/2 s. — H. N.
Al. 1848. — Haute-Saône.
Par *Cromwell*, P. S. Ar., et une jument percheronne.
Besançon : 1862. — Abattu en 1869.

CAPORAL, 1/2 s.
Approuvé. — M. Paulien (Haute-Saône).
B. 1862.
S. R.
Besançon : 1867-1868. — S. R.

CAPRICE, 1/2 s. N. — H. N.
B. 1856. — Manche.
Par *Raglan*, 1/2 s. N., et une fille de Lionceau, 1/2 s. N.
Saint-Lô : 1862 ; Compiègne : 1853. — Réformé en août 1864.

CAPRICE, 1/2 s.
Approuvé. — M. Tinson (Haute-Saône).
B. 1858. — Normandie.
Besançon : 1862. — Mort en 1867.

CAPRICE, 1/2 s.
Approuvé. — M. Picquoy (Haute-Marne).
B. 1890.
S. R.
Montier-en-Der : 1894. — Réformé en 1896.

CAPTOR, 1/2 s.
Approuvé. — Duc de Vicence.
Gr. 1880.
Par *Norfolk*, 1/2 s. R., et *Neith*.
Compiègne : 1887-1891. — S. R.

CARACALLA, 1/2 s. Br. — H. N.
Al. 1880. — Finistère.

Par *Ino*, 1/2 s. N., et une fille de Jarni-Dieu, 1/2 s. Br.
Annecy : 1884. — Castré en août 1887.

CARACOLI, 1/2 s. N. — H. N.
Al. 1880. — Manche.

Par *Spectre*, 1/2 s. N., et *Coquette*, 1/2 s. N., par Kabin, 1/2 s. N.
Rosières : 1884. — Mort en avril 1887.

S. B. 1/2 s., T. I, p. 49.

CARAFFA, 1/2 s. N. — H. N.
B. 1858. — Normandie.

Par *Ratisbonne*, 1/2 s. N., ou *Performer*, 1/2 s. A.,
et une fille de Sylvio, P. S. A.
Rosières : 1862. — Parti pour Saint-Lô en août 1870.

S. B. 1/2 s. V., p. 70.

CARAMEL, 1/2 s. N. — H. N.
Al. 1858. — Normandie.

Par *Royal-Quand-Même*, P. S. A., et une fille de Jason, P. S. A.
Rosières : 1862. — Abattu en septembre 1876.

CARAVAN, 1/2 s. N. — H. N.
Gr. 1835. — Normandie.

Par *Phaéton*, 1/2 s. N., et une fille de Vaillant, 1/2 s. N.
Rosières : 1840. — Castré en novembre 1854.

CARDINAL, 1/2 s.
Approuvé 1884. — M. Parchemincy (Haute-Saône).
Autorisé 1898.
B. f. 1880. — Normandie.

Par *Regnard*, 1/2 s. N., et une jument 1/2 s., par Ugolin, 1/2 s. N.
Besançon : depuis 1884.

CARDINAL, 1/2 s. Char. — H. N.
N. 1880. — Charente-Inférieure.

Par *Lazzarone*, P. S. A.-Ar., et une fille d'Ordinal, 1/2 s. V.
Annecy : 1884. — Castré en août 1896.

CARÈME, 1/2 s. N. — H. N.
B. 1858. — Normandie.
Par *Radical*, 1/2 s. N., et une fille d'Important, 1/2 s. N.
Compiègne : 1863. — Réformé en septembre 1870.

CARIGNAN, 1/2 s.
Approuvé. — Ron de Fourmont, à Frévent (Pas-de-Calais).
B. 1865.
S. R.
Compiègne : 1871-1877.

CARILLON, 1/2 s. Br. — H. N.
R. 1880. — Finistère.
Par *Ingres*, 1/2 s. N., et une jument 1/2 s., par Aubriot, 1/2 s. Br.
Besançon : 1884. — Réformé en 1887.

CARLIN, 1/2 s. N. — H. N.
B. 1858. — Normandie.
Par *Jay*, 1/2 s. N., et une fille de Paternel, 1/2 s. N.
Annecy : 1862. — Castré en juillet 1867.

CARMIN, 1/2 s. N. — H. N.
B. ch. 1858. — Normandie.
Par *Pledge*, 1/2 s. N., et une fille d'Emile, 1/2 s. N.
Annecy : 1870. — Castré en juillet 1872.

CARMIN, 1/2 s. Br.
Approuvé. — M. Lambert (Ardennes), 1891 ; M. Broyard (Ardennes).
Al. 1885. — Bretagne.
Montier-en-Der : 1889-1894.

CARRÉ, 1/2 s. N. — H. N.
B. 1858. — Vendée.
Par *Necker*, 1/2 s. N., et *N.*, 1/2 s. A.
Compiègne : 1862. — Réformé en août 1873.

CASCADOR, 1/2 s. N. — H. N.
Al. 1880. — Calvados.
Par *Tamar*, 1/2 s. N., et *Rosette*, 1/2 s. N., par Fleuron, 1/2 s. N.
Montier-en-Der : 1884. — Réformé en août 1887.

CASCARET, 1/2 s. N. — H. N.
B. 1858. — Normandie.
Par *Scapin*, 1/2 s. N., et une fille d'Iéna, 1/2 s. N.
Annecy, 1862. — Mort en octobre 1872.

CAVENDISH, 1/2 s.
Approuvé. — M. Modesse-Berquet.
R. 1867.
S. R.
Compiègne : 1874-1883. — S. R.

CAZOTTE, 1/2 s. Br. — H. N.
Al. 1880. — Finistère.
Par *Sénégal*, 1/2 s. N., et *N.*, 1/2 s. Br., par Aubriot, 1/2 s. Br.
Montier-en-Der : 1884. — Réformé en août 1891.

CÉDAR, 1/2 s.
Approuvé — Duc de Vicence ; M. Creté, à Fresnaye-au-Val
(Somme), 1896.
Autorisé. — M. Poulin (Somme), 1899.
Bb. 1880. — Aisne.
Par *Rollon*, 1/2 s., et *Vernaya*, 1/2 s.
Compiègne : 1891-97.

CÉDRAT, 1/2 s.
Approuvé. — M. Magny, à Revellon (Somme).
Gr. 1858.
S. R.
Compiègne : 1871. — S. R.

CÉLÈBRE, 1/2 s. N. — H. N.
B. 1858. — Normandie.
Par *William*, 1/2 s. A., et une fille de Friedland, P. S. A.
Compiègne : 1862. — Abattu en août 1869.

CÉLÈBRE, 1/2 s. N. — H. N.
B. c. 1880. — Orne.
Par *Phaéton* 1/2 s. N., et une fille d'Aurantès, 1/2 s. N.
Annecy : 1884. — Castré en août 1886.

CÉLIBATAIRE, 1/2 s. V. — H. N.
B. 1858. — Vendée.

Par *Benjamin*, 1/2 s. A., et *Poitevine*, 1/2 s. V.
Annecy : 1862. — Castré en juillet 1877.

CELLINI, 1/2 s.
Approuvé. 1887. — M. Galin.
B. m. 1880. — France.

Par *Oméga* et une fille d'Hidalgo.
Annecy : 1887. — S. R.

CENTURION, 1/2 s. N. — H. N.
Al. 1880. — Manche.

Par *Sir-Henry*. 1/2 s. N., et *Flora*, 1/2 s. N.
Montier-en-Der : 1884. — Réformé en novembre 1896.

CERVANTÈS, 1/2 s.
Approuvé. — B^ou de Fourment, à Frevent (Pas-de-Calais).
B. 1858.
Compiègne : 1871-1872. — S. R.

CÉSAR, 1/2 s. N. — H. N.
N. 1858. — Normandie.

Par *Paternel*, 1/2 s. N., et une fille de Xeropthalcutte, 1/2 s. N
Annecy : 1862 — Castré en juillet 1877.

CÉSAR, 1/2 s. Br.
Approuvé. — M. Aubert (Haute-Marne).
Ro. 1890. — Finistère.

Par *Chaparon*, 1/2 s. N., et *Bidolle*, 1/2 s. Br., par Fue-King,
1/2 s. N.-A.
Sa grand'mère : N., 1/2 s. Br., par *Aubriot*, 1/2 s. B.
Montier-en-Der : depuis 1894.

CÉSAR, 1/2 s.
Approuvé. — **M.** Raquin (Aube).
B. 1859. — Aube.
Montier-en-Der : 1871-1873. — S. R.

5.

CÉSAR, 1/2 s.

Approuvé. — M. Augey (Haute-Saône).

B. 1880. — Normandie.

Par *Ignoré*, 1/2 s. N., et une jument 1/2 s., par Hussein, 1/2 s. N.

Besançon . 1884. — Castré en novembre 1893.

CHAILLE, 1/2 s. Char. — H. N.

B. 1860. — Charente-Inférieure.

Par *Poitevin*, trait, et *N.*, 1/2 s. N.

Montier-en-Der : 1865. — Réformé en octobre 1873.

CHAMBERTIN, 1/2 s. N. — H. N.

Al. br. 1880. — Orne.

Par *Niger*, 1/2 s. N., et *Minerve*, par Gaulois, 1/2 s. N.

Annecy : 1892. — Castré en août 1896.

CHAMPION, 1/2 s.

Approuvé. — M. Modeste.

B. 1853.

Compiègne : 1871-1873. — S. R.

CHAMPION, 1/2 s.

Approuvé. — M. Fougeron (Somme).

Gr. 1874.

Compiègne : 1878-1881. — S. R.

CHAMPIONNET, 1/2 s.

Approuvé. — M. Magniez, à Revellon (Somme).

Bb. 1858.

Compiègne : 1871. — S. R.

CHANOINE, 1/2 s.

Approuvé. — M. Champon (Haute-Saône).

B. 1858. — Normandie.

Pa *Riga*, 1,2 s. N., et une jument 1/2 s., par Corsaire, 1/2 s. A.

Besançon : 1862. — Réformé en 1877.

CHARLATAN, 1/2 s. N. — H. N.
B. 1880. — Sarthe.
Par *Quiclet*, 1/2 s. N., et *Séduisante*, 1/2 s. N., par Gall, 1/2 s. N.
Rosières : 1884. — Abattu en juillet 1897.

CHARLEVILLE, 1/2 s. — H. N.
B. 1838.
Par *Marmot* (par Massoud, ar.), et *N.*, 1/2 s., A.-Norm.
Compiègne : 1848. — Réformé en juin 1854.

CHARMEUR, 1/2 s. N. — H. N.
B. 1880. — Calvados.
Par *Oméga*, 1/2 s. N., et une jument 1/2 s., par Hilaire, 1/2 s. N
Besancon : 1884. — Castré en 1895.

CHATEAUROUX, 1/2 s., du Midi. — H. N.
Gr. 1877. — Hautes-Pyrénées.
Par *Dumas*, P. S. Ar., et une fille de Rodion, 1/2 s. A.-Ar.
Annecy : 1881. — Abattu en juillet 1889.

CHÉRI, 1/2 s.
Approuvé. — Bon de Fourment, à Frévent (Pas-de-Calais).
N. 1861.
Compiègne : 1871-1876. — S. R.

CHERIF, 1/2 s. Barbe.
Approuvé. — Cte de Margon.
Al. 1870.
Rosières : 1885. — S. R.

CHEVALIER, 1/2 s. N. — H. N.
B. 1858. — Normandie.
Par *Niagara*, 1/2 s. N., et une jument normande.
Rosières : 1862. — Castré en juillet 1867.

CHOISI, 1/2 s.
Approuvé. — M. Husson.
Gr. 1855.
S. R.
Rosières : 1865. — Vendu en pays annexé en 1870.

CHOISI, 1/2 s. N. — H. N.
Al. 1858. — Calvados.
Par *Sancho*, 1/2 s. N., et une fille de Turpin, 1/2 s. N.
Compiègne : 1862. — Réformé en juillet 1868.

CIGARE, 1/2 s.
Approuvé. — M. Pretet, 1884 : M. Cirrimey, 1891 (Haute-Saône).
B. 1880. — Normandie.
Par *Va-de-bon-Cœur*, 1/2 s. N., et une jument 1/2 s.,
par Ugolin, 1/2 s. N.
Besançon : 1884. — Vendu en novembre 1897.

CITADIN, 1/2 s.
Approuvé. 1884. — M. Gros, 1884.
Bb. 1880. — France.
Par *Dragon*, et une fille de Rudolphi.
Annecy : 1884. — Castré en 1885.

CITHOS, 1/2 s.
Accepté. — M. Cottard (Somme).
B. 1885.
Compiègne : depuis 1889.

CLASKER, 1/2 s. Lorr. — H. N.
Al. 1834. — Haras de Rosières.
Par *Général-Mina*, P. S. A., et *Dalila*, jument de race
arabe navarrine, née au Haras de Rosières.
Rosières : 1839. — Castré en octobre 1840.

CLAUDIN, 1/2 s.
Approuvé. — M. Rohart (Yonne) ; 1860, M. Thillière.
Al. 1855.
Montier-en-Der : 1859-1862. — S. R.

CLEAR-THE-WAY, 1/2 s. A. — H. N.
Ro. 1867. — Angleterre.
Montier-en-Der : 1883. — Réformé en août 1884.

CLIFF, 1/2 s. Lorr. — H. N.
Al. 1834. — Haras de Rosières.
Par *Général-Mina*, P. S. A., et *Corésie*, jument de race Ducale
née au Haras de Rosières,
Rosières : 1839. — Abattu en mars 1848.

CLODION, 1/2 s. N. — H. N.
Al. 1880. — Eure.
Par *Hannon*, 1/2 s. N., ou *Buci*, 1/2 s. N., ou *Gall*, 1/2 s. N ,
et *Colinette*, 1/2 s. N., par Trocadéro, P. S. A.
Rosières : 1884. — Castré en décembre 1898.

COGNAC, 1/2 s.
Accepté. — M. Pamart, à Catillon (Nord).
N. 1885.
Compiègne : 1891-1892. — S. R.

COIFFEUR, 1/2 s.
Approuvé en 1861. — Autorisé en 1871.
N. 1857. — Normandie.
M. Many, 1861 ; M. Thevet, 1862 (Haute-Saône).
Besancon : 1871-1872. — S. R.

COLBERT, 1/2 s. V. — H. N.
Bb. 1880. — Vendée.
Par *Pactole*, 1/2 s. N., et une fille de Jambe-d'Argent, 1/2 s. N.
Rosières : 1884. — Castré en septembre 1884.

COLIBRI, 1/2 s.
Approuvé. — M. du Plouy,
B. 1875.
Compiègne : 1880. — S. R.

COLIGNY, 1/2 s.
Approuvé. — M. Namur-Daire (Ardennes).
Al. 1886. — Haute-Marne.
Par *Centurion*, 1/2 s. N., et *Louise*.
Montier-en-Der : 1890. — Vendu la même année.

COLIN-MAILLARD, 1/2 s. N. — H. N.
B. 1858. — Normandie.
Par *Qui-perd-Gagne*, 1/2 s. N., et une fille de Camisara, 1/2 s. N.
Annecy : 1862. — Mort en août 1873.

COLMAR, ex-**SÉNÉGAL**, 1/2 s. Br. — H. N.
B. 1879. — Finistère.
Par *Sénégal*, 1/2 s. N., et une fille de Neuilly, 1/2 s. Br.
Rosières : 1883. — Castré en août 1887.

COLOGE, ex-**EXTIRPATEUR**, 1/2 s. N. — H. N.
N. 1882. — Normandie.
Par *Sobriquet*, 1/2 s. N., et *Lisette*, par Quia, 1/2 s. N.
Besançon : 1886. — Castré en 1893.

COMMANDEUR, 1/2 s.
Approuvé. — M. Fougeron, à Breilly (Somme).
B. 1862.
S. R.
Compiègne : 1871-1879. — S. R.

COMMANDEUR, 1/2 s.
Approuvé. — M. Modesse-Berquet.
B. 1864.
Compiègne : 1869-75. — S. R.

COMPACT, 1/2 s. N. — H. N.
B. ch. 1830. — Manche.
Par *Argonaut*, P. S., et une fille d'Edwin-Lameer, 1/2 s. N.
Annecy : 1884. — Castré en août 1885.

— 71 —

COMPAGNON, 1/2 s. N.
Approuvé. — M. Magniez, à Revellon (Somme).
Al. 1858. — Normandie.

Par *Memnon*, 1/2 s. N., et une fille de Jugurtha, 1/2 s. N.
Compiègne : 1871-1872. — S. R.

COMPÈRE, 1/2 s. N. — H. N.
B. 1833. — Oise.

Par *Snop*, 1/2 s. A., et *Commère*, 1/2 s. N.
Besançon : 1841. — Réformé en 1842.

COMPÈRE, 1/2 s. N. — H. N.
B. 1843. — Normandie.

Par *Conquérant*, 1/2 s., et *N.*, jument normande.
Rosières : 1847. — Passé au dépôt de Jussey en octobre 1847.

COMPÈRE, 1/2 s. — H. N.
B. 1843. — Moselle.

Par *Conquérant*, 1/2 s. N.
Besançon : 1848. — Réformé en 1848.

CONCURRENT, 1/2 s. N. — H. N.
B. 1858. — Normandie.

Par *Hébreux*, 1/2 s. N., et une fille de Sauvage, 1/2 s. N.
Annecy : 1862. — Abattu en août 1879.

CONGRÈS, 1/2 s.
Approuvé. — M. Magniez, à Revellon (Somme).
B. 1858.

Par *Troarn*, 1/2 s. N., et une jument 1/2 s. N., par Tipple-Cider,
P. S. A.
Compiègne : 1871-1875.

CONQUÉRANT, 1/2 s. N. — H. N.
B. 1835. — La Ferrière (Orne).

Par *Impérieux*, 1/2 s. N., et une fille de Buffalo, 1/2 s. N.
Rosières : 1840. — Castré en août 1860.

CONQUÉRANT, 1/2 s. N.
Gr. 1851.
S. R.
Approuvé. — M. Husson de 1859 à 1861,
Rosières : 1859. — Mort en 1861.

CONSUL, 1/2 s. V. — H. N.
Bb. 1880. — Vendée.
Par *Borigo*, 1/2 s. V., et une fille de Julien, 1/2 s. N.
Rosières : 1884. — Passé au Pin en novembre 1884.

CONTADIN, 1/2 s. Midi. — H. N.
Al. 1883. — Hautes-Pyrénées.
Par *Magister*, P. S. A., et une fille d'Arha, 1/2 s. Fr.
Annecy : 1887. — Passé au Pin en novembre 1888.

CONTE, 1/2 s.
Approuvé, 1887. — M. Moronoz.
Al. 1880. — France.
Annecy : 1887-1892.

CONVERTI, 1/2 s. N. — H. N.
N. 1858. — Normandie.
Par *Stocker*, P. S. A., et une fille de Black-Jack, 1/2 s. N
Annecy : 1862. — Castré en janvier 1873.

COPERNIC, 1/2 s.
Approuvé, 1887. — M. Collet.
Bb. 1880. — France.
Par *Ribaud* et une fille de Bravo.
Annecy : 1887-1893.

COQUET, 1/2 s.
Approuvé. — M. Thierrot (Marne).
Al. 1858.
Montier-en-Der : 1872-1874

COQUET, 1/2 s.
Approuvé. — M. Husson.
Gr. — S. R.
Rosières : 1862. — Réformé en 1862.

COQUET, 1/2 s. N. — H. N.
B. 1858. — Normandie.
Par *Lagopède*, 1/2 s. N., et une fille de Ballinkecle, P. S. A
Rosières : 1862. — Pris par les Allemands en août 1871.
N'a pas fait la monte en 1871.

CORAN, 1/2 s. N. — H. N.
B. 1858. — Normandie.
Par *Mastrillo*, P. S. A., et une fille de Tipple-Cider, P. S. A.
Rosières : 1862. — Castré en juillet 1869.

CORAN, 1/2 s. (accepté).
Al. 1894. — Seine-et-Marne.
Par *Camarade*, 1/2 s. N., et *Cora*, présumée P. S. A.

CORBEAU, 1/2 s. N. — H. N.
N. 58. — Normandie.
Par *Myrthe*, 1/2 s. N., et une jument 1/2 s. N.
Annecy : 1862. — Castré en juillet 1868.

CORBEAU, 1/2 s.
Approuvé. — M. Manier (Ernest), à Revellon (Somme).
N. 1862.
Compiègne : 1871-1874.

CORRECT, 1/2 s. N. — H. N.
B. 1880. — Orne.
Par *Oméga*, 1/2 s. N., et *Capucine*, 1/2 s. N., par Faliero, 1/2 s. N.
Rosières : 1884. — Castré en novembre 1893.

CORSAIRE, 1/2 s. N.
Approuvé. — M. Hirtzmann (Moselle).
Bb. 1861. — Normandie.
Par *Armateur*, 1/2 s. N., et *N.*, 1/2 s. N., par Ozila.
Montier-en-Der : 1866. — S. R. en 1869.

CORSAIRE, 1/2 s. N. — H. N.
B. 1870. — Aisne.
Par *Agenda*, 1/2 s. N., et *Élisa*, par Corsaire, P. S. A.
Compiègne : 1874. — Réformé en août 1889.

CORSAIRE, 1/2 s.
Accepté. — M. Huget, à Esqueries (Aisne).
B. 1889.
Compiègne : 1892-1893.

COSACK, 1/2 s. L.
Approuvé. — M. Vuillaume, 1889 ; M. Chaté, 1895.
Par *Nourrisson*, 1/2 s. V., et une fille d'Odéon, 1/2 s. N.
Sa grand'mère : par Cosaque, 1/2 s. (approuvé).
Rosières : 1889. — Réformé en 1897.

COSAQUE, 1/2 s.
Approuvé. — M. Henry.
Al. 1863.
S. R.
Rosières : 1872. — Castré en 1878.

COSAQUE, 1/2 s.
Approuvé. — M. Roy (Haut-Rhin.
B. 1886. — Normandie.
Par *Apis*, 1/2 s. N., et une jument 1/2 s., par Normand, 1/2 s. N.
Besançon : depuis 1890.

COSCÈQUE, 1/2 s. N. — H. N.
Bb. 1880. — Calvados.
Par *Interprète*, 1/2 s. N., et *N.*, 1/2 s. N., par Pimpant,
1/2 s. N.
Montier-en-Der : 1884-1886. — Passé au Pin en janvier 1887.

COTENTIN, 1/2 s.
Approuvé. — M. Chiffolot (Côte-d'Or).
B. 1880. — Normandie.
Par *Jackson*, 1/2 s. A., ou *Lucullus*, 1/2 s. N., et une jument
1/2 s., par Inkermann.
Besançon ; 1884. — Réformé en novembre 1885.

COURAGEUX, 1/2 s. N. — H. N.
B. 1858. — Normandie.
Par *Ravissant*, 1/2 s. N., et une fille de Carnassier, 1/2 s. N.
Annecy : 1862. — Castré en juillet 1864.

COURTISAN, 1/2 s.
Autorisé. — M. Simonot (Haute-Saône).
B. 1889. — Normandie.
Par *Saint-Rigomer*, 1/2 s. N., et une jument 1/2 s., par Palanquin
1/2 s. N.
Besançon : 1893. — Castré en 1893.

CRÉSUS, 1/2 s. N. — H. N.
B. 1858. — Normandie.
Par *Eperon*, P. S., et une fille de Faliero, 1/2 s. N.
Annecy : 1862. — Abattu en août 1878.

CRIQUET, 1/2 s. Br. — H. N.
Al. 1879. — Finistère.
Par *Page*, 1/2 s. N., et une fille d'Ingres, 1/2 s. N.
Rosières : 1883. — Castré en août 1893.

CRITÉRIUM, 1/2 s. Char. — H. N.
B. c. 1880. — Charente-Inférieure.
Par *Quibler*, 1/2 s. N., et une fille de Joubert, 1/2 s. V.
Annecy : 1884. — Passé au dépôt de Cluny en décembre 1890.

CROQUEFER, 1/2 s. V. — H. N.
R. 1858. — Vendée.
Par *Cornichon*, 1/2 s. V., et une fille d'Intact, 1/2 s. V.
Annecy : 1862. — Castré en juillet 1873.

CROSTRATE, 1/2 s.
Approuvé. — M. Sylvestre (Haute-Saône)
B. 1859. — Normandie.
Besançon : 1864. — Mort en 1867.

CRUSOÉ, 1/2 s.
Approuvé. — M. Magniez, à Revellon (Somme).
Bb. 1864.
Compiègne : 1871-1875.

CULTIVATEUR, 1/2 s. N. — H. N.
Bb. 1846. — Normandie.
Par *Jason*, P. S. A.., et *N.*, 1/2 s. N., par Bob-Warwick, 1/2 s.A.
Le Pin : 1850-1851. — Compiègne : 1852. — Passé
à Charleville en décembre 1852.

CURSOR, 1/2 s.
Approuvé. — M. Belin-Robant, à La Capelle.
B. 1864.
Par *Boncœur* et *Dame-de-Cœur*.
Compiègne : 1875-1880.

CZAR, 1/2 s.
Autorisé — M. le duc de Vicence (Aisne.
Bb. 1875. Fr.
Compiègne : 1888. — S. R. depuis 1889.

CZAR, 1/2 s.
Approuvé. — Duc de Vicence.
Gr. cl. 1876.
Compiègne : 1880. — Réformé en 1887

DACHA, 1/2 s. L. — H. N.
Gr. 1849. — Meurthe.
Par *Tachiani*, P. S. Ar., et une fille de Tamerlan,
Rosières : 1853. — Castré en mai 1857.

DA-DE-DI-DO-DU, 1/2 s. N. — H. N.
B. 1881. — Calvados.
Par *Hick*, 1/2 s. N., et *Petite-Ville*, 1/2 s. N., par Ignace, 1/2 s. N.
Montier-en-Der : 1885. — Mort en juin 1892.

DAGOBERT, 1/2 s.
Approuvé. — M. Poirier (Yonne).
Al. 1877. — Loir-et-Cher.
Par *Pinson*, 1/2 s., et *N.*, 1/2 s., par Patureau, 1/2 s.
Montier-en-Der : 1882. — Réformé en 1894.

DAGUERRE, 1/2 s. N. — H. N.
Al. br. 1881. — Manche.
Par *Bandit*, 1/2 s. N., et *Bergère*, par Feu-de-Joie, 1/2 s. N.
Annecy : depuis 1885.

DAGUET, 1/2 s. N.
Approuvé. — M. Boulnois (Oise) ; M. Luzzin (Aisne), 1893
Bon d'Horlincourt (Pas-de-Calais), 1895.
Bb. 1881.
Compiègne : 1887-1899.

DAMAS, 1/2 s.
Autorisé. — M. Deplace (Pas-de-Calais).
Gr. 1886.
Compiègne : 1891. — S. R. en 1892.

DAMOCLÈS, 1/2 s.
Approuvé. — M. Luzin-Tourry ; M. Claron (Nord), 1891
Al. brûlé 1881.
Par *Kapirat II* et une fille de Glaneur.
Compiègne : 1885-1893.

DANDIN, 1/2 s. N. — H. N.
Al. 1881. — Manche.
Par *Mine-d'Or*, 1/2 s. N., et *Flambau*, 1/2 s. N.,
par Sir-Edwin-Landseer, 1/2 s. A.
Compiègne : depuis 1885.

DANDY, 1/2 s. N. — H. N.
Al. 1881. — Calvados.
Par *Saturne*, 1/2 s. N., et une fille de Normand, 1/2 s. N.
Rosières : 1885. — Castré en août 1898.

DANSEUR, 1/2 s. N. — H. N.
B. 1837. — Normandie.
Par *Sylvio*, P. S. A., et une fille de Lucholl, 1/2 s. N.
Compiègne : 1843-1851.

DANTAN, 1/2 s. N. — H. N.
B. 1837. — Orne.
Par *Dangerous*, P. S. A., et *N.*, 1/2 s. N., par Talma, 1/2 s. A.
Le Pin : 1841. — Compiègne : 1842. — Abattu en juillet 1850.

DARFOUR, 1/2 s. N. — H. N.
Al. 1881. — Manche.
Par *Usuel*, 1/2 s. N., et *Parfaite*, par Pater, 1/2 s. N.
Annecy : depuis 1885.

DARIUS, 1/2 s. N. — H. N.
B. 1859. — Calvados.
Par *Québec*, 1/2 s. N., et *N.*, 1/2 s. N., par Usager, 1/2 s. N.
Montier-en-Der : 1864. — Abattu en juillet 1877.

DART, 1/2 s. A. — H. N.
B. 1827. — Angleterre.
Par *Dart*, P. S. A., et une fille de Loadstone, 1/2 s. A.
Le Pin : 1833-1845. — Compiègne : 1846. — Réformé en juillet 1848

DAVID, 1/2 s.
Approuvé. — M. Vernier (Haute-Saône).
B. 1855 (?).
Besançon : 1860-1868 (non présenté).

DAVID, 1/2 s. N. — H. N.
B. 1881. — Calvados.
Par *Léotard*, 1/2 s. N., et *L'Étoile*, par Grandiose, 1/2 s. N.
Montier-en-Der : 1885. — Abattu en mars 1886.

DEAUVILLE, 1/2 s. N. — H. N.
B. 1881. — Calvados.
Par *Noville*, 1/2 s. N., et *Cocotte*, par Conquérant, 1/2 s. N.
Compiègne : 1886. — Réformé en août 1890.

DÉCISIF, 1/2 s.
Approuvé en 1863.   M. Colomb, 1863 ; M. Guillaud, 1864 :
M. Durand, 1870.
B. 1859. — France.
Annecy : 1863. — Vendu à M. Durand (Isère).

DÉBUTANT, 1/2 s. N. · H. N.
B. 1859. — Orne.
Par *Séducteur*, 1/2 s. N., et *N.*, 1/2 s. N., par Merlerault,
1/2 s. N.
Montier-en-Der : 1863. — Réformé en 1869.

S. B. 1/2 s. Vendée. ; p. 75.
DELIGHT-FULL, 1/2 s. N. — H. N.
Al. 1859. — Normandie.
Par *Licteur*, 1/2 s. N., et une fille de Robinson, P. S. A.
Rosières : 1863. — Castré en août 1875.

DÉLUGE, ex-**DEAUVILLE**, 1/2 s. N. — H. N.
N. 1881. — Calvados.
Par *Josaphat*, 1/2 s. N., et *Lisette*, 1/2 s. N., par Bisson,
1/2 s. N.
Rosières : depuis 1885.

DÈMON, 1/2 s. N. — H. N.
Bb. 1881. — Manche.
Par *Toul*, 1/2 s. N., et *Rosette*, 1/2 s. N., par D'Artagnan,
1/2 s. N. (approuvé).
Montier-en-Der : 1885. — Réformé en juillet 1895.

DÉMON, 1/2 s.
Approuvé en 1887. — M. Massonne.
Al. — France.
Annecy : depuis 1887.

DÉMOSTHÈNE, 1/2 s. N. — H. N.
B. 1859. — Manche.
Par *Tamerlan*, 1/2 s. N., et *N.*, 1/2 s. N.
Montier-en-Der : 1863. — Mort la même année.

DENIS, 1/2 s. N. — H. N.
B. 1837. — Orne.
Par *Y. Rattler*, 1/2 s. A., et *N.*, 1/2 s. N., par Talma, 1/2 s. A.
Le Pin : 1841 ; Compiègne : 1842. — Abattu en novembre 1845.

DÉVASTATEUR, 1/2 s. N. — H. N.
Al. br. 1881. — Orne.
Par *Uvernet*, 1/2 s. N., et *Bijou*, par Hidalgo, 1/2 s. N.
Annecy : depuis 1885.

DÉVELOPPÉ, 1/2 s.
Approuvé. — M. Chauffenne (Haute-Saône).
B. 1859. — Normandie.
Besançon : 1863. — Réformé en 1869.

DEVERLEY, 1/2 s. Lorr. — H. N.
Gr. 1820. — Haras de Rosières.
Par *Spy*, P. S. A., et *Euterpe*, jument de race de Deux-Ponts.
Rosières : 1825. — Abattu en octobre 1846.

DEVIN, 1/2 s. N. — H. N.
Al. 1881. — Manche.
Par *Mine-d'Or*, 1/2 s. N., et *Sophie*, par Garde-à-Vous, 1/2 s. N.
Compiègne : 1885. — Réformé en août 1895.

DIABLOTIN, 1/2 s.
Approuvé. — M. Morel (Haute-Saône).
Al. 1881. — Bretagne.
Par *Oak*, 1/2 s. N., et une jument 1/2 s., par Neuilly, 1/2 s. N.
Besançon : 1885-1887 (?)

DIAMANT, 1/2 s.
Approuvé. — M. Ballot (Marne).
B. 1863.
Montier-en-Der : 1874. — Réformé en 1882.

DIAMANT, 1/2 s. N. — H. N.
Al. 1881. — Calvados.
Par *Hick*, 1/2 s. N., et *Fleurette*, 1/2 s. N., par Fleuron, 1/2 s. N.
Rosières : 1885. — Mort en mai 1886.

DIAPRÉ, 1/2 s. N. — H. N.
Aub. 1881. — Orne.
Par *Clear-Thelvay*, 1/2 s. A., et *Cocote*, 1/2 s. N., par Elu, 1/2 s. N.
Sa grand'mère : N., 1/2 s. N., par Séducteur, 1/2 s. N.
Montier-en-Der : 1885. — Réformé en décembre 1891.

DICTATEUR, 1/2 s. N. — H. N.
B. 1819. — Normandie.
Par *Léger*, 1/2 s. N., et *N.*, fille de Hylactor, 1/2 s. N.
Rosières : 1824. — Mort en mars 1841.

DICTATEUR, 1/2 s. N.
Approuvé. — M. Vimont (Marne).
Bb. 1878. — Orne.
Par *Conquérant*, 1/2 s. N., et *Libertine*, 1/2 s. N.,
par Usbekyet, P. S. Ar.
(Voir S. B. N., t. I, p. 67.)
Montier-en-Der : 1896. — Mort en 1897.

DICTON, 1/2 s. Lorr. — H. N.
B. 1826. — Haras de Rosières.
Par *Spy*, P. S. A., et *Zerbine*, jument de race de Deux-Ponts,
née au Haras de Rosières.
Rosières : 1830. — Réformé en novembre 1842.

DIÉMEN, 1/2 s N. — H. N.
B. ch. 1859. — Normandie.
Par *Assam*, P. S. Ar., et une fille d'Imbert, 1/2 s. N.
Annecy : 1863. — Mort en novembre 1863.

DIES-IRÆ. 1/2 s.
Approuvé. — M. Prudhon, 1863 ; M. Teimsu (Haute-Saône).
N. 1855. — Normandie (?).
Besançon : 1863. — Mort en 1869.

DIEUDONNÉ, 1/2 s. N. — H. N.
B. c. 1859. — Normandie.
Par *Eperon*, P. S., et une fille d'Oscar, 1/2 s. N.
Annecy : 1863. — Castré en juillet 1870.

DILIGENT, 1/2 s. V. — H. N.
Aub. 1859. — Vendée.
Par *Intact*, 1/2 s. N., et une fille de Necker, 1/2 s. N.
Compiègne : 1863. — Réformé en août 1865.

DIMANCHE, 1/2 s. N. — H. N.
B. 1881. — Manche.
Par *Quatre-Cents*, 1/2 s. N., et *Lapin*, 1/2 s. N., par Quarteron,
1/2 s. N.
Rosières : 1885. — Mort en juillet 1892.

DIMANCHE, 1/2 s.
Approuvé : M. Robardey-Badoz (Haute-Saône).
Al. 1881. — Bretagne.
Par *Mascarille* (?) et une jument 1/2 s., par Fortuné, 1/2 s. N.
Besançon : 1885. — Castré en novembre 1891.

— 83

DIOMÈDE, 1/2 s.
Appprouvé. — M. Manier (Ernest), à Revellon (Somme)
B. 1864.
S. R.
Compiègne : 1871. — S. R.

S. B. 1 2 s. V.. p. 31.

DIRITTO, 1/2 s. V. — H. N.
Rou. 1859. — Vendée.
Par *Y. Atlas*, 1/2 s. A., et une fille de Pied-de-Chêne, 1/2 s. V.
Rosières : 1863. — Castré en décembre 1874.

DISCIPLE, 1/2 s. N. — H. N.
Al. 1859. — Manche.
Par *Nelson*, 1/2 s. N., et une fille de l'égase, 1/2 s. N.
Compiègne : 1863. — Abattu en août 1882.

DISCRET, 1/2 s.
Approuvé : 1887. — M. Carrier.
B. m. 1881. — France.
Par *Héliotrope* et une fille de Clear-the-Etay,
Annecy : 1887. — Mort en 1895.

DISPOS, 1/2 s. N. — H. N.
B. 1837. — Normandie.
Par *Y. Rattler*, 1/2 s. A., et une fille de Y. Topper, 1/2 s. A.
Rosières : 1841. — Castré en janvier 1861.

DITO, 1/2 s. N. — H. N.
B. 1881. — Manche.
Par *Thabor*, 1/2 s. N., et *Julie*, par Gloire, 1/2 s. N.
Compiègne : 1885. — Réformé en août 1898.

DIVIN, 1/2 s. N. — H. N.
B. ch. 1881. — Manche.
Par *Ignoré*, 1/2 s. N., et *Coquette*, par Hussein, 1/2 s. N.
Annecy : 1896. — Mort en juin 1896.

DIVORCE, 1/2 s. N. — H. N.
Al. 1881. — Manche.

Par *Sidi*, P. S. Ar., et une fille d'El Ghor, 1/2 s. N.
Annecy : 1885. — Castré en août 1898.

DOCTEUR, 1/2 s. V. — H. N.
B. 1839. — Charente-Inférieure.

Par *Xantippe*, 1/2 s. N., et une jument poitevine.
Besançon : 1850. — Réformé en 1851.

DOMBROWSKY, ex-**DUC**, 1/2 s. N. — H. N.
Al. 1881. — Manche.

Par *Luther*, 1/2 s. N. (approuvé), et *Espérance*, 1/2 s. N.,
par Pancrace, 1/2 s. N.
Rosières : depuis 1885.

S. **B**. 1/2 S. N., T. I, p. 74.
DOMINICO, 1/2 s. N.
Approuvé. — M. Avenelle, à Boisguillaume (Seine-Inférieure).
N. 1868. — Normandie.

Par *Bayard*, 1/2 s. N., et une fille de V., 1/2 s. N.
Compiègne : 1873-1877.

DOMINO, 1/2 s. N. — H. N.
B. ch. 1859. — Normandie.

Par *Snap*, 1/2 s. N., et une fille de Don Quichotte, 1/2 s. N.
Annecy : 1863. — Castré en août 1869.

DON 1/2 s.
Approuvé. — M. Magniez, à Revellon (Somme).
Gr. 1859.
S. R.
Compiègne : 1871. — S. R.

DONATO, 1/2 s. N. — H. N.
B. 1836. — Normandie.

Par *Y. Rattler*, 1/2 s. A., et *N.*, fille de Lucholl, 1/2 s. N.
Rosières : 1841. — Abattu en juillet 1857.

DONATO, 1/2 s. Lorr.
Approuvé. — M. Humbert.
B. 1889. — Lorraine.
Par *Actif*, 1/2 s. V., et une jument de 1/2 s.
Rosières : depuis 1893.

DON-DIÈGUE, 1/2 s.
Approuvé : 1864. — Autorisé : 1873. — M. Champion (Haute-Saône).
B. 1859. — Normandie.
Besançon : 1864. — Mort en 1873.

DON-JUAN, 1/2 s. V. — H. N.
Al. 1859. — Vendée.
Par *The Roue*, P. S. A., et une jument 1/2 s., par Necker, 1/2 s. N.
Besançon : 1863. — Abattu en 1868.

DON-JUAN, 1/2 s.
Approuvé. — M. Angey (Haute-Saône).
B. 1880. — Bretagne.
Par *Dauphin*, 1/2 s. N., et une jument de 1/2 s., par Ino, 1/2 s. N.
Besançon : 1885. — Castré en novembre 1891.

DON-JUAN, 1/2 s.
Approuvé : 1887. — M. Galin.
B m. 1881. — France.
Par *Oriental* et une jument anglaise.
Annecy : 1887-1895.

DORIA, 1/2 s. N. — **H. N.**
Al. 1859. — Calvados.
Par *Paternel*, 1/2 s. N., et une jument, 1/2 s., par Monbliau,
1/2 s. N.
Besançon : 1863. — Passé à Cluny en 1870.

DOUANIER, ex-**DUO**, 1/2 s. N. — **H. N.**
B. 1881. — Manche.
Par *Ray-Grass*, 1/2 s. N., et *Charlotte*, par Uzel, 1/2 s. N.
Besançon : 1885. — Castré en 1889.

DOURO, 1/2 s. N. — H. N.
B. 1859. — Manche.
Par *Perfection*, 1/2 s. N., et *N.*, 1/2 s. N.
Montier-en-Der : 1863. — Réformé en janvier 1873.

DOYEN, 1/2 s. N. — H. N.
B. 1881. — Orne.
Par *Oriental*, 1/2 s. N., et *Finette*, par Irlandais, 1/2 s. N.
Besançon : 1885. — Castré en 1892.

DOYENNÉ, 1/2 s. N. — H. N.
Gr 1846.
Par *Doyen*, 1/2 s. N., et une jument percheronne.
Besançon : 1850-1853.

DRAGON, 1/2 s.
Approuvé. — M. A. Person (Marne).
Bb. 1871.
Montier-en-Der : 1875. — Non présenté en 1879

DROGMANN, 1/2 s.
Approuvé. — Mis de Valanglart.
N. 1865.
Compiègne : 1875-1879.

DROWSKI, 1/2 s.
Approuvé. — M. Magniez, à Revellon (Somme).
Gr. 1859.
S. R.
Compiègne 1871. · S. R.

S. B. 1/2 S. (Norm.), p. 73
DUCANTAL, 1/2 s. N. — H. N.
B. 1859. — Normandie.
Par *Tamerlan*, 1/2 s. N., et une fille de Licteur, 1/2 s. N.
Rosières : 1863. — Parti pour Saint-Lô en août 1870.
Montier-en-Der : 1871. — Réformé en août 1879.

DUNBAR, 1/2 s. Lorç.
B. 1827. — Haras de Rosières.
Par *Spy*, P. S. A., et *Aglaé*, jument de race Deux-Ponts,
née au Haras de Rosières.
Rosières : 1831. — Abattu en juillet 1852.

DUMBAR, 1/2 s. N. — H. N.
B. 1881. — Manche.
Par *Kabin*, 1/2 s. N., et *Rosette*, 1/2 s. N., par Bandit, 1/2 s. N.
Montier-en-Der : 1885. — Réformé en juillet 1886.

DUPLEIX, 1/2 s.
Approuvé. — M. Modesse-Berquet (Aisne).
B. 1860.
Compiègne : 1871-1873. — Montier-en-Der : 1874-1875.

DUR-A-CUIRE, 1/2 s.
Approuvé : 1887. — M. Courajod.
Bb. 1881. — France.
Annecy : 1887-1888.

DUSE, 1/2 s.
Approuvé. — M. Vimont (Marne).
Al. 1881. — Aisne.
Par *Franch-Allisson*, 1/2 s. Amér., et *Conquête*, 1/2 s. N.,
par Conquérant, 1/2 s. N.
Montier-en-Der : 1895. — Vendu en 1897 à M. de Cacqueray (Aisne).

DUX, 1/2 s.
Autorisé : 1890. — Duc de Vicence (Aisne).
Approuvé : 1897. — M. de Cacqueray (Aisne).
Bb. 1880. — Aisne.
Par *Franch-Allisson*, 1/2 s. Amér., et *Conquête*, 1/2 s. N.,
par Conquérant, 1/2 s. N.
Compiègne : 1890. — Disparu en 1898.

EASTHAM, 1/2 s.
Autorisé. — M. Mineaux (Yonne).
Al. 1838.
Montier-en-Der : 1852. — S. R.

ÉBÈNE, 1/2 s.
Approuvé. — M. Colas (Haute-Marne).
N. 1858.
Montier-en-Der : 1872. — S. R. depuis 1877.

ÉCHANSON, 1/2 s. N — H. N.
B. 1882. — Normandie.
Par *Regret*, 1/2 s. N., et *Martine*, par Hautain, 1/2 s. N
Besançon : 1886. — Passé au Pin en 1886.

ÉCHEC, 1/2 s. N.
Approuvé. — M. Jacquard (Moselle).
B. 1860. — Normandie.
Par *Usager*, 1/2 s. N., et *N.*, 1/2 s. N., par Kléber, 1/2 s. N.
(approuvé).
Montier-en-Der : 1864 ; Rosières : 1864. — S. R. depuis 1869.

ÉCHELON, 1/2 s. N. — H. N.
B. 1860. — Marne
Par *Ugolin*, 1/2 s. N., et *N.*, 1/2 s. N., par Navigateur, 1/2 s. N.
Montier-en-Der : 1864. — Réformé en août 1869.

ECKNER, 1/2 s. N. — H. N.
B. ac. 1886. — Manche.
Par *Ministère*, P. S., et une fille de Newton, 1/2 s. N.
Anncey : 1896. — Castré en août 1896.

ÉCLAIR, 1/2 s. N. — H. N.
B. 1868. — Aisne.
Par *Fidèle-au-Malheur*, 1/2 s. N., et une jument anglaise.
Montier-en-Der : 1873. — Réformé en août 1884.

ÉCLAIR, 1/2 s. N.
Approuvé : 1887. — M. Chapeley.
N. 1882. — France.
Par *Phare* et une fille d'Orphelin.
Annecy : depuis 1887.

ÉCLAIR, 1/2 s.

Approuvé. — M. Cherboz (Haute-Saône).

Gr. 1882. — Bretagne.

Par *Solitaire* (?) et une jument 1/2 s., par Thomas-Morus, 1/2 s.

Besançon : 1886. — Castré en novembre 1894.

S. B. 1/2 s. N., t. I, p. 76.

ÉCLAIREUR, 1/2 s. N.

Approuvé. — M. Grancher (Seine-Inférieure).

Ro 1873. — Normandie.

Par *Bucéphale*, 1/2 s. N., et une fille d'Ouvrier, 1/2 s. N.

Compiègne : 1877.

ÉCLAT, 1/2 s. N. — H. N.

Al. 1882. — Manche.

Par *Quality*, 1/2 s. N., et *Lisette*, 1/2 s. N.

La mère de Lisette par Baddy, 1/2 s. N. (approuvé).

Rosières : 1886. — Castré en novembre 1896.

ÉCLIPSE, 1/2 s. N.　S. B 1/2 s. N., t. I, p. 76.

Approuvé. — Duc de Vicence.

B. 1846. — Normandie.

Par *Performer*, 1/2 s. A., et *Léda*, 1/2 s. N., par Tigris, P. S. A.

Sa grand'mère : Etincelle, 1/2 s. N., par Kurde, P. S. Ar.

Compiègne : 1872.

ÉCLIPSE II, 1/2 s. N.

Approuvé. — M. Bauer (Moselle).

B. 1860. — Normandie.

Par *Newmarket*, 1/2 s. (approuvé), et *N.*, 1/2 s. N.
par Impérial, 1/2 s. N.

Montier-en-Der : 1866. — S. R. depuis 1869.

ÉCLIPSE, 1/2 s. N.

Approuvé. — M. Becker (arrondissement de Metz).

B. 1860. — Normandie.

Par *Séducteur*, 1/2 s. N.

Montier-en-Der : 1864 ; Rosières : 1864. — Mort en septembre 1867.

ÉCOLIER, 1/2 s. N.

Approuvé. — M. Lemoine (Meurthe-et-Moselle).
Al. 1860. — Normandie.

Par *Ursin*, 1/2 s. N., et *N,*, 1/2 s. N., par Radical, 1/2 s. N.
Montier-en-Der : 1864 ; Rosières : 1864.
S. R. depuis 1869.

ÉCU, 1/2 s. N. — H. N.

B, 1860, — Normandie.

Par *Riga*, 1/2 s. N., et une fille de Guignolet, P. S. A.
Rosières : 1864. — Castré en juillet 1866.

ÉDEN, 1/2 s.

Approuvé. — M. Goussel (Haute-Saône).
A. 1863. — Vendée.

Par *The Rouc*, P. S. A.
Besançon : 1864. — Réformé en 1878.

EFFROI, 1/2 s.

Approuvé. — M. Quedort (Doubs).
Gr. 1859. — Normandie.
Besançon : 1864. — Réformé en 1875.

ÉLASTIQUE, 1/2 s. N. — H. N.

B. c. 1860. — Calvados.

Par *Sultan*, 1/2 s. N., et une fille de Raphaël, 1/2 s. N.
Annecy : 1873. — Castré en décembre 1874.

ÉLECTEUR, 1/2 s.

Approuvé. — M. Herbillon.
Gr. 1883.
S. R.
Rosières : 1887. — Réformé en 1887.

ÉLECTRIQUE, 1/2 s. N. — H. N.

N. 1860. — Orne.

Par *Thésée*, 1/2 s. N., et *Bilie*, P. S. A. (??)
Besançon : 1868. — Réformé en 1882.

ÉLISÉE, 1/2 s.
Approuvé. — M. Haider.
B. 1860.
S. R.
Réformé en 1864.

ÉLIXIR, 1/2 s. N. — H. N.
Bb. 1838. — Orne.
Par *Reveller*, P. S. A., et une fille d'Eastham, P. S. A.
Compiègne ; 1842. — Réformé en octobre 1846.

ELLÉBORE, 1/2 s. — H. N.
B. m. 1860.
Par *Callien*, 1/2 s. N., et une fille de Voltaire, 1/2 s. N.
Annecy : 1864 — Vendu en juillet 1867.

ELU, 1/2 s.
Approuvé : 1864. — M. Marion (1864).
B. ch. 1860. — France.
Par *Don-Quichotte* et une fille de Landau.
Annecy : 1864.

ÉLU, 1/2 s.
Approuvé. — M. Thomers (Haute-Saône).
Al. 1881. — Bretagne.
Par *Plouëssan*, 1/2 s. Br. (approuvé), et une jument 1/2 s.
par Prétender, 1/2 s. A.
Besançon : 1886. — Castré en novembre 1893.

ELVILLE, ex-**ÉTANDARD**, 1/2 s. N. — H. N.
Al. 1882. — Manche.
Par *Idoménée*, 1/2 s. N., et *Olga*, 1/2 s. N., par Y. Red-Deer,
1/2 s. Irlandais.
Rosières : 1886. — Castré en décembre 1895.

ÉLYSÉE, 1/2 s. N.
Approuvé. — M. Xardel (arrondissement de Metz).
B. 1860. — Normandie.
Par *Valdemar*, 1/2 s. N., et *Licenie*
Montier-en-Der : 1864. — S. R. depuis 1869.

EMBRUN, 1/2 s. N. — H. N.
B. 1882. — Manche.
Par *Macouba*, 1/2 s. N., et *Rigolette*, par Quine, 1/2 s. N.
Compiègne : 1886. — Réformé en août 1896.

EMIDOFF, 1/2 s.
Autorisé. — M. Froissart (Pas-de Calais).
Bb. 1881.
Par *Polkantchick*, 1/2 s. R., et une fille de Noville. 1/2 s. N.
Compiègne : 1892. — S. R. en 1894.

ÉMILION, 1/2 s. N. — H. N.
Al. 1882. — Manche.
Par *Sénechal*, 1/2 s. N., et une fille d'Auguste, 1/2 s. N.
Annecy : 1886. — Castré en septembre 1888.

ÉMIR-ABOU-ARQUOUB, H. N.
Gr. 1837. — Orient.
Compiègne : 1852. — Tarbes : 1853. — Mort en février 1854.

EMPORTE-PIÈCE, 1/2 s.
Approuvé en 1892. — M. Lallement.
N. 1882. — France.
Par *Polkantchick*, et *Madame-Angot*, par Modiville, ex-Conquérant.
Annecy : depuis 1892.

ENCHANTEUR, 1/2 s.
Approuvé. — M. Padier (Marne)
Montier-en-Der : 1874. — Mort en 1879.

ENCHANTEUR, 1/2 s. N. — H. N.
Bc. 1882. — Manche.
Par *Schamrock*, 1/2 s. A., et une fille d'Urus, 1/2 s. N.
Annecy : 1886. — Castré en août 1899.

ENDYMION, 1/2 s. N. — H. N.
B. 1882. — Calvados.

Par *Glorieux*, 1/2 s. N., et *Léda*, par Phare, 1/2 s. N.
Compiègne : 1886. — Réformé en août 1892.

ÉNERGIQUE, 1/2 s.
Approuvé en 1864. — M. Rey, de 1864 à 1870.
B. 1860. — France.

Par *Guignolet*, et une fille de Don-Quichotte.
Annecy : 1864. — S. R.

ÉNERGIQUE, 1/2 s. N. — H. N.
B. 1860. — Calvados.

Par *Kosack*, 1/2 s. N., et *N.*, 1/2 s. N., par Herschell, 1/2 s. N.
Montier-en-Der : 1865. — Réformé en novembre 1873.

ENDIABLÉ, 1/2 s.
Approuvé. — M. Parcheminey (Haute-Saône).
B. 1860. — Normandie.

Par *Lagopède*, 1/2 s. N.
Besançon : 1864. — Réformé en 1878.

ENFER, 1/2 s.
Approuvé. — M. Pichery (Haute-Saône).
B. 1856. — Normandie.
Besançon : 1860-1864.

ÉNIGME, ex-**ÉGRILLARD**, 1/2 s. N. — H. N.
Bb. 1882. — Calvados.

Par *Léotard*, 1/2 s. N., et *Bergère*, 1/2 s. N , par Torticolis, P. S. A.
Rosières : 1886. — Castré en août 1898.

ÉOLE, 1/2 s.
Approuvé : 1864. — M. d'Agoùt (1864).
B. c. 1859. — France.

Par *Necker* et une fille de Karmignac.
Annecy : 1864. — S. R.

ÉPAMINONDAS, 1/2 s.
Approuvé : 1887. — M. Collet.
B. f. 1882. — France.

Par *Jactator* et une fille de Renaissant.
Annecy : depuis 1887.

ÉPERLAN, 1/2 s.
Approuvé. — M. Lecomte-Garnerey (Haute-Saône).
B. 1882. — Bretagne.

Par *Remus*, 1/2 s. N., et une jument 1/2 s., par Enée, 1/2 s. N.
Besançon : 1886. — Vendu en novembre 1894.

ÉPI-D'OR, 1/2 s. N. — H. N.
Al. d. 1882. — Manche.

Par *Ministère*, P. S., et une fille de Newton, 1/2 s. N.
Passé au Pin le 5 mars 1886.
N'a pas fait la monte à Annecy.

ÉPIGRAMME, 1/2 s. N. — H. N.
B. 1838. — Normandie.

Par *Windeliffe*, P. S. A., et une jument 1/2 s.,
par Cleveland, 1/2 s. A.
Besançon : 1843. — Réformé en 1851.

ÉPINAL II, 1/2 s. (approuvé).
B. 1882. — Normandie.

Par *Tigris* et *Tontine*, P. S.
Compiègne : depuis 1889.

ÉPINAY, ex-ÉTALON, 1/2 s. N. — H. N.
B. 1882. — Manche.

Par *Sénéchal*, 1/2 s. N., et *Rosette*, 1/2 s. N., par Forcy, 1/2 s. N.
Rosières : depuis 1886.

ÉPREUVE, 1/2 s. (approuvé).
B. 1866. — Manche.
S. R.
Compiègne : 1870-1880.

ERASMUS, 1/2 s. N. — H. N.
Bb. 1843. — Eure.

Par *Y. Eden*, P. S. A., et *Ourika*, 1/2 s. N.
Compiègne : 1847. — Passé au Pin en décembre 1848.

ÉRASTE, 1/2 s. N. — H. N.
B. 1837.

Par *Chasseur*, 1/2 s. N., et une jument 1/2 s., par Y.-Rattler,
1/2 s. A.
Besançon : 1844. — Réformé en 1844.

ERFURTH, 1/2 s. N.
Approuve. — M. Barth (Moselle).
B. 1860. — Normandie.

Par *Paternel*, 1/2 s. N., et *N.*, 1/2 s. N., par Eylau, P. S. A.-A.
Rosières : 1863. — Montier-en-Der : 1864.
S. R. depuis 1869.

ERIDAN, 1/2 s. N. — H. N.
B. 1838. — Normandie.

Par *Fortuné*, P. S. A., et une jument 1/2 s. N., par Jaggar,
1/2 s. A.
Saint-Lô : 1842-1848; Compiègne : janvier-mars 1849.
N'a pas fait la monte à Compiègne.

ERMENONVILLE, 1/2 s. N. — H. N.
B. 1860. — Orne.

Par *Solde*, 1/2 s. N., et une fille de Chactas, P. S. A.
Rosières : 1870. — Pris par les Allemands en août 1870.

ERMONT, 1/2 s. N. — H. N.
B. 1882. — Orne.

Par *Vougeot*, 1/2 s. N., et *Bichette*, 1/2 s. N., par Quia, 1/2 s. N.
Montier-en-Der : 1886. — Réformé en juillet 1893.

ERMONT, 1/2 s.
Autorisé. — M. Loppin (Marne).
B. 1890. — Marne.

Par *Ermont*, 1/2 s. A., et *N.*, 1/2 s.
Montier-en-Der : depuis 1898.

ERUDIT, 1/2 s.
Approuvé en 1864. — M. Guillermin, 1864 ; M. Trainard, 1868 ;
M. d'Agout, de 1870 à 1874.
Bb. 1855. — France.
Annecy : 1864. — Vendu à M. d'Agout (Isère).

S. B. 1/2 s. Midi, p. 72.

ÉRUDIT, 1/2 s. A.-A. — H. N.
Gr. 1875. — Hautes-Pyrénées.

Par *Zodion*, P. S. A.-A., et une fille de Fana, P. S. Ar.
Rosières : 1880. — Passé à Tarbes en octobre 1882.
(Le S. B. 1/2 s. l'indique à Perpignan de 1879 à 1882.)

ESCAUT, 1/2 s. Br. — H. N.
N. 1879. — Finistère.

Par *Quimper*, 1/2 s. Br., et une jument 1/2 s., par Entrain, 1/2 s. N.
Besançon : 1883. — Réformé en 1884.

ESCURIAL, 1/2 s.
Approuvé. — M. Thomas.
B. 1860.
S. R.
Rosières : 1864. — Réformé en 1864.

ESPÈRE, 1/2 s. du Midi. — H. N.
B. 1878. — Tarn-et-Garonne.

Par *Y. Baba*, 1/2 s. du Midi, et une fille d'Integral, 1/2 s. N.
Rosières : 1882. — Castré en août 1895.

ESPION, 1/2 s. L. — H. N.
Al. 1837. — Haras de Rosières.

Par *Cardigan*, P. S. A., et *Chillaby*, jument de race Ducale,
née au Haras de Rosières.
Rosières : 1841. — Castré en janvier 1861.

ESPION, 1/2 s.
Approuvé. — M. Husson, 1859.
Al. 1853.
S. R.
Rosières : 1859. — Mort en 1859.

ESPION, 1/2 s. N. — H. N.
Al. 1882. — Manche.
Par *Dash*, 1/2 s. N., et *Bijou*, par Dragon, 1/2 s. N.
Compiègne : 1886. — Réformé après la monte de 1893.

ESSAI, 1/2 s. V. — H. N.
Al. f. 1882. — Vendée.
Par *Terme*, 1/2 s. N., et une fille de Myosotis, 1/2 s. V.
Annecy : depuis 1886.

ESTIVAL, 1/2 s. N. — H. N.
Al. br. 1882. — Manche.
Par *Santerre*, 1/2 s. N., et une fille de Macouba, 1/2 s. N.
Annecy : 1886. — Abattu en août 1895.

ESTOC, 1/2 s. N. — H. N.
B. 1882. — Calvados.
Par *Underham*, 1/2 s. N., ou *Interprète*, 1/2 s. N.,
et *Rigolette*, 1/2 s. N., par Jeffrys, 1/2 s. N.
Rosières : depuis 1886.

ÉTALON, 1/2 s. N.
Approuvé. — M. Pelte, à Kaltweillez.
Al. 1860. — Normandie.
Montier-en-Der : 1864. — Rosières : 1864. — S. R. depuis 1869.

ETNA, 1/2 s. N. — H. N.
Bb. 1838. — Calvados.
Par *Fortuné*, P. S. A., et *N.*, 1/2 s. N., par Jaggar, 1/2 s. A.
Compiègne : 1842. — Réformé en septembre 1856.

ÉTOFFÉ, 1/2 s. N.
Approuvé. — M. de Belloquet ; M. Perentier (Moselle).
B. 1860. — Normandie.
Par *Guignolet*, P. S. A., et *N.*, 1/2 s. N., par Marmot, 1/2 s. N.
Montier-en-Der : 1864. — Rosières : 1864.
S. R. depuis 1869.

S. B. 1/2 s. V., p. 80.

ÉTOFFÉ, 1/2 s. N. — H. N.
B. 1860. — Normandie.

Par *Prince*, 1/2 s. N., et une fille de Bolero, P. S. A.
Rosières ; 1864. — Castré en juillet 1874.
A fait la monte en Vendée en 1871.

S. B. 1/2 s. V., p. 80.

ÉTOURDI. 1/2 s. N. — H. N.
B. 1860. — Normandie.

Par *Crsn*, 1/2 s. N., et une fille de Ballinkeele, P. S. A.
Rosières : 1864. — Castré en juillet 1876.
A fait la monte en Vendée en 1871.

ÉTOURDI, 1/2 s. N. — H. N.
Bm. 1882. — Orne.

Par *Oméga*, 1/2 s. N., et une fille d'Héliotrope, 1/2 s. N.
Annecy : 1886. — Castré en août 1898.

ÉTOURNEAU, 1/2 s.
Approuvé. — M. Tochelandet (Haute-Saône).
Al. 1882. — Bretagne.

Par *Vertuchoux*, 1/2 s. N., et une jument 1/2 s. N., par *Performer* (?).
Besançon : 1886. — Castré en novembre 1896.

ÉTUDIANT, 1/2 s. N. — H. N.
Al. 1838. — Normandie.

Par *Eastham*, P. S. A., et une fille de Léger.
Le Pin : 1842. — Compiègne : 1843. — Abattu en mars 1851.

EUGÈNE, 1/2 s. N. — H. N.
B. 1838. — Normandie.

Par *Y. Reveller*, P. S. A., et une fille d'Eastham, P. S. A.
Compiègne : 1843. — Réformé après la monte de 1854.

EUPHORBE, 1/2 s. V. — H. N.
B. 1877. — Charente-Inférieure.

Par *Quübler*, 1/2 s. N., et une jument 1/2 s.,
par Herculanum, 1/2 s. N.
Besançon : 1882. — Abattu en 1899.

EUROPÉEN, 1/2 s. N. — H. N.
Al. f. 1882. — Calvados.
Par *Rigolot*, 1/2 s. N., et une fille de Conquérant, 1/2 s. N.
Annecy : 1886. — Castré en août 1899.

EUROTAS, 1/2 s. N. — H. N.
B. 1882. — Calvados.
Par *Racoleur*, 1/2 s. N., et *Sérieuse*, 1/2 s. N., par Marignan,
1/2 s. N.
Montier-en-Der : 1886. — Réformé en août 1889.

EURYSTHÈNE, 1/2 s. N. — H. N.
Al. 1860. — Normandie.
Par *Achille*, 1/2 s. N., et *N.*, 1/2 s. N.
Montier-en-Der : 1865. — Réformé en août 1882.

EUTIN, ex-**ESCOGRIFFE**, 1/2 s. N. — H. N.
Al. 1882. — Normandie.
Par *Liberator*, 1/2 s. A., et *Pichenette*, par Tay-Mouth, P. S. A.
Besançon : 1886. — Castré en 1899.

EVER, 1/2 s.
Approuvé en 1864. — M. Rossot, 1864 ; M. Gorgy, 1869.
B c. 1860. — France.
Par *Or* et une fille de Boléro.
Annecy : 1864. — Vendu à M. Gorgy (Isère).

EVIAN, ex-**EGREFIN**, 1/2 s. N. — H. N.
Al. 1882. — Normandie.
Par *Usuel*, 1/2 s. N., et une jument 1/2 s., par Ignori, 1/2 s. N.
Besançon : 1886. — Mort en 1896.

EXCESTER, 1/2 s. N. — H. N.
B. 1831. — Angleterre.
Par *Doge-de-Venice*, P. S. A., et *Bourika*.
Compiègne : 1840. — Réformé en octobre 1846.

EXIDEUIL, ex-**ECHO**, 1/2 s. N. — H. N.
Al. 1882. — Calvados.
Par *Saturne*, 1/2 s. N., et *La Blonde*, 1/2 s. N., par Menelas.
1/2 s. N.
Rosières : 1886. — Castré en juillet 1897.

EXOTIQUE, ex-**ESSAI**, 1/2 s. N. — H. N.
B. 1882. — Calvados.
Par *Rivoli*, 1/2 s. N. (approuve), et *Walinda*, 1/2 s. N.,
par Normand, 1/2 s. N.
' Rosières : 1887. — Castré en août 1898.

EYLAU, 1/2 s. N.
Approuvé. — M. Jeaningros.
B. 1851. — Normandie.

Par *Eylau*, P. S. A.
Besançon : 1859. — Vendu en 1860.

FABIUS, 1/2 s. N. — H. N.
Bb. 1838. — Normandie.
Par *The Juggler*, P. S. A., et *N.*, fille d'Impérieux, 1/2 s. N.
Rosières : 1843. — Castré en août 1860.

FABIUS, 1/2 s. N. — H. N.
B. 1861. — Orne.
Par *Thésée*, 1/2 s. N., et une jument 1/2 s., par Tipple-Cider, P. S. A.
Besançon : 1865. — Mort en 1874.

FABVIER, 1/2 s. N. — H. N.
B. 1839. — Normandie.
Par *Chasseur*, 1/2 s. N., et *N.*, fille de Quine, 1/2 s. N.
Rosières : 1843. — Castré en février 1852.

FACORMET, 1/2 s. N.
Approuvé. — M. A. Metling (Moselle).
Al. 1861. — Normandie.

Par *Taconnet*, 1/2 s. N.
Montier-en-Der : 1865. — Mort en 1869.

FACTOTUM, 1/2 s. N.
Approuvé. — M. François Driant (arrondissement de Metz).
B. 1861. — Normandie.
Par *Achille*, 1/2 s. N., et *N.*, 1/2 s. N., par Paternel, 1/2 s. N.
Montier-en-Der : 1865. — S. R. depuis 1869.

FACTUM, 1/2 s. N. — H. N.
N. 1883. — Orne.
Par *Apis*, 1/2 s. N., et *Biche*, 1/2 s. N., par Gaulois, 1/2 s. N
Montier-en-Der : 1887. — Abattu en juillet 1899.

FAGOT, ex-**GRACIEUX**, 1/2 s. Br. — H. N.
B. m. 1883. — Finistère.
Par *Bloek-Fire-Anay* et une fille d'Ino, 1/2 s. Br.
Annecy : 1887. — Castré en septembre 1888.

FAISAN, 1/2 s. N. — H. N.
B. c. 1861. — Normandie
Par *Pledge*, 1/2 s. N., et une fille de Xerxès, 1/2 s. N.
Annecy : 1865. — Abattu en juillet 1873.

FAKIR, 1/2 s. N. — H. N.
B. 1839. — Normandie.
Par *Marmot*, 1/2 s. N., et une jument 1/2 s.
Besançon : 1844. — Réformé en 1844.

FAKIR, 1/2 s. N. — H. N.
N. 1861. — Manche.
Par *Arnold*, 1/2 s. N., et *Joviale*, 1/2 s. N., par Ballinkeele,
P. S. A.
Besançon : 1868. — Réformé en 1873.

FALBALA, 1/2 s. N. — H. N.
B. m. 1883. — Orne.
Par *Apis*, 1/2 s. N., et *La Cochère*, par Sinécritif, 1/2 s. N.
Annecy : 1887. — Castré en août 1897.

FALSTAFF, 1/2 s. Lorr. — H. N.
B. 1830. — Haras de Rosières
Par Y. *Rattler*, 1/2 s. A., et *Stephanie*, de race anglo-arabe,
née au Haras du Pin.
Rosières : 1834. — Abattu en août 1853.

FALSTAFF, 1/2 s.
Approuvé. — M. Bourceret (Haute-Marne).
B. 1861.
Montier-en-Der : 1872. — S. R. depuis 1873.

FAMEUX, 1/2 s. N. — H. N.
B. 1861. — Calvados.
Par *Ventrebleu*, 1/2 s. N., et une jument 1/2 s.
par Egrillard, 1/2 s. N.
Besançon : 1868. — Réformé en 1870.

FANARIOTE, 1/2 s. N.
Approuvé. — M. Kalanster, à Gaubiving.
B. 1861. — Normandie.
Par *Samman*, 1/2 s. Ar., et *N.*, 1/2 s. N., par Nelson, 1/2 s. N.
Montier-en-Der : 1865. — S. R. depuis 1869.

FANDANGO, 1/2 s. Lorr. — H. N.
Gr. 1832. — (Haute-Vienne).
Par *Emmonn*, P. S. Ar., et une fille de Y. Muley, 1/2 s. L.
Rosières : 1840. — Abattu en juillet 1857.

FANFAN-LA-TULIPE, 1/2 s. N. — H. N.
Bb. 1883. — Manche.
Par *Normand*, 1/2 s. N., et *Préférence*, par Y., 1/2 s. N.
Sa grand'mère : Gertrude, par Bassompierre, 1/2 s. N.
Compiègne : depuis 1887.

FANFARE, 1/2 s. N.
Approuvé. — M. Boulanger (Moselle).
Al. 1861. — Normandie.
Par *Thorigny*, 1/2 s. N., et *Charlotte*, 1/2 s. N.
Montier-en-Der : 1865. — S. R. depuis 1869.

FANFARON, 1/2 s.
Approuvé. - M. Darche, à Gognies-Chaussée (Nord).
Gr. 1865.
Compiègne : 1871-1876.

FANFARON, 1/2 s.
Approuvé. — M. Gentil (Jura).
N. 1872. — Normandie.
Besançon : 1877. — Réformé en 1879.

FANOT, 1/2 s.
Approuvé. — Bon de Fourment.
B. f. — 1876.
Compiègne : 1880-1882.

FAREWEL, 1/2 s.
Accepté. — M. Creté-Blangy, à Sainte-Foix (Somme).
N. 1887.
Compiègne : depuis 1891.

FARO, 1/2 s. N. — H. N.
B. 1839. — Normandie.
Par *Napoléon*, P. S. A., et une fille de *Jaggar*, 1/2 s. A.
Rosières : 1843. — Castré en novembre 1849.

FAROT, 1/2 s.
Approuvé. — M. Tochelandet (Haute-Saône).
B. 1887. — Haute-Saône.
Par *Etourneau*, 1/2 s. Br., approuvé, et une jument normande.
Besançon : 1891. — Castré en novembre 1895.

FASHIONABLE, 1/2 s. N. — H. N.
Al. 1861. — Orne.
Par *Tancrède*, 1/2 s. N., et une jument 1/2 s., par Sylvio, P. S. A.
Besançon : 1874. — Castré en 1880.

FATHER, 1/2 s.
Approuvé en 1865. — M. Mongenet, 1865 ; M. Brizaud, 1867.
B. m. 1861. — France.
Par *Arno* et une fille de Troarn.
Annecy : 1865. — Vendu à M. Brizaud (Isère)

FATTIBELLO, 1/2 s. N. — H. N.
Gr. 1839. — Normandie.
Par *Sylvio*, P. S. A., et une fille de Docteur, 1/2 s. N.
Compiègne : 1843. — Mort en avril 1848.

FAUBLAS, 1/2 s.
Approuvé. — M. Carimey (Haute-Saône) ; M. Cablau (Haute-Marne).
B. 1883. — Normandie.
Par *Appenay*, 1/2 s. N., et une jument 1/2 s.,
par Mine-d'Or, 1/2 s. N.
Besançon : 1887. — Vendu en novembre 1892.
Montier-en-Der : depuis 1893.

FAUCON, 1/2 s. du Midi. — H. N.
Al. 1883. — Hautes-Pyrenées.
Par *Nassini*, P. S. Ar., et une fille de Ceylon, 1/2 s. N.
Annecy : 1887. — Castré en janvier 1896.

FAUCONNIER, ex-**JACOB**, 1/2 s. N. — H. N.
B. 1883. — Calvados.
Par *Stade*, 1/2 s. N., et *Baigneuse*, par Islandais, 1/2 s. N.
Besançon : 1887. — Castré en 1889.

FAUNE, 1/2 s. N. — H. N.
B. 1840. — Ardennes.
Par *Faunus*, P. S. A., et *Miss-Annette*, 1/2 s. A.
Compiègne : 1844. — Réformé en octobre 1846.

FAUNE, 1/2 s.

Approuvé. — M. Grandjean (Haute-Saône) ; M. Georges, 1894
(Haute-Saône) ; M. Mathieu, 1896 (Jura).
Al. 1883. — Normandie.

Par *Tristan*, 1/2 s. N., et une jument 1/2 s., par Marignan,
1/2 s. N.
Besançon : depuis 1887.

FAUST, 1/2 s. N. — H. N.
B. 1861. — Orne.

Par *Abrantès*, 1/2 s. N., et une jument 1/2 s., par Rival, 1/2 s. N.
Besançon : 1865. — Abattu en 1884.

FAUST, 1/2 s. R. — H. N.
N. 1863. — Russie.

Orloff.
Besançon : 1873. — Réformé en 1873.

FAVARD, 1/2 s. N. — H. N,
B. 1883. — Calvados.

Par *Astyanax*, 1/2 s. N., et *Bijou*, 1/2 s. N., par Glorieux,
1/2 s. N.
Montier-en-Der : depuis 1887.

FAVERNEY, 1/2 s. N. — H. N.
B. 1883. — Calvados.

Par *Tigris*, 1/2 s. N., et *Eclair*, par Conquérant, 1/2 s. N.
Besançon : 1887. — Castré en 1890.

FAVORI, 1/2 s.
Approuvé. — M. Jules Profit.
B. 1859.
Compiègne : 1867. — Mort en 1867.

FAVORI, 1/2 s. angevin. — H. N.
B. c. 1885. — Angers.

Par *Tic-Tac*, 1/2 s. N., et *Fauvette*, par Intrépide, par Conquérant,
1/2 s. N.
Annecy : 1889. — Castré en novembre 1896.

FÉAL, 1/2 s. N. — H. N.
B. c. 1861. — Normandie.
Par *Bravo*, P. S., et une fille de Perfection, 1/2 s. N.
Annecy : 1865. — Castré en octobre 1867.

FÉDÉRAL, 1/2 s. N. — H. N.
B. 1883. — Manche.
Par *Bataillon*, 1/2 s. N., et *Cocote*, 1/2 s. N., par Invariable,
1/2 s. N.
Montier-en-Der : depuis 1887.

FÉLIX, 1/2 s. N. — H. N.
B. 1861. — Calvados.
Par *Québec*, 1/2 s. N., et *N.*, 1/2 s. N., par Parfait, 1/2 s. N.
Montier-en-Der : 1865. — Mort en avril 1867

FELLAH, 1/2 s. N.
Approuvé. — M. Herbet (Moselle)
B. 1861. — Normandie.
Par *Uzel*, 1/2 s. N., et *N.*, jument de trait.
Montier-en-Der : 1865. — S. R. depuis 1869.

FÉNELON, 1/2 s.
Approuvé. — M. Jappiot (Côte-d'Or).
B. 1861.
Besançon : 1872. — Réformé en 1872.

FÉNELON, 1/2 s. N.
Approuvé. — M. Fabry, à Bulainville.
B. 1861. — Normandie
Montier-en-Der : 1865. — S. R. depuis 1869.

FÉNELON, 1/2 s. N. — H. N.
N. 1883. — Orne.
Par *Valdempierre*, 1/2 s. N., et une fille de Morgan, 1/2 s. N.
Annecy, 1887. — Castré en août 1898.

FENTON, 1/2 s.
Approuvé. — M. Magniez, à Revellon (Somme).
B. 1857.
S. R.
Compiègne : 1871. — S. R.

FERDINAND, 1/2 s. L.
B. 1862. — Lorraine.
Par *Y. Hector*, 1/2 s. L.
Approuvé. — M. Salmon.
Rosières : 1866. — Réformé en 1867.

FÉREL, ex-SÉNÉGAL, 1/2 s. Br. — H. N.
B. c. 1883.—Finistère.
Par *Sénégal*, 1/2 s. N., et une fille de Quennement, 1/2 s. Br.
Annecy   1887. — Mort en mars 1888.

FERRIÈRE, 1/2 s. N. — H. N.
B. 1838. — Normandie.
Par *Fortune*, P. S. A.-A., et *N.*, fille d'Impérieux, 1/2 s. N.
Rosières : 1843. — Castré en novembre 1854.

FEU-D'AMOUR, 1/2 s. N.
Approuvé. — M. Vandernoot (Moselle).
Al. 1861. — Normandie.
Par *Isigny*, 1/2 s. N., et *N.*, 1/2 s. N., par Intact, 1/2 s. N.
Montier-en-Der : 1865. — Castré en 1868.

FEU-FOLLET, 1/2 s.
Approuvé. — M. Thillière (Yonne).
N. 1869. — Nièvre.
Montier-en-Der : 1875. — Mort en 1876.

FIDÈLE, 1/2 s.
Approuvé. — M. Magniez, à Hendicourt (Somme).
Bb. 1873.
Compiègne : 1879-1883.

FIDÈLE II. 1/2 s.
Approuvé. — M. Magniez ; M. Fougeron, 1883.
B. 1875.
Compiègne : 1880-1884.

FIDÈLE, 1/2 s. N.   S. B. 1 2 s. N., t. I. p. 95.
Approuvé. — M. Marescot, à Routes (Seine-Inférieure).
B. 1875. — Normandie.
Compiègne : 1874-1877.

S. B. 1/2 s. N., t. I. p. 96.
FIDÈLE-AU-MALHEUR, 1/2 s. N.
Approuvé. — M. Magniez, à Revellon (Somme).
B. ch. 1861. — Normandie.
Par *The Norfolk-Phœnomenon*, 1/2 s. A., et une fille de Prince-
Colibri, P. S. A.
Compiègne : 1871-1873.

FIELD-GLASS, 1/2 s. A.
Autorisé. — Duc de Vicence (Aisne).
B. 1880.
Compiègne : 1887. — S. R. en 1891.

FIGARO, 1/2 s. N.
Approuvé. — M. Bertin (arrondissement de Briey).
B. 1861. — Normandie.
Par *Myrthe*, 1/2 s. N., et une fille de Tipple-Cider, 1/2 s. A.
Montier-en-Der : 1865-1868. — Rosières : 1871. — Castré en 1882.

FIGARO, 1/2 s.
Approuvé. — M. Bournet, 1865 ; M. d'Agout, 1871.
Al. 1861. — France.
Par *Séducteur* et une fille de Fitz-Pantalon.
Annecy : 1865. — Vendu à M. d'Agout (Isère).

FIGARO, 1/2 s.
Approuvé. — Bon de Fourment, à Frevent (Pas-de-Calais).
B. 1867.
Compiègne : 1871. — Vendu au Haras en octobre 1875.

FIGARO, 1/2 s. — H. N.
B. 1867. — Pas-de-Calais.
Par *Cervantès*, 1/2 s., et *Charmette*, jumeut 1/2 s.
Rosières : 1876. — Castré en août 1882.

FIGARO II. 1/2 s. L.
Approuvé. — M. Thomas.
B. 1877. — Lorraine.
Par *Figaro*, 1/2 s. (Cervantès et Charmette).
et la jument *Charrade*, 1/2 s.
Rosières : 1881. — Réformé en 1884.

FILATEUR, 1/2 s.
Approuvé. — M. Modesse-Berquet.
Gr. 1861.
Compiègne : 1871-1880.

FINAL, 1/2 s. N.
Approuvé. — M. Gousset (Haute-Saône).
Gr. 1853. — Normandie.
Besançon : 1859. — Castré en 1863.

FINANCIER, 1/2 s.
Approuvé. — M. Popin (Camille), à Avesnes (Nord).
B. 1861.
S. R.
Compiègne : 1871-1874.

FINANCIER, 1/2 s.
Approuvé : 1887. — M. Massonne.
N. 1883. — France.
Annecy : 1887. — Abattu en 1888.

FINGAL, 1/2 s. Deux-Ponts. — H. N.
Gr. 1812. — Haras de Deux-Ponts.
Par *Fingal*, 1/2 s. de Deux-Ponts, et *Rapide*, jument turque.
Rosières : 1816. — Mort en octobre 1840.

FINISTÈRE, 1/2 s.
Approuvé : 1887. — M. Collet.
N. 1883. — France.
Par l'*Incroyable*, P. S., et une fille de Neuf-Boury.
Annecy : depuis 1887.

FIRE-AWAY, 1/2 s.
Approuvé. — M. Delangle, de Lille ; M. Fiévet d'Aix (Nord).
B. 1872.
Compiègne : 1876-1885.

FIRE-AWAY-SHALES, 1/2 s. A. — H. N.
Al. 1873. — Angleterre.
Montier-en-Der : 1879-1880. — Passé à Blois en novembre 1880.

FIRE-KING, 1/2 s. Norf. — H. N.
B. 1876. — Finistère.
Par *Fire-King*, 1/2 s. Norf., ou *Windham*, P. S. A., et une fille
de Ivary, 1/2 s. N.
Rosières : 1880. — Mort en mars 1880.

FIRE-SECOND, ex-**FIRE-KING**, 1/2 s. N. B. — H. N.
Al. 1880. — Finistère.
Par *Fire-King*, 1/2 s. Norf., et une fille de Ingres, 1/2 s. N.
Rosières : 1884. — Castré en août 1893.

FIROGABAT, 1/2 s. N.
Approuvé. — M. Hyeull (Meuse).
Bb. 1861. — Normandie.
Par *Pompée*, 1/2 s. N., et une fille de Ganymède, 1/2 s. N.
Montier-en-Der : 1865-1869. — Rosières : 1871-1878.

FITZ-PHARE, 1/2 s.
Approuvé en 1887. — M. Charveriot.
Bb. 1883. — France.
Par *Phare* et une fille de Succès.
Annecy : depuis 1887.

FLAMBART, 1/2 s.

Approuvé. — M. Manier Ernest ; M. Sauvé, 1879.
B. 1863.
S. R.
Compiègne : 1871-1879.

FLAMBEAU, 1/2 s. N. — H. N.

Approuvé. — M. Jacquinot, à Raincourt.
B. 1861. — Normandie.
Par *Newmarket*, 1/2 s. N., et *N.*, 1/2 s. N., par Favori, 1/2 s. N.
Montier-en-Der : 1865. — Réformé en décembre 1880.

FLAVIUS, 1/2 s. N. — H. N.

Al. 1843. — Normandie.
Par *Napoléon*, P. S. A., et une fille de Jaguar, 1/2 s. N.
Compiègne : 1852. — Passé en décembre 1852 à Charleville.

FLÉCHIER, 1/2 s. N. — H. N.

B. m. 1861. — Normandie.
Par *Tamorlan*, 1/2 s. N., et une fille de Licteur, 1/2 s. N.
Annecy : 1865. — Mort en novembre 1864.

FLEUR-DES-POIS, 1/2 s. L. — H. N.

B. 1841. — Haras de Rosières.
Par *Nasser*, P. S. Ar., et *Fleur-d'Épine*, 1/2 s. A.,
née au Haras de Rosières.
Rosières : 1845. — Passé au Dépôt d'Arles en février 1846.

FLEURUS, 1/2 s. N. — H. N.

Al. 1839. — Normandie.
Par *Napoléon*, P. S. A., et une fille de Y. Rattler, 1/2 s. A.
Compiègne : 1843-1851. — Passé à Montier-en-Der en juillet 1851.
Montier-en-Der : 1852. — Réformé en 1855.

FLEURUS, 1/2 s. N.

Approuvé. — M. Hutin (Meuse).
B. 1861. — Normandie.
Par *Rivoli*, 1/2 s. N.
Montier-en-Der : 1865. — S. R. depuis 1869.

FLORESTAN, 1/2 s.
Approuvé. — M. Genuyt (Haute-Marne).
B. 1861.

Montier-en-Der : 1872. — Castré en 1873.

FLORIAN, 1/2 s.
Approuvé. — M. Parcheminey (Haute-Saône).
B. 1861. — Normandie (?).
Besançon : 1865-1868.

FLORIDOR, 1/2 s.
Approuvé. — M. Potier (Ardennes).
Ro. 1890.

Par *Épinal II*, 1/2 s., et *N.*, 1/2 s. N., par Ambition, 1/2 s. A.
Montier-en-Der : 1895. — Castré en 1898.

FLOUESCAT, 1/2 s. N. — H. N.
B. m. 1893. — Calvados.

Par *Archibald* ou *Demain*, 1/2 s. N., et *Surprise*,
par Union-Jack, 1/2 s. N.
Annecy : depuis 1897.

S. B. 1/2 s. Norm., p. 105.

FLURIUS, 1/2 s. N. — H. N.
B. 1861. — Normandie.

Par *Regnier*, 1/2 s. N., et une fille de Bolero, P. S. A.
Rosières : 1865. — Mort en avril 1874.
A fait la monte à Saint-Lô en 1871.

FLY, 1/2 s.
Approuvé. — M. Bertaux ; M. Garbet : 1874.
B. 1870.
Compiègne : 1874-1884.

FLYING-BRUK, 1/2 s.
Approuvé. — M. de Boulnoy (Ardennes).
Bb. 1860.
Montier-en-Der : 1872. — S. R. depuis 1876.

FLYING-CLOUD, 1/2 s.
Approuvé. — M. Modesse-Berquet.
Gr. 1858.
Compiègne : 1871-1878.

FOLLICHON, 1/2 s. — H. N.
Al. br. 1883. — Eure.
Par *Rigolo*, 1/2 s. N., et une fille de Conquérant, 1/2 s. N.
Annecy : 1887. — Castré en août 1893.

FONDATEUR, 1/2 s. N.
Approuvé. — M. M. Meunig (Moselle).
B. 1861. — Normandie.
Par *Valdemar*, 1/2 s. N., et une jument de trait.
Montier-en-Der : 1865. — S. R. depuis 1869.

FONTANAROSE, 1/2 s. N. — H. N.
B. 1839. — Orne
Par *Sylvio*, P. S. A., et une fille de Buffalo, 1/2 s. A.
Rosières : 1845. — Castré en janvier 1861.

FONTENAY, 1/2 s. N. — H. N.
B. 1839. — Normandie.
Par *Eastham*, P. S. A., et *N.*, 1/2 s. N., par Cleveland, 1/2 s. N.
Le Pin : 1847-1848. — Compiègne : 1849. — Réformé en juin 1850.

FONTENOY, 1/2 s. N.
Approuvé. — M. Thiébault (Moselle).
B. 1861. — Normandie.
Par *Homère*, 1/2 s. N., et *N.*, 1/2 s. N., par Noteur, 1/2 s. N.
Montier-en-Der : 1865. — S. R. depuis 1869.

FONTENOY, 1/2 s. N. — H. N.
B. 1883. — Calvados.
Par *Schiller*, 1/2 s. N., et *Cocotte*, par Schamyl, 1/2 s. Lim.
Compiègne : 1887. — Réformé en octobre 1896.

8.

FORBAN, 1/2 s.
Al. 1861.
S. R.
Approuvé. — M. Pargon.
Rosières : 1865-1866.

FORESTIER, 1/2 s. N. — H. N.
B. 1839. — Normandie.
Par *Sylvio*, P. S. A., et *N.*, fille de Prétender, 1/2 s. A.
Rosières : 1843. — Castré en août 1863.

FORESTIER, 1/2 s.
Approuvé. — M. Delacourt, à Norville (Seine-Inférieure).
Compiègne : 1871-1876.

FORMIGNY, 1/2 s. N. — H. N.
Bb. 1883. — Manche.
Par *Uzerche*, 1/2 s. N., et une fille d'Auguste, 1/2 s. N.
Annecy : depuis 1887.

FORT, 1/2 s. N.
Approuvé : M. P. Caye (Metz).
B. 1865. — Normandie.
Par *Noteur*, 1/2 s. N., et *N.*, 1/2 s. N.,
par Distingué, 1/2 s. N. (approuvé).
Montier-en-Der : 1869. — S. R. depuis 1869.

FORT-A-BRAS, 1/2 s. N. — H. N.
B. 1861. — Orne.
Par *Valdemar*, 1/2 s. N., et une jument, 1/2 s.,
par Prince-Colibri, P. S. A.
Besançon : 1866. — Passé à Cluny en 1870.

FORT-A-BRAS, 1/2 s.
Approuvé. — M. Cortot (Côte-d'Or).
B. 1861.
Besançon : 1871. — Réformé en 1875.

FORTH, 1/2 s. N. — H. N.
B. 1883. — Orne.
Par *Sobriquet*, 1/2 s. N., et *Mignonne*, par Niger, 1/2 s. N.
Compiègne : depuis 1887.

FORTIN, 1/2 s. N. — H. N.
B. 1839. — Normandie.
Par *Sandy*, 1/2 s. A., et une jument normande.
Besançon : 1843-1852.

FORTIS   S. B. 1/2 s. Vend.. p. 84.
B. 1861. — Normandie.
Par *Eperon*, P. S. A., et une fille de Voltaire, 1/2 s. N.
Rosières : 1865. — Abattu en décembre 1882.
A fait la monte en Vendée en 1871.

FORTUNÉ, 1/2 s. N.
Approuvé. — M. Reichelinger (Moselle).
B. 1861. — Normandie.
Par *Solide*, 1/2 s. N. (approuvé), et *N.*, 1/2 s. N.,
par Ottoman, 1/2 s. N. (approuvé).
Montier-en-Der : 1865. — Réformé en 1869.

FOUCHÉ, 1/2 s. N. — H. N.
B. 1839. — Normandie.
Par *Napoléon*, P. S. A., et *N.*, fille de Talma, 1/2 s. N.
Rosières : 1843. — Mort en mars 1844.

FOUDRE, 1/2 s.
Approuvé. — M. Vougnon (Haute-Saône).
B. 1861. — Normandie.
Besançon : 1865. — Réformé en 1876.

FOURRIER, ex-**FAUST**, 1/2 s. N. — H. N.
Al. 1883. — Manche.
Par *Palatin*, P. S. A., et *Rapide*, 1/2 s. N.,
par Muphti, 1/2 s. N. (approuvé).
Rosières : 1887. — Abattu en juin 1894.

FOX, 1/2 s. N.

Approuvé. — M. Guissard (Moselle),

B. 1861. — Normandie.

Par *Usager*, 1/2 s. N., et *N.*, 1/2 s. N., par The Juggler, P. S. A.

Montier-en-Der : 1865. — S. R. depuis 1869.

FOX, 1/2 s.

Approuvé. — M. Charveriat

Bb. 1866. — France.

Annecy : 1887–1890.

FRANCILLON, 1/2 s. V. — H. N.

B. c. 1883. — Sables-d'Olonne.

Par *Kapirat II*, 1/2 s. N., et une fille de John-Bull, 1/2 s. V.

Annecy : depuis 1888.

FRA-DIAVOLO, 1/2 s. N.

Approuvé. — M. Vignon (Meuse).

B. 1861. — Normandie.

Par *Préféré*, 1/2 s. N. (approuvé), et *N.*, 1/2 s. N., par Rovigo,
1/2 s. N.

Montier-en-Der : 1865-1869. — S. R. pour 1870. — H. N. en 1871.

Réformé en juillet 1880.

FRAGONARD, 1/2 s. N. — H. N.

B. 1883. — Orne.

Par *Usquebac*, 1/2 s. N., et *Strasééde*, 1/2 s. N., par Trouville,
P. S. A.

(Voir S. B. N., t. 2, Poulinières, p. 539.)

Montier-en-Der : depuis 1887.

FRANC, 1/2 s. N.

Approuvé. — M. Curé-Bréva, à Roussy.

B. 1861. — Normandie.

Par *Ursin*, 1/2 s. N., et *N.*, 1/2 s. N., par Eylau, P. S. A.-A.

Montier-en-Der : 1865. — S. R. depuis 1869.

FRANC-ARCHER, 1/2 s. N. — H. N.
Al. 1883. — Manche.
Par *Kabin*, 1/2 s. N., et *Poulot*, 1/2 s. N., par Ivanoff, P. S. A
Montier-en-Der : 1887. — Réformé en novembre 1898.

FRANC-MAÇON, 1/2 s.
Approuvé. — M. Augey (Haute-Saône).
B. 1883. — Normandie.
Par *Quarteron*, 1/2 s. N., et une jument 1/2 s., par Otage
1/2 s. N.
Besançon : 1887. — Castré en novembre 1896.

FRANC-NORMAND, 1/2 s. N. — H. N.
Al. 1861. — Orne.
Par *Chactas*, P. S. A., et *N.*, 1/2 s. N., par Castor, 1/2 s. N.
Montier-en-Der : 1874. — Réformé en octobre 1876.

FRANÇOIS Ier, 1/2 s. N. — H. N.
B. 1861. — Orne.
Par *Pledge*, 1/2 s. N., et une jument 1/2 s., par Junot, 1/2 s. N
Besançon : 1873. — Réformé en 1876.

FRANCONI, 1/2 s.
Approuvé. — M. Gudin (Yonne).
B. 1844.
Montier-en-Der : 1853. — Vendu en 1856.

FRANC-TIREUR, 1/2 s.
Approuvé. — M. Clavier (Jura).
N. 1872. — Normandie.
Besançon : 1877-1881.

FRANCK, 1/2 s.
Approuvé. — M. Gousset (Haute-Saône).
B. 1861. — Normandie.
Besançon : 1865. — Vendu en 1873.

FRANCK-ALLISSON, 1/2 s. Amér.
Approuvé. — Duc de Vicence.
B. 1869. — Amérique.
Par *Magna-Charta* et une fille de Vermout-Hero.
Compiègne ; 1880-1892.

FRANCO, 1/2 s. N. — H. N.
Al. 1883. — Manche.
Par *Qu'en-Pensez-Vous*, 1/2 s. N., ou *Ange*, 1/2 s. N., et *El Ghor*,
1/2 s., par El Ghor, P. S. Ar.
Rosières ; depuis 1887.

FRANCŒUR, 1/2 s.
Approuvé. — M. Lavoignat |(Côte-d'Or).
B. 1861.
Besançon : 1871. — Mort en 1873.

FRASCATI, 1/2 s. N.
Al. 1883. — Manche.
Par *Uzerche*, 1/2 s. N., et *Lisette*, 1/2 s. N., par Raifort, 1/2 s. N.
Montier-en-Der : 1887. — Réformé en août 1899.

FRÉDÉRIC, 1/2 s. N. — H. N.
B. 1839. — Normandie.
Par *Sylvio*, P. S. A., et *Pretender*, 1/2 s. N.
Besançon : 1843. — Mort en 1850.

FREISCHUTZ, 1/2 |s. N. — H. N.
.B. ch. 1861. — Normandie.
Par *Stick*, 1/2 s. N., et une fille de Turpin, 1/2 s. N.
Annecy : 1865. — Castré en juillet 1870.

FRÉJUS, 1/2 s.
Approuvé : 1865. — M. Gueraud,
B. 1861. — Franco.
Par *Homère* et une fille de Prince-Colibri.
·necy : 1865. — S. R.

FRÉJUS, 1/2 s. N, — H. N.
B. 1883. — Manche.
Par *Orfila*, 1/2 s. N., et *Mouvette*, par Dagobert, 1/2 s. N.
Besançon : 1887. — Castré en 1890.

FRELUQUET, 1/2 s. Limousin. — H. N.
B. 1833. — Limousin.
Par *Mustachio*, P. S. A., et une jument 1/2 s.
Besançon : 1844. — Réformé en 1845.

FRELUQUET, 1/2 s.
Approuvé : 1887. — M. Morel.
Bb. 1883 — France.
Par *Regnard* et une fille de Josaphat.
Annecy : depuis 1887.

FRESNAY, 1/2 s. N. — H. N.
B. 1883. — Manche.
Par *Régnard*, 1/2 s. N , et *Bijou*, 1/3 s. N., par Nicanor, 1/2 s. N
Montier-en-Der : 1887. — Passé à l'Ecole vétérinaire d'Alfort
en juillet 1899.

FRESNEL, 1/2 s. N. — H. N.
B. 1883. — Manche.
Par *Lavater*, 1/2 s. N., et *Mandarine*, 1/2 s. N.,
par The-Heir of-Linne, P. S. A.
Rosières : 1887. — Castré en janvier 1897.

FRIAND. 1/2 s. N. — H. N.
Al. br. 1883. — Manche.
Par *Very-Mutih*, 1/2 s. N., et *Cheveux-d'Or*, par Stern, 1/2 s. N.
Annecy : 1887. — Castré en août 1889.

FRIEDLAND, 1/2 s.
Approuvé : 1887. — M. Chapeley.
Al. 1883. — France.
Par *Héros* et une fille d'Hidalgo.
Annecy : 1887-1897.

FRIOUL, 1/2 s. N. — H. N.
Bb. 1883. — Orne.

Par *Apis*, 1/2 s. N., et *Amaranthe*, 1/2 s. N., par *Niger*, 1/2 s. N.
Rosières : 1887. — Castré en novembre 1896.

FRIPON, 1/2 s. N.
Approuvé. — M. Maire (Dominique) [arrondissement de Metz].
B. 1861. — Normandie.

Par *Violent*, 1/2 s. N., et *Martine*.
Montier-en-Der : 1865. — S. R. depuis 1869.

FRISON, 1/2 s. N.
Approuvé. — M. F. Potier (Ardennes).
Gr. 1883. — Calvados.

Par *Rollon*, 1/2 s. N. (approuvé), et *Westnitza*, Russe.
Montier-en-Der : 1889. — Castré en 1898.

FRITZ, 1/2 s. N. — H. N.
B. 1883. — Manche.

Par *Qui-Vive*, 1/2 s. N., et *Sophie*, 1/2 s. N.,
par Lagopède, 1/2 s. N.
Montier-en-Der : 1887. — Réformé en août 1898.

FRIVOLE, 1/2 s.
Approuvé. — M. Chauffenne (Haute-Saône).
Al. 1883. — Normandie.

Par *Vanikoro*, 1/2 s. N., et une jument 1/2 s.,
par Feu-de Joie, 1/2 s. N.
Besançon : 1887. — Castré en novembre 1896.

FROISSARD, 1/2 s. N. — H. N.

Par *Quickly*, 1/2 s. N., et *Brebis*, 1/2 s. N.
par Ugolin, 1/2 s. N.
Montier-en-Der : 1887. — Réformé en septembre 1891.

FRONTIGNAN, 1/2 s.
Autorisé. — M. Caron (Nord).
B. 1883.
Compiègne : 1888. — S. R. en 1890.

FRONTIN, 1/2 s.
Approuvé. — M. Pichery (Haute-Saône), 1865.
B. 1861. — Normandie.

Par *Novi*, 1/2 s. N.
Besançon : 1865. — Réformé en 1877.

FURET, 1/2 s. A. N. — H. N.
B. 1847. — Normandie.
Annecy : 1853. — Mort en octobre 1860.

FUST, ex-**FACILE**. 1/2 s. N. — H. N.
Bb. 1883. — Calvados.

Par *Templier*, 1/2 s. N., et *Éloïse*, 1/2 s. N., par Éloi, 1/2 s. N.
Rosières : 1887. — Castré en août 1899.

GABALI, 1/2 s. N.
Approuvé. — M. Grosse (Moselle).
Al. 1862. — Normandie.

Par *Impérial*, 1/2 s. N. (approuvé), et *N.*, 1/2 s. N.,
par Cobraine, 1/2 s. A.
Montier-en-Der : 1866. — S. R. 1869.

GABERLUZIE, 1/2 s.
Approuvé. — M. Boulingue, à Bouville (Seine-Inférieure).
B. 1857.
Compiègne : 1871-1876.

GABIER, 1/2 s.
Approuvé. — M. Jacquinot (Côte-d'Or).
B. 1862.

Par *Victorieux*, 1/2 s. N.
Besançon : 1872. — Réformé en 1877.

GABION II, 1/2 s. N.
Approuvé. — M. Bondau (Moselle).
B. 1862. — Normandie.

Par *Belzébuth*, 1/2 s. N., et *N.*, 1/2 s. N., par Radical, 1/2 s. N.
Approuvé. — 1866-1869. — S. R. en 1870. — H. N. en 1871.
Réformé en août 1881.

GABION II 1/2 s. N.,
Approuvé. — M. Bondeau.
B. 1862. — Normandie.
Par *Tic-Tac*, 1/2 s. N.
Rosières : 1871. — S. R.

GABION, 1/2 s. N.
Approuvé. — M. Gardeur.
B. 1862. — Normandie.
Par *Regnier*, 1/2 s. N., et une jument normande.
Rosières : 1871. — Réformé en 1881.

GABION, 1/2 s. N.
Approuvé. — M. Gardeur (Meuse).
B. 1862. — Normandie.
Par *Séducteur*, 1/2 s. N., et *N.*, 1/2 s. N.
Montier-en-Der : 1866. — S. R. depuis 1869.

GABRIEL, 1/2 s. N. — H. N.
B. 1838. — Normandie.
Par *Sylvio*, P. S. A., et *N.*, fille de Mahomet, 1/2 s. N.
Rosières : 1844. — Abattu en décembre 1858.

GABRIEL, 1/2 s.
Approuvé. — M. Henry.
Bb. 1853.
S. R.
Rosières : 1865. — Réformé en 1873.

GABRION, 1/2 s.
Autorisé : M. Latham de Fruges (Pas-de-Calais).
B. 1884.
Par *Medro*, 1/2 s., et *Confiance*, par Montfort.
Compiègne : 1888-1860.

GAGISTE, ex-**GABION**, 1/2 s. N. — H. N.
B. 1884. — Orne.
Par *Héros*, 1/2 s. N., ou *Beaujeu*, 1/2 s. N., et *Coquette*,
1/2 s. N., par Renaissant, 1/2 s. N.
Rosières : 1888. — Castré en décembre 1898.

GAGNE-PETIT, 1/2 s.
Approuvé. — M, Delangle (Lille).
B. 1884,
Compiègne : 1888-1891,

GAGNEUR, 1/2 s. N. — H. N.
Bm. 1884. — Calvados.
Par *Rivoli*, 1/2 s. N., et une fille de Soldat, 1/2 s. N.
Annecy : 1898. — Castré en août 1897.

GAILLARD, 1/2 s. N.
Approuvé. — M. Chasseur (Lorraine allemande).
B. 1862. — Normandie.
Par *Talleyrand*, 1/2 s. N., et *N.*, 1/2 s. N., par Lagopède,
1/2 s. N.
Montier-en-Der : 1866-1869. — S. R. pour 1870. — H. N. en 1871.
Réformé en août 1882.

GAILLARD, 1/2 s.
Approuvé. — M. P. Pierret (Marne).
Bb. 1879.
Montier-en-Der : 1884. — S. R. depuis.

GAILLARD, 1/2 s.
Accepté. — M. Munier (Pas-de-Calais).
Aub. 1886.
Compiègne : depuis 1889.

GAILLET, 1/2 s. N. — H. N.
Al. 1839. — Normandie.
Par *Pick-Pocket*, P. S. A., et une fille de Y. Rattler, 1/2 s. A.
Rosières : 1844. — Castré en septembre 1862.

GALA, 1/2 s. N. — H. N.
B. 1884. — Manche.
Par *Utrecht*, 1/2 s. N., et *Blanc-Pied*, 1/2 s. N., par Magicien,
1/2 s. N.
Montier-en-Der : 1888. — Réformé en juillet 1894.

GALANTIN, 1/2 s. N. — H. N.
B. 1839. — Normandie.
Par *Y. Reveller*, P. S. A., et une jument normande.
Rosières : 1844. — Abattu en juillet 1860.

GALAOR, 1/2 s.
Approuvé. — Duc de Vicence.
B. 1884. — Aisne.
Par *Œmulus*, 1/2 s., et une fille de Kilomètre, 1/2 s. N.
Compiègne : 1891-1893.

GALEOTIS, 1/2 s. — H. N.
B. 1839. — Normandie.
Par *Pick-Pocket*, P. S. A., et une fille d'Eastham, P. S. A.
Rosières : 1844. — Castré en juillet 1851.

GALIBI, 1/2 s.
Accepté. — M. Papillon, à Fresnes (Seine-et-Marne).
B. Zain. — 1882.
Compiègne : 1889-1890.

GALIFFRE, 1/2 s. N. — H. N.
B. 1838. — Normandie.
Par *Rhéteur*, 1/2 s. N., et une jument 1/2 s., par I.-Topper,
1/2 s. A.
Besançon : 1844-1853.

GALLICAN, 1/2 s. N. — H. N.
Al. 1884. — Manche.
Par *Ange*, 1/2 s. N., et *Castille*, par Bravo, P. S. A.
Sa grand'mère : par Rivoli, 1/2 s. N.
Compiègne : 1888. — Réformé en juillet 1893.

GALLUS, 1/2 s. N. — H. N.
B. 1839. — Calvados.
Par *Symetric*, 1/2 s. A., et une fille de Pope, 1/2 s. N.
Compiègne : 1844-1848.

GALVANI, 1/2 s.
Approuvé. — M. Bancelin Vial (Haute-Vienne).
Al. 1845.
Montier-en-Der : 1855 1859.

GAMA, 1/2 s. N. — H. N.
Bb. 1884. — Orne.
Par *Législateur*, 1/2 s. N., et *Carlotta*, 1/2 s. N., par Abrantès.
1/2 s. N.,
Montier-en-Der : 1888. — Réformé en août 1891.

GAND, ex-**GLORIEUX**, 1/2 s. N. — H. N.
Al. 1884. — Normandie.
Par *Ulbach*, 1/2 s. N., et *Belle-Étoile*, par Pretender, 1/2 s. A.
Besançon : 1889. — Castré en 1898.

GARAT, 1/2 s. N. — H. N.
Bb. 1884. — Calvados.
Par *Seymour*, 1/2 s. N., et une fille de Montebello, 1/2 s. N.
Annecy : depuis 1888.

GARÇONNET, 1/2 s. N. — H. N.
Al. 1884. — Calvados.
Par *Valencourt*, 1/2 N., et *Novilla*, par Noville, 1/2 s. N.
Sa grand'mère : par Shalès, 1/2 s. A.
Compiègne : depuis 1888.

GARGANTUA, 1/2 s. N. — H. N.
B. 1838. — Normandie.
Par *Chasseur*, 1/2 s. N., et une fille de Sylvio, P. S. A.
Rosières : 1844. — Passé au dépôt de Jussey en décembre 1848.
Besançon : 1849. — Réformé en 1850.

GARRICK, 1/2 s. N. — H. N.
B. 1839. — Normandie.

Par *Pick-Pocket*, P. S. A., et une jument inconnue.
Rosières : 1844. — Castré en août 1848.

GASCON, 1/2 s. N. — H. N.
B. 1884. — Manche.

Par *Bataillon*, 1/2 s. N., et *Madelon*, 1/2 s. N., par Producteur,
1/2 s. N.
Montier-en-Der : depuis 1888.

GASPARD, 1/2 s. N. — H. N.
Gr. 1838. — Normandie.

Par *Oscar*, 1/2 s. N., et une jument normande.
Rosières : 1844. — Mort en juillet 1855.

GASPARDO, 1/2 s. N.
Approuvé. — Duc de Vicence.
Al. 1867.

Compiègne : 1880-1881.

GASTON, ex-**GOULOT**, 1/2 s. N. — H. N.
B. m. 1862. — Calvados.

Par *Brocardo*, P. S. A., ou *Sultan*, né en Normandie, et de *Pompete*,
fille d'Ottoman, 1/2 s. N.
Annecy : 1866. — Castré en juillet 1879.

GASTRONOME, 1/2 s. N. — H. N.
B. 1884. — Orne.

Par *Législateur*, 1/2 s. N., et *Rainette*, 1/2 s. N.,
par Hidalgo, 1/2 s. N.
Montier-en-Der : depuis 1888.

GAULOIS, 1/2 s. N.
Approuvé. — M. Mouton (Meuse).
B. 1862. — Normandie.

Montier-en-Der : 1866. — S. R. depuis 1869.

GAULOIS II, 1/2 s. N.
Approuvé. — M. Mouton.
B. 1862. — Normandie.

Par *Tic-Tac*, 1/2 s. N., et une jument normande.
Rosières : 1871. — Mort en 1884.

GAULOIS, 1/2 s. L.
Approuvé. — M. Deforge.
Ro. 1882. — Lorraine.

Par *Quintuple*, 1/2 s. N. (approuvé), et une fille de Gaulois II,
1/2 s. N. (approuvé).
Rosières : 1886-1893.

GAVROCHE, 1/2 s. N.
Approuvé. — M. Hennequin (Metz).
B. 1862. — Normandie.

Par *Noteur*, 1/2 s. N., et *N.*, par Séduisant, 1/2 s. N.
Montier-en-Der : 1866. — S. R. depuis 1869.

GÉNÉRAL, 1/2 s. N. — H. N.
B. ch. 1862. — Normandie.

Par *Pledge*, 1/2 s. N., et une fille d'Honorable, 1/2 s. N.
Annecy : 1866. — Abattu en juillet 1869.

GÉNÉRAL, 1/2 s.
Approuvé. — M. Oudart (Marne).
B. 1862.
Montier-en-Der : 1866. — Vendu en 1872.

GÉNÉRAL, 1/2 s. Br. — H. N.
Bb. 1891. — Finistère.

Par *The General*, 1/2 s. A., et une fille de Old-Times, 1/2 s. Br.
Annecy : depuis 1895.

GÉNÉREUX, 1/2 s.
Approuvé. — M. Bertrand (Côte-d'Or).
B. 1862.
Besançon : 1872. — Réformé en 1875.

GÉNÉREUX, 1/2 s. N.
Approuvé. — M. Mangin (Moselle).
Al. 1862. — Normandie.
Par *Ganymède*, 1/2 s. N., et *N.*, 1/2 s. N., par Noteur, 1/2 s. N.
Montier-en-Der : 1866. — S. R. depuis 1869.

GENETŒUS, 1/2 s. N. — H. N.
Bb. 1835. — Orne.
Par *Royal*, 1/2 s. N., et une fille d'Impérieux, 1/2 s. N.
Compiègne : 1844. — Réformé en avril 1850.

GÉNIE, 1/2 s. N. — H. N.
B. 1839. — Normandie.
Par *The Juggler*, P. S. A., et une jument 1/2 s.,
par I.-Topper, 1/2 s. A.
Besançon : 1844. — Réformé en 1846.

GEOLIER, ex-**GALOPIN**, 1/2 s. N. — H. N.
B. ch. 1884. — Calvados.
Par *Apis*, 1/2 s. N., et une fille d'Interprète, 1/2 s. N.
Annecy : depuis 1888.

GÉOLOGUE, 1/2 s.
Approuvé. — M. Haltel-Hougelot (Meuse).
B. 1862.
S. R.
Montier-en-Der : 1866. — S. R. depuis 1869.
Rosières : 1871-1873.

GEORGES, 1/2 s.
Approuvé. — M. Marescot, à Boutes (Seine-Inférieure).
B. 1866.
Compiègne : 1871.

GÉRARD, 1/2 s.
Approuvé : 1866. — M. Marron.
Bb. 1862. — France.
Par *Priam* (par Voltaire) et une fille d'Impérieux.
Annecy : 1866. — S. R.

GÉRARD, 1/2 s. N. — H. N.
Al. 1884. — Manche.
Par *Quality*, 1/2 s. N., et *Charlotte*, 1/2 s. N.,
par Regnard, 1/2 s. N.
Rosières : 1888. — Castré en août 1889.

GERBERT, 1/2 s. N.
Approuvé. — M. Thuillez, à Remilly.
Al. 1862. — Normandie.
Par *Coleraine*, 1/2 s. A., et *N.*, 1/2 s. N.,
par Tipple-Cider, P. S. A.
Montier-en-Der : 1866. — S. R. depuis 1869.

GERMANICUS, 1/2 s.
Approuvé. — M. Abbé-Rey (Côte-d'Or).
B. 1861.
Besançon : 1871. — Réformé en 1872.

GERVAIS, 1/2 s. N.
Approuvé. — M. Jacquemard (Meuse).
B 1862. — Normandie.
Par *Unau*, 1/2 s. N., et *N.*, 1/2 s. N.
Montier-en-Der : 1866. — S. R. depuis 1869.
Rosières : 1871-1874.

GESTER, 1/2 s. N — N. H.
Gr. 1835. — Rosières.
Par *Général-Mina*, P. S. A., et *Corésie*, 1/2 s. A.
Besançon : 1841. — Mort en 1851

GHETTO, 1/2 s.
Approuvé. — M. Cornile (Côte-d'Or).
A. 1862.
Besançon : 1871. — Réformé en 1872.

GIBELIN, 1/2 s.
Approuvé. — M. Thiérot (Marne).
B. 1862.
Par *Valdemar*, 1/2 s. N.
Montier-en-Der : 1872. — Vendu en 1874. — H. N.
Réformé en juillet 1880.

GILBERT, 1/2 s. — **H. N.**
B. 1839. — Normandie.
Par *Cidnus*, 1/2 s. A., et une fille de Pivert, 1/2 s. N.
Rosières : 1844. — Passé au dépôt de Jussey en décembre 1848.
Besançon : 1849. — Réformé en 1849.

GIVET, ex-**GALOPIN**, 1/2 s. N. — H. N.
N. 1884. — Calvados.
Par *Valencourt*, 1/2 s. N. (approuvé), et *Barcarolle*, 1/2 s. N.,
par Noville, 1/2 s. **N.**
Rosières : 1888. — Abattu en juin 1894.

GLAD, 1/2 s.
Approuvé ; 1866. — **M.** de Courtenay.
Al. 1862. — France.
Par *Gazeley* et une fille d'Eylau.
Annecy : 1866. — S. R.

GLADIATEUR, 1/2 s.
Autorisé. — **M.** de Nagelles (Pas-de-Calais).
Al. 1887.
Par *Taillebourg*, 1/2 s. N.
Compiègne : 1892. — S. R. en 1893.

GLAIVE, 1/2 s.
Approuvé. — M. Durand (Yonne).
N. 1862. — Normandie.
Montier-en-Der : 1871. — Réformé en 1885.

GLOCESTER, 1/2 s.

Approuvé. — M. Maillard (Haut-Rhin) ; M. Thiébault
(Haute-Saône) : 1897.

B. 1884. — Normandie.

Par *Sidi*, P. S. Ar., et une jument 1/2 s., par Newton, 1/2 s. N.

Sa grand'mère : fille de Cultivateur, 1/2 s. N.

Besançon : depuis 1891.

GLOIRE-ET-GÉNIE, 1/2 s.

Approuvé. — M. Boulard (Aube).

Al. 1862.

Montier-en-Der : 1871. — S. R. depuis 1872.

GLORIEUX, 1/2 s.

Approuvé. — M. Pelletici, à Amiens.

Al. 1869.

Compiègne : 1875-1877.

GLORIEUX, 1/2 s.

Approuvé. — Bon de Fourment.

B. 1873.

Compiègne : 1878-1879.

GLOUTON, 1/2 s. N. — H. N

B. 1839. — Normandie.

Par *Marengo*, P. S. A.

Compiègne : 1844. — Abattu en avril 1863.

GODARD, 1/2 s. N.

Approuvé. — M. Al. Pelte (arrondissement de Briey).

B. 1862. — Normandie.

Par *Victorieux* ou *Tamerlan*, 1/2 s. N., et N., 1/2 s. N.,
par Sir-Henry, 1/2 s. (approuvé).

Montier-en-Der : 1866. — S. R. depuis 1869.

GOÉLAND, ex-**GARGANTUA**, 1/2 s. N. — H. N.
B. 1884. — Calvados.
Par *Unorthodox*, 1/2 s. N., et *Renaissante*, 1/2 s. N.,
par Renaissant, 1/2 s. N.
Rosières : depuis 1888.

GOGO, 1/2 s. N. — H. N.
B. 1839. — Normandie.
Par *Impérieux*, 1/2 s. N., et une fille de Marmot.
Compiègne : 1844. — Réformé en septembre 1856.

GOGUENARD, 1/2 s. N. — H. N.
B. 1884. — Normandie.
Par *Usuel*, 1/2 s. N., et *Sophie*, par Fire-Away, 1/2 s. A.
Besançon : depuis 1888.

S. B. 1/2 s. Vend.. p. 88.

GOLD-DUST, 1/2 s. A. — H. N.
B. 1861. — Angleterre.
Par *Gold-Finder*, 1/2 s. A., et une fille de Hangleton-Merry-Leggs,
1/2 s. A.
Rosières : 1866. — Abattu en juilllet 1881.
A fait la monte en Vendée en 1871.

GOLDEN-BALL, Norfolk.
Approuvé. — M. Modesse-Berquet.
B. 1871. — Angleterre.
Norfolk.
Compiègne : 1878. — Vendu aux Haras en 1879.
Compiègne : 1880. — Réformé en août 1898.

GORDON, ex-**GAILLARD**, 1/2 s. N. — H. N.
B. 1884. — Normandie.
Par *Josaphat*, 1/2 s. N., et *Mignonne*, par Niger, 1/2 s. N.
Besançon : 1888. — Abattu en 1889.

GOUAILLEUR, 1/2 s. N.
Approuvé. — M. Gauch (Moselle).
B. 1862. — Normandie.
Par *Usager*, 1/2 s. N., et une fille de Dorus, 1/2 s. N.
Montier-en-Der : 1866. — Mort en 1869.

GOUPILLON, 1/2 s. N. — H. N.
B. 1884. — Normandie.
Par *Valparaiso*, 1/2 s. N., et *Lisette*, par Irlandais, 1/2 s. N.
Besançon : 1888. — Castré en 1897.

GOURBI, 1/2 s. Ar. — H. N.
Al.
Montier-en-Der : 1852. — Réformé en décembre 1856.

GOURDON, 1/2 s. N. — H. N.
B. 1884. — Calvados.
Par *Racoleur*, 1/2 s. N., et *Palma*, par Palm, 1/2 s. N.
Compiègne : 1888. — Mort le 9 juillet 1899.

GOURNAY, 1/2 s.
Approuvé. — M. E. Tilloy (Marne).
B. 1871.
Montier-en-Der : 1875. — S. R. depuis 1889.

GOUSSET, 1/2 s. — H. N.
B. m. 1862.
Par *Gazelay*, 1/2 s. A., et une fille de Tippe-Cider, 1/2 s. N.
Annecy : 1867. — Castré en juillet 1872.

GOUZON, 1/2 s. N. — H. N.
B. 1840. — Calvados.
Psr *Friedland*, P. S. A., et une fille de Jaggar, 1/2 s. A.
Rosières : 1845. — Castré en août 1860.

GRABUGE, 1/2 s.
Approuvé. — M. Mougenot (Haute-Saône).
B. 1862. — Normandie.
Par *Radis*, 1/2 s. N., et une jument 1/2 s., par Simon, 1/2 s. N.
Besançon : 1866-1869.

GRACCHUS, ex-GARDIEN, 1/2 s. N. — H. N.
B. c. 1862. — Normandie
Par *Moustique*, P. S., et une fille de Lucain, 1/2 s. N.
Annecy : 1866. — Castré en juillet 1870.

GRAND-DUC, 1/2 s. N.
Approuvé. — M. Ingling (Moselle).
Al. 1862. — Normandie.
Par *Unau*, 1/2 s. N., et *N.*, 1/2 s. N., pas Gavernot.
Montier-en-Der : 1866. — S. R. depuis 1869.

GRATIFUL, 1/2 s. N.
Approuvé. — M. Delaître (Aube).
B. 1862. — Normandie.
Montier-en-Der : 1871. — Réformé en 1877.

GRÉGOIRE, 1/2 s.
Approuvé. — M. Gauthier, 1871. — M. Thère, 1880 (Côte-d'Or).
B. 1864.
Besançon : 1871. — Mort en 1879.

GRÉGOIRE, 1/2 s. Char. — H. N.
Bb. 1884. — Charente-Inférieure.
Par *Rebus*, 1/2 s. N., et une fille d'Uniady, 1/2 s. V.
Annecy : 1888. — Castré en septembre 1888.

GRELUCHON, 1/2 s. L. — H. N.
B. 1841. — Haras de Rostères.
Par *Alibaba*, P. S. A., et *Katinka*, de la race Ducale, née au
Haras de Rosières.
Rosières : 1845. — Castré en octobre 1849.

GRENADIER, 1/2 s. N. — H. N.
B. 1839. — Normandie.
Par *Cydnus*, P. S. A., et *N.*, 1/2 s. N., par *Pégase*, 1/2 s. N,
Montier-en-Der ; 1853. — Mort en septembre 1853.

GRENADIER, 1/2 s.
Approuvé. — M. Parcheminoy (Haute-Saône).
B. 1884. — Normandie.
Par *Aveyron*, 1/2 s. N., et une jument 1/2 s., par *Pater*, 1/2 s. N,
Besançon : 1888. — Castré en juillet 1888.

GRIBOUILLE, 1/2 s. N. — H. N.
Al. br. 1862. — Manche.
Par *Zouave*, P. S., et une fille de Licteur, 1/2 s.
Annecy : 1868. — Mort en juillet 1870.

GRIMM, 1/2 s. N. — H. N.
B. 1884. — Manche.
Par *Ange*, 1/2 s. N., et *La Poule*, par Hussein, 1/2 s. N.
Sa grand'mère : par Hautain, 1/2 s. N.
Compiègne : 1888. — Réformé en décembre 1891.

GRIMOIRE, 1/2 s.
Approuvé en 1866. — Autorisé en 1875. — M. Deport, 1866 ;
M. Thiébaut (Haute-Saône).
N. 1862. — Normandie.
Par *Kapirat*, 1/2 s. N., et une jument 1/2 s., par Hunter,
1/2 s. Irland.
Besançon : 1866-1875.

GRIVOIS, 1/2 s. N. — H. N.
B. 1839. — Normandie.
Par *The Juggler*, P. S. A., et une jument 1/2 s. N., par Y. Topper,
1/2 s. A.
Le Pin : 1844. — Compiègne : 1845. — Réformé en octobre 1846.

GRIVOIS, 1/2 s.
Approuvé. — M. Joly (Haute-Saône).
B. 1862. — Vendée.
Par *The Rowe*, P. S. A., et une jument 1/2 s., par Landau, 1/2 s. N.
Besançon : 1866. — Réformé en 1878.

GRIVOIS, 1/2 s.
Approuvé. — M. Robardey-Badoz ;
M. Gorge, 1891 (Haute-Saône).
Al. 1884. — Normandie.
Par *Valérien*, 1/2 s. N., et une jument 1/2 s., par Ratier, 1/2 s. N.
Besançon : 1888. — Castré en novembre 1893.

GROG, 1/2 s.
Approuvé. — M. Pretel (Haute-Saône).
B. 1862. — Normandie.
Par *Napoleon* (?) et une jument 1/2 s., par Incomparable, 1/2 s. N.
Besançon : 1866. — Mort en 1883.

GROGNARD, 1/2 s. N. — H. N.
B. 1837. — Normandie.
Par *Pretender*, 1/2 s. A., et une fille de D.-I.-O., P. S. A.
Rosières : 1845. — Abattu en avril 1846.

GROSJEAN, 1/2 s. N. — H. N.
B. 1884. — Orne.
Par *Nouvion*, 1/2 s. N., et *Rigolette*, par Condé, 1/2 s. N.
Besançon : depuis 1894.

GUDIN, 1/2 s. N. — H. N.
B. 1839. — Normandie.
Par *Eastham*, P. S. A., et une jument normande, fille de Bobe.
Rosières : 1844. — Abattu en octobre 1859.

GUILLAUME-TELL, 1/2 s. V. — H. N.
Al. 1884. — Vendée.
Par *Terme*, 1/2 s. N., et une fille de Julien, 1/2 s. N.
Sa grand'mère : par Necker, 1/2 s. N.
Rosières : 1888. — Castré en août 1892.

GULLIVER, 1/2 s. N.

Approuvé. — M. Henrion (arrondissement de Metz).

Al. 1859. — Normandie.

Par *Quality*, 1/2 s. N., et une jument 1/2 s. N.,
par Hospodar, 1/2 s. N.

Montier-en-Der : 1866. — S. R. depuis 1869.

GULLIVER, 1/2 s.

Approuvé : 1866. — M. Guinet.

B. 1862. — France.

Par *Valide* et une fille d'Atlas.

Annecy : 1866. — S. R.

GULLIVER, 1/2 s.

Approuvé. — Duc de Vicence ; M. Dassonville, à Tourcoing (Nord),
1895 ; M. Lesaffre, 1897.

B. 1884. — Aisne.

Par *Œmulus*, 1/2 s., et *Kentucky*, 1/2 s.

Compiègne : depuis 1889.

GURAT, ex-**GABION**, 1/2 s. N. — H. N.

Al. 1884. — Normandie.

Par *Ugiji*, 1/2 s. N., et *Fanny*, par Schamyl, 1/2 s. limousin.

Besançon : 1888. — Castré en 1888.

HABILE, 1/2 s.

Approuvé. — M. Olivier (Jura)

B. 1862.

Besançon 1867. — Vendu en 1867.

HABILE, 1/2 s.

Approuvé : 1892. — M. Morel.

B. 1880. — France.

Par *Seul* ou *Y. Quick-Silver*, et une fille de Nisquette.

Annecy : 1892-1895. — (Fluxionnaire.)

HAGARD, 1/2 s.
Approuvé. — M. Vougnon (Haute-Saône).
B. 1859. — Normandie (?)
Besançon : 1863. — Mort en 1870.

HAGÉCOURT, ex-**HUSSARD**, 1/2 s. N. — H. N.
Al. 1885. — Manche.
Par *Président*, 1/2 s. N., et *Belle-Petite*, 1/2 s. N.,
par Trompe-la-Mort, 1/2 s. Big.
Rosières : 1889. — Castré en août 1898.

HALIFAX, 1/2 s.
Approuvé : 1889. — M. Cottin.
B. m. 1885. — France.
Annecy : 1889. — Mort en 1893.

HALLES, 1/2 s. N.
Approuvé. — M. Zambaux (Meuse).
B. 1863. — Normandie.
Par *Isolier*, P. S. A., et une 1/2 s. N., par Sir-Henry,
1/2 s. (approuvé).
Montier-en-Der : 1867-1870.
Rosières : 1871. — Réformé en 1881.

HAMLET, 1/2 s. N.
Approuvé. — M. Lamothe (Ardennes).
B. 1891. — Normandie.
Par *Valencourt*, 1/2 s. N. (approuvé), et *N.*, 1/2 s. N.,
par Rivoli, 1/2 s. N. (approuvé).
Montier-en-Der : depuis 1895.

HALTE-LA, 1/2 s. N. — H. N.
B. 1885. — Normandie.
Par *Ximénès*, 1/2 s. N., et *Vanda*, par Abrantès, 1/2 s. N.
Besançon : 1889. — Mort en 1889.

HALTE-LA, 1/2 s. Norf. B. — H. N.
Bb. 1885. — Côtes-du-Nord.
Par *Corlay*, 1/2 s. Norf. B., et une fille de Lancastre, 1/2 s. N.
Rosières : 1889. — Castré en septembre 1891.

HAMILTON, ex-**CHAMPION**, 1/2 s. Br. — H. N.
B. 1885. — Bretagne.
Par *Keruscar*, 1/2 s. Br., ou *Y. Champion*, 1/2 s. A., et une
jument 1/2 s., par Trivial, 1/2 s. N.
Besunçon : 1889. — Castré en 1895.

HAMILTON, 1/2 s.
Approuvé ; 1889. — M. Carrier.
N. 1885. — France.
Par *Dici* et une fille d'Oméga.
Annecy ; 1889. — Castré en 1895.

HAMAR, 1/2 s. N. — H. N.
B. 1885. — Calvados.
Par *Calas*, 1/2 s. N., et *Saturne*, par Saturne, 1/2 s. N.
Compiègne : 1889. — Réformé en octobre 1893.

HANDICAP, 1/2 s. N. — H. N.
Al. 1863. — Normandie.
Par *Succès*, 1/2 s. N., et une fille de Performer, 1/2 s. A.
Rosières : 1867. — Castré en novembre 1869.

HAN-EIK, 1/2 s. L. — H. N.
Gr. 1837. — Haras de Rosières.
Par *Premium*, P. S. A., et *Dolly*, jument de race Ducale, née au
Haras de Rosières.
Rosières : 1841. — Castré en janvier 1861.

HAQUIN, 1/2 s. N. — H. N.
Bb. 1885. — Manche.
Par *Utrecht*, 1/2 s. N., et *Madeleine*, par Bataillon, 1/2 s. N.
Annecy : depuis 1889.

HARAS, 1/2 s. N. — H. N.
Al. 1863. — Normandie.
Par *Lucain*, 1/2 s. N., et une fille de Friedland, 1/2 s. N.
Rosières : 1867. — Castré en décembre 1867.

HARCOURT, 1/2 s.
Approuvé : 1889. — M. Durand.
B. c. 1885. — France.
Par *Vautrain* et une fille d'Orphée.
Annecy : depuis 1889.

HARDI, 1/2 s. N.
Approuvé. — M. Bertin (arrondissement de Briey).
B. 1863. — Normandie.
Par *Taconnet*, 1/2 s. N., et N., 1/2 s. N., par The Great-Western,
1/2 s. A.
Montier-en-Der : 1867. — S. R. depuis 1869.

HAREM, 1/2 s.
Approuvé.—M. Delagrange ; M. de Mornard ; M. Bureau (Côte-d'Or).
B. 1863.
Besançon : 1871. — Réformé en 1877.

HARICOT, 1/2 s. N.
Approuvé. — M. Xardel (arrondissement de Metz).
B. 1863. — Normandie.
Par *Sultan*, 1/2 s. N., et N., 1/2 s. N., par Lucain, 1/2 s. N.
Montier-en-Der : 1867. — S. R. depuis 1869.

HARMONIEUX, 1/2 s. N. — H. N.
B. 1841. — Calvados.
Par *Débardeur*, 1/2 s. N., et une fille de Proselyte, 1/2 s. A.
Rosières : 1845. — Réformé en juillet 1849.

HARMONIEUX, 1/2 s.
Approuvé. — M. Dougois (Haute-Marne).
B. 1891. — Haute-Marne.
Par *Absalon*, 1/2 s. N. (approuvé), et N., 1/2 s., par Rébus,
1/2 s. N. (approuvé).
Montier-en-Der : depuis 1896.

HARNAIS, ex-**HOTTOT**, 1/2 s. N. — H. N.
Al. 1885. — Manche.
Paa *Washington*, 1/2 s. A., et *Lisette*, par Uzel, 1/2 s. N.
Annecy : depuis 1889.

HARPAGON, 1/2 s.
Approuvé : 1867. — M. Favre, 1867.
B. 1863. — France.
Annecy : 1867. — S. R.

HARPON, 1/2 s. N. — H. N.
B. 1882. — Orne.
Par *Uriel*, 1/2 s. N., et *Tulipe*, par Eclipse, 1/2 s. N.
Sa grand'mère : Brunette, par The Norfolk-Phœnomenon, 1/2 s. A.
Compiègne : depuis 1887.

HARVEY, 1/2 s. N. — H. N.
B. 1885. — Calvados.
Par *Hippomène*, 1/2 s. du Midi, et *Miss-Annette*, 1/2 s. N.,
par Noteur, 1/2 s. N.
Rosières : depuis 1889.

HASARD, 1/2 s.
Approuvé. — M. Renard (Haute-Marne).
B. 1863.
Montier-en-Der : 1872. — S. R. depuis 1876.

HASNA, 1/2 s. N. — H. N.
B. 1840. — Manche.
Par *Gaberlunzie*, 1/2 s. A., et une jument 1/2 s.
Besançon : 1845. — Réformé en 1849.

HASTINGS, 1/2 s.
Approuvé. — M. Parcheminey (Haute-Saône).
B. 1863.
Besançon : 1867. — Castré en 1873.

HAURAN, ex-**HOUDON**, 1/2 s. N. — H. N.
B. 1885. — Manche.
Par *Contrôleur*, 1/2 s. N., et *Rapide*, 1/2 s. N., par Séduisant,
1/2 s. N. (approuvé).
Rosières : depuis 1889.

HAVRE, 1/2 s. N. — H. N.
B. ch. 1885. — Calvados.
Par *Valère*, 1/2 s. N. et *Bichette*, par Interprète, 1/2 s. N.
Annecy : depuis 1889.

HAZARD II, 1/2 s. L.
Approuvé. — M. Rouyer.
B. 1857. — Meurthe-et-Moselle.
Par *Hasard*, P. S. A., et une jument du pays.
Rosières : 1862-1865.

HÉBERT, 1/2 s. N.
Approuvé. — M. Pierson (Meurthe-et-Moselle).
B. 1863. — Normandie.
Par *Sultan*, 1/2 s. N., et *N.*, 1/2 s. N., par The Great-Weastern,
1/2 s. A.
Montier-en-Der : 1867. — S. R. depuis 1869.

HÉBREU, 1/2 s. N.
Approuvé. — M. Richier (Meuse).
B. 1863. — Normandie.
Par *Beaumarchais*, 1/2 s. N., et *N.*, 1/2 s. N., par Kapirat,
1/2 s. N.
Montier-en-Der : 1867-1871. — H. N. en 1872.
Montier-en-Der : 1872. — Réformé en juillet 1880.

HÉCLA, 1/2 s.
Autorisé. — Duc de Vicence (Aisne). — Approuvé : 1893. —
En 1896 : à M. Lesueur (Aisne).
Bb. 1885. — Aisne.
Par *Œmulus*, 1/2 s. Am., et *Léona*, 1,2 s. N.
Compiègne : depuis 1892.

HECTOR, 1/2 s.
Approuvé : 1887. — M. Morouoz.
Bb. 1870. — France.
Annecy : 1887-1892.

HELVÉTIUS, 1/2 s. N. — H. N.
Bb. 1840. — Calvados.

Par *Royal-Georges*, P. S. A., et *Ay*, 1/2 s. N.
Compiègne : 1845. — Réformé en septembre 1856.

HEMESVEZ, 1/2 s.
Approuvé : 1889. — M. Renard.
Al. 1885. — France.

Par *Quinte-Curce* et une fille de Pater.
Annecy : 1889-1889.

HENNEBONT, 1/2 s. N.
Approuvé. — M. Dubourg ; 1890 : M. Lallemand (Doubs).
B. 1884. — Bretagne.

Par *Y. Trottaway*, 1/2 s. A., et une jument 1/2 s., par Quimper,
1/2 s. Br. (approuvé).
Besançon : 1889. — Mort en avril 1896.

HÉNON, ex-**AUGIAS**, 1/2 s. Br. — H. N.
B. 1884. — Bretagne.

Par *Augias*, 1/2 s. N., et une jument, 1/2 s., par Aubriot, 1/2 s. Br.
Besançon : 1889. — Castré en 1897.

HENRIOT, 1/2 s. N. — H. N.
B. c. 1863. — Merlerault.

Par *Thésée*, 1/2 s. N., et *Voltaire*, 1/2 s. N.
Annecy : 1872. — Castré en juillet 1874.

HENRY, 1/2 s.
Approuvé. — M. Sirot, 1859 ; M. Redouté, 1865.
Gr. 1853. — Normandie (?).
Besançon : 1859. — Réformé en 1865.

HERACLIUS, 1/2 s.
Approuvé : 1868. — M. Delphin, 1868 ; M. Guéraud, 1874 ;
M. Coste, 1879.
B. 1863. — France.
Annecy : 1868. — Vendu à M. Coste (Isère).

HÉRAULT-D'ARMES, 1/2 s. N.
Approuvé. — M. Schantz (Moselle).
N. 1863. — Normandie.
Par *Wanderer*, 1/2 s. A., et *N.*, 1/2 s. N.,
par Don-Quichotte, P. S. A.-A.
Montier-en-Der : 1867. — Réformé en 1868.

HERBERT, 1/2 s. N.
Approuvé. — M. Vignon (Meuse).
B. 1863. — Normandie.
Par *The Norfolk-Phænomenon*, 1/2 s. A., et une fille d'Usager,
1/2 s. N., ou de Sir-Henry.
Montier-en-Der : 1867-1869.
Rosières : 1871-1880.

HERBLOT, 1/2 s. N. — H. N.
B. 1841. — Calvados.
Par *Dorus*, 1/2 s. N., et une fille de Pick-Pocket, P. S. A.
Rosières : 1845. — Castré en juillet 1850.

HERCULANUM, 1/2 s.
Approuvé : 1867. — M. Rossat, 1867 ; M. Berenger, 1869.
Bb. 1863. — France.
Annecy : 1867. — Vendu à M. Berenger (Isère).

HERCULAS, ex-**HALBRAN**, 1/2 s. N. — H. N.
B. m. 1885. — Caen.
Par *Rivoli*, 1/2 s. N., et *Epave*, par Nomen, 1/2 s. N.
Annecy : depuis 1889.

HERCULE, 1/2 s. All. — H. N.
B. 1820. — Mecklembourg.
Par *Thneiditas*, 1/2 s. A., et *Clémentine*, 1/2 s. A.
Rosières : 1827. — Castré en octobre 1843.

HERCULE, 1/2 s.
Approuvé. — M. Pretel (Haute-Saône).
B. 1857. — Normandie (?).
Besançon : 1862. — Castré en 1870.

HERCULE, 1/2 s.
Approuvé. — M. Lablez, de Crécy (Oise).
B. 1875.
Compiègne : 1879-1895.

HÉRISTAL, 1/2 s.
Approuvé. — Duc de Vicence ; M. Lablez (Aisne), 1896.
Bb. 1885. — Aisne.
Par *Œmulus*, 1/2 s., et une fille de Normand, 1/2 s. N.
Compiègne : 1891-1898.

HERMENT, 1/2 s. N. — H. N.
B. 1885. — Manche.
Par *Ceinturon*, 1/2 s. N., et *Mignonne*, 1/2 s. N.,
par Mirliton, 1/2 s. N.
Montier-en-Der : depuis 1889.

HERNANI, 1/2 s. Lorr. — H. N.
B. 1834. — Haras de Rosières.
Par *Belmont*, P. S. A., et *Aglaé*, de la race Ducale,
née au Haras de Rosières.
Rosières : 1838. — Castré en novembre 1847.

HERNANI II, 1/2 s. N. — H. N.
Bb. 1885. — Calvados.
Par *Valparaiso*, 1/2 s. N., et *Conquérante*, 1/2 s. N.,
par Conquérant, 1/2 s. N.
Rosières : depuis 1889.

10.

HÉRODE, 1/2 s.
Approuvé. — M. Andriot (Haute-Marne).
N. 1863.
Montier-en-Der : 1872. — S. R. depuis 1879.

HÉROÏQUE, 1/2 s. N.
Approuvé. — M. Louyot (arrondissement de Metz).
B. 1863. — Normandie.

Par *Victorieux*, 1/2 s. N., et *N.*, 1/2 s. N.
Montier-en-Der : 1867. — S. R. depuis 1869.

HÉROÏQUE I, 1/2 s. N.
Approuvé. — M. Thiébault (Moselle).
B. 1863. — Normandie.

Par *Qui-Perd-Gagne*, 1/2 s. N., et *N.*, 1/2 s. N., par Sylvio, P. S. A.
Montier-en-Der : 1868. — S. R. depuis 1869.

HÉROÏQUE, 1/2 s. N. — H. N.
Bb. 1885. — Manche.

Par *Utrecht*, 1/2 s. N., et *La Pelote*, par Lothaire, 1/2 s. N.
Annecy : 1889. — Castré en novembre 1896.

S. B. 1/2 s., Vendée., p. 95.
HEROS, 1/2 s. R. — H. N.
N. 1864. — Russie.
S. R.
Rosières : 1870. — Mort en juillet 1880.
A fait la monte en Vendée en 1871.

HERTIUS, 1/2 s. N. — H. N.
B. 1841. — Calvados.

Par *Eastham*, P. S. A., et une jument normande.
Rosières : 1845. — Castré en novembre 1847.

HERVÉ, 1/2 s. N. — H. N.
Al. 1863. — Orne.

Par *Taconnet*, 1/2 s. N., et *Léah*, 1/2 s. N., par Tipple-Cider,
P. S. A.
Montier-en-Der : 1868 — Réformé en septembre 1872.

HERVÉ, ex-**GASPARD**, 1/2 s. N.
Approuvé. — M. Pavillard (Doubs).
Al. 1885. — Bretagne.
Par *Vertuchoux*, 1/2 s. N., et une jument 1/2 s., par Ingres,
1/2 s. N.
Besançon : 1889. — Castré en novembre 1894.

HERVEY, 1/2 s. N. — H. N.
Al. 1863. — Normandie.
Par *Taconnet*, 1/2 s. N., et *Leah*, 1/2 s. N., par Tipple-Cider,
P. S. A.
Rosières : 1867. — Passé à Montier-en-Der en janvier 1868.

HÉSIODE, 1/2 s. N. — H. N.
B. 1841. — Orne.
Par *Xerxès*, 1/2 s. N., et une fille de Vaillant, 1/2 s. N.
Compiègne : 1845. — Réformé en octobre 1847.

HEURLYS, 1/2 s.
Approuvé. — M. Rémy (Haute-Marne).
Bb. 1863.
Montier-en-Der : 1872. — Vendu en 1873.

HEYDUCK, 1/2 s. L. — H. N.
Gr. 1839. — Haras de Rosières.
Par *Mameluck*, de la race Ducale, et *Dolly*, de la race Ducale,
née au Haras de Rosières.
Rosières : 1844. — Abattu en mars 1859.
N'a pas fait la monte en 1859.

HIGH-BORN, 1/2 s.
Approuvé : 1867. — M. Trainard, 1867.
B. 1863. — France.
S. R.
Annecy : 1867.

HIGHFLYER, 1/2 s. Norf. — H. N.
B. 1878. — Angleterre.
S. R.
Rosières : 1884. — Castré en octobre 1884.

HINDOU, 1/2 s.
Approuvé. — M. Rigat, 1867.
B. m. 1863. — France.
Annecy : 1867. — S. R.

HINT, 1/2 s.
Autorisé. — M. Lavantier (Haute-Marne).
Al. 1885.
Montier-en-Der : depuis 1899.

HIPPARQUE, 1/2 s. N. — H. N.
B. 1840. — Orne.

Par *Y. Emilius*, P. S. A., et une fille de Railleur, 1/2 s. N.
Le Pin : 1845-1848. — Compiègne : 1849. — Mort en juin 1849.

HIPPOLYTE, 1/2 s. N. — H. N.
B. m. 1863. — Orne.

Par *Taconnet*, 1/2 s. N., et une fille de Noteur, 1/2 s. N.
Annecy : 1867. — Abattu en décembre 1884.

HIPPOLYTE, 1/2 s.
Approuvé. — M. Redoule (Haute Saône).
B. 1863.
Besançon : 1867-1869.

HIPPOMÈNE, 1/2 s. N.
Approuvé. — M. Grandidier (arrondissement de Metz).
Al. 1863. — Normandie.

Par *Wladimir*, 1/2 s. N., et *N.*, 1/2 s. N., par Oribe, 1/2 s. N.
Montier-en-Der : 1869. — S. R. en 1870. — H. N. en 1871.
Montier-en-Der : 1871. — Réformé en janvier 1881.

HISPANUS, 1/2 s. N. — H. N.
B. 1840. — Normandie.

Par *Voltaire*, 1/2 s. N., et une jument 1/2 s.,
par Héraclé, 1/2 s. N.
Besançon : 1845. — Réformé en 1850.

HOBEREAU, 1/2 s.
Approuvé. — M. Élie Jean (Côte-d'Or).
B. 1863.
Besançon : 1871. — Vendu en 1876.

HOCHE, 1/2 s. N.
Approuvé. — M. Goulet (Haute-Marne).
N. 1863.
Montier-en-Der : 1872. — Réformé en 1883.

HOCHE, 1/2 s.
Approuvé : 1889. — M. Renard.
B. m. 1885. — France.
Par *Alsacien* et une fille de Jambon.
Annecy : 1889-1889.

HOHENZOLLERN, 1/2 s.
Approuvé. — M. Gallaire (Aube).
B. 1863. — Normandie.
Montier-en-Der : 1871. — S. R. depuis 1875.

HOLA, 1/2 s. N. — H. N.
B. m. 1863. — Manche.
Par *Tamerlan*, 1/2 s. N., et une fille de Hunter, 1/2 s. N.
Annecy : 1867. — Castré en juillet 1880.

HOLA, ex-**HABLEUR**, 1/2 s. N. — H. N.
Al. 1885. — Calvados.
Par *Phaëton*, 1/2 s. N., et *Etincelle*, par Montfort, 1/2 s. N.
Annecy : 1889. — Passé au dépôt de Cluny en décembre 1890.

HOLBEIN, 1/2 s.
Approuvé. — M. Mourot-Saget (Côte-d'Or).
B. 1863.
Besançon : 1871. — Castré en 1873.

HOLCAR, 1/2 s.
Autorisé. — Duc de Vicence (Aisne).
Bb. 1885. — Aisne.
Par *Œmulus*, P. S. Am., et *A. Kana*, 1/2 s.
Compiègne : 1894. — S. R. en 1897.
N'a pas fait la monte de 1895.

HOMÈRE, 1/2 s.
Approuvé. — M. Cortot (Côte-d'Or).
B. 1863.
Besançon : 1871. — Réformé en 1875.

HONORABLE, 1/2 s. N.
Approuvé. — M. Thillière (Yonne).
B. 1863. — Normandie.
Montier-en-Der : 1871. — Réformé en 1879.

HORACE, 1/2 s.
Approuvé. — M. Thirion-Camus (Haute-Marne).
B. 1863.
Montier-en-Der : 1872. — S. R. depuis 1872.

HORACE, 1/2 s.
Autorisé. — M. Wuilque (Aisne).
Al. (âgé).
Compiègne : 1869. — S. R. en 1870.

S. B. 1/2 s. V.. p. 97.
HOTELIER, 1/2 s. N. — H. N.
B. 1863. — Normandie.
Par *Commandeur*, 1/2 s. N., et une fille d'Ottoman, 1/2 s. N.
Rosières : 1867. — Castré en août 1879.
A fait la monte en Vendée en 1871.

HOUBLON, ex-**HOBLACK**, 1/2 s. N. — H. N.
B. ch. 1885. — Orne.
Par *Barrabas*, 1/2 s. N., et *Voltairine*, par Hidalgo, 1/2 s. N.
Annecy : 1889. — Castré en août 1889.

HOURVARD, 1/2 s.
Approuvé. — M. Noblot (Haute-Marne).
Bb. 1863.
Montier-en-Der : 1872. — S. R. depuis 1877.

HOUSTON, 1/2 s. N. — H. N.
B. 1863. — Normandie.
Par *Raimbow*, 1/2 s. A., et une fille de Jericko, 1/2 s. N.
Rosières : 1867. — Parti au Pin en juillet 1868.

HOWARD, 1/2 s. — H. N.
Al. 1832. — Rosières.
Par *Général-Mina*, P. S. A., et *Sultane*, 1/2 s. N.
Besançon : 1837. — Réformé en 1850.

HUGO, 1/2 s. N. — H. N.
Bb. 1885. — Manche.
Par *Colporteur*, 1/2 s. N., et *Mandarine*, 1/2 s. N., par
The Heir-of-Linne, P. S. A.
Rosières : 1889. — Castré en novembre 1894.

HUGUENOT, ex-**HECTOR**, 1/2 s. N. — H. N.
Bb. 1885. — Calvados.
Par *Phare*, 1/2 s. N., et *Etoile*, par Leotard, 1/2 s. N.
Annecy : depuis 1889.

HUIT, 1/2 s. N.
Approuvé : 1897 ; Autorisé depuis 1899. — M. Lavandier
(Haute-Marne).
Al. 1885. — Normandie.
Par *Phaëton*, 1/2 s. N., et *N.*, 1/2 s. N., par Buci, 1/2 s. N.
Compiègne : 1895-1896. — M. Boulnois (Oise).
Montier-en-Der : depuis 1897. — N'a pas fait la monte de 1898.

HULIN, 1/2 s. N. — H. N.
B. 1839. — Normandie.
Par *Sauvage*, 1/2 s. N., et une jument 1/2 s., par Y. Topper,
1/2 s. A.
Besançon : 1845. — Réformé en 1850.

HUMÉRUS, 1/2 s. N.
Approuvé. — M. Bondeau (Meurthe-et-Moselle).
B. 1863. — Normandie.
Par Tamerlan, 1/2 s. N., et N., 1/2 s. N.
Montier-en-Der : 1867. — Mort en juin 1867.

HUMIDE, 1/2 s. N.
Approuvé. — M. Kloster, à Folekling.
B. 1863. — Normandie.
Par *Printemps*, 1/2 s. N., et N., 1/2 s. N., par Rousseau, 1/2 s. N.
Montier-en-Der : 1867-1869. — S. R. en 1870 et 1871.
H. N. en 1872.
Montier-en-Der : 1872. — Réformé en août 1881.

HUNTER, 1/2 s.
Approuvé. — M. Thivel (Haute-Saône).
B. 1863.
Besançon : 1867-1870.

HUNTER, 1/2 s. V. — H. N.
Al. 1885. — Vendée.
Par *Amical*, 1/2 s. V., et une fille de Hargneux, 1/2 s. N.
Sa grand'mère : par Cornichon, 1/2 s. N.
Rosières : 1889. — Castré en août 1898.

HUNTING, 1/2 s.
Approuvé. — M. Modesse-Berquet. - M. de Montagnac (Ardennes).
Bb. 1866.
Compiègne : 1870-1878.
Montier-en-Der : 1879. — Castré en 1881.

HUPPÉ, 1/2 s. N. — H. N.
B. 1863. — Calvados.
Par *Conquérant*, 1/2 s. N., et N., 1/2 s. N., par Troarn, 1/2 s. N.
Montier-en-Der : 1867. — Réformé en octobre 1873.

HUPPÉ, 1/2 s. N. — H. N.
B. 1885. — Manche.

Par *Usuel*, 1/2 s. N., et *Bijou*, 1/2 s. N., par Quality, 1/2 s. N.
Montier-en-Der : depuis 1889.

HUKAR, 1/2 s. Midi. — H. N.
Al. 1880. — Haute-Garonne.

Par *Nassim*, P. S. Ar., et une fille de Bruant, P. S. A.-Ar.
Annecy : 1884. — Castré en septembre 1890.

HUSSARD, 1/2 s,
Approuvé : 1889. — M. Benard.
B. m. 1885. — France.

Par *Législateur* et une fille de Ventre-Saint-Gris.
Annecy : depuis 1889.

HUYADE, 1/2 s.
Approuvé. — M. Leblanc (Côte-d'Or).
B. 1863.

Par *Usager*, 1/2 s. N., et une jument 1/2 s., par Séduisant, 1/2 s. N.
Besançon : 1871. — Castré en 1876.

HYDROMEL, 1/2 s.
Approuvé. — M Chauffene (Haute-Saône).
B. 1863.
Besançon : 1867-1868.

IAOLE, 1/2 s. V. — H. N.
B. ch. 1864. — Vendée.

Par *Acacia*, 1/2 s. N., et une jument 1/2 s.
Annecy : 1868. — Vendu en juillet 1877.

IBÈRE, 1/2 s. N. — H. N.
B. 1886. — Calvados.

Par *Anacharsis*, P. S. A., et *Martine*, par Gotha, 1/2 s, N.
Sa grand'mère : fille de Beaumanoir, 1/2 s. N.
Compiègne : 1890. — Réformé en août 1897.

IBÉRIEN, 1/2 s. N.
Approuvé. — M. Chaufenne (Haute-Saôn)
B. 1853. — Normandie.
Par *Don-Quichotte*, P. S. A.-A.
Besançon : 1859. — Réformé en 1875.

IBÉRIEN, 1/2 s.
Approuvé. — M. Chauffenne.
B. 1855.
S. R.
Rosières : 1867-1869.

IBICUS, 1/2 s. N. — H. N.
N. 1864. — Normandie.
Par *Y. Phœnomenon*, 1/2 s. A., et une jument P. S. A.,
par Vol-au-Vent, P. S. A.
Rosières : 1868. — Mort en avril 1877.
A fait la monte à Pau en 1871.

IBRAHIM, 1/2 s. N.
Approuvé. — M. Schmidt, à Rochonvillers.
B. 1864. — Normandie.
Par *Destin*, 1/2 s. N., et *N.*, 1/2 s. N.,
par Séducteur, 1/2 s. N.
Montier-en-Der : 1868-1869. — S. R. 1870-1871. — H. N. en 1872.
Montier-en-Der : 1872. — Réformé en juillet 1880.

IBRAHIM, ex-**INGRES**, 1/2 s. Br. — H. N.
Al. 1877. — Finistère.
Par *Ingres*, 1/2 s. N., et une fille de John, 1/2 s. Norf.-B.
Rosières : 1881. — Castré en août 1883.

ICARE, 1/2 s. N. — H. N.
B. 1864. — Manche.
Par *Kapirat*, 1/2 s. N., et *N.*, 1/2 s. N., par Adolphus, P. S. A.
Montier-en-Der : 1868. — Réformé en 1877.

IDÉAL, 1/2 s. N. — H. N.
B. 1842. — Normandie.
Par *Imperieux*, 1/2 s. N., et *N.*, 1/2 s. N.
Compiègne : 1848-1852. — Passé à Charl. en décembre 1852.

IDÉAL, 1/2 s. N.
Approuvé. — M. P. Maritus (Moselle).
B. 1864. — Normandie.
Par *Vice-Roi*, 1/2 s. N., et *N.*, 1/2 s. N., par Préféré, 1/2 s. N.
(approuvé).
Montier-en-Der : 1868. — S. R. depuis 1869.

IDEM, 1/2 s. N. — H. N.
B. 1842. — Normandie.
Par *Dupleix*, 1/2 s. N., et une fille d'Oscar, 1/2 s. N.
Rosières : 1846. — Castré en août 1849.

IDEM, 1/2 s.
Approuvé. — M. Dupont-Cressonnier (Haute-Marne).
B. 1864.
Montier-en-Der : 1872. — Réformé en 1880.

IDEM, 1/2 s. N. — H. N.
B. m. 1886. — Manche.
Par *Aristocrate*, 1/2 s. N., et *Sidney*, par Sidi, P. S. Ar.
Annecy : depuis 1890.

IDOL, 1/2 s.
Approuvé. — M. Delangle, à Lille (Nord).
B. 1879.
Compiègne : 1883-1883

IDOMÉNÉE, 1/2 s. N. — H. N.
Al. 1820. — Normandie.
Par *D. I. O.*, P. S. A., et une jument percheronne.
Rosières : 1827. — Castré en décembre 1845.

IDOMÉNÉE, 1/2 s. N.
Approuvé. — M. F. Hanriot (arrondissement de Metz).
B. 1864. — Normandie.

Par *Cultivateur*, 1/2 s. N., et *N.*, 1/2 s. N.
Montier-en-Der : 1869. — S. R. depuis 1869.

IDOMÉNÉE, 1/2 s.
Approuvé. — M. Teinson (Haute-Saône).
B. 1864.
Besançon : 1868. — Vendu en 1873.

S. B. 1/2 s. N. t. II, p. 297.

IDRASIL, 1/2 s. N. — H. N.
Al. 1886. — Orne.

Par *Démarate*, 1/2 s. N., et *Juliette*, 1/2 s. N.
par Centaure, 1/2 s. N.
La mère de Juliette, *Lisa*, par Idalis ou Thorigny.
Rosières : 1890. — Mort en juillet 1894.

IGNORÉ, 1/2 s.
Approuvé : 1887. — M. Morel.
B. c. 1872. — France.
Annecy : depuis 1887.

ILION, 1/2 s. N. — H. N.
Bb. 1864. — Orne.

Par *Moustique*, P. S. A., et *Anne-de-Beaulieu*, 1/2 A.
Montier-en-Der : 1868. — Réformé en novembre 1873.

ILIUM, 1/2 s. N. — H. N.
Al. 1886. — Calvados.

Par *Stade*, 1/2 s. N., et *Perlette*, 1/2 s. N., par Umber, 1/2 s. N.
Montier-en-Der : depuis 1890.

ILLICO, 1/2 s. N. — H. N.
B. 1886. — Manche.

Par *Lavater*, 1/2 s. N., et *Pauvrette*, P. S. A.,
par The Heir-of-Linne.
Compiègne : 1891. — Abattu en juillet 1897.

— 157 —

ILLION, 1/2 s.
Approuvé : 1892. — M. Saint-Cyr.
Bb. 1886. — France.

Par *Calas* et une fille de Centaure.
Annecy : depuis 1892.

S. B. 1/2 s. Vend., p. 98.

ILLUSTRE, 1/2 s. N. — H. N.
B. 1864. — Calvados.

Par *Sultan*, 1/2 s. N., et *Miss-Great-Western*, 1/2 s.,
par The Great-Western, 1/2 s. A.
Rosières : 1868. — Castré en juillet 1874.
A fait la monte en Vendée en 1871.

(Le S. B. 1/2 s. le porte né en 1863. La feuille signalétique l'indique
né en 1864.)

IMAN, 1/2 s.
Approuvé : 1892. — M. Charveriat.
Al. 1886. — France.

Par *Courtemer* et une fille de Bravo.
Annecy : depuis 1892.

S. B. 1/2 s.   t. I, p. 140.

IMMINENT, 1/2 s. N. — H. N.
Gr. 1842. — Normandie.

Par *Œgyptus*, P. S. A., et une fille de Chasseur, 1/2 s. N.
Rosières : 1851. — Castré en juin 1859.

IMMORTEL, 1/2 s. N. — H. N.
Bb. 1864. — Calvados.

Par *Darius*, 1/2 s. N., et *N.*, 1/2 s. N., par Printemps, 1/2 s. N.
Montier-en-Der : 1868. — Mort en septembre 1876.

IMMORTEL, 1/2 s. N.
Approuvé. — M. J. Hanriot (arrondissement de Metz).
B. 1864. — Normandie.

Par *Umber*, 1/2 s. N. et *N.*, 1/2 s. N., par Extrême, 1/2 s. N.
Montier-en-Der : 1868. — S. R. depuis 1869.

IMPARTIAL, 1/2 s. N. — H. N.
Bb. 1842. — Normandie.
Par *Chasseur*, 1/2 s. N., et une fille de Lucholl, 1/2 s. N.
Compiègne : 1846. — Réformé en décembre 1853.

IMPARTIAL, 1/2 s. N. — H. N.
Al. 1864. — Normandie.
Par *Centaure*, 1/2 s. N., et *N.*, 1/2 s. N.
Montier-en-Der : 1876. — Réformé en août 1882.

IMPARTIAL, 1/2 s.
Approuvé. — M. Bidet (Haute-Marne).
Al. 1864.
Montier-en-Der : 1872. — S. R. depuis 1876.

IMPATIENT, 1/2 s. N. — H. N.
B. ch. 1864. — Calvados.
Par *Conquérant*, 1/2 s. N., et une fille d'Usager, 1/2 s. N.
Annecy : 1868. — Castré en juillet 1874.

IMPÉRATIF, 1/2 s. N. — H. N.
B. 1842. — Normandie.
Par *Sylvio*, P. S. A., et une fille de Chasseur, 1/2 s. N.
Compiègne : 1846. — Réformé en octobre 1846.

IMPERATOR, 1/2 s.
Approuvé. — M. Jacquinot (Aube).
Bb. 1864.
Par *Carignan*, 1/2 s. N., et *N.*, 1/2 s., par Y. Performer, 1/2 s. N.
Montier-en-Der : 1871. — Vendu en 1874. — H. N.
Montier-en-Der : 1875. — Mort en février 1877.

IMPÉRIAL, 1/2 s.
Approuvé : 1873. — M. Gros.
B. 1864. — France.
Annecy : 1873. — S. R.

IMPÉTUEUX, 1/2 s. Ar. — H. N.
Gr. 1812. — Egypte.
De race arabe, sa mère par Charny.
Rosières : 1820. — Mort en juin 1840.

IMPORTANT, 1/2 s.
Approuvé. — M. Ronet (Haute-Marne)
B. 1864.
Montier-en-Der : 1872. — Non présenté en 1879.

IMPORTANT, 1/2 s. N. — H. N.
B. 1886. — Orne.
Par *Quiclet*, 1/2 s. N., et *Sédalis*, par Abrantès, 1/2 s. N.
Compiègne : 1890. — Réformé en octobre 1896.

IMPOSTEUR, 1/2 s. N. - - H. N.
Bb. 1864. — Manche.
Par *Riga*, 1/2 s. N., et *N.*, 1/2 s. N., par Gainsborough, 1/2 s. A.
Montier-en-Der : 1868. — Réformé en janvier 1873.

IMPROVER, 1/2 s.
Approuvé. — M. Rousselet (Côte-d'Or).
Al. 1864.
Besançon : 1871. — Vendu en 1876.

INCARNAT, 1/2 s. N. — H. N.
N. 1886. — Manche.
Par *Utrecht*, 1/2 s. N., et *Castille*, 1/2 s. N.,
par Quinte-Curce, 1/2 s. N.
Montier-en-Der : 1890. — Mort en janvier 1899.

INCOGNITO, 1/2 s.
Approuvé. — M. Sylvestre (Haute-Saône).
Al. 1864.
Besançon : 1868. — Réformé en 1870.

INCOLORE, ex-**IVAN**, 1/2 s. N. — H. N.
B. 1886. — Calvados.
Par *Oriental*, 1/2 s. N., et *Cendrillon*, jument anglaise.
Rosières : 1890. — Castré en août 1899.

INCONNU, 1/2 s. V. — H. N.
B. c. 1864. — Vendée.
Par *Acacia*, 1/2 s. N., et une fille de Necker, 1/2 s. N.
Annecy : 1868. — Abattu en juillet 1885.

INCONSTANT, 1/2 s.
Approuvé. — M. Thiebault (Haute-Saône).
B. 1864.
Besançon : 1868-1873.

INCRÉDULE, ex-**INTÈGRE**, 1/2 s. N. — H. N.
N. 1886. — Orne.
Par un 1/2 s. N., et *Elise*, par Oriental, 1/2 s. N.
Annecy : depuis 1890.

INDÉPENDANT, 1/2 s. Lor. — H. N.
Al. 1839. — Haras de Rosières.
Par *Belmont*, P. S. A., et *Dalila*, de race Navarraise et Arabe,
née au Haras de Rosières.
Rosières : 1843. — Castré en août 1861.

INDÉPENDANT, 1/2 s. N. — H. N.
B. 1886. — Calvados.
Par *Tigris*, 1/2 s. N., et *Surprise*, par Mazeppa, 1/2 s. N.
Compiègne : depuis 1892.

INDIANAS, ex-**INDIANA**, 1/2 s. N. — H. N.
B. 1886. — Normandie.
Par *Ministère*, P. S. A., et *Florence*, par Kapirat, 1/2 s. N.
Besançon : 1890. — Castré en 1892.

INDIGÈNE, 1/2 s. N. — H. N.
B. 1842. — Normandie.
Par *Euriale*, 1/2 s. N., et *N.*, 1/2 s. N., par Y. Rattler. 1/2 s. A.
Le Pin : 1846-1848. — Compiègne : 1849-1851.
Passé à Abbeville en juin 1851.

INDIGÈNE, 1/2 s.
B. 1864.
S. R.
Approuvé. — M. Charroy.
Rosières : 1871. — Réformé en 1885.

INDISPENSABLE, 1/2 s. N. — H. N.
B. 1886. — Manche.
Par *Cicéron*, 1/2 s. N., et *Bijou*, 1/2 s. N., par Rostrum, 1/2 s. N.
Montier-en-Der : depuis 1890.

INDUSTRIEL, 1/2 s.
Approuvé. — M. Rompant (Haute-Marne).
B. 1864.
Montier-en-Der : 1872. — Mort le 4 mars 1878.

INDUSTRIEUX, 1/2 s. N. — H. N.
B. 1822. — Normandie.
Rosières : 1826. — Castré en octobre 1844.

INDUSTRIEUX, 1/2 s.
Approuvé. — M. Jacob (Haute-Marne).
B. 1864.
Montier-en-Der : 1872. — S. R. depuis 1877.

INÉDIT, ex-**IBRAHIM**, ex-**BON-VIVANT**
1/2 s. Br. — H. N.
Al. 1886. — Bretagne.
Par *Rémus*, 1/2 s. N., et une jument 1/2 s., par Oak, 1/2 s. N.
Besançon : depuis 1890.

11.

INFAILLIBLE, 1/2 s. N. — H. N.
B. ch. 1864. — Orne.

Par *Solide*, 1/2 s. N., et une fille de Prince, 1/2 s. N.
Annecy : 1874. — Castré en juillet 1881.

S. B. 1/2 s. N.. p. 144.

INFANT, 1/2 s. N. — H. N.
B. 1864. — Normandie.

Par *Vice-Roi*, 1/2 s. N., et une fille de Junior, 1/2 s. N.
Rosières : 1868. — Castré en décembre 1874.
A fait la monte à Saint-Lô en 1871.

INFIDÈLE, 1/2 s.
Approuvé : 1868. — M. Guinet.
B. c. 1864. — France.
Annecy : 1868. — S. R.

INFLEXIBLE, ex-**IMPÉTUEUX**, 1/2 s. N. — H. N.
B. m. 1886. — Calvados.

Par *Quiclet*, 1/2 s. N., et *Orpheline*, par Affidavit, 1/2 s. N.
Annecy : 1890. — Passé au Pin (École) en octobre 1892.

INGAMBE, 1/2 s. N.
Approuvé. — M. Methlin (Meurthe-et-Moselle).
B. 1864. — Normandie.

Par *Noteur*, 1/2 s. N., et une fille de Buckthorn, P. S. A.
Montier-en-Der : 1868. — S. R. depuis 1869.

INGÉNIEUX, 1/2 s. N. — H. N.
B. 1864. — Calvados.

Par *Sultan*, 1/2 s. N., et une fille de Socrate, 1/2 s. N.
Rosières : 1868. — Castré en juillet 1868.

INGRES, 1/2 s. Norf. Br.
Approuvé. — M. Deuderniers, 1884 ; M. Clément, 1890.
Al. 1880. — Bretagne.

Par *Ingres*, 1/2 s. N., et la jument *Quick-Sylvie* (Norf.).
Rosières : 1884. — Réformé en 1897.

INNOVATEUR, 1/2 s. N. — H. N.
B. m. 1863. — Manche.
Par *Qui-Perd-Gagne*, 1/2 s. N., et une fille de Galba, 1/2 s. N.
Annecy : 1868. — Castré en juillet 1874.

INNOVATEUR, 1/2 s.
Approuvé. — M. Bougard (Haute-Marne).
B. 1864.
Montier-en-Der : 1872. — S. R. depuis 1874.

INOUÏ, ex-**HERCULE**, ex-**MANDRIN**, 1/2 s. Br. — H. N.
B. 1885. — Bretagne.
Par *Bataille*, 1/2 s. Br., ou *Sénégal*, 1/2 s. N., et une jument 1/2 s.
par Lucain, 1/2 s. N.
Besançon : 1890. — Réformé en 1893.

INQUISITEUR, 1/2 s,
Approuvé : 1868. — M. Mariona.
B, ch. 1864. — France.
Annecy : 1868. — S. R.

INQUISITEUR, 1/2 s. N. — H. N
Al. 1886. — Manche.
Par *Alsacien*, 1/2 s. N., et *La Petite*, 1/2 s. N.,
par Nagel, 1/2 s. N.
Montier-en-Der : 1890. — Mort en mars 1891.

INSÉPARABLE, ex-**IVAN**, 1/2 s. N. — H. N.
N. 1886. — Normandie.
Par *Tigris*, 1/2 s. N., et *Jacqueline*, par Jackson, 1/2 s. A.
Besançon : depuis 1890.

INSOUCIANT, ex-**IMBERT**, 1/2 s. N. — H. N.
B. 1886. — Orne.
Par *Beaujeu*, 1/2 s. N., et *Fleur-de-Genet*, 1/2 s. N.,
par Jactator, 1/2 s. N.
Rosières : 1890. — Castré en septembre 1891.

INSOUMIS, 1/2 s. N. — H. N.
B. 1841. — Normandie.
Par *Marengo*, P. S. A.-Ar., et une fille de Bob.-Warwieck, 1/2 s. A.
Rosières : 1846. — Passé au Dépôt de Jussey en décembre 1848.
Besançon : 1849. — Réformé en 1851.

INSPECTEUR, 1/2 s. N.
Approuvé. — M. Joigneaux (Côte-d'Or).
B. 1863.
Besançon . 1873. — Castré en 1874.

INSTITUT, 1/2 s. N. — H. N.
B. 1886. — Calvados.
Par *Utique*, 1/2 s. N., et *L'Étoile*, 1/2 s. N.
Montier-en-Der : depuis 1890.

INSTRUCTEUR, 1/2 s. N.
Approuvé : M. Vandernoot (Moselle).
B. 1864. — Normandie.
Par *Dauphin*, 1/2 s. N. (par Lucain) [approuvé], et *N.*, jument
anglaise.
Montier-en-Der : 1868. — S. R. depuis 1869. — H. N. en 1871.
Rosières : 1872. — Castré en décembre 1874.

INSULTÉ, 1/2 s.
Approuvé. — M. B. Debert (Aube)
B. 1864.
Montier-en-Der : 1872. — S. R. depuis 1872.

INTELLIGENT, 1/2 s.
Approuvé. — M. Messager (Haute-Marne).
B. 1864.
Montier-en-Der : 1872. — S. R. depuis 1873.

INTÉRESSANT, 1/2 s. N. — H. N.
B. 1842. — Normandie.
Par *Diacre*, 1/2 s. N., et une jument 1/2 s. A.
Besançon : 1848. — Réformé en 1848.

INTÉRIM, 1/2 s. N. — H. N.
B. 1842. — Orne.
Par *Xerxès*, 1/2 s. N., et une jument 1/2 s., par Windcliffe,
1/2 s. A
Besançon : 1847. — Réformé en 1847.

INTERPRÈTE, 1/2 s. N. — H. N.
Al. 1842. — Normandie.
Par *Impérieux*, 1/2 s. N., et une fille de Séduisant, 1/2 s. N,
Saint-Lô : 1846-1850. — Compiègne : 1851. — Réformé
en septembre 1861.

INTIME, 1/2 s. N. — H. N.
Bb. 1886. — Manche.
Par *Upas*, 1/2 s. N., et *Saltarelle*, 1/2 s. N., par Schamrock,
1/2 s. A.
Rosières : depuis 1891.

INTOLÉRANT, 1/2 s. N. — H. N.
Bb. 1886. — Manche.
Par *Bataillon*, 1/2 s. N., et *Bergère*, par Koulikan, 1/2 s. N.
Annecy : depuis 1890.

INTRÉPIDE, 1/2 s. N.
Approuvé. — M. Lemoine, à Moncel.
B. 1864. — Normandie.
Par *Conquérant*, 1/2 s. N., et *N.*, 1/2 s. N., par Umber, 1/2 s. N.
Montier-en-Der : 1868. — S. R. depuis 1869.

INTRIGANT, 1/2 s. — H. N.
N. 1864.
Par *Germanicus*, 1/2 s., et *Lahague*, 1/2 s.
Annecy : 1868. — Castré en juillet 1876.

INTROUVABLE, 1/2 s. N. — H. N.
Bb 1842. — Normandie.
Par *Diomède*, 1/2 s. N., et une fille de Jaguar, 1/2 s. N.
Le Pin : 1846-1849. — Compiègne : 1850-1852.
Passé à Charleville en décembre 1852.
(V. S. B. N. T. I, p. 147.)

INTROUVABLE, 1/2 s.

Approuvé. — M. Baudrey (Doubs).

B. 1886. — Bretagne.

Par *Bassano*, 1/2 s. N., et une jument 1/2 s., par Tambour,
1/2 s. Br. (approuvé).

Besançon : depuis 1890.

S. B. 1/2 S. N., p. 448.

INVENTEUR, 1/2 s. N. — H. N.

Bb. 1864. — Normandie.

Par *Fitz Pantalon*, P. S. A , et une fille d'Égrillard, 1/2 s. N.

Rosières : 1868. — Castré en août 1885.

A fait la monte à Saint-Lô en 1871.

INVIOLABLE, 1/2 s.

Approuvé. — M. Voirin (Haute-Marne).

B. 1864.

Montier-en-Der : 1872. — Réformé en 1874.

INVIOLABLE, 1/2 s. N. — H. N.

Bb. 1886. — Manche.

Par *Black*, 1/2 s. N., et *Lisette*, 1/2 s. N., par Quinola, 1/2 s. N.
(approuvé).

Montier-en-Der : depuis 1890.

IOMESNIL, 1/2 s. N. — H. N.

B. 1843. — Orne.

Par *Napoléon*, P. S. A., et une fille de Y. Rattler, 1/2 s. A.

Rosières : 1847. — Passé au Depôt de Jussey en décembre 1848.

Besançon : 1849. — Réformé en 1849.

IONIAN, 1/2 s. N.

Approuvé. — M. Crucy, à Abaucourt.

B. 1864. — Normandie.

Montier-en-Der : 1868. — S. R. depuis 1869.

IOTA, 1/2 s. N. — H. N.

B. 1886. — Normandie.

Par *Betting*, 1/2 s. N., et *Bijou*, par Platon, 1/2 s. N.

Besançon : 1890. — Castré en 1893.

IRLANDAIS, 1/2 s.
Approuvé. — M. Gérard (Haute-Saône).
B. 1864.
Besançon : 1868. — Castré en 1868 (avant la monte).

IRLANDAIS, 1/2 s.
Approuvé. — M. Poncet, 1868 ; M. Guillaud, 1874.
B. m. 1864. — France.
Annecy : 1868. — Vendu à M. Guillaud (Isère).

IRONIQUE, ex-**INCONSTANT**, 1/2 s. N. — H. N.
B. ch. 1880. — Orne.
Par Un 1/2 s. N. et *Fleurette*, par Qui-va-là, 1/2 s. N.
Annecy : depuis 1890.

IRRÉSISTIBLE, 1/2 s. N. — H. N.
B. 1864. — Calvados.
Par *Séducteur*, 1/2 s. N., et une fille d'Homère, 1/2 s. N.
Compiègne : 1868. — Réformé en décembre 1877.

ISAÏE, 1/2 s. N.
Approuvé. — M. Renaud, à Pontigny.
Al. 1864. — Normandie.
Par *Séducteur*, 1/2 s. N., et N., 1/2 s. N., par Black, 1/2 s.
(approuvé).
Montier-en-Der : 1868. — S. R. depuis 1869.

S. B. 1/2 s. Vend., p. 101.
ISAÏE, 1/2 s. N. — H. N.
B. 1864. — Normandie.
Par *Regnier*, 1/2 s. N., et une fille de Sully, P. S. A.
Rosières : 1868. — Castré en décembre 1874.
A fait la monte en Vendée en 1871.

S. B. 1/2 s. Vend., p. 102.
ISAMBART, 1/2 s. N. — H. N.
B. 1864. — Normandie.
Par *Antinoüs*, 1/2 s. N., et une fille de Fitz-Pantalon, P. S. A.
Rosières : 1868. — Castré en août 1875.
A fait la monte en Vendée en 1871.

ISARA, 1/2 s. N. — H. N.
B. m. 1864. — Manche.
Par *Bravo*, P. S., et une fille de Priam ou Camirand, 1/2 s. N.
Annecy : 1868. — Abattu en mai 1883.

ISATIS, 1/2 s.
Approuvé : 1892. — M. Durand.
B. 1886. — France.
Par *Duroc* et une fille de Le Nageur.
Annecy : depuis 1892.

ISLAM, 1/2 s. N. — H. N.
B. 1864. — Normandie.
Par *T.-M.-Phœnomenon*, 1/2 s. A., et une fille de Cultivateur,
1/2 s. N.
Rosières : 1868. — Castré en août 1869.

ISLY, 1/2 s. N. — H. N.
B. 1864. — Manche.
Par *Divus*, 1/2 s. N., et une fille de Karbout, 1/2 s. N.
Compiègne : 1868. — Réformé après la monte de 1869.

ISMAËL, 1/2 s. N. — H. N.
Al. 1864. — Calvados.
Par *Bassompierre*, 1/2 s. N., et une fille de Riga, 1/2 s. N.
Compiègne : 1868. — Réformé en août 1872.

ISRAËL, 1/2 s. N. — H. N.
Al. 1864. — Calvados.
Par *Deucalion*, 1/2 s. N., et *Brebis*, 1/2 s. N., par Lahore,
1/2 s. N.
Montier-en-Der : 1868. — Réformé en 1870.

IVAN, 1/2 s. N.
Approuvé. — M. Richier (Meuse).
B. 1864. — Normandie.
Montier-en-Der : 1868. — S. R. depuis 1869.
Rosières : 1871. — Mort en 1871.

IVORY, 1/2 s. N. — H. N.
B. ch. 1864, — Orne.
Par *Taconnet*, 1/2 s. N., et une fille de Grenadier, 1/2 s. N.
Annecy : 1874. — Castré en décembre 1874.

IVORY-BLACK, 1/2 s. Norf.-An. — H. N.
N. 1856. — Angleterre.
Montier-en-Der : 1873. — Réformé en juillet 1875.

IVRY, 1/2 s. N.
Approuvé. — M. Minard (Meuse).
B. 1864. — Normandie.
Montier-en-Der : 1868. — S. R. depuis 1869.
Rosières : 1871-1879.

IVRY, 1/2 s. N. — H. N.
B. 1886. — Manche.
Par *Virgile*, 1/2 s. N., et *Mignonne*, 1/2 s. N., par Invariable,
1/2 s. N.
Rosières : depuis 1890.

IXION, 1/2 s. N. — H. N.
B. 1842. — Calvados.
Par *Émule*, 1/2 s. N., et une jument 1/2 s., par The Juggler, P. S. A.
Besançon : 1847. — Réformé en 1848.

IXION, 1/2 s. N. — H. N.
B. 1863. — Vendée.
Par *Dongolah*, 1/2 s. N., et *N.*, jument anglaise.
Compiègne : 1868. — Réformé en août 1873.

IXION, 1/2 s. N. — H. N.
Al. 1886. — Calvados.
Par *Dollar*, 1/2 s. N., et *Mademoiselle-de-Beaussy*, 1/2 s. N.,
par Vital, 1/2 s. N.
Montier-en-Der : 1890. — Réformé en mai 1895.

JAAPHAR, 1/2 s.
Approuvé. — Duc de Vicence.
Gr. 1887. — Aisne.
Par *Serpolet-Rouan*, 1/2 s. N., et *Aouda*, 1/2 s.
Compiègne : 1892. — S. R. depuis 1896.

JABÈS, 1/2 s. Br.
Approuvé. — M. A. Lambert (Ardennes), 1892 ;
M. Thelinge (Ardennes).
B. 1887. — Bretagne.
Par *Bataille*, 1/2 s. N., et *N.*, 1/2 s. Br., par Pretender,
1/2 s. Norf. A.
Montier-en-Der : 1890. — S. R. depuis 1894.

JABIN, 1/2 s. N. — H. N.
Bb. 1887. — Manche.
Par *Clodomir*, 1/2 s. N., et *Rapide*, 1/2 s. N., par Phare, 1/2 s. N.
Rosières : depuis 1891.

JABLONSKI, 1/2 s. N. — H. N.
B. 1865. — Manche.
Par *Arnold*, 1/2 s. N., et *N.*, 1/2 s. N., par Ravissant, 1/2 s. N.
Montier-en-Der : 1869. — Réformé en septembre 1872.

JACKSON, 1/2 s. N. — H. N.
B. 1843. — Normandie.
Par *Djiim*, P. S. Ar., et une fille de Y. Rattler, 1/2 s. A.
Saint-Lô : 1847-1848. — Compiègne : 1849. — Mort en juin 1849.

JACOB, 1/2 s.
Approuvé. — M. Gontier (Ardennes).
Gr. 1871.
Montier-en-Der : 1875. — S. R. depuis 1882.

S. B. 1/2 s. N., p. 151.
JACOBIN, 1/2 s. N. — H. N.
B. 1865. — Calvados.
Par *Enragé*, 1/2 s. N., et une fille de Colerame, 1/2 s. A.
Rosières : 1869. — Castré en juillet 1884.
A fait la monte à Saint-Lô en 1871.

JACONDE, 1/2 s. N.   H. N.
B. c. 1865. — Calvados.
Par *Solide*, A.-N., et une fille de Wanderer, A.-N.
Annecy : 1869. — Vendu en août 1875

JACQUARD, 1/2 s. N. — H. N.
Al. 1865. — Manche.
Par *Kapiral*, 1/2 s. N., et une fille de Ravissant, 1/2 s. N.
Compiègne : 1869. — Réformé après la monte de 1879.

JACQUART, 1/2 s. N. — H. N.
B. 1887. — Manche.
ar *Sérieux*, 1/2 s. N., et *Souris*, 1/2 s. N.,
par Beaumarchais, 1/2 s. N.
Rosières : depuis 1891.

JACQUE3, 1/2 s.
Approuvé : 1869. — M. Gueraud, 1869.
B. m. 1865. — France.
Annecy : 1869. — S. R.

JACQUEMART, 1/2 s.
B. 1865.
S. R.
Approuvé — M. Pargon.
Rosières : 1869-1870.

JAGELLON, 1/2 s. N.
Approuvé. — M. Xardolly, à Raville.
B. 1865. — Normandie.
Par *Beaumarchais*, 1/2 s. N., et *N.*, 1/2 s. N.
Montier-en-Der : 1869. — S. R. depuis.

JALM, 1/2 s. Br. — H. N.
Al. 1887. — Finistère.
Par *Frontin*, trait, ou *Amasis*, 1/2 s. N., et une jument
1/2 s., par Nemo (?)
Besançon : 1891. — Réformé en 1896.

JALON II, 1/2 s. N.
Approuvé. — M. F. Potier (Ardennes).
B. 1887. — Orne.

Par *Beaugé*, 1/2 s. N., et *Minerve*, 1/2 s. N.,
par Serpolet, bai, 1/2 s. N.
Montier-en-Der : 1892. — Mort en 1897.
(Voir S. B. N., t. II, p. 408.)

JAMBES-D'ARGENT, 1/2 s. N. — H. N.
Al. 1887. — Manche.

Par *Banyuls*, 1/2 s. N., et *Rapide*, par Hussein, 1/2 s. N.
Compiègne : 1891. — Réformé en août 1894.

JAMBON, 1/2 s. V. — H. N.
Al. 1887. — Vendée.

Par *Beauvoir*, 1/2 s. V., et *Bichette*, par Terme, 1/2 s. V.
Annecy : depuis 1896.

JANIN, 1/2 s.
Approuvé : 1892. — M. Ollivier.
Al. 1887. — France.

Par *Qui-Vive*, et une fille de Richard.
Annecy : depuis 1892.

JANIN, 1/2 s. N. — H. N.
B. 1887. — Manche.

Par *Bataillon*, 1/2 s. N., et *N.*, 1/2 s. N., par Tancrède, 1/2 s. N.
Montier-en-Der : 1891. — Réformé en août 1896.

JANISSAIRE, 1/2 s.
Approuvé. — M. Paulien (Haute-Saône).
B. 1865.
Besançon : 1869-1876.

JANISSAIRE, 1/2 s. N. — H. N.
Bb. 1887. — Manche.

Par *Caprara*, 1/2 s. N., et *Grimesnil*, par Sénécha, 1/2 s. N.
Compiègne : depuis 1891.

JANSÉNIUS, ex-**JASON**, 1/2 s. N. — H. N.
Bb. 1887. — Manche.
Par *Colporteur*, 1/2 s. N., et *Rapide*, par Dimanche (approuvé),
1/2 s. N.
Annecy : depuis 1891.

JANUS, 1/2 s. N.
Approuvé. — M. Gousset (Haute-Saône).
Al. 1853. — Normandie.
Besançon : 1859. — Vendu en 1868.

JANUS, 1/2 s.
Approuvé. — M. Vincent (Jura).
Al. 1886. — Bretagne.
Par *Sénégal*, 1/2 s. N., et *Liseron*, 1/2 s.
Besançon : 1890. — Réformé en novembre 1895.

JAPHET, 1/2 s.
Approuvé. — M. Sordoillet (Côte-d'Or).
Bb. 1865.
Par *Sultan* (?).
Besançon : 1871. — Réformé en 1877.

JAPONAIS, 1/2 s. N. — H. N.
Bb. 1887. — Marne.
Par *Vautrain*, 1/2 s. N., et *Tranquille*, par Bandit, 1/2 s. N.
Compiègne : 1891. — Réformé en août 1891.

JARNAC, 1/2 s.
Approuvé. — M. Fèvre, 1872 ; M. Jeannin, 1874 (Côte-d'Or).
B. 1865.
Par *Mystérieux*, 1/2 s. N.
Besançon : 1872. — Mort en 1876.

JARNICOTON, 1/2 s. N. — H. N.
B. 1865. — Manche.
Par *Quid-Juris*, P. S. A., et une fille de Lagopède, 1/2 s. N.
Rosières : 1869. — Castré en septembre 1879.
A fait la monte au Pin en 1871.

JARNIDIEU, 1/2 s.
B. ch. 1887. — Eure.

Par *Rivoli*, 1/2 s. N., et *Ordonnance*, par *Y.*, 1/2 s. N
Annecy : depuis 1891.

JASEUR, 1/2 s. N. — H. N.
B. ch. 1865. — Calvados.

Par *Molière*, A.-N., et une jument percheronne.
Annecy : 1869. — Castré en décembre 1868.

JASPE, 1/2 s.
Autorisé. — Duc de Vicence (Aisne).
Gr. 1887. — **Aisne.**

Par *Œmulus*, 1/2 s. Am., et *Talma*, 1/2 s.
Compiègne : 1894. — S. R. depuis 1896.

JAUCOURT, 1/2 s. N. — H. N.
B. 1864. — Calvados.

Par *Divus*, 1/2 s. N., et *Junior*, 1/2 s. N.
Compiègne : 1869. — Réformé en novembre 1873.

JAUGEUR, 1/2 s. N. — H. N.
B. 1865. — Calvados.

Par *Moustique*, 1/2 s. N., et une fille d'Éperon, 1/2 s. N.
Compiègne : 1869. — Mort en août 1872.

S. B. 1/2 s. Midi, p. 239.

JAVA, 1/2 s. N. — H. N.
B. 1865. — Manche.

Par *Kapirat*, 1/2 s. N., et une fille de Lionceau, 1/2 s. N.
Rosières : 1869. — Castré en août 1885.
A fait la monte à Pau en 1871.
(Le S. B. 1/2 s. l'indique par Kapirat et Ravissant. La feuille
signalétique par Kapirat et Lionceau.)

JAVA, 1/2 s. N.
Approuvé. — M. Boulanger (arrondissement de Briey).
1865. — Normandie.

Par *Valdemar*, 1/2 s. N., et *N.*, 1/2 s. N, par Prince-Colibri,
1/2 s. N.
Montier-en-Der : 1869. — S. R. depuis.

JAVANAIS, 1/2 s. N. — H. N.
B. 1887. — Calvados.

Par *Pénitent*, 1/2 s. N., et *Rosette*, par Robert, 1/2 s. N.
Besançon : depuis 1891.

JEAN, 1/2 s. Br. — H. N.
Al. 1881. — Finistère.

Par *Fire-King*, 1/2 s. A., et *Brune*, par Ingres, 1/2 s. Br.
Annecy : 1885. — Castré en août 1886.

JEAN-BART, 1/2 s.
Approuvé. — M. Chognard (Doubs).
Al. 1887. — Bretagne.

Par *Général* (?) ou *Rémus*, 1/2 s. N, et une jument de 1/2 s.,
par Quemeneur, 1/2 s. Br.
Besançon : 1891. — Castré en novembre 1897.

JEAN-SANS-PEUR, 1/2 s.
Approuvé : 1866. — Autorisé : 1869. — M. Gousset (Haute-Saône).
B. 1860.
Besançon : 1866. — Mort en 1870.

JEAN-SANS-TERRE, 1/2 s. N.
Approuvé. — M. Gillet, à Béchy.
B. 1865. — Normandie.

Par *Victorieux*, 1/2 s. N., et *N.*, 1/2 s. N., par Boucanier, 1/2 s. N.
Montier-en-Der : 1869. — S. R. depuis.

S. B. 1/2 s. N., t. I, p. 156.

JEFFERSON, 1/2 s. N.
Approuvé. — M. Gobour, à Sainte-Geneviève (Seine-Inférieure).
B. 1856. — Normandie.

Par *Jefferson* et une jument 1/2 s. N.
Compiègne : 1872-1873.

JEFFERSON, 1/2 s. N. — H. N.
B. 1865. — Calvados.

Par *Pledge*, 1/2 s. A., et une fille de Mastrillo, 1/2 s. N.
Compiègne : 1869. — Réformé en décembre 1869.

JÉHU, 1/2 s. N. — H. N.
Al. 1865. — Manche.

Par *Royal-Quand-Même*, P. S. A., et une fille de Marmot, 1/2 s. N.,
par Massoud, P. S. Ar.
Rosières : 1869. — Castré en août 1883.
A fait la monte au Pin en 1871.

JÉHU, 1/2 s. V. — H. N.
N. 1887. — Loire-Inférieure.

Par *Arcole*, 1/2 s. N., et *Maria*, 1/2 s. V., par Disciple, 1/2 s. N.
Rosières : 1891. — Castré en août 1899.

JÉRICHO, 1/2 s.
Approuvé. — M. Durand, 1870.
B. 1865. — France.
Annecy : 1870. — S. R.

JÉROBOAM, ex-**JOCKO**, 1/2 s. N. — H. N.
B. m. 1887. — Manche.

Par *Utrecht*, 1/2 s. N., et *Castille*, par Octavo, 1/2 s. N.
Annecy : depuis 1891.

JÉROME, 1/2 s. N. — H. N.
B. ch. 1865. — Calvados.

Par *Buci*, A.-N., et *Fins*, A.-N.
Annecy : 1869. — Mort en septembre 1870.

JÉROME, 1/2 s.
Approuve. — M. Guillaume (Meuse).
B. 1865.

Par *Flagellator*, P. S. A.
Montier-en-Der : 1869. — Rosières : 1871-1879.

JERSEY, 1/2 s.
Appprouvé. — M. Bourgeois-Comte (Jura), 1891.
Al. 1886. — Bretagne.

Par *Aramis* (?) et une jument par Vaugirard.
Besançon : 1890. — Castré en novembre 1892.

JERSEY, 1/2 s.
Approuvé : 1892. — M. Morel.
N. 1887. — France.
Par *Alsacien* et une fille de Lucullus.
Annecy : depuis 1892.

JESSICA, 1/2 s. N. — H. N.
B. 1865.— Calvados.
Par *Taconnet*, 1/2 s. N., et *N.*, 1/2 s., par Kosack, 1/2 s. N.
Montier-en-Der : 1869. — Abattu en 1885.

JESTER, 1/2 s.
Approuvé : 1892. — M. Saint-Cyr.
R. 1887. — France.
Par *Diogéne* et une fille de Nagel.
Annecy : depuis 1892.

JETTINESS, 1/2 s. N. — H. N.
N. 1887. — Calvados.
Par *Calas*, 1/2 s. N., et *Télégraphe*, par Télégraphe, P. S.
Annecy : depuis 1896.

JEUDI, 1/2 s. N. — H. N.
Al. 1887. — Manche.
Par *Vanikoro*, 1/2 s. N., et *Mouvette*, 1/2 s. N., par Kabin,
1/2 s. N.
Montier-en-Der : 1891. — Réformé en juillet 1894.

JEUNEUR, 1/2 s. N. — H. N.
B. 1865. — Calvados.
Par *Étendard*, 1/2 s. N., et une fille de Royal, 1/2 s.
Compiègne : 1869. — Réformé en janvier 1873.

JOAS, 1/2 s. N.
Approuvé. — M. Maire (Moselle).
B. 1865. — Normandie.
Par *Quasi*, 1/2 s. N., et *N.*, 1/2 s. N.
Montier-en-Der : 1869. — S. R. depuis.

JOAS, 1/2 s. V. — H. N.
Bb. 1887. — Charente-Inférieure.
Par *Decrescendo*, 1/2 s. V., et *Julie*, par Quibbler, 1/2 s. N.
Compiègne : depuis 1891.

JOB, 1/2 s.
Approuvé. — M. Pargon.
Al. 1855.
S. R.
Rosières : 1866. — Passé en pays annexé en 1870.

JOCKEY, 1/2 s. N.
Approuvé : 1869. — M. Favre, 1869 ; M. Guillaud, 1874.
B. m. 1865. — France.
Annecy : 1869. — Vendu à M. Guillaud (Isère).

JOCKO, ex-**CONDÉ**, 1/2 s. Br. — H. N.
Al. 1887. — Finistère.
Par *Bassano*, 1/2 s. N., et une jument 1/2 s.,
par Fire-King, 1/2 s. Norf.
Besançon : 1891. — Castré en 1898.

JOCONDE, 1/2 s.
Approuvé. — Baron de Fourment, à Frévent (Pas-de-Calais).
B. 1860.
Compiègne : 1871-1876.

JOCRISSE, 1/2 s. N.
Approuvé. — M. François Doucet (Meurthe-et-Moselle).
Bb. 1865. — Normandie.
Par *Bassompierre*, 1/2 s. N., et *N.*, 1/2 s. N.,
par Homère, 1/2 s. N.
Montier-en-Der : 1869. — Rosières : 1871-1878.

JOHN, 1/2 s. N.
Approuvé. — M. Dallée (Côte-d'Or).
Al. 1867.
Par *Coleraine*, 1/2 s. A.
Besançon : 1871. — Mort en 1875.

JOINVILLE, 1/2 s.
Approuvé. — M. Pargon.
B. 1865.
S. R.
Rosières : 1869. — Passé en pays annexé en 1870.

JOINVILLE III, 1/2 s. Br. — H. N.
B. ch. 1887. — Finistère.
Par *Marin*, P. S. A., et une fille de Fourni, 1/2 s. Br.
Annecy : depuis 1892.

JOLI, 1/2 s.
Approuvé. — M. Petitjean (Côte-d'Or).
B. 1865.
Par *Kapirat*, 1/2 s. N.
Besançon : 1871. — Castré en 1875.

JOLI-CŒUR, ex-**DUC-JOB**, 1/2 s.
Approuvé. — Cte de Villers-Lafaye, 1872 ; Cte de Vogué (Côte-d Or).
B. 1862.
Par *West-Australian et Jessamine.*
Besançon : 1872. — Vendu en 1875.

JOLI-CŒUR, 1/2 s N. — H. N.
B. 1865. — Manche.
Par *Victorieux*, 1/2 s. N., et *N.*, 1/2 s. N., par Pégase, 1/2 s. N.
Montier-en-Der : 1869. — S. R. depuis.

JOLI-CŒUR, 1/2 s.
Approuvé. — M. Charveriat.
Al. 1872. — France.
Annecy : 1887-1889.

JOLY, 1/2 s.
Approuvé : 1869. — M. Blanc, 1869.
B. ch. 1865. — France.
Annecy : 1869. — S. R. depuis.

JONAS, 1/2 s. N. — H. N.
B. 1843. — Normandie.
Par *Chasseur*, 1/2 s. N., et une jument, 1/2 s., par Impérieux,
1/2 s. N.
Besançon : 1847. — Réformé en 1850.

JONCOURT, 1/2 s.
Approuvé. — M. Donier (Doubs).
B. 1887. — Bretagne.
Par *Noir-de-Fumée* (?) et une jument par Trigaway (?).
Besançon : 1891. — Castré en novembre 1897.

JONGLEUR, 1/2 s. N.
Approuvé. — M. Lecourtier.
Bb. 1865. — Normandie.
Par *Rocroi*, 1/2 s. N., et une fille de Général, 1/2 s. N.
Rosières : 1871. — Passé dans la Marne en 1875.

JONGLEUR, 1/2 s.
Approuvé. — M. Godard-Bussy (Marne).
1865.
Montier-en-Der : 1875. — Réformé en 1880.

JONGLEUR, 1/2 s.
Approuvé. — M. Boulnois (Oise); M. de Wazières (Pas-de-Calais),
1895.
B. 1887.
Par *Lavater*, 1/2 s. A., et une fille de Giboyer.
Compiègne : depuis 1893.

JOQUELET, ex-**JOCKO**, 1/2 s. N. — H. N.
Bb. 1887. — Manche.
Par *Darnétal*, 1/2 s. N., et *Bijou*, 1/2 s. N., par Schamyl,
1/2 s. L.
Rosières : depuis 1891.

JOSAPHAT, 1/2 s.
Approuvé : 1887. — M. Charveriat.
Bb. 1870. — France.
Annecy : 1887-1892.

JOSEPH, 1/2 s.
Approuvé. — M. Mouton.
Gr. 1860.
S. R.
Rosières : 1864. — Réformé en 1864.

JOSEPH. 1/2 s. Br. — H. N.
Al. br. 1887. — Finistère.
Par *Amasis*, 1/2 s. N., et une fille d'Oack, 1/2 s. Br
Annecy : depuis 1891.

JOSIAS, 1/2 s.
Approuvé. — M. Migette.
Gr. 1853. — S. R.
Rosières : 1864. — Réformé en 1864.

JOSUÉ, 1/2 s.
Approuvé. — M. Progié.
Gr. 1860. — S. R.
Rosières : 1864. — Réformé en 1864.

JOSUÉ, 1/2 s. N. — H. N.
B. c. 1865. — Calvados.
Par *Augereau*, A. N., et une jument inconnue.
Annecy : 1869. — Castré en juillet 1879.

JOUJOU, 1/2 s.
Approuvé. — Bᵒⁿ de Fourment, à Frévent (Pas-de-Calais).
B. 1865.
Compiègne : 1869-1880.

JOUJOU, ex-**JASMIN**, 1/2 s. N. — H. N.
B. 1887. — Calvados.
Par *Phare*, 1/2 s. N., et *Lisette*, 1/2 s. N., par Templier, 1/2 s. N.
Rosières : depuis 1891.

JOURDAIN, 1/2 s. N. — H. N.
B. f. 1887. — Calvados.
Par *Phare*, 1/2 s. N., et *Mignonne*, par Gouverneur, 1/2 s. N.
Annecy : depuis 1891.

JOUTEUR, 1/2 s. N. — H. N.
Al. 1843. — Calvados.
Par *Cydnus*, 1/2 s. A., et une fille de Jaumont, 1/2 s. N.
Compiègne : 1847. — Réformé en octobre 1847.

JOUVENCEAU, ex-**JALON**, 1/2 s. N. — H. N.
B. 1887. — Manche.
Par *Utrecht*, 1/2 s. N., et *Madelon*, par N., par Paddy, 1/2 s. N.
Besançon : depuis 1891.

JOYEUX, 1/2 s.
Approuvé. — M. Paulien (Haute-Saône).
B. 1864. — Normandie.
Besançon : 1869-1870.

JOYEUX, 1/2 s. N.
Approuvé. — M. Adnet (Meurthe-et-Moselle).
B. 1865. — Normandie.
Par *Porthos*, 1/2 s. N., et *N.*, 1/2 s. N., par Borisow, 1/2 s. N.
Montier-en-Der : 1869.
Rosières : 1871. — Réformé en 1881.

JOYEUX, 1/2 s.
Approuvé : 1869. — M. Guillaud.
B. 1865. — France.
Annecy : 1869.

JUDAS, 1/2 s.
Approuvé. — M. Douay, à Solesmes (Nord).
Bb. 1887.

Par *Canut*, 1/2 s. N., et *Sophie*, par Jongleur.
Compiègne : 1891-1893.

JUILLAC, 1/2 s.
Approuvé : 1892. — M. Ollivier.
B. 1887. — France.

Par *Célèbre* et une jument normande.
Annecy : 1892-1897.

JUINVILLE, 1/2 s.
Approuvé : 1887. — M. Saint-Cyr.
Al. 1877. — France.
Annecy : 1887. — Mort en 1888.

JULES, 1/2 s. — H. N.
B. 1887. — Moulins.

Par *Habile*, 1/2 s. N., et une fille de Quinte-Curce, 1/2 s. Char.
Anney : 1891. — Castré en août 1898.

JULIEN, 1/2 s. N. — H. N.
B. 1865. — Normandie.

Par *Pigeon-Vole*, P. S. A., et une fille d'Eylau, P. S. A.-A.
Compiègne : 1870. — Mort en avril 1877.

JULIEN, 1/2 s.
Approuvé : 1869. — M. Jourdan.
B. 1865. — France.
Annecy : 1869.

S. B. 1/2 s. V., p. 108.
JULIEN, 1/2 s. N. — H. N.
B. 1865. — Calvados.

Par *Cormoran*, 1/2 s. N., et une fille de Performer, 1/2 s. A.
Rosières : 1869. — Passé à la Roche-sur-Yon en décembre 1872.
A fait la monte en Vendée en 1871.

JULIUS, 1/2 s. N. — H. N.
B. 1887. — Manche.
Par *Diplomate*, 1/2 s. N., et *Sophie*, 1/2 s. N., par Lucullus, 1/2 s. N.
Montier-en-Der : depuis 1891.

JULIUS-CŒSAR, 1/2 s. N. — H. N.
Ro. 1843. — Orne.
Par *Xerxès*, 1/2 s. N., et une fille d'Oscar, 1/2 s. N.
Le Pin, 1847 ; Compiègne, 1848. — Passé à Charleville
en décembre 1852.

JUNIUS, 1/2 s. N. — H. N.
B. 1843. — Calvados.
Par *Dionade*, 1/2 s. N., et une fille de Sylvio, P. S. A.
Rosières : 1849. — Castré en novembre 1854.

JUNOT, 1/2 s. N. — H. N.
Bb. 1887. — Manche.
Par *Colporteur*, 1/2 s. N., et *Rigolette*, par Quality, 1/2 s. N.
Compiègne : depuis 1891.

JUPIN, 1/2 s.
Approuvé. — M. Bertrand (Jura).
B. 1885. — Bretagne.
Par *Général* (?) et une jument 1/2 s., par Ino, 1/2 s. N.
Besançon : 1890. — Castré en novembre 1892.

JUPITER, 1/2 s. N. — H. N.
B. 1843. — Calvados.
Par *Chasseur*, 1/2 s. N., et une jument, 1/2 s., par Lucholl, 1/2 s. N.
Besançon : 1847. — Réformé en 1850.

JUPITER, 1/2 s.
Autorisé. — M. M. Berquet (Aisne).
B. 1886.
Par *The Cambridgeshire*, 1/2 s. A.
Compiègne : 1890. — S. R. en 1891.

JURA, 1/2 s. N. — H. N.
B. 1887. — Orne.
Par *Uriel*, 1/2 s. N., et *Fleur-de-Marie*, par Tigris, 1/2 s. N.,
et une fille de Kilomètre, 1/2 s. N.
Besançon : depuis 1895.

JURISCONSULTE, 1/2 s. N. — H. N.
B. 1865. — Manche.
Par *Ugolin*, 1/2 s. N., et une jument 1/2 s., par Koulikan, 1/2 s. N.
Besançon : 1869. — Réformé en 1882.

JUSSEY, 1/2 s. N. — H. N.
Al. br. 1887. — Manche.
Par *Vanikore*, 1/2 s. N., et une fille de Victorieux, 1/2 s. N.
Annecy : depuis 1891.

JUSSIEU, 1/2 s. N. — H. N.
Al. 1865. — Calvados.
Par *Victorieux*, 1/2 s. N., et une fille de Perfection, 1/2 s. N.
Annecy : 1869. — Abattu en juillet 1889.

JUSTIN, 1/2 s. N. — H. N.
B. 1843. — Calvados.
Par *Mahomet*, 1/2 s. N., et une fille de Skate, 1/2 s. A.
Compiègne : 1855. — Réformé en août 1862.

JUSTIN, 1/2 s. N. — H. N.
B. 1865. — Calvados.
Par *Taconnet*, 1/2 s. N., et une jument 1,2 s., par Tipple-Cider,
P. S. A.
Besançon : 1869. — Réformé en 1875.

JUSTINIEN, ex-**JASEUR**, 1/2 s. N. — H. N.
B. c. 1887. — Saint-Lô.
Par *Defendu*, 1/2 s. N., et *Bon-Espoir*, par Uzerche, 1/2 s. N.
Annecy : depuis 1891.

JUZENNECOURT, 1/2 s. N. — H. N.
Al. 1887. — Orne.

Par *Barrabas*, 1/2 s. N., et *Frégate*, 1/2 s. N., par Valdempierre.
1/2 s. N.

Montier-en-Der : depuis 1891.

J'Y-SONGERAI, 1/2 s. N. — H. N.
B. 1865. — Manche.

Par *The Heir-of-Linne*, P. S. A., et *Petite*, 1/2 s. N., par un fils de
Favori, 1/2 s. N.

Sa grand'mère : fille de Vautour, 1/2 s. N.
Saint-Lô : 1870-1874. — Compiègne : 1875. — Réformé après la
monte de 1882.

KABACK, 1/2 s. N. — H. N.
B. 1844. — Normandie.

Par *Favori*, 1/2 s. N., et une jument 1/2 s., par The Juggler.
P. S. A.

Besançon : 1848. — Réformé en 1848.

KABIN, 1/2 s. N. — H. N.
Bb. 1843. — Normandie.

Par *Biron*, P. S. A., et une fille de Patricks, P. S. A.
Compiègne : 1848. — Réformé en juillet 1850.

KABOUL, 1/2 s. N. — H. N.
B. 1888. — Manche.

Par *Utrecht*, 1/2 s. N., et *Lisa*, 1/2 s. N., par Ménelas, 1/2 s. N.;
la mère de Lisa, par Bacqueville, 1/2 s. N.

Rosières : 1892. — Castré en août 1896.

KABYLE, 1/2 s.
Approuvé. — M. Cortot (Côte-d'Or).
B. 1866.

Besançon : 1871. — Réformé en 1878.

KABYLE, 1/2 s. N. — H. N.
B. 1866. — Normandie.
Par *Centaure*, 1/2 s. N., et une jument 1/2 s., par Phœnomenon,
1/2 s. **A.**
Besançon : 1870. — Réformé en 1882.

KABYLE, 1/2 s. N.
Approuvé. — M. Darbot, à Langres ; M. P. Darbot, à Langres, 1896.
B. 1888. — Normandie.
Par *Utrecht*, 1/2 s. N., et *N.*, 1/2 s. N., par Feu-de-Joie, 1/2 s. N.
Montier-en-Der : depuis 1892.

KACHAN, 1/2 s.
Approuvé. — M. Bidaine (Haut-Rhin).
Bb. 1887. — Normandie.
Par *Frisson*, 1/2 s. N., et *Pompon*, jument do 1/2 s.,
par Orfila, 1/2 s. N.
Besançon :1892. — Castré en septembre 1899.

KACHAN, 1/2 s. N. — H. N.
B. m. 1888. — Sarthe.
Par *Cambronne*, 1/2 s. N., et *Hélène*, par Abrantès, 1/2 s. N.
Annecy : depuis 1892.

KACHAR, 1/2 s.
Approuvé. — M. Duprez (Haut-Rhin).
B. 1887. — Normandie.
Par *Mine-d'Or*, 1/2 s. N., et *Lisa*, par Tempête, 1/2 s. N.
Grand'mère, fille de Qui-Vive, 1/2 s. N.
Bisaïeule, fille de Sir-Edwin-Landsyér, 1/2 s. A.
Besançon : 1892. — Castré en août 1899.

KACHEMIR, 1/2 s. V. — H. N.
B. 1888. — Vendée.
Par *Amical*, 1/2 s. N., et *Glorieuse*, par Hargneux, 1/2 s. N.,
et une fille de Cornichon, 1/2 s. N.
Besançon : 1892. — Rformé en 1893.

KADMAR, 1/2 s. N. — H. N.
B. 1866. — Calvados.
Par *Fleuron*, 1/2 s. N., et *N.*, 1/2 s. N. , par Moustique, P. S. A.
Montier-en-Der : 1870. — Réformé en janvier 1873.

KADMOR, 1/2 s.
Approuvé. — Bon de Fresnoye.
B. 1888.
Par *Forban*, 1/2 s., et une fille de Seymour.
Compiègne : 1892-1897.

HAFTAN, 1/2 s. N. — H. N.
B. 1844. — Calvados.
Par *Eylau*, P. S. A. Ar., et une fille de Mahomet, 1/2 s. N.
Rosières : 1848. — Mort en juillet 1849.

KAIN, 1/2 s. N.
Approuvé. — M. Gardeur.
B. 1866. — Normandie.
Par *Abrantès*, 1/2 s. N., et une fille de Thorigny, 1/2 s. N.
Montier-en-Der : 1870.
Rosières : 1871. — Réformé en 1882.

KAJOU, 1/2 s. N. — H. N.
B. 1843. — Calvados.
Par *Performer*, 1/2 s. A., et une fille de Biron, P. S. A.
Rosières : 1848. — Castré en octobre 1851.

KALABAR II, 1/2 s. N. — H. N.
Al. 1888. — Manche.
Par *Alsacien*, 1/2 s. N., et *Nagele*, par Nagel, 1/2 s. N.
Sa grand'mère : fille de Rivoli, 1/2 s. N.
Compiègne : depuis 1892.

KALAFAT, 1/2 s.
Approuvé. — M. Streicher (Haute-Marne).
B. 1888. — Seine.
Par *Renaissant*, 1/2 s. N., et *Toquade*, 1/2 s. N.,
par Géant-des-Batailles, P. S. A.
Sa grand'mère : fille de Pimlico, 1/2 s. A.
Montier-en-Der : depuis 1892.

KALAMATA, 1/2 s. **N.**
Approuvé. — M. P. Hanriot, à Foville.
Bb. 1866. — Normandie.
Par *Faverolles*, P. S. A., et *N.*, 1/2 s. N. par Licteur, 1/2 s. N.
Montier-en-Der : 1870. — S. R. depuis.

KALEB, 1/2 s. N.
Approuvé. — Cte de Miosicssy (Yonne) ; 1894 : M. Poirier (Yonne).
Al. 1888. — Normandie.
Par *Idoménée*, 1/2 s., et *N.*, 1/2 s., par Jackson, 1/2 s. A.
Montier-en-Der : depuis 1892.

KALEPDER, 1/2 s.
Approuvé. — M. Cornevin (Haute-Marne).
Bb. 1866.
Montier-en-Der : 1872. — Réformé en novembre 1879.

KALIBAN, 1/2 s.
Approuvé. — M. Camille Troc (Seine-et-Marne).
Bb. 1861.
Par *Milan II*, P. S. A., et une fille d'Upas, P. S. A.
Vendu dans la Nièvre en 1894.
Compiègne : 1892-1894.

KALIFA, 1/2 s.
Approuvé. — M. de la Roque (Côte-d'Or).
Gr. 1837.
Montier-en-Der : 1855. — S. R. depuis.

KALMIERS, 1/2 s.
Accepté. — M. Latham, à Créquy (Pas-de-Calais).
Gr. 1888.
Compiègne : 1896.

KAM-HILL, 1/2 s. N. — H. N.
N. 1888. — Manche.
Par *Esom*, 1/2 s. N., et *Rapide*, par Ugolin, 1/2 s. N.
Compiègne : depuis 1892.

KAMICHI, 1/2 s. N. — H. N.
Bb. 1888. — Manche.
Par *Fontainebleau*, 1/2 s. N., et *Mouvette*, 1/2 s. N.
Montier-en-Der : 1892. — Réformé en août 1897.

KAN, 1/2 s.
Approuvé. — M. Methlin (Metz).
B. 1866. — Normandie.
Par *Lagopède*, 1/2 s. N., et *N.*, 1/2 s. N., par Sinope, 1/2 s.
(approuvé).
Montier-en-Der : 1870. — S. R. depuis.

KAN, 1/2 s. V. — H. N.
Al. 1888. — Normandie.
Par *Terme*, 1/2 s. N., et une fille d'Amical, 1/2 s. N.
Compiègne : 1892. — Réformé en août 1892.

KAN, 1/2 s. N. — H. N.
Bb. 1888. — Calvados.
Par *Tigris*, 1/2 s. N., et *Sarah*, 1/2 s. N., par Forestier, 1/2 s. N.
Montier-en-Der : 1892. — Réformé en août 1899.

KANDAHAR, 1/2 s.
Approuvé. — M. Bruyère, 1870.
B. 1866. — France.
Annecy : 1870.

KANGIAR, 1/2 s. — H. N.
B. c. 1866.
Par *Merry-Legs*, 1/2 s. A., et *Fullette*, P. S. F.
Annecy : 1870. — Abattu en avril 1879.

KANNIBAL, 1/2 s.
Approuvé. — M. Basset, à Chaulnes (Oise).
B. m. 1880.
Compiègne : 1884. — S. R. depuis.

KANOBIN, 1/2 s. N. — H. N.
Al. 1866. — Orne.
Par *Edmond*, 1/2 s. N., et *N.*, 1/2 s. N.. par Idalis, 1/2 s. N.
Montier-en-Der : 1870. — Réformé en juillet 1885.

KAOLIN, 1/2 s.
Accepté. — M. Vaquette, à Frenvillers (Somme).
B. 1888.
Compiègne : 1891-1892.

KARABÉ, 1/2 s. N.
Approuvé. — M. Grandidier (arrondissement de Metz).
1866. — Normandie.

Par *Pont-d'Or*, 1/2 s., et *N.*, 1/2 s. N.
Montier-en-Der : 1870. — S. R. depuis.

KARDAPA, 1/2 s.
Approuvé. — M. Clavequin (Haut-Rhin).
N. 1888. — Normandie.

Par *Cadix*, 1/2 s. N., et *Lisette*, jument 1/2 s.,
par Bien-Aimé, 1/2 s. N. (approuvé).
Besançon : depuis 1892.

KARL, 1/2 s. Br. — H. N.
Gr. 1883. — Finistère.

Par *Amasis*, 1/2 s. N., et *Julie*, 1/2 s. Br., par Ingres, 1/2 s. N.
Montier-en-Der : 1887. — Mort en décembre 1890.

KARLO, 1/2 s.
Approuvé. — M. Badoinot (Haute-Marne).
Montier-en-Der : 1873. — Réformé en 1881.

KARNAC, 1/2 s.
Approuvé : 1889. — M. Montbarlon.
Bb. 1888. — France.
Par *Frontignan* et une fille d'Ulva.
Annecy : depuis 1892.

KARNALIC, 1/2 s. N. — H. N.
N. rub. 1888. — Manche.
Par *Utrecht*, 1/2 s. N., et *La Pelote*, par Lothaire, 1/2 s. N.
Annecy : depuis 1892.

KARS, 1/2 s. N. — H. N.
Bb. 1888. — Saint-Lô.
Par *Florentino*, 1/2 s. N., et *Germaine*, par Verdun, 1/2 s. N.
Passé au Dépôt de Blois en avril 1892.
N'a pas fait la monte à Annecy.

KASAN, 1/2 s. N.
Approuvé. — M. André, à Tressange.
R. 1866. — Normandie.
Par *Arétin*, 1/2 s. N., et *N.*, 1/2 s. **N.**
Montier-en-Der : 1870. — S. R. depuis.

KASTRIP, 1/2 s.
Approuvé. — M. Jourdain (Doubs).
Al. 1888. — Bretagne.
Par *Vertuchoux*, 1/2 s. N., et une jument 1/2 s., par Trottaway,
1/2 s. Br. (approuvé).
Besançon : depuis 1892.

KAVIAR, 1/2 s. N. — H. N.
Gr. 1844. — Normandie.
Par *Pyram*, 1/2 s. N., et une fille de Dangerous, 1/2 s. A.
Compiègne : 1848. — Réformé la même année.

— 193 —

KEHL, 1/2 s. N. — H. N.
Bb. 1888. — Manche.
Par *Fulminant*, 1/2 s. N., et *Rosette*, 1/2 s. N., par Oranger,
1/2 s. N.
Sa grand'mère : N., 1/2 s. N., par Victorieux, 1/2 s. N.
Montier-en-Der : depuis 1892.

KELH, 1/2 s.
Approuvé : 1870. — M. Dagout, 1870.
B. 1866. — France.
Annecy : 1870. — S. R. depuis.

S. B. 1/2 s. Midi. p. 246.
KELLER, 1/2 s. N. — H. N.
B. 1866. — Orne.
Par *Centaure*, 1/2 s. N., et une fille de Royal, 1/2 s. N.
Rosières : 1870. — Castré en août 1887.
A fait la monte à Villeneuve, en 1871.

KEMAR, 1/2 s. N. — H. N.
B. 1844. — Normandie.
Par *Biron*, P. S. A., et une fille de Regretté, 1/2 s. N.
Rosières : 1848. — Abattu en avril 1867.

KEMPER, 1/2 s. N. — H. N.
B. 1888. — Manche.
Par *Ray-Grass*, 1/2 s. N., et une jument 1/2 s., par Kapirat,
1/2 s. N., et une fille d'Ivanoff, P. S. A.
Besançon : depuis 1892.

KENNETH, 1/2 s. N. — H. N.
B. 1888. — Calvados.
Par *Denain*, 1/2 s. N., et *Sans-Tache*, 1/2 s. N., par Taffetas,
1/2 s. N. (approuvé).
Sa grand'mère : N., 1/2 s. N., par Brochet, 1/2 s. N. (approuvé).
Montier-en-Der : 1892. — Réformé en novembre 1896.

13.

KÉPI, 1/2 s.
Approuvé. — M. Delangle (Lille).
B. 1888.
Par *Daguet*.
Compiègne : 1892-1895.

KÉPI, 1/2 s. N. — H. N.
B. 1888. — Manche.
Par *Utrecht*, 1/2 s. N., et *Pomponnette*, 1/2 s. N., par Shamrock,
1/2 s. A.
Sa grand'mère : 1/2 s. N., par Macouba, 1/2 s. N.
Sa bisaïeule : N. 1/2 s. N., par Succès, 1/2 s. N.
Montier-en-Der : depuis 1892.

KÉPI, 1/2 s.
Approuvé. — M. Pichery (Haute-Saône).
B. f. 1888. — Manche.
Par *Espordem*, 1/2 s. N., el *Coquette*, jument de 1/2 s.,
par Qui-Vive, 1/2 s. N.
Sa grand'mère : fille d'Ugolin, 1/2 s. N.
Besançon : 1892. — Castré en novembre 1897.

KERDIEROL, 1/2 s.
Approuvé. — M. Dufay (Doubs).
N. 1888. — Bretagne.
Par *Débardeur* (?) et une jument de 1/2 s., par Usité, 1/2 s. Br.
Besançon : depuis 1892.

KERGOR, 1/2 s. Br. — H. N.
B. m. 1888. — Finistère.
Par *Sénégal*, 1/2 s. N., et une fille d'Ulex ou Fire-King, 1/2 s. Br.
Annecy : depuis 1892.

KERLAND, 1/2 s. N. — H. N.
Bb. 1844. — Calvados.
Par *Friedland*, P. S. A., et une fille de Bob-War-Wick, 1/2 s. N.
Rosières : 1848. — Castré en septembre 1849.

KERMÈS, 1/2 s. N. — H. N.
B. 1866. — Orne.
Par *Séducteur*, 1/2 s. N., et *N.*, 1/2 s. N., par Oribe, 1/2 s. N.
Montier-en-Der : 1870. — Réformé en janvier 1873.

KERMÈS, 1/2 s.
Approuvé. — M. Delangle (Lille).
Bb. 1884.
Par *Forback*, 1/2 s., et *Beaule-de-Mars*.
Compiègne : depuis 1896.

KERMOR, 1/2 s.
Approuvé. — M. Jourdain (Doubs).
B. 1888. — Bretagne.
Par *Sénégal*, 1/2 s. N., et une jument de 1/2 s., par Lannion (†).
Besançon : 1892. — Castré en novembre 1897.

KERMORON, 1/2 s.
Approuvé. — M. Baudrey (Doubs).
Bb. 1888. — Bretagne.
Par *Cyrus*, P. S. A.-A., et une jument de 1/2 s.,
par Penbas, 1/2 s. Br.
Besançon : 1892. — Castré en novembre 1898.

KERSON, 1/2 s. N.
Approuvé. — M. V. Jacquart (arrondissement de Metz).
B. 1866. — Normandie.
Par *Taconnet*, 1/2 s. N., et *N.*, 1/2 s. N.
Montier-en-Der : en 1870. — S. R. depuis.

KERVEN, 1/2 s.
Approuvé. — M. Luzin (Aisne) ; M. Lablez (Aisne), 1893.
Al. 1888. — Aisne.
Par *Taillebourg*, 1/2 s.
Compiègne : depuis 1892.

KESLER, 1/2 s. N. — H. N.
B. 1844. — Normandie.
Par *Chasseur*, 1/2 s. N., et une fille de Talma, 1/2 s. A.
Compiègne : 1848. — Vendu en mars 1851.

KHAN, 1/2 s. N.
Approuvé. — M. Dougois (Haute-Marne);
B. 1888. — Manche.
Par *Nagel*, 1/2 s. N., et *Rosette*, 1/2 s. N.,
par Harmonieux, 1/2 s. N.
Montier-en-Der : depuis 1892.

KHIVA, 1/2 s. N.
Approuvé. — M. E. Potier (Ardennes) ;
1894, M. F. Potier (Ardennes).
B. 1888. — Manche.
Par *Espadem*, 1/2 s. N., et *Parfaite*, 1/2 s. N.,
par Victorieux. 1/2 s. N.
Sa grand'mère : une fille de Nelson, 1/2 s N.
Montier-en-Der : 1892. — Castré et vendu en juin 1899.

KIEL, 1/2 s. N. — H. N.
B. 1843. — Victot (Calvados).
Par *Emule*, 1/2 s. N., et une fille de Voltaire, 1/2 s. N.
Rosières : 1848. — Castré en novembre 1849.

KILMORE, 1/2 s. N. — H. N.
B. 1844. — Calvados.
Par *Extrême*, 1/2 s. N., et *Captain-Candid*, P. S. Ar.
Rosières : 1848. — Castré en septembre 1859.

KINCHE, 1/2 s. Char. — H. N.
Al. 1888. — Charente-Inférieure.
Par *Auditeur*, 1/2 s. V., et *La Rare*, 1/2 s. Char., par Montbars,
P. S. A.
Sa grand'mère : N., 1/2 s. Char., par Égée, 1/2 s. N.
Montier-en-Der : depuis 1892.

S. B. 1/2 s. Midi, p. 248.

KINDNESS, 1/2 s. N. — H. N.
B. 1866. — Orne.

Par *Utrecht*, 1/2 s. N., et une fille de Mashills, P. S A.
Rosières : 1870. — Castré en août 1881.
A fait la monte à Villeneuve en 1871.

KINGSTON, 1/2 s.
Approuvé. — M. Caen-Macquin (Aisne).
Al. 1880.

Par *Phaëton*, 1/2 s. N., et Y. *Quick-Silver*, 1 2 s. N.
Compiègne : 1896-1897.

KITEHAMBOY, 1/2 s.
Approuvé : 1870. — M. Roux, 1870.
B. 1866. — France.
Annecy : 1870. — S. R. depuis.

KIVA, 1/2 s.
Approuvé : 1870. — M. Clopin, 1870.
B. 1866. — France.
Annecy : 1870. — S. R. depuis.

KIVALA, 1/2 s.
Accepté. — M. Devienne, à Landrethun (Pas-de-Calais).
B. 1889.

Par *Tigris*, 1/2 s. N., et *Eole*, 1/2 s.
Compiègne : depuis 1898.

KLEBER, 1/2 s. N. — H. N.
Al. 1844. — Orne.

Par Y. *Emilius*, et une fille de Marmot, 1/2 s. N.
Rosières : 1848. — Castré en août 1852.

KLÉBER, 1/2 s.
Approuvé : 1892. — M. Collet.
B. 1888. — France.

Par *Faisan*, et une fille de Jovial.
Annecy : 1892. — Mort en 1897.

KLÉBER, 1/2 s. Char. — H. N.
Bb. 1888. — Charente-Intérieure.
Par *Uplock*, 1/2 s. N., et *Fatma*, 1/2 s. Char., par Rapp. 1/2 s. N.
Montier-en-Der : depuis 1892.

S. B. 1, 2 s. Norm., t. II, p. 503.
KLÉBERT, 1/2 s. N. — H. N.
N. 1888. — Manche.
Par *Rollon*, 1/2 s. N. (approuvé), et *Rigolette*, 1/2 s. N., par
Lionceau II (approuvé), 1/2 s. N.
Sa grand'mère : Rose, par Solférino (approuvé).
Rosières : depuis 1895.

KLIPPER, ex-**KARATA**, 1/2 s. N. — H. N.
N. 1888. — Manche.
Par *Eson*, 1/2 s. N., et *Rosette*, 1/2 s. N., par Spectre, 1/2 s. N.
Sa grand'mère : par Luther (approuvé) et une fille d'Egésippe
et de Kapirat.
Rosières : depuis 1892.

KLIPPER, 1/2 s.
Approuvé. — M. Prétey (Haute-Saône).
Al. 1888. — Manche.
Par *Capra*, 1/2 s. N., et *Cocotte*, jument 1/2 s.,
par Guelfe, 1/2 s. A. (approuvé).
Besançon : 1892. — Castré en novembre 1896.

KNOUT, ex-**KENT**, 1/2 s. N. — H. N.
N. 1888. — Calvados.
Par *Stade*, 1/2 s. N., et *Sarah*, jument normande.
Besançon : depuis 1892.

KOBAL, 1/2 s. N. — H. N.
Al. 1888. — Pont-L'Evêque.
Par *Réussi*, 1/2 s. A., et *La Colonne*, par Tigris, 1/2 s. N.
Annecy : 1892. — Passé au Pin (Ecole) en janvier 1893.

S. B. 1/2 s. N., t. I, p. 16

KOCIUSKO, 1/2 s. N.

Approuvé. — M. Valin, à Aubertville-la-Renault (Seine-Inférieure).
B. 1866. — Normandie.
Par *Bayard*, 1/2 s. N., et une jument 1/2 s. N.
Compiègne : 1872-1876.

KŒNISBERG, 1/2 s. V. — H. N.
Al. 1888. — Vendée.
Par *Février*, 1/2 s. V., et *Norma*, 1/2 s. V., par Houdon, 1/2 s. N.
Sa grand'mère : N., 1/2 s. V., par Acacia, 1/2 s. N.
Montier-en-Der : depuis 1892.

KOPECK, 1/2 s.
Approuvé : 1892. M. Charveriat.
Al. 1888. — France.
Par *Delawarre* et une fille d'Urimesnil
Annecy : depuis 1892.

KORAN, 1/2 s. N. — H. N.
Al. 1866. — Orne.
Par *Centaure*, 1/2 s. N., et *Cyriade*, 1/2 s. N., par Stoker, P. S. A.
Besançon : 1870. — Passé à Cluny en 1870.

KORITNIA, 1/2 s. N.
Approuvé. — M. Jacquet, à Cheminot.
Al. 1865. — Normandie.
Par *Urus*, 1/2 s. N., et *N.*, 1/2 s. N., par Nemrod, 1/2 s. N.
Montier-en-Der : 1870. — S. R. depuis.

S. B. 1/2 s. Midi, p. 110.

KOSACK, 1/2 s. du Midi. — H. N.
Gr. 1877. — Haute-Garonne.
Par *Y. Karchan*, P. S. Ar., et une fille de Nedje, 1/2 s.
Rosières : 1881. — Passé à Tarbes en octobre 1882.

KOSIKI, 1/2 s.
Approuvé. — M. Basset, à Chaulnes.
Al. 1876.
Compiègne : 1880. — S. R. depuis.

KOSROËS, 1/2 s. Char. — H. N.
Al. 1888. — Charente-Inférieure.
Par *Auditeur*, 1/2 s. V., et *Prudence*, 1/2 s. Char.,
par Rébus, 1/2 s. N.
Sa grand'mère : N, 1/2 s. Char., par Routier, 1/2 s. N.
Montier-en-Der : 1892. — Réformé en juillet 1894.

KOUBAN, 1/2 s.
Approuvé. — Duc de Vicence.
B. 1888. — Normandie.
Par *Tigris*, 1/2 s. N., et une fille de Palerm, 1/2 s. N.
Compiègne : 1892. — S. R. depuis.

KRONSTADT, 1/2 s.
Approuvé. — M. L. Renard (Haute-Marne).
Bb. 1865.
Montier-en-Der : 1872. — S. R. depuis 1877.

KROUMIR, 1/2 s. V. — H. N.
B. 1888. — Loire-Inférieure.
Par *Arcole*, 1/2 s. N., et *Mauvaise-Humeur*, 1/2 s. V.,
par Nique, 1/2 s. N.
Sa grand'mère : par Beauvoir, 1/2 s. V.
Rosières : depuis 1892.

KUMMER, ex-**KABAH,** 1/2 s. N. — H. N.
B. 1888. — Manche.
Par *Carnavalet*, 1/2 s. N., et *Corvette*, par Lavater, 1/2 s. N.,
et une fille de Noteur, 1/2 s. N.
Besançon : 1892. — Mort en 1896.

KUNTZMANN, 1/2 s. N.
Bb. 1835. — Normandie.

Par *Eastham*, P. S. A., et la Colonelle, 1/2 s. N.
Compiègne : 1842. — Réformé en octobre 1847.

KYMRIS, 1/2 s.
Approuvé. — M. Hinaux (Haute-Saône) ; M. Finot (Haute-Saône).
N. 1888. — Calvados.

Par *Calas*, 1/2 s. N., et *Cocotte*, jument 1/2 s.,
par Nonant, 1/2 s. N. (approuvé).
Sa grand'mère : fille d'Uzel, 1/2 s. N.
Besançon : depuis 1892.

LABARUM, 1/2 s.
Approuvé. — M. Prétet (Haute-Saône).
Bb. 1889. — Manche.

Par *Farnèse*, 1/2 s. N., et *Lison*, jument 1/2 s. N.
Besançon : depuis 1893.

L'ABBÉ, ex-**KERGEVEL**, 1/2 s.
Approuvé. — M. Lavrut (Jura).
Al. f. 1887. — Bretagne.

Par *Bronze*, 1/2 s. N., et une jument 1/2 s., par Windham,
P. S. A.-N.
Besançon : 1891. — Castré en novembre 1897.

LABORIEUX, 1/2 s.
Approuvé. — M. Fourcault (Côte-d'Or).
B. 1865.

Par *Lionceau*, 1/2 s. N. (?).
Besançon : 1871. — Vendu en 1877.

LABORIEUX, 1/2 s.
Approuvé : 1894. — M. Hezard (Haute-Saône) ; M. Depetasse
(Haute-Saône).
Bb. 1889. — Manche.

Par *Diplomate*, 1/2 s. N., et une jument 1/2 s., par Invariable,
1/2 s. N.
Sa grand'mère : fille de Volcan, 1/2 s. N.
Besançon : 1893. — Réformé en novembre 1896.

LABOUREUR, 1/2 s.
Approuvé. — M. Masson (Côte-d'Or).
B. 1866.
Besançon : 1871. — Réformé en 1878.

LABOUREUR, 1/2 s. N. — H. N.
B. 1889. — Manche.
Par *Franconi*, 1/2 s. N., et *Coquette*, 1/2 s. N., par Macouba, 1/2 s. N.
Sa grand'mère : N., 1/2 s. N., par Ourson, 1/2 s. N.
Montier-en-Der : depuis 1893.
(Voir Coquette, S. B. N., t. 2, Poulinières, p. 131.)

LA CLOTURE, 1/2 s.
Approuvé. — Duc de Vicence.
Al. 1867.
Par *Orphelin* et une fille de Grinstone.
Compiègne : 1872-1881.

LAFAYETTE, 1/2 s. N. — H. N.
N. rub. 1889. — Manche.
Par *Tourville*, 1/2 s. N., et *La Petite*, par Daniel, 1/2 s. N.
Annecy : depuis 1893.

LAGETTO, 1/2 s. N. — H.. N.
B. 1845. — Normandie.
Par *Hollym*, 1/2 s. A., et une fille de The Juggler, P. S. A.
Rosières : 1849. — Mort en mars 1857.

LAHIRE, 1/2 s.
Autorisé. — M. Naquette (Somme).
Bb. 1889.
Par *Fanfan-la-Tulipe*, 1/2 s.
Compiègne : 1894. — S. R. en 1895.

LAIO, 1/2 s. N. — H. N.
B. 1845. — Normandie.
Par *Don-Quichotte*, P. S. A., et une fille de Martagon.
Compiègne : 1849. — Passé à Rodez en juin 1849.

LAIROUX, 1/2 s. V. — H. N.
B. 1889. — Vendée.

Par *Gascon*, 1/2 s. V., et *Surprise*, par Horritz, 1/2 s. V.
Compiègne : depuis 1893.

LAÏUS, 1/2 s. N. — H. N.
B. 1845. — Calvados.

Par *The Juggler*, P. S. A., et une fille de Voltaire, 1/2 s. N.
Rosières : 1849. — Castré en novembre 1854.

LAMA, 1/2 s. N. — H. N.
B. 1844. — Calvados.

Par *Chasseur*, 1/2 s. N., et *N.*, 1/2 s. N., par Y. Topper,
1/2 s. A.
Le Pin : 1849-1856. — Compiègne : 1857. — Réformé en juillet 1858.

LAMA, 1/2 s.
Approuvé. — M. Parcheminey (Haute-Saône).
B. 1889 — Manche.

Par *Bataillon*, 1/2 s. N., et *Castille*, par Kabin, 1/2 s. N.
Sa grand'mère : fille de Victorieux, 1/2 s. N.
Besançon : 1893. — Castré en septembre 1898.

LAMANEUR, 1/2 s. N. — H. N.
B. 1889. — Calvados.

Par *Don-Quichotte*, 1/2 s. N., et *Soumise*, 1/2 s. N.,
par Valère, 1/2 s. N.
Montier-en-Der : depuis 1893.

LAMARTINE, 1/2 s.
Approuvé. — M. Noirot, 1872; M. Naudin, 1877 (Côte-d'Or).
B. 1865.

Par *Pledje*, 1/2 s. N., et une jument 1/2 s., par Stoker, P. S. A.
Besançon : 1872-1880.

LAMBERT, 1/2 s.
Approuvé. — M. Lerat (Côte-d'Or).
B. 1865. — Vendée.
Par *Puissant*, 1/2 s. V.
Besançon : 1871. — Castré en 1876.

LAMBREQUIN, 1/2 s. N. — H. N.
B. 1867. — Eure.
Par *You-Crocus*, 1/2 s. A., et *Mademoiselle-de-Rouges-Terres*,
1/2 s. N.
Besançon : 1872. -- Castré en 1885.

LAMBRIS, 1/2 s. N. — H. N.
Bb. 1845. — Normandie.
Par *Émule*, 1/2 s. N., et *N.*, 1/2 s. N., fille d'Impérieux, 1/2 s. N.
Compiègne : 1849-1851. — Passé à Charleville après la monte.

LANCASTRE, 1/2 s. Lorr. — H. N.
B. 1824. — Saulxures (Meurthe-et-Moselle).
Par *Spy*, P. S. A., et *N.*, jument normande.
Rosières : 1829. — Castré en septembre 1845.

LANCASTRE, 1/2 s.
Approuvé. — M. Bourgest (Côte-d'Or).
B. 1866.
Par *Destin*, 1/2 s. N.
Besançon : 1872. — Réformé en 1875.
(N'a sailli qu'une jument en 1875.)

LANCASTRE, 1/2 s. Br. — H. N.
Bb. 1889. — Finistère.
Par *Vétéran*, 1/2 s. N., et une fille de Sénégal. 1/2 s. Br.
Annecy : 1893. — Castré en novembre 1896.

LANCELOT, 1/2 s. Br. — H. N.
B. 1880. — Finistère.
Par *Salles*, 1/2 s. N., et une jument 1/2 s., par Hermion.
1/2 s. Br.
Besançon : 1884. — Castré en 1885.

LANCELOT, 1/2 s. N. — H. N.
B. 1889. — Orne.
Par *Cicéron II*, 1/2 s. N., et *La Cochère*, par Sincerity, P. S. A.
Sa grand'mère : fille d'Esculape, 1/2 s. N.
Compiègne : depuis 1893.

LANCIER, 1/2 s. N. — H. N.
B. 1889. — Manche.

Par *Siroc*, 1/2 s. N., et *La Poule*, 1/2 s. N., par Ugolin, 1/2 s. N.
Sa grand'mère : N , 1/2 s. N., par Essence, 1/2 s. N.
Montier-en-Der : depuis 1893.
(Voir La Poule, S. B. N., t. 2, Poulinières, p. 331.)

LANDAU, 1/2 s. N. — H. N.
Bb. 1867. — Manche.

Par *Tamerlan*, 1/2 s. N., et une fille de Perfection, 1/2 s. N.
Compiègne : 1872. — Mort en mars 1878.

LANDGRAVE, 1/2 s. N. — H. N.
Bb. 1889. — Calvados.

Par *Hardy*, 1/2 s. N., et *Fée*, par Tigris, 1/2 s. N.
Sa grand'mère : Alice, P. S. A., par Atlas.
Compiègne : depuis 1894.

LANDIT, 1/2 s. N. — H. N.
B. 1889. — Calvados.

Par *Bataclan IV*, 1/2 s. N., et *Lisette*, 1/2 s. N., par Vitrier,
1/2 s. N.
Rosières : depuis 1893.

LANNOY, 1/2 s Br. — H. N.
B. 1889. — Finistère.

Par *Sénégal*, 1/2 s. N., et une fille de Vertuchoux, 1/2 s. Br.
Mort en mars 1893. — N'a pas fait la monte.

LANSQUENET, 1/2 s. N. — H. N.
Bb. 1888. — Eure.

Par *Tigris*, 1/2 s. N., et *Nita*, par Ipsilanty, 1/2 s. N.
Sa grand'mère : Iota, par Royal-Oak, P. S. A.
Compiègne : depuis 1892.

LAOCOON, 1/2 s. Br.
Approuvé. — M. Chantraine, 1893 ; M. Balland, 1896.
B. 1839. — Bretagne.

Par *Ventriloque*, 1/2 s. N , et une fille de Quiberon, 1/2 s. Br.
Rosières : depuis 1893.

LAPEYROUSE, 1/2 s. N. — H. N.
Gr. 1845. — Normandie.
Par *Doyen*, 1/2 s. N., et une jument percheronne.
Besançon : 1849. — Réformé en 1852.

LAPITHE, 1/2 s. A. — H. N.
B. 1845. — Bayeux.
Par *Estham*, P. S. A., et une fille de Tam-Mody.
Rosières : 1849. — Castré en août 1852.

LARKFIELD, 1/2 s.
Approuvé. — M. Delangle (de Lille).
Bb. 1871.
Compiègne : 1876-1878.

LASCAR, 1/2 s.
Approuvé. — M. d'Andelarre (Côte-d'Or).
B. 1889. — Eure.
Par *Cicéron II*, 1/2 s. N., et *Figurante*, jument 1/2 s.,
par Phaëton, 1/2 s. N.
Besançon : depuis 1899.

LASSO, 1/2 s. N. — H. N.
B. 1889. — Manche.
Par *Truplu*, 1/2 s. N., et *Blancpied*, 1/2 s. N
par Quatre-Cents, 1/2 s. N.
Montier-en-Der : depuis 1893.

LATINUS, 1/2 s. N. — H. N.
B. 1889. — Manche.
Par *Écueil*, 1/2 s. N., et *Rosette*, 1/2 s. N
par Victorieux, 1/2 s. N.
Montier-en-Der : depuis 1893.

LA TOUR, 1/2 s.
Approuvé. — M. Bartholomot (Jura .
Al. 1887. — Bretagne.
Besançon : 1891. — Castré en mars 1892.

LAURENT, 1/2 s. N. — H. N.
B. 1889. — Manche.

Par *Utrecht*, 1/2 s. N., et *Dragonne*, 1/2 s. N.,
par Cauchemar, 1/2 s. N.
grand'mère : N., 1/2 s. N., par Romain, 1/2 s. N. (approuvé).
Montier-en-Der : depuis 1893.

LAURENTZ, 1/2 s. N. — H. N.
B. 1845. — Calvados.

Par *Xerxès*, 1/2 s. N., et *Betzy*, jument 1/2 s.
Rosières : 1849. — Castré en août 1849.

LAUTOUR, 1/2 s. N. — H. N.
B. 1843. — Normandie.

Par *Glocester*, 1/2 s. A., et une fille de Pretender, 1/2 s. A.
Rosières : 1849. — Castré en août 1860.
N'a pas fait la monte en 1860.

LAVAL, 1/2 s.
Approuvé. — M. Angey (Haute-Saône).
B. 1889. — Manche.

P   Canut, 1/2 s. N., et *Brebis*, jument 1/2 s. par Guelfe, 1/2 s. N.,
(approuvé).
Besançon : 1893. — Mort en juillet 1896.

LAZARET, 1/2 s. — H. N.
B. 1845. — S. R.

Par *Harris*, 1/2 s. A., et une fille d'Impérieux, 1/2 s. N.
Rosières : 1849. — Castré en septembre 1850.

LE BOSSU, 1/2 s. B.
Approuvé. — M. Perrin.
Al. 1889. — Bretagne.
Par *Bassano*, 1/2 s. N., et une fille d'Ino, 1/2 s.
Rosières : depuis 1893.

LE CHER, 1/2 s. R. — H. N.
Gr. 1885. — Russie.

Par *Polkantchick*, 1/2 s. R., et *Litaya*, par Polkan II.
Compiègne : 1892. — Abattu en octobre 1896.

L'ÉCLAIR, 1/2 s.

Approuvé. — B⁰ⁿ de Fourmont, à Frevent (Pas-de-Calais).

N. 1863.

Compiègne : 1871-1875.

LECTEUR, 1/2 s. N. — H. N.

Bb. 1867. — Manche.

Par *Giboyer*, 1/2 s. Fr., et *Tamerlan*, 1/2 s. Fr.

Annecy : 1872. — Castré en décembre 1874.

LECTEUR, 1/2 s.

Approuvé. — M. Anché (Doubs).

Al. 1889. — Bretagne.

Par *Toscan*, 1/2 s. Br., et une jument 1/2 s., par Fireking.
1/2 s. **A.**

Sa grand'mère : fille de Salses, 1/2 s. N.

Besançon : 1893. — Abattu en novembre 1895.

LE DIABLE, 1/2 s.

Approuvé. — M. Dufay (Doubs).

Al. 1889. — Bretagne.

Par *Armoricain*, 1/2 s. Br., et *Bergère*, jument 1/2 s., par Quinsac.
1/2 s. N.

Besançon : 1893. — Castré en août 1898.

LE HAVRE, ex-**JERICHO**, 1/2 s.

Approuvé. — M. Thoret ; M. Daubigney ; M. Danjean, 1894 (Jura).

B. f. 1887. — Bretagne.

Par *Remus*, 1/2 s. N., ou *Alcala*, 1/2 s. N., et une jument 1/2 s.,
par Fireking, 1/2 s. **A.**

Besançon : 1891. — Castré en novembre 1896.

LEIROUX, 1/2 s. N. — H. N.

Manche.

Par *Ursin*, 1/2 s. N., et *Guignolet*, P. S. A.

Besançon : 1872. — Réformé en 1882.

LE MINOTAURE, 1/2 s.

Approuvé. — M. Leroy, à Chantilly ; M. Renet.
B. 1875.
Compiègne : 1879. — Réformé en 1888.

LEMNOS, 1/2 s. N. — H. N.

Bb. 1845. — Normandie.
Par *The Juggler*, P. S. A., et une fille de Voltaire, 1/2 s. N.
Rosières : 1851. — Passé à Pompadour en février 1857.

LENOX, 1/2 s. Am.

Approuvé. — M. Levergeois, à La Chapelle-en-Serval.
B. zain. 1888. — Amérique.
Par *Quarter-Master*, Am., et *Lonno*, Am.
Compiègne : 1895-1898. — Non approuvé en 1899.

LÉO, 1/2 s.

Autorisé. — Duc de Vicence (Aisne).
B. 1889. — Aisne.
Par *Verdun*, P. S. A., et une fille d'*Œmulus*, 1/2 s. Am.
Compiègne : 1894. — S. R. en 1896.

LEOPARD, 1/2 s.

Approuvé. — Mme de Rainneville (Somme).
B. 1871.
Compiègne : 1881. — Mort en 1881.

LÉOVILLE, 1/2 s. N. — H. N.

B. 1889. — Calvados.
Par *Réussi*, P. S. A., et *Mademoiselle-de-Rahut*, par Noville,
1/2 s. N.
Sa grand'mère : fille de Conquérant, 1/2 s. N.
Compiègne : 1844. — Mort en février 1897.

14.

LE PETIT-CAPORAL, 1/2 s.
Approuvé. — M. Pardonnet (Doubs).
Al. 1889. — Bretagne.
Par *Bataille*, 1/2 s. N., et *Lucie*, jument 1/2 s., par *Page*,
1/2 s. N.
Sa grand'mère : fille d'Ingres, 1/2 s. N.
Besançon : 1893. — Mort en août 1896.

LE VAILLANT, ex-**JALLAIS**, 1/2 s.
Approuvé. — M. Royer (Jura).
B. br. 1887. — Bretagne.
Par *Sénégal*, 1/2 s. N., et une jument 1/2 s., par Sylvain, 1/2 s. N.
Besançon : 1891. — Castré en novembre 1896.

LEVANTIN, 1/2 s. Br.
Approuvé. M. Ketterer.
Ro. 1889. — Bretagne.
Par *Bataille*, 1/2 s. N., et une fille de Remus.
Rosières : 1893. — Vendu en 1894, dans la Haute-Marne,
avant la monte, à M. Renard, 1895.
Montier-en-Der : 1894. — Réformé en 1897.

LIBERTIN, 1/2 s.
Autorisé. — M. A. Dassonville (Nord).
B. 1889.
Compiègne : depuis 1899.

LICTONNE, 1/2 s. R.
Approuvé. — Duc de Vicence.
Bb. 1858. — Russie.
Par *Lictonne III* et *Vionga*.
Compiègne : 1875-1880.

LILAS, 1/2 s. N. — H. N.
Bb. 1867. — Marne.
Par *Conquérant*, 1/2 s. N., et une fille de Printemps, 1/2 s. N.
Compiègne 1872. — Réformé en 1879.

LIMIER, 1/2 s. N. — H. N.
B. 1889. — Orne.

Par *Edimbourg*, 1/2 s. N., et *Eva*, 1/2 s. N.,
par Phaëton, 1/2 s. N.
Sa grand'mère : par Elu, 1/2 s. N.
Rosières : depuis 1893.

LIMOURS, ex-**LUCIFER**, 1/2 s. N. — H. N.
N. 1889. — Manche.

Par *Fontenay*, 1/2 s. N., et *Mosquée*, par Lavater,
1/2 s., et Orphée, 1/2 s. N.
Besançon : depuis 1893.

LINCOLN, 1/2 s. Lorr. — H. N.
B. 1828. — Haras de Rosières.

Par *Holbein*, P. S. A., et *Hamerkin*, jument de race Deux-Ponts,
née au Haras de Rosières.
Rosières : 1832, — Castré en août 1848.

LION, 1/2 s.
Approuvé. — M. Carincy (Haute-Saône).
B. 1889. — Manche.

Par *Ermite*, 1/2 s. N., et *Rapide*, jument 1/2 s.,
par Dimanche, 1/2 s. N. (approuvé).
Besançon : depuis 1893.

LIONELLO, 1/2 s. Br.
Approuvé. — M. Getzmann, 1893; M. Cablau (Haute-Marne), 1894;
M. Perrier, 1899.

Aubère : 1889. — Bretagne.

Par *Amasis*, 1/2 s. N., et une fille de Minos.
Rosières : 1893.
Montier-en-Der : 1894-1898.

S. B. 1/2 s. du Midi, p. 225.
LITTLE-WONDER, 1/2 s. A. — H. N.
B. 1870. — Angleterre.

Par *Royal-Oack*, 1/2 s. A., et une 1/2 s. A.,
fille de Rochester, 1/2 s. A.
Rosières : 1883. — Abattu en avril 1888.

LOCKÉ, 1/2 s. N. — H. N.

B. 1844. — Normandie.

Par *Délicat*, 1/2 s. A., et *N.*, 1/2 s. N.

Compiègne : 1849. — Réformé en août 1863.

LOGRONO, 1/2 s. N. — H. N.

N. 1889. — Calvados.

Par *Fronton*, 1/2 s. N., et *Nely*, 1/2 s. N.,
par Union-Jack, 1/2 s. N.

Sa grand'mère : N., 1/2 s. N., par Bisson, 1/2 s. N.

Montier-en-Der : 1893. — Réformé en août 1897.

LOISIR, 1/2 s. N. — H. N.

B. 1889. — Orne.

Par *Etudiant*, 1/2 s. N., et *Fleurette II*, par Sussex-Stag, P. S. A.

Sa grand'mère : par Trouville, P. S. A.

Compiègne : depuis 1893.

LOMBARD, 1/2 s. N. — H. N.

B. 1889. — Manche.

Par *Phare*, 1 2 s. N., et *Brebis*, 1/2 s. N., par Quintus, 1/2 s. N.

Sa grand'mère : N., 1/2 s. N., par Jaïr, 1/2 s. N.

Montier-en-Der : depuis 1893.

LONGUEVAL, 1/2 s. N. — H. N.

B. 1889. — Calvados.

Par *Bataillon*, 1/2 s. N., et *Cocotte*, par Ange, 1/2 s. N.

Sa grand'mère : par Volcan, 1/2 s. N.

Compiègne : depuis 1893.

LORD-BANG, 1/2 s.

Autorisé. — M. V. Douai (Nord).

Bb. 1886.

Par *Lord-Bang*, 1/2 s. A.

Compiègne : depuis 1889.

LORD-CLYDE, 1/2 s. A. — H. N.
B. 1859. — Angleterre.
Montier-en-Der : 1867. — S. R. depuis.

LORD-DERBY, 1/2 s.
Approuvé. — M. Modesse-Berquet (Aisne).
Al. 1875.
Compiègne : 1880-1892.

LORENZO, 1/2 s. N. — H. N.
B. 1845. — Normandie.
Par *Extrême*, 1/2 s. N.
Compiègne : 1849. — Castré en juillet 1859.

LORIENT, ex-**SALVATOR**, 1/2 s.
Approuvé. - - M. Perrin (Jura).
Al. 1887. — Bretagne.
Par *Roadster*, 1/2 s. N., et une jument bretonne.
Besançon : 1891. — Castré en novembre 1896.

LORRAIN, 1/2 s. N. — H. N.
B. 1889. — Manche.
Par *Folet*, 1/2 s. N., et *Bijou*, 1/2 s. N., par Idoménée, 1/2 s. N.
Sa grand'mère : par Riga, 1/2 s. N.
Rosières : depuis 1893.

LOTH, 1/2 s. A.-L. — H. N.
Al. 1837. — Limousin.
Par *Harlequin*, P. S. A., et une jument 1/2 s. L., par Y. Muley,
1/2 s. A.
Pompadour : 1842. — Compiègne : 1843. — Réformé en janvier 1846.

LOTH, 1/2 s. N. — H. N.
B. 1889. — Manche.
Par *Dacapo*, 1/2 s. N., et *Bourot*, 1/2 s. N., par Juvigny, 1/2 s. N.
(approuvé).
Montier-en-Der : 1893. — Réformé en novembre 1896.

LOTHAIRE, 1/2 s. N. — H. N.
B. 1866. — Normandie.

Par *Buci*, 1/2 s. N., et une fille de The Great-Western, 1/2 s. A.
Compiègne : 1870. — Réformé en novembre 1873.

LOULOU, 1/2 s. N.
Approuvé. — M. **Molinet**.
B. 1866. — La Hague.
S. R.
Rosières : 1871-1880.

LOUSTIC. 1/2 s. Lorr.
Approuvé. — M. Bellot.
B. 1892. — Lorraine.

Par *Jacquart*, 1/2 s. N., et une jument de l'État.
Rosières : depuis 1896.

LOUVETEAU, 1/2 s.
Approuvé : 1872. — M. Penot. — M. Chabeuf-Desogère (Côte-d'Or).
B. 1866.

Par *Licteur*, 1/2 s. N.
Besançon : 1872. — Réformé en 1877.

LOUVIERS, 1/2 s. N. — H. N.
Al. 1889. — Calvados.

Par *Gaveston*, 1/2 s. N., et *Célèbre*, 1/2 s. N., par Porthos, 1/2 s. N.
Sa grand'mère : N., 1/2 s. N., par Kapirat, 1/2 s. N.
Montier-en-Der : 1893. — Réformé en août 1896.

LUCIFER, 1/2 s. N. — H. N.
Gr. 1845. — Normandie.

Par *Egus*, 1/2 s. N., et une fille de Mahomet, 1/2 s. N.
Rosières : 1849. — Castré en novembre 1854.

LUCIFER, 1/2 s. N.
Accepté. — M. Dubois (Louis), à Ponches-Estruval (Somme).

Par *Lancelot*, 1/2 s. N.
Compiègne : depuis 1898.

LURON, ex-JEAN-DE-HULT. 1/2 s.

Approuvé. — M. Bourgeois (Jura).
AI. 1887. — Bretagne.
Par *Amasis*, 1/2 s. N., et une jument 1/2 s., fille d'Ulysse.
P. S. A.-N.
Besançon : 1891. — Castré en novembre 1894.

LUSIGNAN, 1/2 s. Br. — H. N.

Bc. 1889. — Finistère.
Par *Bataille* ou *Sénégal*, 1/2 s. N., et une fille d'Ulm, 1/2 s. Br.
Annecy : 1894. — Castré.

LUSTUCRU, 1/2 s.

Approuvé. — M. Manier (Ernest), à Reyellon (Somme).
Bb. 1840.
S. R.
Compiègne : 1871.

LUSTUCRU, 1/2 s. N.

Approuvé. — M. Lecaron, au Havre.
B. 1869.
Compiègne : 1875-1876.

LUSTUCRU, 1/2 s.

Autorisé. — M. Simonot (Haute-Saône).
N. 1889. — Calvados.
Par *Actéon*, 1/2 s. N. (approuvé), et *Brebis*, jument 1/2 s.,
par Mustapha, 1/2 s. N. (approuvé).
Sa grand'mère : fille de Bertrand, 1/2 s. N. (approuvé).
Besançon : 1893. — Castré en septembre 1893.

LUTIN, 1/2 s. N. — H. N.

Gr. 1845. — Normandie.
Par *Friedland*, P. S. A., et une fille d'Oscar, 1/2 s. N.
Compiègne : 1851. — Réformé en octobre 1859.

LYNX, 1/2 s. N. — H. N.
B. 1889. — Calvados.
Par *Stade*, 1/2 s. N., et *Isabelle*, par Aquila, 1/2 s. N.
et une fille de Phaëton, 1/2 s. N.
Besançon : depuis 1893.

LYONNAIS, 1/2 s. Br. — H. N.
B. m. 1889. — Finistère.
Par *Sénégal*, 1/2 s. N., et *Bergelle*, par Salses, 1/2 s. Br.
Annecy : 1893. — Mort en mai 1893.

LYSANDRE, 1/2 s. N. — H. N.
Gr. 1845. — Orne.
Par *Y. Émilius*, P. S. A., et une fille de Novelist, P. S. A.
Rosières : 1849. — Castré en septembre 1850.

LYSIPPE, 1/2 s. N. — H. N.
B. 1844. — Calvados.
Par *Marmot*, 1/2 s. A.-Ar., et une fille de Voltaire, 1/2 s. N.
Rosières : 1849. — Mort en juin 1855.

LYSIPPE, 1/2 s. L.
Approuvé. — M. Euriat-Perrin.
B. 1855.
Par *Lysippe*, 1/2 s. N.
Rosières : 1862. — Réformé en 1870.

MAC-ADAM, 1/2 s.
Approuvé : 1887. — M. Saint-Cyr.
Al. 1877. — France.
Annecy : depuis 1887.

MACARON, 1/2 s. N. — H. N.
B. 1868. — Calvados.
Par *Isolier*, P. S. A., et une fille de Tic-Tac, 1/2 s. N.
Rosières : 1872. — Castré en août 1885.

MACDONALD, 1/2 s. N. — H. N.
Al. 1867. — Calvados.
Par *Epaminondas*, 1/2 s. N., et une fille de Brocardo, P. S. A.
Rosières : 1872. — Mort en octobre 1874.

MACHECOUL, 1/2 s. N. — H. N.
Bb. 1880. — Calvados.
Par *Phare*, 1/2 s. N., et *La Petite*, 1/2 s. N., par Valérien,
1/2 s. N.
Sa grand'mère : par Grandiose, 1/2 s. N.
Rosières : depuis 1894.

MACOBÉE, 1/2 s. N. — H. N.
Bb. 1843. — Normandie.
Par *Voltaire*, 1/2 s. N., et *N.*, 1/2 s. N., par Emule, 1/2 s. N.
Montier-en-Der : 1850. — Réformé en juillet 1850.

MADÈRE, 1/2 s.
Approuvé : 1894. — M. Monnier.
B. 1890. — France.
Par *Canut*, et une fille de Kabin.
Annecy : 1894. — Castré en 1896.

MADRAS, ex-**KERLOUAN**, 1/2 s.
Approuvé. — M. Besançon (Jura).
Al. 1888. — Bretagne.
Par *Salses*, 1/2 s. N., et une jument bretonne.
Besançon : 1892. — Vendu en avril 1893.
N'a pas fait la monte en 1893.

MADRÉ, 1/2 s. N. — H. N.
B. 1890. — Manche.
Par *Vanikoro*, 1/2 s. N., et *Cocotte*, par Erupu, 1/2 s. N.
Sa grand'mère : par Guelfe, 1/2 s. N. (approuvé).
Compiègne : 1894. — Réformé en août 1898.

MAGE, 1/2 s. N. — H. N.
B. 1846. — Normandie.
Par *Impérieux*, 1/2 s. N., et une fille de Jaguar, 1/2 s. N.
Rosières : 1850. — Castré en novembre 1854.

MAGELLAN, 1/2 s. N. — H. N.
B. 1845. — Normandie.
Par *Diomède*, 1/2 s. N., et *N.*, 1/2 s. N.
Compiègne : 1850. — Réformé en décembre 1854.

MAGICIEN, 1/2 s. Br. — H. N.
B. 1879. — Finistère.
Par *Sénégal*, 1/2 s. N., et *N.*. 1/2 s. B., par Bijou, 1/2 s. N.
Montier-en-Der : 1883. — Réformé en août 1888.

MAGISTER, 1/2 s. N. — H. N.
B. 1890. — Calvados.
Par *Ximenès*, 1/2 s. N., et une fille de Lavater, 1/2 s. N.
Rosières : 1894. — Castré en août 1896.

MAGNIFIQUE, 1/2 s. N. — H. N.
Bb. 1890. — Calvados.
Par *Valdampierre*, 1/2 s. N., et *Brunette*. 1/2 s. N.,
par *Ximenès*, 1/2 s. N.
Rosières : 1894. — Abattu en juin 1894.

MAHOMET, 1/2 s.
Autorisé. — M. M. Berquet (Aisne).
B. 1887.
Compiègne : 1891. — S. R. en 1892.

MAÏS, 1/2 s. N. — H. N.
Al. 1868. — Orne.
Par *Séducteur*, 1/2 s. N., et une jument 1/2 s., par Solide,
1/2 s. N.
Besançon : 1872. — Abattu en 1878.

MAJOR, 1/2 s.
Approuvé. — M. Lhomme (Côte-d'Or).
B. 1867.
Par *Solferino*, 1/2 s. N.
Besançon : 1872-1878.
A fait la monte en 1879 dans l'Aube.

MAKOUBA, 1/2 s. N. — H. N.
B. 1868. — Orne.
Par *Gaulois*, 1/2 s. N., et une jument 1/2 s., par Tancrède, 1/2 s. N.
Besançon : 1872. — Réformé en 1882.

MALAKOFF, 1/2 s.
Approuvé. — M. Pardieu.
B. 1859.
S. R.
Rosières : 1862. — Réformé en 1864.

MALECK, 1/2 s. L. — H. N
Gr. 1842. — Deux-Ponts.
Par *Choucïmann* (arabe) et une jument 1/2 s. arabe
de race Deux-Ponts.
Rosières : 1846. — Castré en août 1848.

MALEK, arabe. — H. N.
Al. 1841. — Algérie.
Montier-en-Der : 1854. — Réformé en septembre 1859.

MAMELUCK, 1/2 s. Lorr. — H. N.
Gr. 1826. — Haras de Rosières.
Par *Bedouin*, P. S. Ar., et *Didon*, jument de race Deux-Ponts,
née au Haras de Rosières.
Rosières : 1830. — Mort en avril 1845.

MANDARIN, 1/2 s. N.
Approuvé. — M. Vimont (Marne).
B. 1890. — Orne.
Par *Édimbourg*, 1/2 s. N., et *N.*, 1/2 s. N., par Quiclet, 1/2 s. N.
Montier-en-Der : depuis 1897.

MANDRIN, 1/2 s.
Approuvé : 1894. — M. Saint-Cyr.
B. m. 1890. — France.
Par *Colporteur* et une fille de Mine d'Or.
Annecy : depuis 1894.

MANGE-TOUT, 1/2 s. N.
Approuvé. — M. Lestarquit (Pas-de-Calais).
B.
Par *Fuschia*, 1/2 s. N., et *Deuil*, 1/2 s. N.
Compiègne : 1896-1897. — S. R. en 1898.

MARANGOT, 1/2 s. V. — H. N.
B. 1890. — Charente-Inférieure.
Par *Hertré*, 1/2 s. N., et *Rita*, par Bacarrat, 1/2 s. Char.
Sa grand'mère : fille de Lasson, 1/2 s. N.
Compiègne : 1894. — Réformé en novembre 1895.

MARATHON, 1/2 s.
Approuvé. — M. Tortochot (Côte-d'Or).
B. 1868.
Par *Harmonieux IV*, 1/2 s. N.
Besançon : 1872. — Castré en 1881.

MARAUDEUR, 1/2 s. Br. — H. N.
Al. 1879. — Finistère.
Par *Page*, 1/2 s. N., ou *Fire-King*, 1/2 s. A., et une jument 1/2 s.,
par Bijou, 1/2 s. N.
Besançon : 1883. — Castré en 1895.

MARAVI, 1/2 s. N. — H. N.
Bb. 1890. — Calvados.
Par *Carnavalet*, 1/2 s. N., ou *Archibald*, 1/2 s. N., et *Fourmi*,
par Josaphat, 1/2 s. N.
Compiègne : depuis 1894.

MARCASSIN, 1/2 s. N. — H. N.
Bb. 1846. — Calvados.
Par *Impérieux*, 1/2 s. N., et *N.*. 1/2 s. N.,
par Royal-Quand-Même, P. S. A.
Montier-en-Der : 1850. — Réformé en 1855.

MARCEAU, 1/2 s. N. — H. N.
B. 1890. — Manche.
Par *Goudron*, 1/2 s. N., et *Charlotte*, 1/2 s. N.,
par Alpaga, 1/2 s. N.
Rosières : 1894. — Castré en octobre 1899.

MARCEL, 1/2 s. Br. — H. N.
Gr. 1879. — Finistère.
Par *Bacchus*, 1/2 s. N., et une jument de trait bretonne.
Besançon : 1883. — Castré en 1886.

MARCONEAU, 1/2 s. N. — H. N.
B. 1846. — Normandie.
Par *Sylvio*, P. S. A., et une fille de Québec, 1/2 s.
Rosières : 1850. — Castré en 1850.

MARDI, 1/2 s.
Approuvé : 1894. — M. Durand.
Al. 1890. — France.
Par *Fataliste*, P. S., et une fille de Quartier.
Annecy : depuis 1894.

MARDOCHÉE, 1/2 s. N. — H. N.
B. 1869. — Calvados.
Par *The Heir-of-Linne*, P. S. A., et une 1/2 s. N.,
par Lahore, 1/2 s. A.
Compiègne : 1873. — Réformé en juin 1874.

MARENGO, 1/2 s.

Approuvé. — M. Hinaut (Haute-Saône).

Al. 1890. — Calvados.

Par *Seymour*, 1/2 s. N., et *Blondine*, jument 1/2 s.,
par Telegraph, P. S. A.

Sa grand'mère : fille d'Electrique, P. S. A.

Besançon : depuis 1894.

MARGRAVE, 1/2 s.

Approuvé. — M. Billy (Côte-d'Or).

Al. 1867. — Vendée.

Par *Acacia*, 1/2 s. N.

Besançon : 1872. — Castré en 1878.

MARIGNY, 1/2 s. N. — H. N.

Al. 1868. — Manche.

Par *Ugolin*, 1/2 s. N., et une 1/2 s. N.

Compiègne : 1872. — Mort en octobre 1872.

MARION, 1/2 s. N. — H. N.

B. 1845. — Normandie.

Par *Extrême*, 1/2 s. N., et une fille de Pick-Pocket, P. S. A.

Rosières : 1850. — Castré en août 1866.

MARION, 1/2 s. Lorr.

Approuvé. — M. Tupenot.

B. 1858. — Moselle.

Par *Marion*, 1/2 s. N., et une jument du pays.

Rosières : 1862. — Réformé en 1864.

MARIUS, 1/2 s.

Approuvé. — M. Magniez, à Revellon (Somme).

B. m. 1857.

S. R.

Compiègne : 1871. — S. R. depuis.

MARIUS, 1/2 s. N. — H. N.
B. 1868. — Calvados.
Par *Pledge*, 1/2 s. N., et *N.*, 1/2 s. N., par Ramsay, P. S. A.
Compiègne : 1872. — Abattu en août 1890.

MARIUS, 1/2 s.
Approuvé. — M. Moiret (Jura).
B. f. 1888. — Bretagne.
Par *l'Invincible* (?) et une jument, fille de Vidocq (?).
Besançon : 1892. — Castré en novembre 1894.

MARKUS, 1/2 s. Lorr. — H. N.
B. 1830. — Haras de Rosières.
Par *Général-Mina*, P. S. A., et *Mirandole*, jument de race
Deux-Ponts, née au Haras de Rosières.
Rosières : 1835. — Castré en novembre 1854.

MARLY, 1/2 s. N. — H. N.
Bb. 1890. — Manche.
Par *Filateur*, 1/2 s. N., et *La Petite*, par Roncevaux,
1/2 s. N. (approuvé).
Montier-en-Der : depuis 1894.

MARMIOZ, 1/2 s. N. — H. N.
B. 1849. — Normandie.
Annecy : 1854. — Castré en août 1860.

MARMOT, 1/2 s. Lorr.
Approuvé. — M. Baudot.
Al. 1889. — Meuse.
Par *Neuilly*, 1/2 s. B., et une fille de Cabriole, 1/2 s. (approuvé).
Rosières : depuis 1893.

MARS, 1/2 s.
Approuvé. — M. de Nettancourt.
B. — S. R.
Par *Ferragus* et une jument 1/2 s., par Norfolk.
Rosières : 1883. — Castré en 1884.

MARS, 1/2 s. B. — H. N.
B. ac. 1890. —Finistère.
Par *The General*, 1/2 s. A., et *Fanny*, par Chambois, 1/2 s. B.
Annecy : 1894. — Mort en mars 1896.

MARSKE, 1/2 s. L. — H. N.
Al. 1837. — Haras de Rosières.
Par *Premium*, P. S. A., et *Mirandola*, de la race Ducale,
née au Haras de Rosières.
Rosières : 1841. — Castré en novembre 1854.

MARSOUIN, 1/2 s. N. — H. N.
Gr. 1846. — Normandie.
Par *Emule*, 1/2 s. N., et une fille de Xerxès, 1/2 s. N.
Compiègne : 1850. — Réformé en mai 1851.

MARTIAL, 1/2 s.
Approuvé. — M. Camille Froc (Seine-et-Marne).
B. 1890.
Par *Frondeur*, 1/2 s. V., et une fille de Vautrain.
Compiègne : 1894-1898.

MARTIN, 1/2 s. N. — H. N.
B. 1846. — Normandie.
Par *Extrême*, 1/2 s. N., et une fille de Y. Rattler, 1/2 s. A.
Compiègne : 1850. — Villeneuve-sur-Lot : 1851. — Réformé
en juillet 1858.

MARTINEAU, 1/2 s.
Approuvé. — M. Baudot (Jura).
B. 1878.
Besançon : 1882-1888.

MARVEJOLS, 1/2 s.
Approuvé. — M. Carriney (Haute-Saône). — 1895 : M. Richard
(Haut-Rhin).
B. 1890. — Manche.
Par *Extra*, 1/2 s. N., et *Blanc-Pied*, jument 1/2 s., par Bretteur,
1/2 s. N.
Sa grand'mère : fille de Pancrace, 1/2 s. N.
Besançon : depuis 1894.

MARYLAND, 1/2 s.

Approuvé. — M. Thomas Nicolas (Haute-Saône).

B. 1868. — Normandie.

Par *Français*, 1/2 s. N., et une jument 1/2 s., par Pilote,
1/2 s. N.

Besançon : 1872-1881.

MASANIELLO, 1/2 s.

Approuvé. — M. Brulley (Côte-d'Or).

B. 1867.

Par *Matchless*, 1/2 s. A.

Besançon : 1872. — Réformé en 1879.

MASCAR, 1/2 s.

Autorisé. — M. Rosel (Oise).

B. 1888.

Par *Yousouf*, 1/2 s., et *La Mascotte*.

Compiègne : 1892. — S. R. en 1893.

MASCARET, ex-**PAPILLON**, 1/2 s.

Approuvé. — M. Carriney (Haute-Saône).

B. 1890. — Calvados.

Par *Archibald*, 1/2 s. N., et *Bourette*, jument 1/2 s., par Bisson,
1/2 s. N.

Besançon : depuis 1894.

MASQUE, 1/2 s. N. — H. N.

B. 1846. — Orne.

Par *The Juggler*, P. S. A., et N., 1/2 s. N., par Y. Topper,
1/2 s. A.

Compiègne : 1850. — Rosières : 1851-1867.

MASQUE, 1/2 s. — H. N.

Bl. — S. R. — Acheté à Saumur.

Rosières : 1862. — Parti pour Saint-James en janvier 1863.

MATADOR. 1/2 s. N. — H. N.
Al. 1845. — Normandie.
Par Aï, 1/2 s. N., et N., 1/2 s. N., par Impérieux, 1 2 s. N.
Sa grand'mère : par Volontaire, 1/2 s. N.
Compiègne : 1850. — Villeneuve-sur-Lot : 1851-1858.
Rosières : 1850-1861.

MATAMOR. 1/2 s.
Approuvé. — M. Jobard. 1872; M. Venot (Côte-d'Or).
B. 1867.
Besançon : 1872. — Réformé en 1873.

MATCH, 1/2 s. N.
Approuvé. — M. Cablan (Haute-Marne).
Bb. 1890. — Normandie.
Par *Étendard*, 1/2 s. N., et N., 1 2 s. N., par Acquila. 1 2 s. N.
Montier-en-Der : depuis 1894.

MATCHLESS, 1/2 s. A. — H. N.
B. 1823. — Angleterre.
Rosières : 1832. — Castré en octobre 1846.

MATHIEU, 1/2 s. N. — H. N.
B. 1890. — Manche.
Par *Graft*, 1/2 s. N., et *Glorieuse*. 1/2 s. N.,
par Cicéron, 1/2 s. N.
Sa grand'mère : N., 1 2 s. N., par Riga, 1/2 s. N.
Sa bisaïeule : N., 1/2 s. N., par Don-Quichotte, P. S. A.-A.
Montier-en-Der : depuis 1894.
(Voir Glorieuse, S. B. N., t. II, p. 239.

S. B. 1/2 s. N., t. II. p. 466.
MATIN, 1/2 s. N. — H. N.
B. 1890. — Calvados.
Par *Étendard*, 1/2 s. N., et *Passagère*, 1/2 s. N., par Niger, 1/2 s. N.
Sa grand'mère : Passante, par Normand, 1/2 s. N.
Rosières : 1894. — Mort en juin 1894.

MAURICO, 1/2 s.
Approuvé. — M. Butor, à Rety (Pas-de-Calais).
B. 1861.
Compiègne : 1871. — S. R. depuis.

MAZAGRAN, 1/2 s. N.
Approuvé. — M. Bertrand, 1873; M. Martin, 1874 (Côte-d'Or).
B. 1868. — Normandie.
Par *Hidalgo*, 1/2 s. N., et une jument 1/2 s., par Solide, 1/2 s. N.
Besançon : 1873-1881.

MAZAGRAN, 1/2 s. V. -- H. N.
B. 1890. — Charente-Inférieure
Par *Decrescendo*, 1/2 s. V., et N., 1/2 s , par Lazzarone, P. S. A.-A.
Sa grand'mère : fille de Lucifer, 1/2 s. N.
Compiègne : depuis 1894.

MAZARIN, 1/2 s. N. — H. N.
B. 1890. — Manche.
Par *Thabor*, 1/2 s. N., et *Charlotte*, 1/2 s. N., par Urac. 1/2 s. N.
Rosières : depuis 1894.

MAZOURINE, 1/2 s. R. — H. N.
Gr. f. 1859. — Russie.
S. R.
Annecy : 1870. — S. R. depuis.

MÉCÈNE, 1/2 s. N. -- H. N.
B. 1846. — Normandie.
Par *Friedland*, 1/2 s., et une fille de Y. Topper, 1/2 s. A.
Rosières : 1850. -- Passé au Dépôt de Strasbourg en décembre 1854.

MÉCÈNE, 1/2 s.
Approuvé : 1887. — M. Chadeï.
B. 1870. — France.
Annecy : 1887-1889.

MÉCHINE, 1/2 s.

Approuvé. — M. Joli-Bois ; M. Grépinet (Haute-Marne).
B. 1888.

Par *Karl*, 1/2 s. B., et une jument percheronne.
Montier-en-Der : 1892. — Réformé en 1896.

MÉDOC, 1/2 s. N. — H. N.
B. 1845. — Normandie.

Par *Eylau*, P. S. A.-A., et une fille de Sucholl, 1/2 s.
Rosières : 1850. — Castré en août 1853.

MÉDOR, 1/2 s. B. — H. N.
B. c. 1890. — Finistère.
Par *Senégal*, 1/2 s. N., et *Coquette*, par Amasis, 1,2 s. B.
Annecy : 1894. — Mort en mars 1896.

MEDRO. 1/2 s.
Approuvé : 1882-1884. — Autorisé depuis 1885. — M. Latham
(Pas-de-Calais).
Compiègne : 1882. — S. R. en 1888.

MEHEMET-ALI, 1/2 s. Lorr. — H. N.
Al. 1841. — Remicourt près Nancy.
Par *Alibaba*, P. S. A., et *Optimia*, jument de race Ducale,
née au Haras de Rosières.
Rosières : 1885. — Castré en novembre 1858.

MELUN, 1/2 s.
Approuvé. — M. Moreau-Chaslon, à Fonville (Seine-et-Marne).
B. 1865.
Compiègne : S. R. depuis 1872.

MEMBRINO, 1/2 s. B.
Approuvé. — M. Rousselet, 1882.
Al. 1878. — Bretagne.
S. R.
Rosières : 1882. — Mort en 1885

MEMNON, 1/2 s.

Approuvé : 1872. — M. Mourat. — M. Renard (Côte-d'Or).
B. 1868.
Par *Bravo*, P. S. A.
Besançon : 1872-1882.

MENSIEN, 1/2 s. Lorr. — H. N.
Gr. 1835. — Lorraine.
Par *General-Mina*, P. S. A., et *Joconde*, de la race Ducale.
Rosières : 1853. — Mort en août 1856.

S. B. 1/2 s. N., t. I. p. 182.
MENTOR, 1/2 s. N.
Approuvé. — M. d'Imbleval, à Longueville (Seine-Inférieure).
B. 1869. — Normandie.
Par *Sancho*, 1/2 s. N., et une fille de Tarquin, 1/2 s. N.
Compiègne : 1873. — Mort en 1876.

MEPHISTO, 1/2 s.

Approuvé. — M. Copreaux, à Beugnies (Nord).
B. 1867.
Compiègne : 1873-1881.

MÉRIADEC, 1/2 s. Br. — H. N.
Al. 1879. — Finistère.
Par *Plouenan*, 1/2 s. Br., et une jument 1/2 s., par John,
1/2 s. Br.
Besançon : 1884. — Réformé en 1887.

MÉRIDIEN, 1/2 s.
Approuvé : 1894. — M. Monnier.
Al. 1890. — France.
Par *Farnèse* et une fille de Schamyl.
Annecy : depuis 1894.

MÉRIENNE, 1/2 s. Br. — H. N.
B. c. 1890. — Finistère.
Par *The General*, 1/2 s. A., et *Damie*, par Bataille, 1/2 s. Br.
Annecy : depuis 1894.

MÉRINOS, 1/2 s. V. — H. N.
Bb. 1890. — Vendée.
Par *Gratin*, 1/2 s. N., et *Julie*, 1/2 s. V., par Farmer's-Glory,
1/2 s. A.
Montier-en-Der : depuis 1894.

MERLERAULT, 1/2 s. N. — H. N.
B. 1890. — Calvados.
Par *Barberousse*, 1/2 s. N., et *Cocote*, par Oriental, P. S. A.
Sa grand'mère : par Unau, 1/2 s. N. (approuvé).
Compiègne : depuis 1894.

MERROL, ex-**KERVADONT**, 1/2 s.
Approuvé. — M. Comte (Jura).
N. 1888. — Bretagne.
Par *Gardenia* (?) et une jument 1/2 s., par Remus, 1/2 s. N.
Besançon : 1892. — Réformé en 1895.

MESSIN, 1/2 s. N. — H. N.
B. 1890. — Manche.
Par *Quality*, 1/2 s. N., et *Poulette*, 1/2 s. N., par Jaïr, 1/2 s. N.
Montier-en-Der : 1894. — Réformé en novembre 1898.

MESSINE, 1/2 s.
Approuvé. — M. Chauffenne (Haute-Saône).
B. 1868. — Normandie.
Par *Gaulois*, 1/2 s. N., et une jument 1/2 s., par, Schamyl,
1/2 s. L.
Besançon : 1872. — Abattu en 1877.

MÉTÉORE, 1/2 s.
Approuvé. — M. Robardy-Badoz (Haute-Saône).
B. 1868. — Normandie.
Besançon : 1872. — Castré en 1874.

MÉTÉORE, 1/2 s. N.
Approuvé. — M. Colinet (Ardennes).
B. 1890. — Normandie.
Par *Canut*, 1/2 s. N., et N., 1/2 s. N., par Sauvageon, 1/2 s. N.
Montier-en-Der : depuis 1894.

MEULAN, 1/2 s.
'Approuvé. — M. Narcisse Douay (Nord).
B. 1890.
Par *Rigomer*, 1/2 s., et une fille de Centaure, 1/2 s.
Compiègne : depuis 1894.

MEXICO, 1/2 s. N. — H. N.
B. 1868. — Calvados.
Par *Abrantès*, 1/2 s. N., et N., 1/2 s. N., par Moustique, P. S. A.
Compiègne ; 1872. — Mort en juillet 1873.

MÉZIDON, 1/2 s. V. — H. N.
Al. 1890. — Charente-Inférieure.
Par *Gigès*, 1/2 s. V., et *Cocarde*, par Rébus, 1/2 s. N.
Sa grand'mère : fille de Montbars, P. S. A.
Compiègne : depuis 1894.

MICHAUD, 1/2 s.
Approuvé. — M. Gérard, 1882 ; M. Kettère, 1887.
Al. 1878.
Par *Ingres*, 1/2 s. N.
Rosières : 1882. — Réformé en 1889.

MICHEL, 1/2 s. Br. — H. N.
Al. 1879. — Finistère.
Par *Dauphin*, 1/2 s. N., et une jument 1/2 s. par Héron, 1/2 s. N.
Besançon : 1883. — Réformé en 1886.

MICROBE, 1/2 s.

Approuvé. — M. Lelièvre, à Compiègne ; M. Defosse, 1897
(Pas-de-Calais).
Al. 1890.
Par *Daguet*, 1/2 s. N., et *Eruption*, par Vésuve.
Compiègne : depuis 1896.

MIDAS, 1/2 s.

Approuvé. — M. Ragois (Côte-d'Or).
N. 1868.
Par *Quine*, 1/2 s. N.
Besançon : 1872. — Réformé en 1879.

MIGNON, 1/2 s.

Accepté. — M. Fizeau, à Jouarre (Seine-et-Marne).
Bb. 1893. — Seine-et-Marne.
Par *Japonnais*, 1/2 s. N., et *Bichette*.
Compiègne : depuis 1897.

MIKADO, 1/2 s. N. — H. N.

B. 1890. — Calvados.
Par *Livet*, 1/2 s. N., et *Baguette*, par Vampire, 1/2 s. N.
Sa grand'mère : par Y. Shales II, 1/2 s. A.
Compiègne : depuis 1894.

MILAN, 1/2 s. N. — H. N.

B. 1824. — Normandie.
Par *Bunsiris*, 1/2 s. N., et *N.*, jument, par King, 1/2 s. N.
Rosières : 1829. — Castré en octobre 1843.

MILLION, 1/2 s. N. — H. N.

Bb. 1890. — Manche.
Par *Hoche*, 1/2 s. N., et *Mouvette*, 1/2 s. N., par Platon, 1/2 s. N.
Montier-en-Der : depuis 1894.

MILON, 1/2 s.

Approuvé. — M. Berthier (Jura).

Al. 1878.

Besançon : 1882. — Réformé en 1892.

MILTON, 1/2 s. N. — H. N.

B. 1846. — Calvados.

Par *The Juggler*, P. S. A., et *N.*, 1/2 s. N.,
par Y. Rattler, 1/2 s. A.

Saint-Lô : 1850-1856. — Abbeville : 1857. — Compiègne : 1858.
Réformé en juillet 1868.

MILTON, 1/2 s.

Approuvé. — M. Modesse-Berquet.

N. 1867.

Compiègne : 1872-1884.

N'a pas fait la monte en 1881.

MILTON, 1/2 s. N. — H. N.

B. n. 1868. — Calvados.

Par *Abrantès*, 1/2 s. N., et *Bakaloum*, 1/2 s. Fr.

Annecy : 1872. — Castré en juillet 1874.

MINOR, 1/2 s. Br. — H. N.

B. 1890. — Finistère.

Par *Chambois*, P. S. A., ou *Sénégal*, 1/2 s. N., et *Rondelle*,
par Bataille, 1/2 s. N., et une fille de Dauphin, 1/2 s. N.

Besançon : depuis 1894.

MINOS, 1/2 s. Lorr. — H. N.

Gr. 1835. — Haras de Rosières.

Par *Général-Mina*, P. S. A., et *Médine*, de la race de Deux-Ponts,
née au Haras de Rosières.

Rosières : 1840. — Passé à Arles en janvier 1841.

MINOS, 1/2 s.

Approuvé. — M. Michelin, 1872 ; M. Desplantes, 1879 ;
M. Poillot (Côte-d'Or).

B. 1867.

Par *Rivoli*, 1/2 s. N.

Besançon : 1872. — Réformé en 1890.

MIRABEAU, 1/2 s.

Approuvé. — M. Magnieux (Côte-d'Or).

N. 1867.

Besançon : 1872. — Mort en avril 1872.

MIROBOLANT, 1/2 s. L. — H. N.

Gr. 1842. — Haras de Rosières.

Par *Nasser*, P. S. Ar., et *Mirra*, de la race Ducale,
née au Haras de Rosières.

Rosières : 1846. — Mort en avril 1848.

MIROIR, 1/2 s. N. — H. N.

Al. 1846. — Normandie.

Par *Pégase*, 1/2 s. A., et une fille d'Osman, 1/2 s. N.

Rosières : 1850. — Abattu en 1866.

MIRQIR, ex-**CASSE-COU**, 1/2 s.

Approuvé. — M. Revyc (Jura).

Al. 1888. — Bretagne.

Par *Ferret*, 1/2 s. N., et une jument 1/2 s.,
par Pretender, 1/2 s. A.

Sa grand'mère : fille d'Ino, 1/2 s. N.

Besançon : 1892. — Castré en novembre 1897.

MISTRAL, 1/2 s.

Approuvé. — Vte de Vaux (Yonne).

B. 1836.

Montier-en-Der : 1842. — S. R. depuis

MOBILE, ex-COURTIN, 1/2 s.

Approuvé. — M. Ozasson (Jura).

B. 1887. — Bretagne.

Par *Remus*, 1/2 s. N., ou *Vétéran*, 1/2 s. N., et une jument 1/2 s.,
par Fire-King, 1/2 s. A.

Sa grand'mère : fille de Sizin, 1/2 s. Br.

Besançon : depuis 1892.

MODÈLE, 1/2 s. N. — H. N.

Al. 1890. — Calvados.

Par *Utique*, 1/2 s. N., et *Invective*, 1/2 s. N., par Idoménée, 1/2 s. N.

Sa grand'mère : N., 1/2 s. N., par Pancrace, 1/2 s. N.

Sa bisaïeule : N., 1/2 s. N., par Dictateur, 1/2 s. N.

Voir Invective, S. B. N., t. II, p. 269.

MOKA, 1 2 s.

Approuvé. — M. Paulien (Haute-Saône).

B. 1868. — Normandie.

Par *Pretender*, 1/2 s. A., et une jument 1/2 s.,
par Schamyl, 1/2 s. L.

Besançon : 1872. — Mort en 1878.

MOLIÈRE, 1/2 s. Br. — H. N.

Gr. 1879. — Finistère.

Par *Neuilly* ou *Sénégal*, 1/2 s. N., et une jument 1/2 s. par Coco (?).

Besançon : 1883. — Réformé en 1886.

MONACO, 1/2 s. N. — H. N.

Al. 1867. — Calvados.

Par *Fakir*, 1/2 s. N., et une fille de Succès, 1/2 s. N.

Rosières : 1872. — Castré en décembre 1882.

MON-AMI, 1/2 s. N. — H. N.

N. 1868. — Calvados.

Par *Trouville*, P. S. A., et une fille de Conquérant, 1/2 s. N.

Rosières : 1872. — Castré en octobre 1882.

MONARQUE, 1/2 s.
Approuvé. — M. Rouhey (Côte-d'Or).
B. 1868.
Par *Pledge*, 1/2 s. N.
Besançon : 1872-1879.

MONDRAINVILLE, 1/2 s. N. — H. N.
Bb. 1890. — Calvados.
Par *Dollar*, 1/2 s. N., et *La Poule*, 1/2 s. N., par Beauseigneur,
1/2 s. N,
Sa grand'mère : N., 1/2 s. N., par Jean-Bart, 1/2 s. N.
Sa bisaïeule : fille d'Hébreu, 1/2 s. N.
Montier-en-Der : depuis 1894.

MONITEUR, 1/2 s. N. — H. N.
Al. 1868. — Orne.
Par *Hick*, 1/2 s. N., et une fille de Solide, 1/2 s. N.
Compiègne : 1874. — Réformé en août 1878.

MONITOR, 1/2 s.
Autorisé. — M. Desmoutier (Nord).
B. 1892.
Par *Serpolet-Rouan*, 1/2 s. N.
Compiègne : 1897. — S. R. en 1898.

MONTAGNARD, 1/2 s.
Approuvé. — M. Modesse-Berquet.
B. 1868.
Compiègne : 1872. — S. R. depuis.

MONTAGNARD, 1/2 s.
Accepté. — M. Joseph Carette (Aisne). — Autorisé : 1894.
M. de Connois (Oise).
B. 1885.
Compiègne : 1889-1898. — S. R. en 1899.

MONTAGNARD, 1/2 s.
B. 1890. — Calvados.
Approuvé. — M. Jamais (Haute-Savoie).
Par *Fier-à-Bras*, 1/2 s. N., et *Rosette*, jument 1/2 s.,
par Cabanis, 1/2 s. N.
Besançon : depuis 1894.

MONTAIGU, 1/2 s. N. — H. N.
N. 1890. — Calvados.
Par *Valentin*, 1/2 s. N., et *Mignonne*, 1/2 s. N., par Umber,
1/2 s. N.
Sa grand'mère : par Général, 1/2 s. N.
Rosières : 1894. — Castré en décembre 1898.

MONTBÉLIARD, 1/2 s.
Approuvé. — M. Finot (Haute-Saône).
Bb. 1890. — Manche.
Par *Gibraltar*, 1/2 s. N., et *Bijou*, jument 1/2 s., par Séduisant.
1/2 s. N.
Sa grand'mère : fille de Beaumanoir, 1/2 s. N. (approuvé).
Besançon : depuis 1894.

MONTBLANC, 1/2 s. N. — H. N.
Gr. 1846. — Calvados.
Par *The Juggler*, P. S. A., et *N.*, 1/2 s. N., par Adonis, 1/2 s. N.
Montier-en-Der : 1850. — Réformé en juillet 1852.

MONTEBELLO, 1/2 s.
Accepté. — M. Caux, à Reberques (Pas-de-Calais).
Al. 1888.
Compiègne : depuis 1892.

MONTEBELLO, 1/2 s. N. — H. N.
B. 1890. — Orne.
Par *Cherbourg*, 1/2 s. N., et *Juliana*, par Élu, 1/2 s. N.
Sa grand'mère : Voyageuse, par Gaulois, 1/2 s. N.
Compiègne : depuis 1894.

MONTÉZUMA, 1/2 s.
Approuvé : 1894. — M. Cailler.
B. m. 1890. — France.
Par *Figuier* et une fille d'Aristocrate.
Annecy : depuis 1894.

MONTFORT, 1/2 s. A. — H. N.
Ro. 1868. — Calvados.
Par un 1/2 s. A., et N., jument P. S. A.
Compiègne : 1872. — Passé au Pin après la monte de 1879.

MONTFORT, 1/2 s. V. — H. N.
B. 1890. — Vendée.
Par *Fenier*, 1/2 s. V., et *Mademoiselle-du-Perrier*, 1/2 s. V.,
par Julien, 1/2 V.
Sa grand'mère : N., 1/2 s. V., par Necker, 1/2 s. N.
Montier-en-Der : depuis 1894.

MONTGOMERY, 1/2 s. N. — H. N.
B. 1868. — Orne.
Par *Galba*, 1/2 s. N., et une jument 1/2 s., par Remus.
Besançon : 1872. — Réformé en 1886.

MONTJOIE, 1/2 s. Midi. — H. N.
Al. 1880. — Ariège.
Par *Taquin*, 1/2 s. A., et une fille de Franc-Gascon, P. S. A.-Ar.
Annecy : 1884. — Castré en août 1893.

MONTMIRAIL, 1/2 s. N. — H. N.
B. 1890. — Manche.
Par *Bataillon*, 1/2 s. N., et *Orgueilleuse*, 1/2 s. N., par Calas,
1/2 s. N.
Sa grand'mère : *N.*, 1/2 s. N., par Uzel 1/2 s. N.
(Voir Orgueilleuse, S. B. N., t. II p. 452.)
Montier-en-Der : depuis 1894.

NONTNOIR, 1/2 s. — H. N.
N. 1868. — Eure.
Par *Y. Volunter*, 1/2 s. A., et *Pledge*, 1/2 s. Fr.
Annecy : 1872. — Abattu en juillet 1875.

MONTRÉSOR, 1/2 s. N. — H. N.
B. 1868. — Calvados.
Par *Pledge*, 1/2 s. N., et *Myrthe*, 1/2 s. Fr.
Annecy : 1872. — Castré en novembre 1873.

MOQUEUR, 1 2 s. N. — H. N.
B. 1824. — Normandie.
Par *Edgard*, 1/2 s. A., et *N.*, jument normande.
Rosières : 1833. — Castré en décembre 1842.

S. B. 1 2 s. Midi. p. **130**.

MORA, 1/2 s. du Midi. — H. N.
N. 1855. — Haute-Garonne.
Par *Oméara*, 1/2 s. A., et une fille de Tim, P. S. A.
Rosières : 1860. — Castré en août 1864.

MORBERT, 1/2 s. Br.
Approuvé. — M. Aubert (Haute-Marne).
Ro. 1890. — Bretagne.
Par *Rémus*, 1/2 s. N., et *N.*, 1/2 s. Br., par Artus. 1/2 s. Br.
Montier-en-Der : depuis 1894.

MORICAUD, 1/2 s.
Approuvé. — M. Malgras, 1859.
B. 1850.
Par *Alisor*.
Rosières : 1859. — Réformé en 1859.

MORLAIX, 1/2 s.
Approuvé : 1887. — M. Cottin.
Al. 1877. — France.
Annecy : 1887-1898.

MORLAIX, 1/2 s.

Approuvé. — M. Monasson (Haute-Saône).

Bb. 1890. — Manche.

Par *Hysope*, 1/2 s. N., et *Coquette*, jument 1/2 s.,
par Seigneur-II, P. S. A.

Sa grand'mère : fille d'Ignoré, 1/2 s. N.

Besançon : depuis 1894.

MONACO, 1/2 s.

Approuvé. — M. Lablez (Aisne).

B. m.

Compiègne : 1881-1882.

MORNING, 1/2 s.

Approuvé. — M. Remy (Oise).

B. 1889.

Par *Franck-Alisson*, 1/2 s. A., et *Grâce*.

Compiègne : depuis 1896.

MORTEMER, 1/2 s.

Approuvé. — M. Mermet, 1873.

B. c. 1868. — France.

Annecy : 1873. — S. R. depuis.

MORUS, 1/2 s. N. — H. N.

B. 1846. — Normandie.

Par *Sylvio*, P. S. A., et une fille de Royal-Oack, P. S. A.

Rosières : 1850. — Castré en juin 1870.

MOSCOVITE, 1/2 s. N. — H. N.

B. 1845. — Normandie.

Par *Tarrare*, P. S. A., et *Chap Mare*, 1/2 s. A.

Compiègne : 1850-1851. — Passé à Charleville après la monte.

MOTUS, 1/2 s. N.
Approuvé. — M. Pohier (Ardennes).
Al. 1890. — Manche.
Par *Idoménée*, 1/2 s. N., et *Parfaite*, 1/2 s. N.,
par Aristocrate, 1/2 s. N.
Sa grand'mère : par Casaffa.
Montier-en-Der : depuis 1894.
A fait la monte dans la Marne en 1899.

MOTUS, 1/2 s. N. — H. N.
B. 1890. — Manche.
Par *Follet*, 1/2 s. N., et *Lisette*, 1/2 s. N., par Truplu, 1/2 s. N.
Rosières : depuis 1894.

MOURAD, 1/2 s. Barbe.
Al. 1838. — D'origine Barbe.
Compiègne : 1850-1851. — Passé à Charleville et à Montier-en-Der.

MOURAD, 1/2 s. Ar. — H. N.
Gr. 1864. — Acheté au capitaine de Carayon-Latour.
S. R.
Rosières : 1877. — Castré en août 1878.

MOUSQUETAIRE, 1/2 s.
Approuvé. — M. Husson.
Gr. 1858. — S. R.
Rosières : 1865. — Réformé en 1868.

MOUTON, 1/2 s.
Approuvé. — M. Blot (Côte-d'Or).
Gr. 1842.
Montier-en-Der : 1848-1850.

MOUTON, 1/2 s.
Approuvé. — M. Dehaussy, à Le Cateau (Nord).
Gr. 1879.
Compiègne : 1883-1884.

16.

MUGUET, 1/2 s. N. — H. N.
Al. 1846. — Normandie.

Par *Harlequin*, P. S. A., et une fille d'Eylau, P. S. A.-A.
Compiègne : 1850. — Réformé en avril 1866.

MUGUET, 1/2 s. N. — H. N.
B. 1890. — Calvados.

Par *Grand-Maître*, 1/2 s. N., et *Tranquille*, 1/2 s. N.,
par Tourville, 1/2 s. N.
Sa grand'mère : N., 1/2 s. N., par Seymour, 1/2 s. N.
Montier-en-Der : depuis 1894.

MUNICIPAL, 1/2 s. N. — H. N.
Gr. 1846. — Normandie.

Par *Guibert*, 1/2 s. N., et une fille de Pégase, 1/2 s. N.
Rosières : 1850. — Mort en juillet 1861.

MUPHTI, 1/2 s. N. — H. N.
B. 1890. — Manche.

Par *Habéo*, 1/2 s. N., et *Rapide*, 1/2 s. N., par Muphti, 1/2 s. N.
(approuvé).
Sa grand'mère : N. 1/2 s. N., par Glorieux, 1/2 s. N.
Montier-en-Der : depuis 1894.

MURAT, 1/2 s. N. — H. N.
Al. 1846. — Normandie.

Par *Fleurius*, 1/2 s., et une fille de Sopire.
Compiègne : 1850. — Perpignan : 1851.

MURÉNA, 1/2 s. N. — H. N.
Bb. 1890. — Calvados.

Par *Valère* ou *Gévaudan*, 1/2 s. N., et *Irlande*, par Apis, 1/2 s. N.
Annecy : 1894. — Castré.

MURÉX, 1/2 s. N. — H. N.
B. 1846. — Normandie.

Par *Xerxès*, 1/2 s. N., et une fille de Friedland, 1/2 s.
Rosières : 1850. — Abattu en juillet 1867.

MUREX, 1/2 s. V. — H. N.
B. ch. 1868. — Eure.
Par *Crocus*, 1/2 s. A., et une fille de Brocardo, 1/2 s. N.
Annecy : 1873. — Castré en juillet 1874.

MURILLO, 1/2 s.
Approuvé. — M. Jazey (Côte-d'Or).
B. 1867.
Besançon : 1872. — Réformé en 1873.

MUSCADIN, 1/2 s. N. — H. N.
B. 1844. — Normandie.
Par *Y. Reveller* et une fille d'Eastham, P. S. A.
Rosières : 1850. — Castré en août 1852.

MUSSET, 1/2 s. N. — H. N.
B. 1890. — Calvados.
Par *Phare*, 1/2 s. N., et *La Sorcière*, 1/2 s. N.,
par Sorcier, 1/2 s. N.
Rosières : depuis 1894.

MUSULMAN, 1/2 s.
Approuvé. — M. Jappiot (Côte-d'Or)
B. 1866.
Par *Riga*, 1/2 s. N., et une jument 1/2 s., par Danseur, 1/2 s. N.
Besançon : 1872. — Réformé en 1878.

MYLORD, 1/2 s. Lorr. — H. N.
B. 1839. — Haras de Rosières.
Par *Mameluck* (de la race Ducale) et *Lady-Ross*, de trait (Écossaise).
Rosières : 1843. — Castré en août 1860.

MYRTIS, 1/2 s. N. — H. N.
B. 1845. — Orne.
Par *Émule*, 1/2 s. N., et une fille de Silvio, P. S. A.
Compiègne : 1850. — Villeneuve-sur-Lot : 1851. — Réformé en
juillet 1874.

MYSTÈRE, 1/2 s. B. — H. N.

B. 1879. — Finistère.

Par *Trégarvan*, 1/2 s. B., et *N.*, 1/2 s. B., par *Fire-King*,
1/2 s. Norf.-A.

Montier-en-Der : 1883. — Réformé en septembre 1886.

N., 1/2 s.

Approuvé. — M. Poulmaire, 1847.
Gr. 1842.
S. R.

Rosières : 1847. — Réformé en 1850.

NABAB, 1/2 s. N. — H. N.

B. 1891. — Manche.

Par *Fred-Archer*, 1/2 s. N., ou *Habeo*, 1/2 s. N., et Sophie,
1/2 s. N., par Quality, 1/2 s. N.

Sa grand'mère : par Lothaire (approuvé).

Rosières : depuis 1895.

NABAL, 1/2 s. N. — H. N.

B. 1847. — Normandie.

Par *Hospodar*, 1/2 s. N., et une fille d'Impérieux, 1/2 s. N.

Compiègne : 1851. — Passé à Charleville après la monte de 1851.

NABIS, 1/2 s. N. — H. N.

B. 1869. — Calvados.

Par *Shales*, 1/2 s. A., et une fille d'Esculape, 1/2 s. N.

Compiègne : 1873. — Réformé après la monte de 1882.

NABIS, 1/2 s. N. — H. N.

B. 1891. — Calvados.

Par *Ermite*, 1/2 s. N., et *Favorite*, 1/2 s. N., par Vingt-Mars,
P. S. A. (approuvé).

Rosières : depuis 1895.

NABORD, 1/2 s. N. — H. N.

Al. 1891. — Manche.

Par *Franconi*, 1/2 s. N., et *Orgueilleuse*, par Calas, 1/2 s. N.

Sa grand'mère : fille d'Uzel, 1/2 s. N.

Compiègne : 1895. — Mort en août 1898.

NACARAT, 1/2 s. B. — H. N.

B. c. 1869. – Mayenne.

Par *Intrépide*, 1/2 s. N., et *Allemande*, 1/2 s. N.

Annecy : 1873. — Castré en juillet 1882.

NADAB, 1/2 s. N. -- H. N.

B. 1891. — Calvados.

Par *Archibald*, 1/2 s. N., et *Coquette*, 1/2 s. N., par Thevelot,
1/2 s. N. (approuvé).

Sa grand'mère : par Georges (approuvé).

Rosières : 1895. — Passé à l'École en décembre 1898.

NADAR, 1/2 s.

Approuvé. — M. Chauffenne (Haute-Saône).

Gr. 1856. — Normandie.

Besançon : 1860. — Passé dans la circonscription de Rosières en 1865.
Rosières : 1865-1870.

S. B. 1/2 s. N., t. I, p. 189.

NADAR, 1/2 s. N.

Approuvé. — M. Bréard, à Cottenard (Seine-Inférieure).
B. 1869. — Normandie.

Par *Abrantès*, 1/2 s. N., et une fille de Moteur, 1/2 s. N.

Compiègne : 1873-1879.

NADAUD, ex-**LEOTARD**, 1/2 s.

Approuvé. — M. Thevenin (Jura).

Al. 1889. — Bretagne.

Par *Amasis*, 1/2 s. N., et *Bellonne*, jument par Meno, race de trait.

Sa grand'mère : fille de Coco, 1/2 s. B.

Besançon : 1893. — Castré en septembre 1898.

NADIR, Barbe. — H. N.

Gr. 1852. — Acheté par le Cte d'Aure au général Rose.

S. R.

Rosières : 1861. — Castré en septembre 1864.

NAFÉ, 1/2 s. N. — H. N.

B. ch. 1869. — Calvados.

Par *Abrantès*, 1/2 s. N., et une fille de Galion, 1/2 s. N.

Annecy : 1873. — Mort en octobre 1885.

NAGEUR, 1/2 s. N. — H. N.

B. 1869. — Manche.

Par *Pater*, 1/2 s. N., et une jument 1/2 s.; par Pékin, 1/2 s. N.

Besançon : 1873. — Abattu en 1886 (morveux).

NAGOR, 1/2 s. N. — H. N.

B. 1869. — Aisne.

Par *Tobolsk*, 1/2 s. Russe, et *Silvie*, 1/2 s.

Montier-en-Der : 1876. — Réformé en août 1883.

NAGOR, 1/2 s.

Approuvé. — Duc de Vicence.

B. 1869.

Compiègne : 1874-1875.

NAIF, 1/2 s. N. — H. N.

B. 1825. — Normandie.

Par *Y. Topper*, 1/2 s. A., et *N.*, jument normande.

Rosières : 1830. — Castré en novembre 1847.

NAIF, 1/2 s. N. — H. N.

B. 1869. — Calvados.

Par *Esculape*, 1/2 s. N., et une fille de Sultan, 1/2 s. N.

Compiègne : 1873. — Réformé en novembre 1873.

NAIN, 1/2 s.
Approuvé. — M. Beucler-Bourquin (Doubs).
Bb. 1891. — Calvados.
Par *Hexamètre*, 1/2 s. N., ou *Valentino*, 1/2 s. N., et *Mirande*,
jument 1/2 s., par Leptard, 1/2 s. N.
Sa grand'mère ; fille de Ravenshoe, P. S. A.
Besançon : depuis 1895.

NAJAC, 1/2 s. N. — H. N.
B. 1869. — Orne.
Par *Dictateur*, 1/2 s. N., et *Julie*, 1/2 s. N.
Montier-en-Der : 1873. — Réformé en août 1883.

NALAG, 1/2 s.
Approuvé : 1887. — M. Ecochard.
Bb. 1878. — France.
Annecy : 1887-1889.

NALUCHO, 1/2 s. Midi. — H. N.
Bb. 1869. — Gers.
Par *King-of-Treimps*, P. S. A., et une fille de Tibura, 1/2 s. Fr.
Annecy : 1873. — Castré en août 1876.

NAMPONT, 1/2 s. N. — H. N
Al. 1868. — Calvados.
Par *Hussein*, 1/2 s. N., et *N.*, fille d'Ugolin, 1/2 s. N.
Compiègne : 1873. — Réformé en septembre 1876.

NAMUR, 1/2 s. N.
Approuvé. — M. Psamne.
B. 1869. — Normandie.
S. R.
Rosières : 1873. — Réformé en 1883.

NANCY, 1/2 s. N. — H. N.
B. 1869. — Calvados.
Par *Hippos*, 1/2 s. N., et *N.*, 1/2 s. N., par Séducteur, 1/2 s. N.
Montier-en-Der : 1873. — Réformé en novembre 1886.

NANCY, 1/2 s.

Approuvé. — M. Thiébault (Haute-Saône).

B. 1891. — Manche.

Par *Caprara*, 1/2 s. N., et *Bijou*, jument 1/2 s., par Guelfe,
1/2 s. N. (approuvé).

Besançon : depuis 1895.

NANS, ex-**NAIN**, 1/2 s.

Approuvé. — M. Bugnet (Doubs).

B. 1891. — Manche.

Par *Iman*, 1/2 s. N., et *Frimousse*, jument 1/2 s., par Santerre,
1/2 s. N.

Sa grand'mère : fille de Sancho, 1/2 s. N. (approuvé).

Besançon : depuis 1895.

NANTERRE, 1/2 s. N. — H. N.

N. 1869. — Orne.

Par *Elu*, 1/2 s. N., et *Mariette* (de trait).

Montier-en-Der : 1873. — Réformé en septembre 1886.

NANTERRE, 1/2 s.

Approuvé. — M, Minard.

Bb. 1869.

S. R.

Rosières : 1873. — Réformé en 1882.

NANTERRE, 1/2 s. N. — H. N.

B. 1891. — Manche.

Par *Vert-Luron*, 1/2 s. N., et *Coquette*, 1/2 s. N., par Alpaga,
1/2 s. N.

Sa grand'mère : N., 1/2 s. N., par Surveillant, 1/2 s. N.

Montier-en-Der : depuis 1895.

NANTUA, 1/2 s.

Approuvé : 1895. — M. Barmon.

B. c. 1891. — France.

Par *Incandescent* et une fille d'Institut.

Annecy : depuis 1895.

NAPIER, 1/2 s. N. — H. N.
B. 1847. — Calvados.
Par *Impérieux*, 1/2 s. N., et une jument anglaise.
Montier-en-Der : 1851. — Réformé en octobre 1854.

NAPIER, 1/2 s. A. — H. N.
B. 1863. — Angleterre.
Par *Catton*, 1/2 s. Norf.-A., et *N.*, 1/2 s. Norf.-A.,
par Old-Phœnomenon, 1/2 s. Norf.-**A.**
Montier-en-Der : 1873. — Réformé en décembre 1873.

S. B. 1/2 s. N., t. II, p. 278.
NAPIER, 1/2 s. N. — H. N.
Al. 1891. — Manche.
Par *Fred-Archer*, 1/2 s. N., et *Jurna*, 1/2 s. N., par Reynolds,
1/2 s. N.
Sa grand'mère : Blanche-Mine, 1/2 s. N., par Phosphore et Lavater.
Rosières : depuis 1895.

NAPOLÉON, 1/2 s.
Approuvé. — M. Foissey-Poirotte (Haute-Marne).
B. 1849.
Montier-en-Der : 1854-1857.

NAPOLITAINE, 1/2 s. N. — H. N.
B.b 1847. — Calvados.
Par *Ferdinand*, 1/2 s. N., et *Brebis*, 1/2 s. N.
Montier en-Der : 1851. — Réformé en août 1861.

NARCISSE, 1/2 s. N.
Approuvé : 1873, M. Salin. — 1879 : M. Barnabé.
Bb. 1868. — Normandie.
Par *Adolphe* (approuvé) et une fille de Urus, 1/2 s. N.
Rosières : 1873. — Mort en 1882.

NARCISSE, 1/2 s. N.
Approuvé. — M. Morel (Haute-Saône).
B. 1869. — Normandie.
Par *Indien*, 1/2 s. N., et une jument 1/2 s., par Douglas, 1/2 s. N.
Besançon : 1873. — Réformé en 1885.

NARD, 1/2 s. N. — H. N.
Al. 1869. — Manche.
Par *Quid-Juris*, 1/2 s. N., et une jument 1/2 s.,
par Eylau, P. S. A.-A.
Besançon : 1873. — Abattu en 1887.

NARMONICA, 1/2 s. N. — H. N.
B. 1846. — Normandie.
Annecy : 1851. — Castré en février 1801.

NARQUOIS, 1/2 s.
Approuvé. — M. Migeon (Haute-Saône).
B. 1891. — Manche.
Par *Virgile*, 1/2 s. N., et *Bijou*, jument 1/2 s.,
par Harmonieux, 1/2 s. N.
Besançon : depuis 1895.

NASEBY, 1/2 s.
Approuvé. — M. Bréger (Haute-Marne)
B. 1891.
Par *Vice-Président*, 1/2 s. N., et *N.*, 1/2 s.,
par Tropique, 1/2 s. N.
Montier-en-Der : 1895. — Réformé en 1896.

NAT, 1/2 s. N. — H. N.
Al. 1869. — Calvados.
Par *Coleraine*, 1/2 s. A., et *N.*, 1/2 s. N., par Idalis, 1/2 s. N.
Montier-en-Der : 1873. — S. R. depuis.

NAT, 1/2 s.
Approuvé. — M. J. Garinet (Marne).
Bb. 1877.
Montier-en-Der : 1881. — Castré en 1882

NATAL, ex-**DELSON**, 1/2 s. N. — H. N.

B. 1891. — Manche.

Par *Théophile*, 1/2 s. N., et *Cocotte*, 1/2 s. N.,
par Sénéchal, 1/2 s. N.

Sa grand'mère : par Quinte-Curce, 1/2 s. N.

Rosières : depuis 1895.

NATIONAL, 1/2 s. N.

Approuvé. — M. Castiger.

B. 1869. — Normandie.

Par *Kapirat*, 1/2 s. N., et une jument normande.
Rosières : 1873. — Castré en 1879.

NATIONAL, 1/2 s. N. (approuvé).

B. 1869. — Normandie.

Par *Necker*, 1/2 s. N., et une jument 1/2 s.,
par Cornichon, 1/2 s. N.

Besançon : 1873-1879.

NATUREL, 1/2 s. N. — H. N.

B. 1869. — Manche.

Par *Kapirat*, 1/2 s. N., et *Gabarette*, 1/2 s. N.
Montier-en-Der : 1873. — Réformé en juillet 1880.

NAUCLIUS, 1/2 s. N. — H. N.

Al. 1846. — Normandie.

Par *Y. Cydnus*, 1/2 s. A., et une jument normande.
Rosières : 1851. — Castré en août 1852.

NAUTONNIER, 1/2 s.

Approuvé. — M. Carré, 1873 ; M. Poillot, 1880 (Côte-d'Or).

B. 1869. — Normandie.

Par *Quacker*, P. S. A.

Besançon : 1873. — Réformé en 1886.

S. B. 1/2 s. N., t. 1, p. 190.

NAVARIN, 1/2 s. N.

Approuvé. — M. Gouellain, à Morgny (Seine-Inférieure).

B. 1869. — Normandie.

Par *Glorieux*, 1/2 s. N., et *Nacelle*, par Navigateur, 1/2 s. N.

Compiègne : 1873. — Réformé en août 1886.

NAVIGATEUR, 1/2 s. N.

Approuvé. — M. J. Gaillot, à Dommangeville.

B. 1864. — Normandie.

Par *Navigateur*, 1/2 s. N., et *N.* 1/2 s. N.

Montier-en-Der : 1870. — S. R. depuis.

NAVIGATEUR, 1/2 s N. — H. N.

Bb. 1891. — Manche.

Par *Quinte-Curce*, 1/2 s. N., et *Blanc-Pied*, 1/2 s. N.,
par Platon, 1/2 s. N.

Montier-en-Der : depuis 1895.

NAVIRE, 1/2 s. N. — H. N.

B. 1869. — Manche.

Par *Gouverneur*, 1/2 s. N., et *N.*, 1/2 s. N., par Bravo, P. S. A.

Montier-en-Der : 1873. — Réformé en juillet 1886.

NAZAIRE, 1/2 s. N. — H. N.

N. 1891. — Manche.

Par *Hearty*, 1/2 s. N., et *Rapide*, par Denis, 1/2 s. N.,
et une fille de Rivoli. 1/2 s. N.

Besançon : 1895. — Castré en 1898.

NÉBULEUX, 1/2 s. N. — H. N.

Bb. 1846. — Normandie.

Par *Cydnus*, 1/2 s. A., et *Brune*.

Compiègne : 1851. — Passé après la monte au dépôt de Charleville.

NÉCESSAIRE, 1/2 s. N.
Approuvé. — M. Ragois (Côte-d'Or).
B. 1869. — Normandie.
Par *Valdemar*, 1/2 s. N.
Besançon : 1873-1883.

NECISKO, 1/2 s.
Approuvé. — M. Pepin, à Avesnes (Nord).
B. 1869.
Compiègne : 1873. — S. R. depuis.

NECKER, 1/2 s. N.
Approuvé. — M. Haltel-Houzelot (Meuse).
B. 1864. — Normandie.
Montier-en-Der : 1868. — S. R. depuis 1869.

NÉCROMANCIER, 1/2 s. A. — H. N.
B. 1835. — Angleterre.
Par *Ebor*, 1/2 s. A., et une jument 1/2 s. A., par Luckall, 1/2 s. A.
Besançon : 1844.   Réformé en 1853.

NÉDRO, 1/2 s.
Approuvé. — M. Latham (Somme).
B. 1878.
Compiègne : 1882-1884.

NEFLIER, 1/2 s. N. — H. N.
B. 1891. — Calvados.
Par *Phare*, 1/2 s. N., et *L'Étoile*, par Léotard, 1/2 s. N., et fille
de Dragon, P. S. A.
Besançon : depuis 1895.

NÉGOCIANT, 1/2 s. N.
Approuvé. — M. Jamais (Haute-Saône),
B. 1891. — Calvados.
Par *Étendard*, 1/2 s. N., et *Coquette*, jument 1/2 s., par Niger,
1/2 s. N.
Sa grand'mère : fille d'Unguifère, 1/2 s. N.
Besançon : 1895. — Mort en juillet 1897.

NÉGRIER, et-**NÉGRILLON**, 1/2 s. N. — H. N.
N. 1868. — Calvados.
Par *Trouville*, P. S. A., et une jument 1/2 s., par Sultan, 1/2 s. N.
Besançon : 1873. — Réformé en 1873.

NÉGRO, 1/2 s.
Approuvé : M. Varin (Marne).
B. 1856.
Montier-en-Der : 1871. — S. R. depuis 1872.

NEGRO, 1/2 s. N. — H. N.
N. 1869. — Orne.
Par *Shâles*, 1/2 s. A., et une jument 1/2 s., par Remus.
Besançon : 1873. — Réformé en 1880.

NEGRO, 1/2 s. B. — H. N.
N. 1879. — Finistère.
Par *Fire-King*, 1/2 s. Norf., et *N.*, jument bretonne,
par Windham, P. S. A.
Montier-en-Der : depuis 1883.

S. B. 1/2 s. N., t I. p. 191.
NELATON, 1/2 s. N.
Approuvé. — M. Martin, à Bourg-Dun (Seine-Inférieure).
B. 1869. — Normandie.
Par *Roc*, 1/2 s. N., et une fille de Ravisseur, 1/2 s. N.
Compiègne : 1873-1876.

NELSON, 1/2 s.
Approuvé. — M. Beyl (Jura) ; M. Lebrun (Jura), 1899.
B. f. 1891. — Manche.
Par *Esbly*, 1/2 s. N., et *Mignonne*, jument 1/2 s., par Courtemer,
1/2 s. N.
Sa grand'mère : fille de Nagel, 1/2 s. N.
Besançon : depuis 1895.

NELUSKO, 1/2 s.
Approuvé. — M. Pepin, à Avesne (Nord).
B. 1869.
Compiègne : 1873. — S. R. depuis.

NÉMESIN, 1/2 s. N. — H. N.
B. 1847. — Normandie.
Par *Eylau*, P. S. A.-A., et *Cérès*.
Compiègne : 1851-1853. — Passé en décembre 1853 à Charleville.

NÉMÉSIS, 1/2 s. N. — H. N.
B. 1847.
Par *Don-Quichotte*, P. S. A.-A., et *N.*, 1/2 s.
Montier-en-Der : 1851. — Réformé en novembre 1853.

NEMO, 1/2 s.
Approuvé. — M. Parcheminey (Haute-Saône).
1856 (?).
Besançon : 1860-1862.

NEMO, 1/2 s. B. — H. N.
B. m. 1891. — Finistère.
Par *Plouescat*, 1/2 s. B., et une fille de Bassano, 1/2 s. B.
Annecy : depuis 1895.

NEMORIN, 1/2 s. N. — H. N.
Gr 1847. — Normandie.
Par *Fandango*, 1/2 s. N.; et une jument normande.
Rosières : 1851. — Castré en août 1852.

NÉMORIN, 1/2 s. N.
Approuvé. — M. Thomas Nicolas (Haute-Saône).
B. 1869. — Normandie.
Par *Introuvable*, 1/2 s. N.
Besançon : 1873. — Réformé en novembre 1891.

NÉMORIN, 1/2 s. N. — H. N.

Al. 1869. — Orne.

Par *Tonnerre-des Indes*, P. S. Fr., et *Anglaise*, 1/2 s. A.

Annecy : 1873. — Abattu en août en 1891.

NEMOURS, 1/2 s.

Approuvé. — M. Lyautey-Robin (Jura).

N. 1891. — Calvados.

Par *Galba*, 1/2 s. N., et *Marquise*, jument 1/2 s., par Réussi,
P. S. A.

Sa grand'mère : fille d'Adonias, 1/2 s. N. (approuvé).

Sa bisaïeule : fille de Norville, 1/2 s. N.

Besançon : depuis 1895.

NENNI, 1/2 s. N.

Approuvé. — M. Pichery (Haute-Saône).

B. 1869. — Normandie.

Par *Paddy*, 1/2 s. N., et une jument 1/2 s., par Eclair, 1/2 s. N.

Besançon : 1873. — Mort en 1881.

NÉNUFAR, 1/2 s. N. — H. N.

Gr. 1847. — Normandie.

Par *Faliero*, 1/2 s. N., et une jument 1/2 s., par Royal, 1/2 s. N.

Besançon : 1862. — Mort en 1865.

NÉOPHYTE, 1/2 s.

Approuvé. — M. Charreau (Côte-d'Or).

B. 1869. — Normandie.

Par *Y. Performer*, 1/2 s. A., et une jument 1/2 s., par Victorieux,
1/2 s. N.

Besançon : 1873. — Castré en 1880.

NÉOPHITE, 1/2 s.

Approuvé. — M. Salzard.

B. 1869. — Normandie.

Par *Forcy*, 1/2 s. N., et une fille de Tamerlan, 1/2 s. N.

Rosières : 1873. — Réformé en 1882.

NEPTUNE, 1/2 s.
Approuvé. — M. Villemin (Jura).
Gr. 1872. — Normandie.
Besançon : 1876-1882.

NEPTUNE, 1/2 s.
Approuvé : 1887. — M. Ecochard.
R. 1878. — France.
Annecy : 1887-1889.

NERBY, 1/2 s. N. — H. N.
B. 1869. — Orne.
Par *Radis*, 1/2 s. N., et une jument 1/2 s., par Extase, 1/2 s. N.
Besançon : 1873. — Abattu en 1890.

NÉRIS, 1/2 s. N. — H. N.
Ro. 1847. — Orne.
Par *Sylvio*, P. S. A., et *N.*, 1/2 s. N., par *Cancan*, 1/2 s. N.
Montier-en-Der : 1851. — Réformé en juillet 1869.

NÉRON, 1/2 s. N. — H. N.
B. 1869. — Orne.
Par *Condé*, 1/2 s. N., et *N.*, 1/2 s. N., par Rémus, 1/2 s. N.
Montier-en-Der : 1873. — Réformé en septembre 1883.

NERVA, 1/2 s. N. — H. N.
R. 1847. — Normandie.
Par *Voltaire*, 1/2 s. N., et *Claudine*, jument 1/2 s. N.
Rosières : 1851. — Castré en juillet 1867.

NESLO, 1/2 s. N. — H. N.
B. 1869. — Calvados.
Par *Grandiose*, 1/2 s. N., et une jument 1/2 s.,
par Vandermulen, P. S. A.
Besançon : 1873. — Réformé en 1877.

17.

NESSUS, 1/2 s. N. — H. N.
B. 1847. — Normandie.
Par *Introuvable*, 1/2 s. N., et une fille d'Emule, 1/2 s. N.
Rosières : 1851. — Castré en juillet 1851.

NESTORIUS, 1/2 s. N. — H. N.
B. 1847. — Normandie.
Par *Sylvio*, P. S. A., et une fille de Jaguar, 1/2 s. N.
Compiègne : 1851. — Abattu en juin 1862.

NET, 1/2 s. N.
Approuvé. — M. Chalon (Côte-d'Or).
B. 1869. — Normandie.
Par *Guignon*, 1/2 s. N.
Besançon : 1873. — Réformé en 1879.

NEUILLY, 1/2 s. B.
Approuvé. — M. Baudot, 1882 ; M. Rousselet, 1882.
B. 1878. — Bretagne.
S. R.
Rosières : 1882. — Réformé en 1893.

NEUILLY, 1/2 s. Br. — H. N.
B. f. 1891. — Finistère.
Par *Remus*, 1/2 s. N., et une fille de Kerlonnor, 1/2 s. Br.
Annecy : 1895. — Castré en août 1899.

NEUSTRIEN, 1/2 s.
Approuvé. — M. Pepin, à Avesnes (Nord).
B. 1869.
Compiègne : 1873. — Mort en 1877.

NEVEU, ex-**NESTOR**, 1/2 s. N. — H. N.
B. 1891. — Calvados.
Par *Stade*, 1/2 s. N., et une fille d'Acquila, 1/2 s. N.
Sa grand'mère : par Rivoli, 1/2 s. (approuvé).
Rosières : depuis 1895.

NEVILLE, 1/2 s.
Approuvé. — M. Bassert, 1873.
B. 1869. — France.
Annecy : 1873. — S. R. depuis.

S. B. 1/2 s. N., t. I, p. 193.
NEWCASTLE, 1/2 s. N.
Approuvé. — M. Modesse-Berquet.
B. 1869. — Normandie.
Par *Tonnerre-des-Indes*, P. S. A., et une fille de Buci, 1/2 s. N.
Compiègne : 1873-1882.
Montier-en-Der : 1882. — S. R. depuis 1883.

NEWMARKET, 1/2 s.
Approuvé. — M. Bartholemot (Jura).
B. 1860. — Normandie (?).
Besançon : 1865-1870.

NEW-YORK.
Approuvé : 1895. — M. Cottin.
B. 1891. — France.
Par *Calas* et une jument normande.
Annecy : depuis 1895.

NEXON, 1/2 s.
Approuvé : 1873. — M. Gaudard.
B. ch. 1869. — France.
Annecy : 1873. — S. R. depuis.

NIAM-NIAM, 1/2 s.
Accepté. — M. Cauvin, à Saleux (Somme).
B. cl. 1891.
Par *Arlequin*, 1/2 s., et *Plewna*, 1/2 s.
Compiègne : depuis 1898.

NICAISE, 1/2 s.
Approuvé : 1895. — M. Carrier.
Al. 1891. — France.
Par *Santerre* et une fille de Schamrock.
Annecy : depuis 1895.

NICANOR, 1/2 s. N. — H. N.
B. 1847. — Normandie.
Par *Imperial* et une fille de Xerxès, 1/2 s. N.
Rosières : 1851. — Passé au Haras du Pin en juillet 1868.

NICANOR, 1/2 s.
Approuvé. — M. Gasset (Jura).
Bb. 1891. — Eure.
Par *Barrabas*, 1/2 s. N., et *Perfection*, jument 1/2 s.,
par Y, 1/2 s. N.
Sa grand'mère : fille de Condé, 1/2 s. N.
Besançon : 1895. — Castré en juillet 1896.

NICHAM, 1/2 s. N.
Approuvé : 1873, M. Barral. — 1876 : M. Chapuis (Côte-d'Or).
B. 1869. — Normandie.
Par *Bravo*, P. S. A., et une jument 1/2 s., par Œdipe, 1/2 s. N.
Besançon : 1873. — Réformé en 1878.

NICHOLSON, ex-**NOTEUR**, 1/2 s.
Approuvé. — M. Legras (Jura).
Bb. 1891. — Manche.
Par *Virgile*, 1/2 s. N., et *Cocotte*, jument 1/2 s., par Laboureur,
1/2 s. N.
Besançon : 1895. — Castré en novembre 1898.

NICODÈME, 1/2 s. N.
Approuvé. — M. Camille Froc.
B. 1891.
Par *Frondeur* 1/2 s. N., et une fille d'Aristocrate, par Souvenir,
P. S. A.
Compiègne : depuis 1895.

NICOLAS, 1/2 s. N. — H. N.

B. 1847. — Normandie.

Par *Honorable*, 1/2 s. N., et une fille de Dangerous, P. S. A.

Rosières : 1851. — Castré en août 1861.

NICOLAS, 1/2 s.

Approuvé. — M. Noirot (Côte-d'Or).

B. 1869.

Besançon : 1873. — Mort en 1873.

NICOMÈDE, 1/2 s. N.

Approuvé. — M. Courtois (*Côte-d'Or*).

B. 1869. — Normandie.

Par *Français*, 1/2 s. N.

Besançon : 1873. — Réformé en 1876.

NICOT, 1/2 s.

Approuvé. — M. Berthe (Côte-d'Or).

B. 1869.

Besançon : 1873-1879.

S. B. 1/2 s. N., t. II, p. 190.

NICOT, 1/2 s. N. — H. N.

Bb. 1891. — Calvados.

Par *Homard*, 1/2 s. N., et *Fétiche*, 1/2 s. N., par Rivoli, 1/2 s. N.

Sa grand'mère : Royale-Normande, par Normand, 1/2 s. N.

Rosières : depuis 1895.

S. B. 1/2 s. N., t. I, p. 194.

NIGER, 1/2 s. N.

Approuvé. — M. Menage, à Beaulise-la-Rosière (Seine-Inférieure)

N. 1869. — Normandie.

Par *Elu*, 1/2 s. N., et une jument 1/2 s., par Tipple-Cider, P. S. A.

Sa grand'mère : fille de Sylvio, P. S. A.

Compiègne : 1873-1879.

NIHIL, 1/2 s. N. — H. N.

N. 1869. — Eure.

Par *Y.*, 1/2 s. N., et *Chardinne*, 1/2 s. N.

Montier-en-Der : 1873. — Réformé en décembre 1874.

NINUS, 1/2 s. N. — H. N.

B. 1847. — Normandie.

Par *Faust*, 1/2 s. N., et *Bijour*, 1/2 s. N.

Compiègne : 1851-1852. — Passé à Charléville en décembre 1852.

NINUS, 1/2 s.

Approuvé. — M. Desmoutier (Nord).

B. 1891.

Par *Duc*, P. S. A., et *Œmulus*, 1/2 s. Am.

Compiègne : depuis 1897.

NITRATE, ex-**LE CAPUCIN**, 1/2 s.

Approuvé. — M. Bertrand (Jura).

Al. 1889. — Bretagne.

Par *Amasis*, 1/2 s. N., et *Manore*, jument 1/2 s., par Lord-of-the-Manor, 1/2 s. A.

Sa grand'mère : fille de Salses, 1/2 s. N.

Besançon : depuis 1893.

NIVOSE, ex-**NOVICE**, 1/2 s. N. — H. N.

B. f. 1891. — Manche.

Par *Sorcier*, 1/2 s. N., et *Coquette*, par Hussein, 1/2 s. N.

Annecy : depuis 1895.

NIX, 1/2 s. N. — H. N.

B. 1869. — Calvados.

Par *Valdemar*, 1/2 s. N., et *N.*, 1/2 s. N., par Fiz-Pantaloon. P. S. A.

Montier-en-Der : 1873. — Mort en octobre 1881.

NOBLEMEN, 1/2 s. N.
Appprouvé. — M. Claquin.
Al. 1869. — Normandie.

Par *Egesyppe*, 1/2 s. N., et *Charlotte*, 1/2 s. N., par Jay, 1/2 s. N.
Rosières : 1873. — Vendu en 1890.

NOCTURNE, 1/2 s. N. — H. N.
B. 1847. — Normandie.

Par *Immortel*, 1/2 s. N., et *Bithume*, 1/2 s. N.
Compiègne : 1851. — Réformé en juillet 1859.

NOÉ, 1/2 s. V. — H. N.
Ro. 1869. — Vendée.

Par *Henri-IV*, 1/2 s. N., et une fille de N., 1/2 s. N.
Annecy : 1873. — Castré en août 1875.

NOÉ, 1/2 s.
Approuvé. — M. Pavillard (Doubs).
B. 1891. — Calvados.

Par *Hercule-Normand*, 1/2 s. N., et *Baguette*, jument 1/2 s.,
par Vampire, 1/2 s. N.
Sa grand'mère : fille de Y. Shales II, 1/2 s. A.
Besançon : depuis 1895.

NOËL, ex-**NOÉ**, 1/2 s.
Approuvé. — M. Carriney (Haute-Saône).
Al. 1891. — Orne.

Par *Faisan*, 1/2 s. N., et *Vaillante*, jument 1/2 s., par Éclaireur,
1/2 s. N.
Besançon : depuis 1895.

NOGARO, 1/2 s.
Approuvé. — M. George (Haute-Saône).
B. 1891. — Calvados.

Par *Baladeur*, 1/2 s. N., et *Poulot*, jument 1/2 s., par Tropique,
1/2 s. N.
Besançon : depuis 1895.

NOGENT, 1/2 s. N. — H. N.
B. ch. 1869. — Calvados.
Par *Unau*, 1/2 s. N., et une fille de Guignolet, 1/2 s. N.
Annecy : 1873. — Castré en juillet 1882.

NOIREAU, 1/2 s. N. — H. N.
N. 1847. — Normandie.
Par *Émule*, 1/2 s. N., et *Minette*.
Compiègne : 1851.
Passé après la monte au Dépôt de Bonneval.

NOIREAU, 1/2 s. N. — H. N.
B. 1891. — Manche.
Par *Dacapo*, 1/2 s. N., et *Coquette*, 1/2 s. N.
Sa grand'mère : par Schamrock, 1/2 s. A., et Géant-des-Batailles,
P. S. A.
Rosières : depuis 1895.

NOIRMONT, 1/2 s.
Approuvé. — M. Georges (Haute-Saône) ; M. Perriet.
N. 1891. — Manche.
Par *Cadix*, 1/2 s. N., et *Lapin*, jument 1/2 s.,
par Producteur, 1/2 s. N.
Besançon : 1895. — Vendu en décembre 1896.
Rosières : depuis 1897.

NOISETIER, 1/2 s. N. — H. N.
B. 1891. — Manche.
Par *Dacapo*, 1/2 s. N., et *Mignonne*, 1/2 s. N.,
par Shamrock, 1/2 s. A.
Sa grand'mère : N., 1/2 s. N., par Marengo, 1/2 s. N. (approuvé).
Montier-en-Der : depuis 1895.

NOLAY, 1/2 s. N. — H. N.
B. ch. 1869. — Orne.
Par *Irlandais*, 1/2 s. N., et une fille de Valdemar, 1/2 s. N.
Annecy : 1873. — Mort en juillet 1887.

NOMADE, 1/2 s. N. — H. N.
B. 1825. — Normandie.

Par *Cleveland*, 1/2 s. A., et *N.*, jument normande.
Rosières : 1832. — Mort en mars 1846.

NOMEN, 1/2 s. Br. — H. N.
N. 1891. — Finistère.

Par *Etretat* ou *Remus*, 1/2 s. N., et *Fanie*, par Sanders, 1/2 s. N.
Annecy : 1896. — Mort en mars 1897.

NONTRON, 1/2 s. N. — H. N.
B. 1869. — Manche.

Par *Succès*, 1/2 s. N., ou *Quasi*, 1/2 s. N., et *N.*, 1/2 s. N.,
par Pimlico, 1/2 s. A.
Montier-en-Der : 1873. — Réformé en juillet 1881.

NOPAL, 1/2 s. N. — H. N.
N. 1891. — Manche.

Par *Alsacien*, 1/2 s. N., et *Blancpied*, 1/2 s. N.,
par Nagel, 1/2 s. N.
Montier-en-Der : depuis 1895.

NORFOLK, 1/2 s.
Approuvé. — MM. Beugniet, Tanchon et Lecat, à Athier
(Pas-de-Calais).
Al. 1861.
Compiègne : 1871. — Mort en 1878.

NORFOLK, 1/2 s. A.
Approuvé. — Duc de Vicence.
Gr. — Aisne.

Par *Tobolsk*, 1/2 s., et *Grisette*, jument anglaise.
Compiègne : 1875-1886.

NORFOLK, 1/2 s. N.
Approuvé. — M. Delangle, à Lille.
Bb. 1871.
Compiègne : 1875-1879.

NORFOLK, 1/2 s.
Approuvé. — M. Fougeron, à Breilly (Somme).
B. 1875.
Compiègne : 1879-1881.

NORFOLK II, 1/2 s.
Approuvé. — M. Magniez, à Hendicourt (Somme).
B. 1875.
Compiègne : 1879. — S. R. depuis.

NORFOLK, 1/2 s.
Autorisé. — M. E. Noiret (Pas-de-Calais).
B. 1890.

Par *Norfolk*, 1/2 s.
Compiègne : depuis 1898.

NORFOLK-MERRY-LEGS, 1/2 s. Norf. — H. N.
B. 1875. — Angleterre.
S. R.
Rosières : 1883. — Passé à Rodez en novembre 1883.

NORMAND, 1/2 s.
Autorisé ; M. Condevylle (Nord).
Bb. 1894.
Par *Kymris*, 1/2 s., et *Cocotte*, 1/2 s.
Compiègne : depuis 1898.

NORMANDO, 1/2 s. N. — H. N.
B. 1869. — Orne.
Par *Éclipse*, 1/2 s. N., et *Gazelle*, 1/2 s. N., par The Norfolk-
Phœnoménon, 1/2 s. A.
Compiègne : 1873-1879. — Passé au Pin en juillet 1879.

NOROSOR, 1/2 s.
Accepté. — M. Canvin, à Saleux (Somme).
B. f.

Par *Elsky*, 1/2 s. N., et *Nirsa*, 1/2 s.
Compiègne : depuis 1898.

NORSEY, 1/2 s. N. — H. N.

B. 1869. — Orne.

Par *Taconnet*, 1/2 s. N., et une jument 1/2 s., par Divan, 1/2 s. N.

Besançon : 1873. — Castré en 1883.

NOSAY, 1/2 s. N. — H. N.

Aub. 1868. — Manche.

Par *Beaumarchais*, 1/2 s. N., et une jument normande.

Besançon : 1873. — Réformé en 1874.

NOSTRADAMUS, 1/2 s. N. — H. N.

Bb. 1847. — Calvados.

Par *Nautilus*, P. S. A., et *N.*, 1/2 s. N., par Prosélyte, 1/2 s. N.

Montier-en-Der : 1851. — Passé à Braisne en janvier 1852.

Compiègne : 1852. — Réformé en août 1867.

NOSTRADAMUS, 1/2 s. N.

Approuvé. — M. Masson (Côte-d'Or).

B. 1869. — Normandie.

Par *Intérim*, 1/2 s. N.

Besançon : 1873-1879.

NOTAIRE, 1/2 s.

Approuvé. -- M. Zambot.

B. 1869.

Par *Ignace*, 1/2 s. N., et *Margot*, 1/2 s. N., par Dorus, 1/2 s. N.,
et une fille d'Incomparable, 1/2 s. N.

Rosières : 1873. — Réformé en 1880.

NOTAIRE, 1/2 s. N. — H. N.

N. 1891. — Manche.

Par *Éperlan*, 1/2 s. N., et *Negretté*, par Phare, 1/2 s. N.,
et une fille de Ribaud, 1/2 s. N., et fille de Dragon, P. S. A.

Besançon : depuis 1895.

NOURRISSON, 1/2 s. V. — H. N.
B. 1869. — Vendée.
Par *Henri-IV*, 1/2 s. N., et une fille de Necker, 1/2 s. N.
Rosières : 1873. — Castré en août 1887.

NOUVEAU, 1/2 s. N. — H. N.
Al. 1869. — Manche.
Par *Urus*, 1/2 s. N., et *N.*, 1/2 s. N., par Quasi, 1/2 s. N.
Montier-en-Der : 1873. — Réformé en août 1890.

NOUVEAU, 1/2 s. N.
Approuvé. — M. Petitot (Côte-d'Or).
B. 1869. — Normandie.
Par *Solide*, 1/2 s. N.
Besançon : 1873. — Castré en 1879.

NOUVEAU, 1/2 s.
Approuvé. — M. V. Garnier (Haute-Marne).
B. 1878.
Montier-en-Der : 1882. — Mort en 1891.

NOVICE, 1/2 s. N. — H. N.
B. 1824. — Normandie (Orne).
Par *Y. Rattler*, 1/2 s. A., et *N.*, fille d'Hilactor, 1/2 s. N.
Rosières : 1830. — Mort en janvier 1842.

NOVICE, ex-**AURCUSAN**, 1/2 s.
Approuvé. — M. Carriney (Haute-Saône) ; M. Cablan (Haute-Marne).
Al. 1891. — Hautes-Pyrénées.
Par *Colibri*, P. S. A.-A., et une jument 1/2 s., par Sensation, P. S. A.
Sa grand'mère : fille de Ceylon, P. S. A.
Besançon : 1895. — Vendu en octobre 1895.
Montier-en-Der : 1896. — Réformé en 1898.

NOVICE, 1/2 s. N. — H. N.
Al. 1891. — Eure.
Par *Livet*, 1/2 s. N., et *Bichette*, 1/2 s. N., par Condé, 1/2 s. N.
Montier-en-Der : depuis 1895.

NOYAU, 1/2 s. N. — H. N.
B. 1868. — Calvados.
Par *Navigateur*, 1/2 s. N. et *N.*, 1/2 s. N., par Perfection,
1/2 s. N.
Montier-en-Der : 1874. — Réformé en septembre 1879.

NOYAU, 1/2 s.
Autorisé : M. Bellard (Somme).
Al. 1891.
Par *Daguet*, 1/2 s. N., et *Vésuve*, 1/2 s.
Compiègne : depuis 1897.

NUAGE, 1/2 s. N. — H. N.
B. 1869. — Calvados.
Par *Conquérant*, 1/2 s. N., et une jument 1/2 s., par Printemps,
1/2 s. N.
Besançon : 1873. — Castré en 1874.

NUBILE, 1/2 s. N. — H. N.
B. 1869. — Calvados.
Par *Pretender*, 1/2 s. A., et une jument 1/2 s., par Phœnomenon,
1/2 s. A.
Besançon : 1873. — Réformé en 1874.

NUL, ex-**NIAGARA**, 1/2 s. N. — H. N.
B. ch. 1891. — Calvados.
Par *Express* 1/2 s. N., et *Éclair*, par Conquérant, 1/2 s. N.
Annecy : depuis 1895.

NUMA, 1/2 s. N. — H. N.
B. 1869. — Manche.
Par *Tamerlan*, 1/2 s. N., et *N.*, 1/2 s. N., par Victorieux, 1/2 s. N.
Montier-en-Der : 1873. — S. R. depuis.

NUMA, 1/2 s. N. — H. N.
B. 1891. — Calvados.
Par *Tigris*, 1/2 s. N., et *Irma*, par Acquila, 1/2 s. N.
Sa grand'mère : par Jackson, 1/2 s. N.
Compiègne : depuis 1896.

NUMÉRAIRE, 1/2 s.
Approuvé : 1895. — M. Pioud.
B. 1891. — France.
Par *Habre* et une fille de Sinoc.
Annecy : depuis 1895.

NUMITOR, 1/2 s. N. — H. N.
Al. 1869. — Manche.
Par *Egésippe*, 1/2 s. N.
Montier-en-Der : 1873. — Réformé en août 1879.

N'Y-TOUCHEZ-PAS, ex-**NOVATEUR**, 1/2 s. N.. -- H. N.
B. 1891. — Manche.
Par *Dacapo*, 1/2 s. N., et *Frondeuse*, 1/2 s. N.,
par Schamrock, 1/2 s. A.
Sa grand'mère : par Macouba et Urus.
Passé à l'Ecole en décembre 1898.
(Le S. B. 1/2 s., t. II, l'indique sous le nom de Nelson.

OBDORSK, 1/2 s. N. — H. N.
B. 1892. — Manche.
Par *Alsacien*, 1/2 s. N., et *Lapin*, jument 1/2 s. N.
par Manille, P. S. A.
Rosières : depuis 1896.

OBÉLISQUE, 1/2 s.
Approuvé. — M. Monin (Côte-d'Or).
B. 1870. — Normandie.
Par *Taconnet*, 1/2 s. N., et une jument 1/2 s. N..
par Centaure, 1/2 s. N.
Besançon : 1874-1880.

OBERKAMPF, 1/2 s. N. — H. N.
Al. 1892. — Calvados.
Par *Valère*, 1/2 s. N., et *Miss-Calm*, 1/2 s. N.,
par Ambition, 1/2 s. N.
Sa grand'mère : par Lucain, 1/2 s. N.
Rosières : depuis 1896.

OBERLAND, ex-ORANGER, 1/2 s. N. — H. N.
Al. 1870. — Mayenne.

Par *Intrépide*, 1/2 s. N., et une fille de Bourgelot, 1/2 s. Y.
Annecy : 1875. — Castré en août 1882.

OBEYAN, 1/2 s.
Autorisé. — Bon de Rothschild (Oise).
Gr. 1885. — Arabie.

Compiègne : 1896. — Offert après la monte de 1897 au Jardin
d'Acclimatation.

OBSERVABLE, 1/2 s.
Approuvé. — M. Garat, 1874.
B. ch. 1870. — France.

Par *Beaumanoir* et une jument 1/2 s.
Annecy : 1874. — Réformé en 1887.

OBSERVANTIN, 1/2 s. — H. N.
Ro : 1848.

Par *Don-Quichotte*, P. S. A.-A, et *N.*, jument de trait.
Montier-en-Der : 1854. — Réformé en octobre 1854.

OBSTACLE, 1/2 s. N.
Approuvé. — M. Brunel-L'Hoste.
Bb. 1870. — Normandie.

Par *Pater*, 1/2 s. N., et une fille de Lionceau, 1/2 s. N.
Rosières : 1874. — Mort en 1892.

OBUS, 1/2 s.
Approuvé. — M. de la Porte, 1875 ; M. Lepine, 1877 ;
M. Lessallas, 1883.
Al. 1870. — France.
Annecy : 1875. — Castré en 1884.

OBUS Ier, 1/2 s. N. — H. N.
N. 1892. — Orne.

Par *International*, 1/2 s. N., et *Indiana*, par Niger, 1/2 s. N.
Sa grand'mère : par Pretty-Boy, P. S. A.
Compiègne : depuis 1896.

OCCHIALI, 1/2 s. N. — H. N.
B. 1892. — Manche.
Par *Joyau*, 1/2 s. N., et *Lapin*, par Verni, 1/2 s. N., et une fille
de Guelfe, 1/2 s. N.
Besançon : depuis 1896.

OCCIDENT, 1/2 s. V. — H. N.
B. 1892. — Vendée.
Par *Hérode*, 1/2 s. N., et *Kermesse*, 1/2 s., par Queymadéro,
1/2 s. V.
Sa grand'mère : fille de Kapirat II, 1/2 s. N.
Compiègne : depuis 1896.

OCCIDENTAL, 1/2 s. N. — H. N.
B. 1870. — Calvados.
Par *Pretender*, 1/2 s. A., et une fille d'Ottoman, 1/2 s. N.
Compiègne : 1874. — Réformé en août 1879.

OCÉAN, 1/2 s. N. — H. N.
Bb. 1848. — Normandie.
Par *The Juggler*, P. S. A., et une fille de Chasseur, 1/2 s. N.
Rosières : 1852. — Castré en août 1863.

OCÉAN, 1/2 s.
Approuvé. — M. Verrillon (Côte-d'Or).
Al. 1870. — Normandie.
Par *Unau*, 1/2 s. N., et une jument 1/2 s., par Guignolet, 1/2 s. N.
Besançon : 1874-1882.

OCÉAN, 1/2 s. N. — H. N.
Bb. 1870. — Manche.
Par *Ugolin*, 1/2 s. N., et une fille de Vandermulin, P. S. A.
Compiègne : 1874. — Abattu en août 1896.

O'CONNELL, 1/2 s.
Approuvé : 1887. — M. Morel.
Al. 1879. — France.
Par *Quinola* et une fille de Chardin.
Annecy : 1887. — S. R. depuis.

OCTOBRE, 1/2 s.
Approuvé : 1896. — M. Morel.
B. m. 1892. — France.

Par *Jalon* ou *Glaneur* et une fille de Norfolk-Trotter.
Annecy : depuis 1896.

OCTOGÉNAIRE, 1/ s. N. — H. N.
N. 1892. — Calvados.

Par *James-Wott*, 1/2 s. N., et *Lina*, par Forgeur, 1/2 s. N.
Annecy : 1896. — Mort en octobre 1897.

OCTAVE I, 1/2 s.
Approuvé. — M. Patin (Côte-d'Or).
B. 1870. — Normandie.

Par *Intact*, 1/2 s. N., et une jument 1/2 s., par Tamerlan, 1/2 s. N.
Besançon : 1874. — Castré en 1881.

OCTAVE II, 1/2 s.
Approuvé — M. Variot, 1874 ; M. Jordoillet, 1870 (Côte-d'Or).
B. 1870. — Normandie.
Besançon : 1874-1880.

OCTAVE, 1/2 s.
Approuvé. — M. F. Delangle, à Lille.
B. 1876.
Compiègne : 1880. — S. R. depuis.

OCTIL, 1/2 s.
Approuvé. — M. Mestanier (Côte-d'Or).
B. 1869. — Normandie.

Par *Tamerlan*, 1/2 s. N., et une jument 1/2 s.,
par Dragon, 1/2 s. N.
Besançon : 1874. — Réformé en 1877.

ODÉON, ex-ORTOLAN, 1/2 s. N. — H. N.
Gr. 1870. — Manche.

Par *Matchless*, 1/2 s. A., et *Martine*, 1/2 s. N.
Rosières : 1874. — Castré en septembre 1890.

ODER, 1/2 s.

Approuvé. — M. Quenot (Côte-d'Or).

N. 1870. — Normandie.

Par *Illico*, 1/2 s. N., et une jument 1/2 s.,
par The Juggler, P. S. A.

Besançon : 1874. — Réformé en 1879.

ODERZO, 1/2 s. N. — H. N.

Bb. 1870. — Calvados.

Par *Washington*, 1/2 s. All., et *Bijou*, 1/2 s. N.

Montier-en-Der : 1876. — Réformé en août 1882.

ODET, 1/2 s. N. — H. N.

B. 1870. — Calvados.

Par *Interprète*, 1/2 s. N., et une jument 1/2 s., par The Nemrod,
1/2 s. A.

Besançon : 1874. — Réformé en 1880.

ODON, 1/2 s.

Approuvé. — M. Gastiger.

B. 1870.

S. R.

Rosières : 1874. — Castré en 1882.

ŒDIPE, 1/2.

Approuvé : 1874. — M. Nicolle. ; M. Geste-Renoussard (Côte-d'Or).

A. 1869. — Normandie.

Par *Egesippe*, 1/2 s. N., et une jument 1/2 s., par Cydnus, 1/2 s.

Besançon : 1874-1880.

ŒDIPE, 1/2 s.

Approuvé. — M. Vincent (Jura).

Par *Fulminant*, 1/2 s. N., et *Blanc-Pied*, jument 1/2 s.,
par Canut, 1/2 s. N.

Sa grand'mère : fille de Victorieux, 1/2 s. N.

Besançon : 1896. — Castré en juillet 1898.

ŒILLET, 1/2 s. N.
Approuvé. — M. Vignon.
B. 1870. — Normandie.
Par *Bayard*, 1/2 s. N., et une fille de Unau, 1/2 s. N.
Rosières : 1874. — Réformé en 1887.

ŒMULUS, 1/2 s.
Approuvé. — Duc de Vicence, à Coulaincourt (Aisne).
B. 1870. — Amérique
Par *Mambrino-Pilot* et *Black-Bess*, par Shoredam's.
Compiègne : 1883. — Mort en 1887.

OFFICE, 1/2 s. — H. N.
B. 1892. — Seine.
Par *Étudiant*, 1/2 s. N., et *Églantine*, 1/2 s.
Rosières : depuis 1896.

OFFICIEUX, 1/2 s.
Approuvé. — M. Lombard (Côte-d'Or).
B. 1870. — Normandie.
Besançon : 1875. — Mort en 1881.

OGIER, ex-**OSCAR**, 1/2 s.
Approuvé. — M. Roy (Haut-Rhin).
B. 1892. — Finistère.
Par *Halévy*, 1/2 s. N., et *Fanny*, jument, par Sanders (?).
Sa grand'mère : fille de Thermidor, 1/2 s. Br.
Besançon : depuis 1896.

OGRE, 1/2 s.
Approuvé. — M. Roussotte, 1874 ; M. Mestannier, 1877 (Côte-d'Or).
B. 1870. — Normandie.
Par *Intérim*, 1/2 s. N., et une jument 1/2 s., par Orgueilleux,
1/2 s. N.
Besançon : 1874. — Castré en 1881.

OHIO, ex-**ORESTE**, 1/2 s. N. — H. N.
Al. 1870. — Manche.

Par *Jambon*, 1/2 s. N., et une fille de Volcan, 1/2 s. N.,
par Prince-Colibri, P. S. A.

Rosières : 1874. — Mort en juin 1890.

OHIO, 1/2 s. Lorr.
Approuvé. — M. Martin, 1886 ; M. V. Martin, 1898.
Al. 1882. — Lorraine.

Par *Ohio*, 1/2 s. N., et une fille de Tamberlick, P. S. A.
Rosières : 1886. — S. R. depuis.

OISELEUR, 1/2 s.
Approuvé. — M. Pechinot (Côte-d'Or).
B. 1870. — Normandie.

Par *Ignace*, 1/2 s. N., et une jument 1/2 s., par Usager, 1/2 s. N.
Besançon : 1874. — Mort en 1879.

OISON, 1/2 s.
Approuvé. — M. Froc (Seine-et-Marne).
B. 1892.

Par *Fred-Archer* et une jument 1/2 s. A.
Compiègne : depuis 1896.

OISSEL, 1/2 s. N.
Approuvé. — M. Japiot (Haute-Marne).
B. 1892. — Normandie.

Par *Hysope*, 1/2 s. N., et N., 1/2 s. N., par Saint-Cloud, 1/2 s. N
Sa grand'mère : N., 1/2 s. N., par Guelfe, 1/2 s. N. (approuvé).
Montier-en-Der : depuis 1896.

OLAHUS, 1/2 s.
Approuvé. — M. Berquet ; M. Meuret (Aisne, 1898).
Bb. 1892.

Par *Bataillon*, 1/2 s. N., et une fille de Canut, 1/2 s. N.
Compiègne : depuis 1896.

OLD-ENGLAND, 1/2 s. N.
Approuvé. — M. Chrétien, 1874; M. Bastien-Guedon, 1880.
Bb. 1870. — Normandie.

Par *Conquérant*, 1/2 s. N., et une fille de Troarn, 1/2 s. N.
Rosières : 1874. — Mort en octobre 1888.

OLDMAN, 1/2 s. Lorr. — H. N.
Gr. 1827. — Haras de Rosières.

Par *Holbein*, P. S. A., et *Georgina*, jument de race Deux-Ponts,
née au Haras de Rosières.
Rosières : 1831. — Castré en 1850.

OLIBAN, ex-**OLIM**, 1/2 s. N. — H. N.
B. 1870. — Orne.

Par *Galba*, 1/2 s. N., et une jument 1/2 s., par Esculape, 1/2 s. N.
Besançon : 1875. — Réformé en 1882.

OLIM, 1/2 s. N. — H. N.
B. 1870. — Calvados.

Par *Vingt-Mars*, 1/2 s. A., et N., 1/2 s. N., par Grosley, 1/2 s. N.
Montier-en-Der : 1876. — Réformé en août 1887.

OLIVARUS, 1/2 s. N. — H. N.
Gr. 1848. — Normandie.

Par *Pylade*, 1/2 s. N., et une jument du Cotentin.
Rosières : 1852. — Abattu en juillet 1869.

OLIVARIUS, 1/2 s. N. — H. N.
B. 1870. — Calvados.

Par *Dragon*, 1/2 s. N., et une fille de Bisson, 1/2 s. N.
Compiègne : 1874. — Passé au Pin après la monte de 1879.

OLIVET, ex-**OCCASION**, 1/2 s. N. — H. N.
B. ch. 1870. — Calvados.

Par *Glorieux*, 1/2 s. N., et une fille de Sancho, 1/2 s. N.
Annecy : 1874. — Abattu en août 1891.

OLIVIER, 1/2 s. N. — H. N.
B. 1847. — Normandie.

Par *Impérieux*, 1/2 s. N., et une fille de Jaggar, 1/2 s. N.
Rosières : 1852. — Castré en juillet 1869.

OLIVIER, 1/2 s. N. — H. N.
Gr. 1848. — Normandie.

Par *Henry*, 1/2 s. N., et une fille de Pégase, 1/2 s. N.
Rosières : 1853. — Mort en mars 1861.

OLMUTZ, ex-**ORATEUR**, 1/2 s. N. — H. N.
Al. br. 1869. — Calvados.

Par *Gotha*, 1/2 s. N., et une fille de Vandermulim, 1/2 s. N.
Annecy : 1874. — Abattu en août 1882.

OLYMPE, 1/2 s. N.
Approuvé. — M. Vautrain, 1874 ; M. Colson, 1879.
B. 1870. — Normandie.

Par *Tamerlan*, 1/2 s. N., et *Charlotte*, 1/2 s. N., par Victorieux,
1/2 s. N.
Sa grand'mère : par Jay, 1/2 s. N.
Rosières : 1874. — Réformé en 1885.

OMAR, 1/2 s. N. — H. N.
B. 1847. — Normandie.

Par *Quiroga*, 1/2 s. N., et une jument 1/2 s., par Egrillard, 1/2 s. N.
Besançon : 1862. — Réformé en 1866.

OMAR, 1/2 s.
Approuvé. — M. Loichot (Doubs).
B. 1850. — Normandie (?).
Besançon : 1865. — Réformé en 1872.

O'MÉARA, 1/2 s. N.
Approuvé. — M. Galin, 1896.
B. 1892. — France.

Par *Gerardmer* et une fille de Don Quichotte.
Annecy : depuis 1896.

OMER-PACHA, 1/2 s.

Approuvé. — M. Bartholomot (Jura).

Al. 1892. — Manche.

Par *Vaucouleurs*, 1/2 s. N., et *Blanc-Pied*, jument 1/2 s.,
par Vert-Luron, 1/2 s. N.

Sa grand'mère : par Bien-Aimé, 1/2 s. N. (approuvé).

Besançon : depuis 1896.

OMNIUM, 1/2 s. N. — H. N.

N. 1870. — Calvados.

Par *Phœnoménon*, 1/2 s. A., et une jument arabe.

Rosières : 1874. — Castré en août 1881.

OMNIUM, 1/2 s.

Approuvé. — M. Roux, 1875 ; M. Goudard, 1884.

B. ch. 1870. — France.

Annecy ; 1875. — Réformé en 1885.

ONCQUES-MIEUX, 1/2 s.

Autorisé : 1897. — M. le Cte de Monts.

B. m. 1892. — France.

Par *Qui-Vive* et *Jenny-Lind*.

Annecy : depuis 1898.

ONDIN, ex-**ORANGER**, 1/2 s. N. — H. N.

Al. br. 1870. — Manche.

Par *Égésippe*, 1/2 s. N., et une fille d'Essence, 1/2 s. N.

Annecy : 1874. — Castré en août 1885.

ONGLET, ex-**ORPHÉE**, 1/2 s. N. — H. N.

B. 1869. — Orne.

Par *Séducteur*, 1/2 s. N., et une fille de Solide, 1/2 s. N.

Compiègne : 1874. — Réformé en décembre 1874.

ONTARIO, 1/2 s. N. — H. N.
B. 1870. — Seine-Inférieure.
Par *Bayard*, 1/2 s. N., et une fille de Gédéon.
Compiègne : 1875. — Réformé après la monte de 1876.

OPIUM, 1/2 s.
Approuvé : 1896. — M. Darmon.
B. m. 1892. — France.
Par *Valdempierre* et une fille de Barraberce.
Annecy : depuis 1896.

OPPORTO, 1/2 s. N.
Approuvé. — M. Robin.
N. 1870. — Normandie.
Par *Josaphat*, 1/2 s. N., et une fille de Lionceau, 1/2 s. N.
Rosières : 1874. — Réformé en 1884.

OPPORTUN, 1/2 s.
Approuvé. — M. Jobard (Côte-d'Or).
B. 1871. — Normandie.
Besançon : 1875-1881.

OPTICIEN, 1/2 s.
Approuvé. — M. Modesse-Besquet.
Bb. 1870.
Compiègne : 1874. — Castré en 1877.

OPTIMÉ, 1/2 s.
Accepté. — M. Vinoy Célestin, à Fontaine-au-Bois (Nord).
Bb. 1892.
Par *Mourle*, P. S. A., et *Lœtitia*, ex-*Lœtizia*.
Compiègne : depuis 1897.

OPTIMIST, 1/2 s.
Approuvé. — M. Leblanc, 1874; M. Rougeot, 1880 (Côte-d'Or).
B. 1870. — Normandie.
Par *Bravo*, P. S. A.
Besançon : 1874-1884.

OPULENT, 1/2 s. N. — H. N.
B. ch. 1870. — Orne.
Par *Taconnet*, 1/2 s. N., et *Lina*, fille de Pledge, 1/2 s. N.
Annecy : 1874. — Castré en août 1891.

OPUSCULE, ex-**BON-VIVANT**, 1/2 s.
Approuvé. — M. Thoret.
N. 1890. — Bretagne.
Par *Bataille*, 1/2 s. N., et une jument 1/2 s.
Besançon : depuis 1894.

ORACLE, 1/2 s. N. — H. N.
B. f. 1870. — Manche.
Par *Malakoff*, 1/2 s. N., et une fille d'Ursin, 1/2 s. N.
Annecy : 1874. — Castré en juillet 1880.

ORACLE, ex-**JACQUEMART**, 1/2 s.
Approuvé. — M. Devaux (Jura).
B. 1892. — Manche.
Par *Fabricourt*, 1/2 s. N., et *Perdrix*, jument 1/2 s.,
par Volte-Face, 1/2 s. N.
Sa grand'mère : fille de Garibaldi, 1/2 s. A.
Sa bisaïeule : fille de Georges, 1/2 s. N. (approuvé).
Besançon : depuis 1896.

ORAGEUX, 1/2 s. N. — H. N.
B. 1870. — Calvados.
Par *Esculape*, 1/2 s. N., et une fille de Buci, 1/2 s. N.
Sa grand'mère : fille de Sultan, 1/2 s. N.
Compiègne : 1876. — **Réformé en août 1879.**

ORAL, 1/2 s. N. — H. N.
B. 1892. — Manche.
Par *Dominant*, 1/2 s. N., et *Mazette*, 1/2 s. N., par Colporteur,
1/2 s. N.
Rosières : 1896. — Réformé en juillet 1899.

ORAN, 1/2 s. N. — H. N.
B. 1847. — Normandie.

Par *Herz*, 1/2 s. N., et *N.*, 1/2 s. N., par Bitume, 1/2 s. N.
Montier-en-Der : 1852. — Réformé en février 1861.

ORBAT, 1/2 s. N. — H. N.
B. 1892. — Manche.

Par *Shamrock*, 1/2 s. A., et *Mignonne,* par Macouba, 1/2 s. N.
Sa grand'mère : par Quasi, 1/2 s. N.
Compiègne : depuis 1896.

ORDINAL, 1/2 s. V. — H. N.
B. 1892. — Vendée.

Par *Goldini*, 1/2 s. N., et *Minette*.
Montier-en-Der : depuis 1896.

ORDINANT, 1/2 s. N. — H. N.
Al. 1870. — Calvados.

Par *Vladimir*, 1/2 s. N., et *N.*, 1/2 s. N., par Téniers, 1/2 s. N.
Montier-en-Der : 1874. — Réformé en décembre 1874.

ORÉNOQUE, 1/2 s.
Approuvé. — M. Belorgey (Côte-d'Or .
N. 1870. — Normandie.

Par **Y.** *Volunteer*, 1/2 s. A., et une jument 1/2 s., par *Utrich* (?).
Besançon : 1874. — Réformé en 1876.

ORESTE, 1/2 s. N.
Approuvé. — M. Clément, 1896 ; M. Gand, 1899.
B. 1892. — Normandie

Par *Fred-Archer*, 1/2 s. N., et une fille d'Agnadel, 1/2 s.
Rosières : depuis 1896.

ORFANO, 1/2 s. N. — H. N.
B. 1870. — Manche.

Par *Bravo*, P. S. A., et *Rosette*, 1/2 s. N.
Montier-en-Der : 1874. — Réformé en 1875.

S. B. 1/2 s. N., t. I, p. 200.

ORGANIQUE, 1/2 s. N.

Approuvé. — M. Poiret, à Saint-Épin.
Bb. 1870. — Normandie.

Par V., 1/2 s. N., et *Crocus*, 1/2 s. A., ou *Matchless II*, 1/2 s. A.,
et fille de Candelaria, 1/2 s. A.
Compiègne : 1875-1883.

ORGANISTE, 1/2 s.

Approuvé. — M. Parcheminey (Haute-Saône).
B. 1870. — Normandie.

Par *Ugolin*, 1/2 s. N., et une jument 1/2 s., par Koulikan, 1/2 s. N.
Besançon : 1874. — Réformé en 1883.

ORGANISTE, 1/2 s. N. — H. N.

B. m. 1892. — Calvados.

Par *Journalier*, 1/2 s. N., et *Cocotte*, par Béranger, 1/2 s. N.
Annecy : depuis 1896.

ORGUEILLEUX, 1/2 s.

Approuvé. — M. Poirier (Yonne),
Al. 1880.

Par *Ourson*, 1/2 s. et *N.*, 1/2 s., par Orgueilleux, 1/2 s.
Montier-en-Der : 1887. — S. R. depuis 1892.

ORICO, 1/2 s.

Approuvé. — M. George (Haute-Saône).
N. 1892. — Manche.

Par *Kozyr*, 1/2 s. Russe, et *Coquette*, jument 1/2 s.
Besançon : 1896. — Vendu en janvier 1899.

S. B. 1/2 S. N., t. I, p. 201.

ORIFLAMME, 1/2 s. N.

Approuvé. — M. Papin, à Saint-Denis (Seine-Inférieure).
N. 1870.

Par *Sir-Edwin-Landsyer*, et une fille de Divus, 1/2 s. N.
Compiègne : 1874-1879.

ORIGINEL, 1/2 s. N. — H. N.

Bb. 1870. — Manche.

Par *Giboyer*, 1/2 s. N., et une fille de Docteur, 1/2 s. N.

Compiègne : 1874. — Réformé après la monte de 1885.

ORION, 1/2 s.

Accepté. — M. Strelin, à Sainte-Marie-Kerku (Pas-de-Calais).

Bb. 1889.

Par *Orion*, 1/2 s. N.

Compiègne : 1896-1897.

ORION, 1/2 s. N. — H. N.

Al. 1870. — Calvados.

Par *Ursin*, 1/2 s. N., ou *Vingt-Mars*, P. S. A., et une fille de
Royal-Quand-Même. P. S. A.

Compiègne : 1874. — Abattu en juillet 1893.

ORLÉANS, 1/2 s.

Approuvé. — M. Raffiot (Côte-d'Or).

B. 1870. — Normandie.

Par *Impérial*, 1/2 s. N., et une jument 1/2 s., par Agenda, 1/2 s. N.

Besançon : 1874. — Mort en 1876.

S. B. 1/2 s. N.. t. I, p. 234.

ORLOFF, 1/2 s. N.

Approuvé. — Mis de Triquerville. — Duc de Vicence, 1879.

Bb. 1861. — Normandie.

Compiègne : 1876-1879.

ORLOFF, 1/2 s. Russe.

Autorisé. — Duc de Vicence (Aisne).

N. 1867. — Russie.

Compiègne : 1887. — S. R. en 1890.

ORLOFF, 1/2 s.

Approuvé. — M. Morel (Haute-Saône).

B. 1869. — Normandie.

Par *Fanfaron*, 1/2 s. N., et une jument 1/2 s. par Quinine, 1/2 s. N.

Besançon : 1874-1876.

ORLOFF, 1/2 s.

Approuvé. — M. George (Haute-Saône).

B. 1892. — Manche.

Par *Sorcier*, 1/2 s. N., et *Bijou*, jument 1/2s. par Regret, 1/2 s. N.
(approuvé).

Besançon : 1896. — Vendu en novembre 1898.

ORME, 1/2 s.

Approuvé. — M. Corriney (Haute-Saône).

B. 1892. — Haute-Saône.

Par *Cigare*, 1/2 s. N. (approuvé), et *Castille*, jument 1/2 s.,
par Usuel, 1/2 s. N.

Sa grand'mère : fille de Teinturier, 1/2 s. N.

Besançon : 1896. — Castré en août 1896.

ORMESBY, 1/2 s. V. — H. N.

Al. 1892. — Vendée.

Par *Jourdan*, 1/2 s. N., et *Idole*, par Kapirat II, 1/2 s. N.

Sa grand'mère : fille de John-Bull.

Compiègne : depuis 1896.

ORNANO, 1/2 s.

Approuvé. — M. Briottet (Haute-Saône).

B. 1870. — Normandie.

Par *Y.*, 1/2 s. N., et une jument 1/2 s. par Olga (?).

Besançon : 1874. — Réformé en 1881.

ORNEMENT, 1/2 s.

Approuvé. — M. Sylvestre, 1874 ; M. Rochelandet, 1876
(Haute-Saône).

B. 1869. — Normandie.

Par *Gouverneur*, 1/2 s. N., et une jument 1/2 s., par Lionceau,
1/2 s. N.

Besançon : 1874. — Réformé en 1890.

S. B. 1, 2 s. N., t. I, p. 201.

ORNEMENT, 1/2 s. N.

Approuvé. — M. Schuster ; M. de Martel, 1877, Janville
(Seine-Inférieure).

Bb. 1870. — Normandie.

Par *Conquérant*, 1/2 s. N., et une fille de Brocardo, P. S. A.

Compiègne : 1874-1879.

ORPHÉE, 1/2 s.

Autorisé. — M. G. Benoist (Aisne).

Bb. 1877.

Compiègne : 1887. — S. R. en 1891.

ORPIERRE, 1/2 s. N. — H. N.

B. 1892. — Manche.

Par *Habeo*, 1/2 s. N., et *Castille*, par Druidique, 1/2 s. N.

Besançon : 1896. — Mort en 1896.

N'a pas fait la monte.

ORPIN, ex-OPULENT, 1/2 s. N. — H. N.

B. 1870. — Manche.

Par *Agenda*, 1/2 s. N., et une fille de Diégo, 1/2 s. N.

Compiègne : 1874. — Abattu en juillet 1892.

ORSINI, 1/2 s. N. — H. N.
B. 1892. — Manche.
Par *Fred-Archer*, 1/2 s. N., et *Laborieuse*, 1/2 s. N.
par Ministère, P. S. A.
Sa grand'mère : par Lavater, 1/2 s. N.
Rosières : depuis 1896.

ORTHODOX, 1/2 s.
Approuvé. — M. Charton, 1874 ; M. Ravier, 1875 (Côte-d'Or).
B. 1869. — Normandie.
Par *Adolpho*, 1/2 s. N., et une jument 1/2 s., par Jugon.
Besançon : 1874-1880.

ORTOLAN, 1/2 s. N. — H. N.
B. 1870. — Orne.
Par *Centaure*, 1/2 s. N., et *Miss*, 1/2 s. N., par Y., 1/2 s. N.
Montier-en-Der : 1874. — Réformé en juillet 1880.

ORTOLAN, 1/2 s.
Approuvé. — M. Graftiaux (Ardennes).
Bb. 1878.
Montier-en-Der : 1882. — S. R. depuis.

S. B. 1/2 s. N., t. II, p. 241.
ORTOLAN, 1/2 s. N. — H. N.
B. 1892. — Calvados.
Par *Juvigny*, 1/2 s. N., et *Grenade*, 1/2 s. N.,
par Conquérant, 1/2 s. N.
Sa grand'mère : Vallée-d'Auge, 1/2 s. N., par Fire-Away, 1/2 s. A.
Rosières : depuis 1896.

ORTOLAN, 1/2 s.
Approuvé. — M. Méraud (Haute-Saône).
Al. 1892. — Manche.
Par *Sérieux*, 1/2 s. N., et *Fillette*, jument 1/2 s.,
par Idoménée, 1/2 s. N.
Sa grand'mère : fille de Bisson, 1/2 s. N.
Besançon : depuis 1896.

ORVIÉTAN, 1/2 s. — H. N.

B. m. 1892. — Allier.

Par *Cherbourg*, 1/2 s. N., et *Bachelette*, par Y. Quick-Silver,
1/2 s. N.

Annecy : depuis 1897.

OSBALD, 1/2 s. N. — H. N.

B. 1826. — Normandie.

Par *Cleveland*, 1/2 s. A., et une jument normande.

Besançon : 1843. — Réformé en 1846.

OSCAR, 1/2 s. A.-N. — H. N.

Al. 1846. — Normandie.

Annecy. — Castré en juillet 1867.

OSCAR, 1/2 s.

Approuvé. — M. Colas (Haute-Marne).

B. 1871.

Par *Impérial*, 1/2 s. N., et *N.*, 1/2 s., par Lahore. 1/2 s. N.
(approuvé).

Montier-en-Der : 1874. — S. R. depuis 1886.

OSCAR, ex-**TALISMAN**, 1/2 s. Br.

Approuvé. — M. Aubert (Haute-Marne).

Al. 1892. — Finistère.

Par *Izeron*, 1/2 s. V., et *Brune*, 1/2 s. Br.
Montier-en-Der : depuis 1896.

OSCAR, 1/2 s. Br. — H. N.

B. m. 1892. — Finistère.

Par *Ferret*, 1/2 s. N., et *Fanny*, par Bouquet, 1/2 Br.

Annecy : 1896. — Castré en août 1897.

OSMAN, ex-**MAGISTER**, 1/2 s.
Approuvé. — M. Truchot (Jura).
Al. 1890. — Bretagne.
Par *Chaperon*, 1/2 s. N., et *Bobine*, jument 1/2 s.,
par Amasis, 1/2 s. N.
Sa grand'mère : fille de Neuilly, 1/2 s. N.
Besançon : depuis 1894.

OSSELET, 1/2 s. N. — H. N.
N. 1892. — Manche.
Par *Voleur*, 1/2 s. N., et *Rapide*, par Institut, 1/2 s. N.
Besançon : 1896. — Mort en 1897.

OSTADE, 1/2 s. N. — H. N.
B. 1870. — Calvados.
Par *Gotha*, 1/2 s. N., et *N.*, 1/2 s. N., par Isolier, P. S. A.
Montier-en-Der : 1874. — Abattu en décembre 1891.

OSTENDE, 1/2 s. N. — **H. N.**
Gr. 1847. — Normandie.
Par *Biron* (approuvé), 1/2 s. N., et une fille de Regretté, 1/2 s. N.
Rosières : 1860. — Castré en août 1864.

OSWALD, 1/2 s. N. — H. N.
B. 1848. — Normandie.
Par *Sir-Henry*, 1/2 s. A., et une fille de Boucanier, 1/2 s. N.
Rosières : 1852. — Castré en janvier 1861.

OTHELLO, 1/2 s. Lorr.
Approuvé. — M. Lessens, 1874 ; M. Papelier, 1878.
B. 1870. — Meurthe-et-Moselle.
Par *Camille*, 1/2 s. N., et une jument normande.
Rosières : 1874. — Réformé en 1884.

OTHELLO, 1/2 s.
Autorisé. — M. R. Delanoi (Oise).
B. 1886.
Par *Tigris* 1/2 s. N.
Compiègne : 1891. — S. R. en 1892.

19.

OTHON, 1/2 s. N. — H. N.
B. 1848. — Normandie.
Par *The Juggler*, P. S. A. et une fille d'Extrême, 1/2 s. N.
Le Pin : 1866. — Compiègne : 1867. — Réformé en août 1867.

S. B. 1/2 s. N., t. 1, p. 234.
OUBLIÉ, 1/2 s. N.
Approuvé. — M. Marescot.
B. ch. 1870. — Normandie.
Compiègne : 1874. — S. R. depuis.

OUDINOT, 1/2 s.
Approuvé. — M. Mourot, 1874 ; M. Raffiot, 1877 ; M. Barraux
(Côte-d'Or), 1880.
B. 1880. — Normandie.
Par *Illico*, 1/2 s. N., et une jument 1/2 s., par Montaigne, 1/2 s. N.
Besançon : 1874-1882.

OUDON, 1/2 s.
Approuvé. — M. Richard (Haut-Rhin) ; M. Broger (Haute-Marne).
B. f. 1892. — Finistère.
Par *Bassano*, 1/2 s. N., ou *Gaston*, 1/2 s. Br., et *Fleurie*,
jument 1/2 s., par The General, 1/2 s. A.
Sa grand'mère : fille d'Ulysse, 1/2 s. Br. (approuvé).
Besançon : 1896. — Vendu en décembre 1897.
Montier-en-Der : depuis 1898.

OUI-DA, 1/2 s.
Approuvé : 1875. — M. Jonguet.
B. ch. 1870. — France.
Annecy : 1875. — S. R. depuis.

OUILLY, 1/2 s. N. — H. N.
B. 1892. — Orne.
Par *Janus*, 1/2 s. N., et *Cocote*, par Volga, 1/2 s. N.,
et une fille de Traquenard, 1/2 s. N.
Besançon : depuis 1896.

OURAGAN, 1/2 s. N. — H. N.
B. 1848. — Normandie.
Par *Honorable*, 1/2 s. N., et *N.*, 1/2 s. N., par Jaggar, 1/2 s. A.
Montier-en-Der : 1852. — Abattu en juillet 1868.

OURAGAN, 1/2 s.
Approuvé. — M. Guian, à Bures (Seine-Inférieure).
N. 1867. — Normandie.
Compiègne : 1873-1874.

OURAGAN, 1/2 s.
Approuvé. — M. Baudot.
B. 1870.
S. R.
Rosières : 1874. — Réformé en 1883.

OURAGAN, 1/2 s.
Autorisé : M. Foconnier (Pas-de-Calais).
Gr. — 1879.
Compiègne : 1890. — S. R. en 1893.

OUTRECUIDANT, ex-**OMEGA**, 1/2 s. N. — H. N.
B. 1892. — Orne.
Par *Havas*, 1/2 s. N., et *Lisette*, par Barrabas, 1/2 s. N.
Besançon : depuis 1896.

OUVRIER, 1/2 s. N.
Approuvé. — M. Magniez ; M. Descrouez (Cateau), 1874.
Gr. 1869. — Normandie.
Compiègne : 1876. — S. R. depuis.

OVICIAT, 1/2 s.
Approuvé. — M. Touyard (Jura).
Bb. 1892. — Calvados.
Par *Hexamètre*, 1/2 s. N., et *Bijou*, jument 1/2 s., par Valentino,
1/2 s. N.
Sa grand'mère : par Mithridate, 1/2 s. N. (approuvé).
Besançon : depuis 1896.

OVIDE, 1/2 s.
Approuvé. — M. Ravier (Côte-d'Or).
Al. 1870. — Normandie.
Par *Acacia* et une jument 1/2 s., par Bitume.
Besançon : 1874. — Réformé en 1874.

OVIDE, 1/2 s. N.
Approuvé : M. Berthaux.
B. 1870. — Normandie.
Par *Français*, 1/2 s. N., et une fille de Buci, 1/2 s. N.
Rosières : 1874. — Réformé en 1884.

OZIAS, ex-**MALTAIS**, 1/2 s.
Approuvé. — M. Lanaud (Jura).
B. 1890. — Bretagne.
Par *Eradier*, 1/2 s. N., ou *Brigadier*, cheval de trait, et une jument
1/2 s., par Taulé, 1/2 s. Br.
Besançon : 1894. — Mort en novembre 1897.

OZIRIS, ex-**CHARLOT**, 1/2 s.
Approuvé : M. Bertrand (Jura).
B. 1890. — Bretagne.
Par *Babeuf*, 1/2 s. N., et une jument 1/2 s., par Charlot, 1/2 s. Br.
(approuvé).
Besançon : 1894. — Réformé en novembre 1897.

PACHA, 1/2 s. N. — H. N.
Aub. 1871. — Manche.
Par *Hunter*, 1/2 s. N., et une fille de Bouton, 1/2 s. N. (approuvé).
Compiègne : 1876. — Réformé en août 1879.

PACIFIQUE, ex-**PATRIOTE**, 1/2 s. N. — H. N.
B. 1893. — Manche.
Par *Frondeur*, 1/2 s. N., et *Rosette*, par Newton, 1/2 s. N.
et une fille d'Agenda, 1/2 s. N.
Besançon : depuis 1897.

PACTOLE, 1/2 s.
Approuvé : M. Thomas (Haute-Saône).
B. 1871. — Normandie.
Besançon : 1876-1879.

PAILLON, 1/2 s.
Approuvé. — M. Thiébault (Haute-Saône).
Bb. 1893. — Calvados.
Par *Utique*, 1/2 s. N., et *Lisa*, jument 1/2 s., par Washington,
1/2 s., allemand.
Sa grand'mère : par Bisson, 1/2 s. N.
Besançon : depuis 1897.

PALADIN, 1/2 s.
Approuvé. — M. Vesoul-Jovignot (Côte-d'Or).
B. 1871. — Normandie.
Besançon : 1875. — Réformé en 1881.

PALADIN, 1/2 s. N. — H. N.
B. 1893. — Calvados.
Par *Kadmor*, 1/2 s. N., et *Belladone*, par Normand, 1/2 s. N.,
et une fille de Conquérant, 1/2 s. N.
Besançon : depuis 1897.

PALAISEAU, 1/2 s.
Approuvé. — M. Voirot (Côte-d'Or).
B. 1871. — Normandie.
Besançon : 1875. — Réformé en 1881.

PALATINAT, 1/2 s. N. — H. N.
B. 1893. — Orne.
Par *Havas*, 1/2 s. N., et *Albertine*, par Norfolk-Trotter, 1/2 s. A.
Sa grand'mère : par Valdemar, 1/2 s. N.
Compiègne : depuis 1897.

PALERME, 1/2 s. N. — H. N.
B. 1893. — Calvados.
Par *Kilburn*, 1/2 s. N., et *Charlotte*, par Réveillon, 1/2 s. N.
Sa grand'mère : par O'Connell, 1/2 s. N.
Compiègne : 1897. — Réformé en juillet 1899.

PALMARÈS, 1/2 s. N. — H. N.
N. 1893. — Calvados.
Par *Dampierre* ou *Infernal*, 1/2 s. N., et *Marie*, par Irlandais,
1/2 s. N.
Sa grand'mère : jument de trait.
Compiègne : depuis 1897.

PALMIER, 1/2 s. N. — H. N.
B. 1871. — Manche.
Par *Kent*, 1/2 s. N., et une fille de Sinope, 1/2 s. N.
Compiègne : 1876. — Passé au Pin après la monte de 1879.

PALOUNÉ, 1/2 s. N.
Approuvé. — M. Poulain ; M. Carré (Somme).
Bb. 1893. — Normandie.
Par *Ilote*, 1/2 s. N., et une fille de Commandeur, 1/2 s. N.
Compiègne : depuis 1898.

PAMPHLET, 1/2 s.
Approuvé. — M. Robardey (Haute-Saône)
B. 1871. — Normandie.
Besançon : 1875-1882.

PANDORE, 1/2 s. Char. — H. N.
B. 1871. — Charente-Inférieure.
Par *Cauvicourt*, 1/2 s. N., et une fille de Snap.
Annecy : 1875. — Mort en mars 1876.

PANIQUE, 1/2 s. V. — H. N.
B. 1893. — Vendée.
Par *Huguenot*, 1/2 s. V., et *Fanny*, par Béziers, 1/2 s. N.,
et une fille d'Acacia, 1/2 s. N.
Besançon : depuis 1897.

PANURGE, ex-**PRINCE**, 1/2 s. N. — H. N.
B. 1871. — Calvados.
Par *J'y-Songerai*, 1/2 s. N., et une jument 1/2 s.,
par Sackos, 1/2 s. N.
Besançon : 1875. — Réformé en 1882.

PAOLI, 1/2 s. N. — H. N.
B. 1893. — Calvados.
Par *Galba*, 1/2 s. N., et *Kermesse*, par Tigris, 1/2 s. N.,
et une fille de Conquérant, 1/2 s. N.
Besançon : 1897. — Réformé en 1899.

PAPA, 1/2 s. N. — H. N.
Bb. 1871. — Calvados.
Par *Français*, 1/2 s. N., et une jument anglaise.
Rosières : 1875. — Castré en août 1880.

PAOLO, 1/2 s. N. — H. N.
Bb. 1893. — Manche.
Par *Frondeur*, 1/2 s. N., et *Coquette*, 1/2 s. N.,
par Vautrain, 1/2 s. N.
Sa grand'mère : par Quid-Juris, P. S. A.
Rosières : depuis 1897.

PAPIER-MONNAIE, 1/2 s. N. — H. N.
B. 1893. — Calvados.
Par *Harold*, 1/2 s. N., et une fille d'Acquila, 1/2 s. N,
Sa grand'mère : par Phaëton, 1/2 s. N.
Rosières : 1897. — Mort en août 1899.

PAPILLON, 1/2 s.
Approuvé. — M. D'Agout, 1875.
Al. 1870. — France.
Annecy : 1875. — S. R. depuis.

PAPILLON, 1/2 s. Char. — H. N.
Al. 1871. — Charente-Inférieure.
Par *Imperator*, 1/2 s. V., et une fille de Roquelaure, 1/2 s. N.
par Tipple-Cider, P. S. A.
Rosières : 1875. — Castré en août 1883.

PAPILLON, 1/2 s.
Autorisé. — M. Delattre (Somme).
Aub. 1882.
Par *Serpolet-Rouan*, 1/2 s. N., et une fille de The Heir-of-Linne,
P. S. A.
Compiègne : 1887-1892. — S. R. en 1893.

PAPIN, ex-**SALADIN**, 1/2 s. N. — H. N.
B. c. 1871. — Manche.
Par *Docteur*, 1/2 s. N., et *Massette*, jument de trait normande.
Annecy : 1875. — Castré en décembre 1883.

PAPISIUS, 1/2 s. N. — H. N.
B. 1893. — Manche.
Par *Follet*, 1/2 s. N., et *Courageuse*, par Qu'en-Pensez-Vous,
1/2 s. N., et une fille de Jackson, 1/2 s. A.
Besançon : 1897. — Castré en 1897.

PAQUERET, 1/2 s. — H. N.
Al. 1871. — Maine-et-Loire.
Par *Pretty-Boy*, P. S. A., et *Biche*, 1/2 s. N.
Annecy . 1875. — Castré en août 1875.

PAQUES-FLEURIES, 1/2 s. N. — H. N.
B. 1871. — Calvados.
Par *Introuvable*, 1/2 s. N., et une fille de Cormoran, 1/2 s. N.
Rosières : 1875. — Castré en juillet 1884.

PARA, ex-**QUONDAM**, 1/2 s. B. — H. N.
Al. 1879. — Finistère.
Par *Quondam*, 1/2 s. N., et une fille d'Alonzo-The-Brave,
1/2 s. Norf.
Rosières : 1883. — Castré en août 1890.

PARACELSE, 1/2 s.
Approuvé. — M. le Bon d'Herlincourt (Pas-de-Calais).
Bb. 1893.
Par *Fornichon*, 1/2 s. N, et *Brunette*, par Dominant
et une fille de Quinte-Curce.
Compiègne : depuis 1897.

PARADOX, 1/2 s. N. — H. N.
Gr. 1849. — Orne.
Par *Voltaire*, 1/2 s. N., et *N.*, 1/2 s. N., par Railleur, 1/2 s. N.
Montier-en-Der : 1853. — Réformé en 1855.

PARDON, 1/2 s. N. — H. N.
B. ac. 1871. — Manche.
Par *Introuvable*, 1/2 s. N., et une fille de Lucain, 1/2 s. N.
Annecy : 1875. — Castré en août 1875.

PARFAIT, ex-**OSCAR**, 1/2 s. N.
Approuvé. — M. Royer (Jura).
Al. 1892. — Finistère.
Par *Erard*, 1/2 s. Br., et *Margotte*, jument 1/2 s.,
par Lord-of-the-Manor, 1/2 s. A.
Besançon : depuis 1896.

PARISIEN, 1/2 s. N. — H. N.
B. 1893. — Manche.
Par *Colporteur*, 1/2 s. N., et *Lucrèce*, par Fontenay, 1/2 s. N.,
et une fille d'Egésippe, 1/2 s. N.
Besançon : 1897. — Mort en 1897.

PARISY, 1/2 s. N. — H. N.
B. 1893. — Manche.
Par *Tempête*, 1/2 s. N., et *Brebis*, par Bien-Aimé, 1/2 s. N.
Besançon : depuis 1897.

PARLEMENT, 1/2 s.
Approuvé. — M. Forey (Côte-d'Or).
B. 1871. — Normandie.
Besançon : 1875. — Réformé en 1877.

PARMESAN, ex-**PRINCE-NOIR**, 1/2 s. N. — H. N.
N. 1893. — Manche.
Par *Kronstadt*, 1/2 s. N., et *Mina*, par Patrie, 1/2 s. N.
Besançon : depuis 1897.

PARTENER, 1/2 s. N. — H. N.
Gr. 1849. — Normandie.
Par *Bolero*, P. S. A., et une fille de Railleur, 1/2 s. N.
Rosières : 1853. — Castré en novembre 1854.

PARTISAN, 1/2 s. A.-N. — H. N.
B. 1846. — Normandie.
Annecy : 1851. — Vendu en août 1860

PARTISAN, 1/2 s. N. — H. N.
Al. 1849. — Normandie.
Par *Harkaway*, 1/2 s. A., et *Hélène*, P. S. A.
Rosières : 1853. — Castré en août 1861.

PASCALOU, 1/2 s.
Autorisé. — M. Naquette (Somme).
B. 1893.
Par *Fanfan-la-Tulipe*, 1/2 s.
Compiègne : 1897. — S. R. en 1899.

PASSE-PARTOUT, 1/2 s. N.
Approuvé. — M. Lange, 1859 ; M. Redoutet (?) [Haute-Saône].
Ro. 1853. — Normandie.
Besançon : 1859-1868. —. Plus présenté.

PASTOUREAU, ex-**PAPILLON**, 1/2 s. N. — H. N.
Al. 1871. — Manche.
Par *The Heir-of-Linne*, P. S. A., et une fille de Perfection,
1/2 s. N.
Rosières : 1880. — Passé au Pin en octobre 1882.

PATCHOULI, 1/2 s. N. — H. N.
Al. 1893. — Manche.
Par *Gibraltar*, 1/2 s. N., et *Bijou*, par Platon, 1/2 s. N.
et une fille de Guelfe, 1/2 s. N.
Besançon : depuis 1897.

PATIENT, 1/2 s. V. — H. N.
R. 1871. — Vendée.
Par *Jambes-d'Argent*, 1/2 s. N., et une jument 1/2 s. V
Annecy : 1875. — Castré en août 1884.

PATRICK, 1/2 s. N. — H. N.
B. 1893. — Manche.
Par *Hearty*, 1/2 s. N., et *Lisette*, par Canut, 1/2 s. N.
Sa grand'mère : par Jongleur, 1/2 s. N.
Compiègne : depuis 1897.

S. B. 1/2 s., t. I, p. 207.
PATRIDE, 1/2 s.
Approuvé. — M. d'Imbleval.
B. 1871. — Normandie.
Par *Bayard*, 1/2 s. N., et une fille de Confidence, 1/2 s. N.
Compiègne : 1876-1879.

PAYSAN, 1/2 s.
Approuvé : 1860. — Autorisé : 1866. — M. Guinot (Haute-Saône).
Gr. 1855. — Normandie.
Besançon : 1860-1866 (non présenté).

PAYSAN, 1/2 s. N. — H. N.
B. ch. 1893. — Manche.
Par *Dacapo*, 1/2 s. N., et *Bijou*, par Pradier, 1/2 s. N.
Annecy : depuis 1897.

PAZZI, 1/2 s.
Approuvé. — M. Georgé (Haute-Saône).
B. 1893. — Manche.
Par *Electro*, 1/2 s. N., et *Mignonne*, jument 1/2 s., par La Douceur,
1/2 s. N. (approuvé).
Besançon ; depuis 1897.

PÉCHÉ-MIGNON, 1/2 s.
Approuvé. — M. Charlier (Marne).
Al. 1870.
Montier-en-Der : 1875. — Castré en 1885.

PÉDANT, 1/2 s. N. — H. N.
B. 1893. — Manche.
Par *Jean-de-Nivelle*, 1/2 s. N., et *Vigilante*, 1/2 s. N., par Dacapo,
1/2 s. N.
Sa grand'mère : par Pradier, 1/2 s. N.
Rosières : depuis 1897.

PÉDROS, 1/2 s. N. — H. N.
B. 1893. — Manche.
Par *Japhet*, 1/2 s. N., et *Cocotte*, par Quarteron, 1/2 s. N.
Sa grand'mère : par Hippocrate.
Compiègne : 1897. — Réformé en août 1898.

PÉGASE, 1/2 s.
Approuvé : 1887. — M. Morel.
Al. 1880. — France.
Annecy : 1887-1892.

PÉGASE, 1/2 s.
Approuvé. — M. George (Haute-Saône).
Al. 1893. — Manche.
Par *Schamrock*, 1/2 s. A., et *Mignonne*, jument 1/2 s.,
par Santerre, 1/2 s. N.
Sa grand'mère : fille de Macouba, 1/2 s. N.
Besançon : depuis 1897.

PÉKIN, ex-**PANTIN**, 1/2 s. N. — H. N.
Al. 1871. — Manche.
Par *Kapirat*, 1/2 s. N., et une fille d'Agenda, 1/2 s. N.,
par Lucain, 1/2 s., ou Quid, 1/2 s. N.
Rosières : 1875. — Abattu en août 1895.

PÉKIN II, 1/2 s. Lorr.
Approuvé. — M. Adinant, 1894 ; M. Gérard, 1899.
B. 1890. — Lorraine.
Par *Pékin*, 1/2 s. N.
Rosières : depuis 1894.

PELAGE, ex-**PICPOCKET**, 1/2 s. N. — H. N.
B. ch. 1871. — Manche.
Par *Jarnac*, 1/2 s. N., et une fille de Sinope, 1/2 s. N.
Annecy : 1875. — Castré en août 1881.

PÈLERIN, 1/2 s.
Approuvé. — M. Guillot (Côte-d'Or).
B. 1871. — Normandie.
Par *Ignace*, 1/2 s. N., et une jument 1/2 s., par Urus, 1/2 s. N.
Besançon : 1875. — Réformé en 1833.

PELLICO, 1/2 s. Lorr. — H. N.
Al. 1835. — Haras de Rosières.
Par *Belmont*, P. S. A., et la jument *Chellamby*, de la race Ducale,
née au Haras de la Rosière.
Rosières : 1840. — Mort en novembre 1848.

PELOPIDAS, 1/2 s. Br. — H. N.
Bb. 1893. — Finistère.
Par *Ferret*, 1/2 s. N., et *Velleda*, par Chambois, P. S. A.
Annecy : depuis 1897.

PERÇANT, 1/2 s. V. — H. N.
Rouan 1849. — Vendée.
Par *Intact*, 1/2 s. N., et une fille d'Amadis, P. S. A.
Rosières : 1853. — Castré en novembre 1854.

PERCY, 1/2 s. N. — H. N.
B. 1893. — Manche.
Par *Dacapo*, 1/2 s. N., et *Alicante*, par Union-Jack, 1/2 s. N.,
et une fille de Bisson, 1/2 s. N.
Besançon : depuis 1897.

PERFECTION, 1/2 s.
Approuvé : 1887 ; autorisé : 1890. — M. Simonnet (Marne).
B. 1883.
Montier-en-Der : 1887. — Réformé en 1893.

PERFECTION, 1/2 s.
Autorisé. — M. Crucq de Rouvray (Ardennes) ;
M. Menu (Pas-de-Calais), 1899.
Bb. 1887.
Montier-en-Der : 1896-1898. — Compiègne : depuis 1899.

PERFECTION, 1/2 s.
Approuvé. — M. Rochelandet (Haute-Saône).
B. 1893. — Manche.
Par *Frondeur*, 1/2 s. N., et *Bergère*, jument 1/2 s.,
par Schiller, 1/2 s. N.
Sa grand'mère : fille de Victorieux, 1/2 s. N.
Besançon : depuis 1897.

PERFORMER, 1/2 s. A. — H. N.
Aub. 1872. — Angleterre.
Par *Performer*, 1/2 s. A., et une fille de Norfolk-Champion,
1/2 s. A.
Compiègne : 1878-1879. — Le Pin : 1880-1881.

PERFORMER, 1/2 s.
Approuvé. — M. Ferdinand Delangle (Lille).
B. 1873.
Compiègne : 1878-1881.

PÉRICLÈS, 1/2 s. N. — H. N.
B. 1849. — Orne.
Par *Keiserlick*, 1/2 s. N., et *N.*, 1/2 s. N., par Rapide, 1/2 s. N.
Montier-en-Der : 1853. — Réformé en août 1866.

PÉRICLÈS, 1/2 s.
Approuvé : 1887. — M. Saint-Cyr.
B. 1880. — France.
Annecy : 1887-1889.

PÉRIGUEUX, 1/2 s. N. — H. N.
B. 1871. — Calvados.
Par *Buci*, 1/2 s. N., et *N.*, jument 1/2 s. N., par Sultan, 1/2 s. N.
Montier-en-Der : 1875. — Réformé en août 1892

PERONNE, 1/2 s. N.
Bb. 1871. — Normandie.
Par *Impétueux*, 1/2 s. N., et une fille de Belzébuth, 1/2 s. N.
Approuvé. — M. Bastien Viscat.
Rosières : 1875. — Réformé en 1887.

PERRACHE, 1/2 s. N. — H. N.
B. 1893. — Calvados.

Par *Jeuniont*, 1/2 s. N., et *L'Amour*, 1/2 s. N.,
par Etendard, 1/2 s. N.
Sa grand'mère : fille d'Extase, 1/2 s. N.
Compiègne : depuis 1897.

PERSAN, 1/2 s. N. — H. N.
B. ch. 1893. — Manche.
Par *Farnèse*, 1/2 s. N., et *Bavarde*, par Colporteur, 1/2 s. N.
Annecy : depuis 1897.

PERTINAX, 1/2 s. N. — H. N.
Bb. 1893. — Manche.
Par *Fripon*, 1/2 s. N., et *Lisette*, 1/2 s. N., par Union-Jack,
1/2 s. N.
Sa grand'mère : 1/2 s. N., par Quia, 1/2 s. N.
Montier-en-Der : depuis 1897.

PESAGE, 1/2 s. N. — H. N.
Al. 1871. — Manche.
Par *Gouverneur*, 1/2 s. N., et *N.*, 1/2 s. N., par Ursin, 1/2 s. N.
Montier-en-Der : 1875. — Mort en novembre 1881.

PETERS, 1/2 s.
Approuvé. — M. Dermigny, à Barleux (Somme).
B. 1856.
Compiègne : 1872-1873.

PETERSTROFF, 1/2 s. N. — H. N.
B. 1838. — Calvados.

Par *Fortunc*, P. S. A., et une fille de Pretender, 1/2 s. A.
Compiègne : 1844-1852. — Passé à Charleville en octobre 1852.

PETESBOURG, 1/2 s.
Approuvé. — M. Migeon (Haute-Saône).
B. 1893. — Calvados.
Par *Saint-Rigomer*, 1/2 s. N., et *Minuit*, ex-*Poulotte*, jument 1/2 s.,
par Gaudin, 1/2 s. N.
Sa grand'mère : fille d'Aster, P. S. A.
Besançon : depuis 1897.

PETIT-GAMIN, 1/2 s, N. — H. N.
Aub. 1893. — Manche.

Par *Forban*, 1/2 s. N. (approuvé), et *Bayette*, 1/2 s. N.,
par Institut, 1/2 s. N. (approuvé).
Montier-en-Der : depuis 1897.

PÉTULANT, 1/2 s. N. — H. N.
Gr. 1849. — Normandie.

Par *Kœnilworth*, 1/2 s. N., et une fille de Regretté, 1/2 s. N.
Rosières : 1853. — Castré en janvier 1865.

PÉTULANT, 1/2 s. N. — H. N.
B. 1871. — Eure.

Par *Bassompierre*, 1/2 s. N., et une jument 1/2 s., par Monitor,
1/2 s. N.
Besançon : 1875. — Abattu en 1892.

PEU-D'ESPOIR, 1/2 s.
Approuvé. — M. Pargon.
B. 1861.
S. R.
Rosières : 1865. — Passé en pays annexé en 1870.

PHABUS, 1/2 s. Ar. — H. N.
N. 1871. — Meuse.
Par un étalon africain et une jument allemande du 6ᵉ hussards
de Brandebourg, en garnison à Sampigny.
Rosières : 1876. — Castré en octobre 1876.

PHAÉTON, ex-**MATCHLESS III**, 1/2 s. N. — **H. N.**
Al. 1870. — Aisne.
Par *Matchless II*, 1/2 s. A., et *Linda*, 1/2 s. A.
Compiègne : 1875. — Réformé en septembre 1878.

S. B. 1/2 s. N., t. 1., p. 208.

PHARAON, 1/2 s. N.
Approuvé. — M. Modesse-Besquet.
B. 1871. — Normandie.
Par *Inkermann*, 1/2 s. N., et une fille de *Noteur*, 1/2 s. N.
Sa grand'mère : fille de Courtisan.
Compiègne : 1876-1887.

PHAX, 1/2 s.
Autorisé : M. Nigon (Oise).
B. 1888.
Par *Burdett*, 1/2 s., et *Margery*, par Broken-Leg.
Compiègne : depuis 1898.

PHILEAS, 1/2 s. V. — H. N.
Al. 1871. — Vendée.
Par *Jambes-d'Argent*, 1/2 s. N., et une fille de Cornichon, 1/2 s. N.
Rosières : 1875. — Castré en octobre 1879.

PHILÉAS-FOGG, 1/2 s. N.
Approuvé. — M. Potier Félix (Ardennes).
B. 1893. — Manche.
Par *Reynolds*, 1/2 s. N., et *La Douve*, 1/2 s. N., par Lavater,
1/2 s. N.
Sa grand'mère N., 1/2 s. N., par Agenda, 1/2 s. N.
Sa bisaïeule : N., 1/2 s. N., par Kapirat, 1/2 s. N.
Sa trisaïeule : N., 1/2 s. N., par Corsair, 1/2 s. A.
Montier-en-Der : depuis 1897.

PHŒBUS, 1/2 s. Ar.
Approuvé. — M. Donjean-Collignon.
N. 1871. — Commercy.
Par un étalon africain et une jument allemande des hussards de
Brandebourg.
Rosières : 1875. — Vendu à l'administration des Haras en 1875.

PHŒBUS, 1/2 s.
Approuvé. — M. Boisseau (Marne).
Al. 1875.
Montier-en-Der : 1880. — S. R. depuis 1882.

PHŒNIX, 1/2 s.
Approuvé. — M. Delacroix (Marne); M. Desaulies (Marne).
B. 1867.
Montier-en-Der : 1874-1881.

S. B. 1/2 s. N., t. I., p. 200.
PHOSPHORE, 1/2 s. N.
Approuvé. — Duc de Vicence. — M. Laisney, à Carentan (Manche),
N. 1867 — Le Pin.
Par *The Norfolk-Phœnomenon*, 1/2 s. A., et *Miss-Bell*, 1/2 s. A.
Compiègne : 1872-1880.

PHYSICIEN, 1/2 s.
Approuvé. — M. Boitteux (Côte-d'Or).
B. 1871. — Normandie.
Besançon : 1875. — Mort en 1875.

PICARDIN, 1/2 s.
Approuvé. — Bon d'Herlincourt (Pas-de-Calais).
Bb. 1893.
Par *Jeuniont*, 1/2 s. N., et une fille d'Extase, 1/2 s. N.
Compiègne : depuis 1897.

PICOLO, 1/2 s. N. — H. N.
B. 1893. — Sarthe.
Par *Edimbourg*, 1/2 s. N., et *La Sarthoise*, 1/2 s. N.,
par Niger ou Phaëton, 1/2 s. N.
Sa grand'mère : par Inkermann, 1/2 s. N.
Rosières : depuis 1897.

20

PIELDING, 1/2 s. Lorr. — H. N.
B. 1834. — Haras de Rosières.
Par *Premium*, P. S. A., et *Rosabelle*, de la race Ducale,
née au Haras de Rosières.
Rosières : 1839. — Castré en août 1853.

PIF-PAF, 1/2 s.
Approuvé. — M. Charroy.
Gr. 1859. — S. R.
Rosières : 1863. — Réformé en 1864.

PIERRE, 1/2 s.
Approuvé. — M. Brice.
B. 1871.
S. R.
Rosières : 1877. — S. R. depuis.

PIERREFONDS, 1/2 s. N. — H. N.
Gr. 1871. — Manche.
Par *Hunter*, 1/2 s. N., et *Painchardecarr*.
Annecy : 1875. — Castré en septembre 1883.

PIERRON, 1/2 s.
Approuvé. — M. Parcheminey (Haute-Saône).
N. 1893. — Manche.
Par *Ray-Grass*, 1/2 s N., et *Lisette*, jument 1/2 s.,
par Palatin, P. S. A.
Sa grand'mère : fille d'Elghor, P. S. Ar.
Sa bisaïeule : fille d'Agenda, 1/2 s. N.
Besançon : depuis 1897.

PIERROT, 1/2 s.
Accepté. — M. Loiselte (Pas-de-Calais).
B. 1886.
Compiègne : depuis 1889.

PILGRIM, 1/2 s. N. — H. N.
Al. 1871. — Manche.
Par *Sakos*, 1/2 s. N. (approuvé), et *Giselle*, P. S. A.,
par Royal-Quand-Même.
Compiègne : 1875. — Abattu en août 1891

PILOTE, 1/2 s. Lorr. — H. N.
Gr. 1825. — Lorraine.
Par *Spy*, P. S. A., et *Tamise*, jument de race de Deux-Ponts.
Rosières : 1830. — Castré en juillet 1851.

PILOTE, 1/2 s. N. — H. N.
B. 1893. — Calvados.
Par *Haut-Vol*, 1/2 s. N., et *Mignonne*, 1/2 s. N.,
par Néphalion, 1/2 s. N.
Montier-en-Der : 1897. — Réformé en novembre 1898.

PIQU'HARDY, 1/2 s. N. — H. N.
B. 1872. — Normandie.
Par *Matchless II*, 1/2 s. A., et *Stella*, 1/2 s. N.
Compiègne : 1876. — Réformé en août 1890.

PIRATE, 1/2 s.
Approuvé. — M. Sylvestre, 1875 ; M. Joly (Haute-Saône).
B. 1871. — Normandie.
Besançon : 1875. — Réformé en 1878.

PLACET, 1/2 s. N. — H. N.
Al. 1849. — Normandie.
Par *Impérieux*, 1/2 s., N., et une fille de Dangerous, P. S. A.
Rosières : 1853-1865.

PLUTARQUE, 1/2 s. N. — H. N.
B. 1871. — Manche.
Par *Quid-Juris*, P. S. A., et une fille de Pont-d'Or, 1/2 s. N.
(approuvé).
Rosières : 1875. — Castré en août 1888.

PLUTON, 1/2 s.
Approuvé. — M. de Monteynard, 1860 ; M. de Suzencourt, 1862.
Gr. 1835.
S. R.
Rosières : 1860. — Réformé en 1866.

PORTEUR, 1/2 s. N.
Approuvé. — M. de Triquerville.
B. 1871.
Compiègne : 1875. — S. R. depuis.

POINT-DE-DÉPART, 1/2 s. N.
Approuvé. — M. Husson, 1866 ; M. Brice. 1875.
B. 1862. — Normandie.
Par *Quasi*, 1/2 s. N., et une fille de Nemrod, 1/2 s. N.
Rosières : 1866. — Réformé en 1883.

POINT-DE-MIRE, 1/2 s. N. — H. N.
B. 1893. — Manche.
Par *Colporteur*, 1/2 s. N., et *Aurore*, 1/2 s. N., par Lavater,
1/2 s. N.
Sa grand'mère : Miss-The-Heir-of-Linne, par The Heir-of-Linne,
P. S. A.
Montier en-Der : depuis 1897.
(Voir S. B. N., t. II, p. 30.)

POLKEUR, 1/2 s. N. — H. N.
Al. 1850. — Normandie.
Par *Bolero*, P. S. A., et *N.*, 1/2 s. N., par Chasseur, 1/2 s. N.
Montier-en-Der : 1856. — Février 1868.

POLLION, 1/2 s. V.
Approuvé. — M. Robardey (Haute-Saône).
B. 1871. — Vendée.
Par *John-Bull*, 1/2 s. N., et une jument 1/2 s., par Necker, 1/2 s. N.
Besançon : 1875-1887.

POLLUX, 1/2 s. Lorr. — H. N.
B. 1847. — Meurthe.
Par *Luxor*, P. S. A.-A., et une fille de Viginti, 1/2 s. Lorr.
Rosières : 1853. — Castré en juillet 1867.

POLLUX, 1/2 s. N. — H. N.
Al. 1893. — Calvados.
Par *Galba*, 1/2 s. N., et *Mademoiselle-de-Rabut*, 1/2 s. N.,
par Noville, 1/2 s. N.
Sa grand'mère : Arlette, 1/2 s. N., par Conquérant, 1/2 s. N.
Rosières : depuis 1897.

POLO, 1/2 s.
Approuvé. — M. Modesse-Berquet, 1899 ; M. Ch. Labbez (Aisne).
Bb. 1893.
Par *Hexamètre*, 1/2 s. N., et une fille d'Hermite. 1/2 s.
Compiègne : depuis 1897.

POLYDOR, 1/2 s. N. — H. N.
N. 1893. — Calvados.
Par *Dampierre*, 1/2 s. N., et *Cora*, 1/2 s. N., par Gouverneur,
1/2 s. N.
Sa grand'mère : par Régulier, 1/2 s. N.
Rosières : depuis 1897.

POMARD, ex-**PHYSICIEN**, 1/2 s.
Approuvé. — M. Magnieux (Côte-d'Or).
B. 1871. — Normandie.
Besançon : 1875. — Mort en 1880.

POMPEI, 1/2 s.
Approuvé. — Bon de Fourment; à Frevent (Pas-de-Calais).
Bb. 1857.
Compiègne : 1871-1878.

POMPEI, 1/2 s. N. — H. N.
B. 1871. — Manche.
Par *Jules-César*, 1/2 s. N., et une jument 1/2 s., par Ravissant,
1/2 s. N.
Besançon : 1875. — Mort en 1877.

POMPEI, 1/2 s. N.
Approuvé. — M. Roger ; Duc de Vicence.
Bb. 1871.
Compiègne : 1877-1882.

POMPÉI, 1/2 s.
Approuvé. — M. Wadgnet, à Bourbourg.
Gr. 1871.
Compiègne : 1875-1878.

PONTIFE, 1/2 s.
Approuvé. — M. Raulx, 1875 ; M. de Nettancourt, 1879.
B. 1871.
S. R.
Rosières : 1875. — Castré en 1883, avant la monte.

PORSENNA, 1/2 s. N. — H. N.
B. 1849. — Normandie.
Par *Voltaire*, 1/2 s. N., et une fille d'Oscar, 1/2 s. N.
Rosières : 1853. — Castré en mars 1857.
(N'a pas fait la monte en 1857.)

PORTHOS, 1/2 s. — H. N.
Gr. 1856.
Par *Porthos*.
Annecy : 1863. — Vendu en juillet 1864.

PORTHOS, 1/2 s. N. — H. N.
B. 1893. — Orne.
Par *Iambe*, 1/2 s. N., et *Helvetia*, par Usquebac, 1/2 s. N.,
et une fille d'Inkermann, 1/2 s. N.
Besançon : depuis 1897.

POSITIF, 1/2 s.
Approuvé. — M. Bernaudat (Marne).
Bb. 1871.
Montier-en-Der : 1875. — Réformé en 1881.

POSTILLON, 1/2 s. N.
Approuvé.—M. Robin, 1875; M. Chaux, 1878; M. Paintendre, 1891.
B. 1871. — Normandie.
Par *Irlandais*, 1/2 s. N., et une fille de Valdemar, 1/2 s. N.
Sa grand'mère : par Hospodar, 1/2 s. N.
Rosières : 1875. — Réformé en 1893, avant la monte.

POSTILLON, 1/2 s.
Approuvé. — M. Clavier (Jura).
B. 1872. — Normandie.
Besançon : 1876-1881.

POSTULANT, 1/2 s. V. — H. N.
Al. 1871. — Vendée.
Par *Jambes-d'Argent*, 1/2 s. N., et une fille de Magistrat, 1/2 s. V.
Annecy : 1875. — Castré en août 1891.

POUQUEVILLE, 1/2 s. N. — H. N.
N. 1893. — Manche.
Par *Fulminant*, 1/2 s. N., et *Negro*, par Hearty, 1/2 s. N.,
ou Bataillon, 1/2 s. N., et une fille de Schamyl, 1/2 s. Limousin,
et une fille de Kabin, 1/2 s. N.
Besançon : depuis 1897.

PRADO, ex-**OCTAVE**, ex-**ROMAGÉ**, 1/2 s.
Approuvé. — M. Beyl (Jura).
Al. 1892. — Finistère.

Par *Rochambeau*, 1/2 s. N., et *Julie*, jument 1/2 s.,
par The Norfolk-Star.
Sa grand'mère : fille de Kerguezec, 1/2 s. N.
Besançon : 1896. — Réformé en novembre 1897.

PRAIRIAL, 1/2 s.
Approuvé. — Bᵒⁿ de Fresnoye (Pas-de-Calais).
Bb. 1893.

Par *Alsacien*, 1/2 s. N., et une fille d'Esbly, 1/2 s. N.
Compiègne : depuis 1897.

PRAVADI, 1/2 s. N. — H. N.
B. 1893. — Manche.

Par *Kain*, 1/2 s. N., et *Mouvette*, par Luther (approuvé), 1/2 s. N.
Annecy : depuis 1897.

PRÉCURSEUR, 1/2 s.
Approuvé : 1887. — M. Galin.
B. f. 1880. — France.
Annecy : depuis 1887.

PREMIER-CONSUL, 1/2 s.
Approuvé. — Cᵗᵉ de Villers La Faye (Côte-d'Or).
B. 1871. — Normandie.
Besançon : 1875. — Réformé en 1880.

PREMIER-MARS, 1/2 s.
Approuvé. — M. Truffet (Côte-d'Or).
Al. 1871. — Normandie.
Besançon : 1876. — Abattu en 1878.

S. B. 1/2 s. N., t. I. p. 302.

PRÉSIDENT, 1/2 s. A.
Approuvé. — M. Bélière, à Valmont (Seine-Inférieure).
B. 1871. — Angleterre.
Par *Bay-Président*, 1/2 s. A., et une fille de Widfre.
Compiègne : 1875-1879.

PRESTO, 1/2 s. N. — H. N.
B. 1871. — Calvados.
Par *Noteur*, 1/2 s. N., et une fille d'Abrantès, 1/2 s. N.
Rosières : 1875. — Abattu en juillet 1894.

PRÉTENDANT, 1/2 s.
Approuvé. — M. Baudot.
B. 1871.
S. R.
Rosières : 1875. — Réformé en 1884.

PRÉVOYANT, 1/2 s. N. — H. N.
Bb. 1893. — Manche.
Par *Dacapo*, 1/2 s. N., et *Lisette*, par Lodi, 1/2 s. N.
Annecy : depuis 1897.

PRIAM, 1/2 s.
Approuvé. — M. Thiblière (Yonne).
B. 1852.
Montier-en-Der : 1858-1861.

PRIAM, 1/2 s.
Approuvé. — M. Champon (Haute-Saône).
B. 1871.
Besançon : 1875-1884.

PRIEUR, 1/2 s. N. — H. N.
Al. br. 1871. — Manche.
Par *Gouverneur*, 1/2 s. N., et *N,,* jument 1/2 s. N., par Cydnus
(approuvé).
Montier-en-Der : 1875. — Réformé en septembre 1879.

PRIMO, 1/2 s. Lorr. — H. N.
Al. 1831. — Lorraine.
Par *Premium*, P. S. A., et *Julie*, 1/2 s. N.
Rosières : 1836. — Abattu en août 1852.

PRIMO, 1/2 s. Lorr. — H. N.
N. 1871. — Meurthe-et-Moselle.
Par *Gold-Dust*, 1/2 s. N., et une jument née en Lorraine.
Rosières : 1876. — Castré en août 1880.

PRINCE-NOIR, 1/2 s.

Approuvé. — M. Jacquinot (Côte-d'Or).
B. 1871. — Normandie.
Besançon : 1875-1881.

PRINTEMPS, 1/2 s. N.

Approuvé. — Bon de Benoist, 1875 ; M. Vignon, 1876.
B. 1871. — Normandie.
Par *Egesyppe*, 1/2 s. N.
Rosières : 1875. — Vendu en 1892.

PROBLÉMATIQUE, 1/2 s. N. — H. N.

B. 1871. — Manche.
Par *Kabin*, 1/2 s. N., et une fille de Victorieux, 1/2 s. N.
Rosières : 1875. — Mort en février 1880.

PROCÈS, 1/2 s.

Approuvé. — M. Gourdin, à Montigny (Somme).
Bb. 1874.
Compiègne : 1879-1881.

PROEMINATOR, 1/2 s. Lorr. — H. N.

B. 1833. — Haras de Rosières.
Par *Premium*, P. S. A., et *Georgina*, de race Deux-Ponts,
née au Haras de Rosières.
Rosières : 1837. — Abattu en 1849.

PROFESSEUR, 1/2 s.

Approuvé. — M. Taillefesse, à Baillobet (Seine-Inférieure).
B. 1860.
Compiègne : 1871. — Mort en 1878.

PROFESSEUR III, 1/2 s.

N. 1861.
Par *Ouvrier*, 1/2 s. N. (approuvé), et une jument boulonnaise.
Approuvé. — M. Pargon.
Rosières : 1866. — Réformé en août 1867.

PROPHÈTE, 1/2 s. N. — H. N.
N. 1893. — Nièvre.
Par *Qui-Vive*, 1/2 s. N. (approuvé), et *Dame-de-Cœur*,
par Valdempierre, 1/2 s. N.
Sa grand'mère : par Phaéton, 1/2 s. N.
Compiègne : depuis 1897.

PROSPERO, 1/2 s.
Approuvé. — M. Pelletier, à Amiens ; M. Vuibert,
à Boulogne (Pas-de-Calais), 1872.
Bb. âgé.
Compiègne : 1871-1872.

PROTECTEUR, 1/2 s.
Approuvé. — M. Calais, à Pittefaux (Pas-de-Calais).
B. 1871.
Par *Pater*, 1/2 s. N., et une fille de The Heir-of-Linne,
Compiègne : 1875-1876. — Vendu aux H. N.
Compiègne : 1877. — Réformé en août 1882.

PROUDHON, 1/2 s. N. — H. N.
Al. 1893. — Manche.
Par *Farnèse*, 1/2 s. N., et *Castille*, 1/2 s. N.,
par Quinte-Curce, 1/2 s. N.
Sa grand'mère : N., 1/2 s. N., par Séduisant, 1/2 s. N. (approuvé).
Montier-en-Der : depuis 1897.

PROVIDENCE, 1/2 s. N. — H. N.
B. 1848. — Normandie.
Par *Koenigsberg*, 1/2 s. N., et *Babine*, P. S. A.
Rosières : 1853. — Castré en juillet 1864.

PROVINS, ex-**PIERREFONDS**, 1/2 s. N. — H. N.
Bb. 1871. — Manche.
Par *Jongleur*, 1/2 s. N., et une fille de Furibon, 1/2 s. N.
Rosières : 1875. — Abattu en juillet 1892.

PULAMY, 1/2 s. N. — H. N.
B. 1893. — Calvados.
Par *Phare*, 1/2 s. N., et *Voyageuse*, 1/2 s. N.,
par Glorieux, 1/2 s. N.
Sa grand'mère : par Dragon, P. S. A., et Succès, 1/2 s. N.
Rosières : depuis 1897.

PUY-DE-DOME, 1/2 s. N. — H. N.
B. 1893. — Normandie.

Par *Jolibois*, 1/2 s. N., et *Bijou*, par Josaphat, 1/2 s. N.
Sa grand'mère : par Lagopède, 1/2 s. N.
Compiègne : depuis 1897.

PYGMALION, 1/2 s. N. — H. N.
B. 1893. — Manche.

Par *Frondeur*, 1/2 s. N., et *Rigolette*, par Algesiras, 1/2 s. N.,
et une fille de Harmonieux, 1/2 s. N.
Besançon : depuis 1897.

PYRAME, 1/2 s. N. — H. N.
N. 1893. — Calvados.

Par *Phare*, 1/2 s. N., et *Bijou*, par Brindisi, P. S.
Annecy : depuis 1897.

PYRRHUS, 1/2 s. N. — H. N.
B. 1849. — Calvados.

Par *Governor*, P. S. A., et une fille d'Extrême, 1/2 s. N.
Le Pin : 1853-1860. — Compiègne : 1861. — Mort en septembre 1869.

PYTHIAS, ex-**DAUPHIN**, 1/2 s. Br. — H. N.
Al. 1878. — Bretagne.

Par *Dauphin*, 1/2 s. N., et une jument irlandaise.
Besançon : 1882. — Passé à Annecy : 1882.
Annecy : 1883. — Castré en octobre 1886.

QUADRIGE, ex-**QUINOLA**, 1/2 s. N. — H. N.
Al. 1872. — Manche.

Par *Égésippe*, 1/2 s. N., et une fille de Dimanche, 1/2 s. N.
(approuvé).
Compiègne : 1876. — Mort à la monte en mai 1878.

QUADRILATÈRE, 1/2 s. N. — H. N.
B. 1871. — Calvados.

Par *Buci*, 1/2 s. N., et *N.*, 1/2 s. N , par The Great-Western,
1/2 s. A.
Montier-en-Der : 1876 — Réformé en août 1884.

QUADRUPÈDE, 1/2 s. N. — H. N.
B. ac. 1872. — Orne.
Par *Rosier*, 1/2 s. N., et une fille de Centaure, 1/2 s. N.
Annecy : 1876. — Castré en août 1884.

QUAI-VOLTAIRE, ex-**QUINQUINA**, 1/2 s. N. — H. N.
Gr. 1872. — Calvados.
Par *Dragon*, P. S. A., et une fille de Marengo, P. S. A.-A.
Rosières : 1876. — Castré en août 1882.

QUAINT, 1/2 s.
Approuvé. — M. Silvestre (Haute-Saône).
B. 1894. — Manche.
Par *Live*, 1/2 s. N., et *Blanc-Pied*, jument 1/2 s., par Fabuleux
Sa grand'mère : fille de Mirliton, 1/2 s. N.
Sa bisaïeule : fille de Laboureur, 1/2 s. N.
Besançon : depuis 1898.

QUAIX, 1/2 s. N. — H. N.
B. 1894. — Calvados.
Par *Jusant*, 1/2 s. N., et *Frondeuse*, par Frondeur, 1/2 s. N.
Besançon : depuis 1898.

QUAKING, 1/2 s. N. — H. N.
B. m. 1894. — Manche.
Par *Dacapo*, 1/2 s. N., et *Plaisante*, par Agriculteur, 1/2 s. N.
Annecy : depuis 1898.

QUALIFICATEUR, 1/2 s.
Approuvé. — M. Bouchet (Jura).
B. 1894. — Manche.
Par *Calambac*, 1/2 s. N., et *Brunette*, jument 1/2 s.,
par Utrecht, 1/2 s. N.
Sa grand'mère : fille de Sabre, P. S. A.
Besançon : depuis 1898.

QUALITÉ, 1/2 s.
Approuvé. — M. Martin (Côte-d'Or).
B. 1872. — Normandie.
Besançon : 1876. — Mort en 1879.

QUAM-QUAM, 1/2 s. N. — H. N.
B. 1872. — Orne.

Par *Irlandais*, 1/2 s. N., et *N.*. 1/2 s. N.
por Valdemar, 1/2 s. N.
Montier-en-Der : 1878. — Réformé en août 1884.

QUAMVIS, 1/2 s. N. — H. N.
Al. 1872. — Acheté au duc de Vicence.

Par *The Heir-of-Linne*, P. S. A.
Rosières : 1876. — Castré en juillet 1884.

QUAMVIS, 1/2 s. Lorr.
Approuvé. — M. Millot.
B. 1882. — Lorraine.

Par *Quamvis*, 1/2 s. N.
Rosières : 1887. — Réformé en 1889.

QUANDALLE, 1/2 s. N. — H. N.
B. 1872. — Manche.

Par *Joli-Cœur*, 1/2 s. N., et *N.*, 1/2 s. N., par Talleyrand, 1/2 s. N.
Montier-en-Der : 1876. — Réformé en août 1882.

QUAND-MÊME, 1/2 s.
Approuvé. — M. Cocu-Macquin (Aisne).
Bb. 1894.

Par *Fontenay*, P. S. A., et *Basile*.
Compiègne : 1898. — Passé dans la Meuse en 1899, à M. Cl. Fagot.

S. B. 1/2 s. N., t. 1, p. 215.
QUANTIÈME, 1/2 s.
Approuvé. — M. Magniez, à Revellon (Somme).
B. m. 1850.

Par *Glocester*, 1/2 s. A., et une jument 1/2 s. N.
Compiègne : 1871.

QUANTIÈME, 1/2 s. N.
Approuvé. — M. Colais.
Al. 1872. — Normandie.
Compiègne : 1876. — S. R. depuis.

QUANTIÈME, 1/2 s. N. — H. N.
Al. 1872. — Manche.
Par *Hussein*, 1/2 s. N., et une fille d'Ugolin, 1/2 s. N.
Compiègne : 1877. — Réformé en août 1886.

QUARTIER, 1/2 s.
Approuvé. — M. de Nettancourt.
B. 1872.
S. R.
Rosières : 1877-1882.

QUARTIER-MAITRE, 1/2 s. V. — H. N.
Al. 1872. — Vendée.
Par *Eros*, 1/2 s. V., et *N.*, 1/2 s., par Y. Phœnomenon, 1/2 s. A.
Montier-en-Der : 1876. — Réformé en août 1891.

QUARTIER-MAITRE, 1/2 s. N.
Approuvé. — M. Félix Potier (Ardennes).
N. 1894. — Manche.
Par *Jolibois* ou *Lilas*, 1/2 s. N., et *Bayadère*, 1/2 s. N.,
par Lavater, 1/2 s. N.
Sa grand'mère : N., 1/2 s. N., par Orphée, 1/2 s. N.
Sa bisaïeule : N., 1/2 s. N., par Quid-Juris, P. S. A.
Sa trisaïeule : N., 1/2 s. N., par Navigateur, 1/2 s. N.
Montier-en-Der : 1898. — Castré en septembre 1899.

QUARTILE, 1/2 s.
Approuvé. — M. Rossat (Haut-Rhin).
N. 1894. — Manche.
Par *Betting*, 1/2 s. N., et *Coquette*, jument 1/2 s., par Farnèse,
1/2 s. N.
Sa grand'mère : fille de Bien-Aimé, 1/2 s. N. (approuvé).
Besançon : depuis 1898.

QUARTUAIRE, ex-**QUINTE-ET-QUATORZE**, 1/2 s. N.
H. N.
B. 1872. — Normandie.
Par *Gaulois*, 1/2 s. N., ou *Koping*, 1/2 s. N., et *Mademoiselle-de-Cerise*, 1/2 s. N., par Destin, 1/2 s. N.
Rosières : 1876. — Abattu en octobre 1893.

QUARTUMVIR, 1/2 s. N. — H. N.
Al. 1872. — Manche.
Par *Idominée*, 1/2 s. N., et une fille d'*Ursin*, 1/2 s. N.
Annecy : 1875. — Mort en décembre 1875.

QUARTUS, 1/2 s. N. — H. N.
B. 1872. — Orne.
Par *Irlandais*, 1/2 s. N., et *N.*, 1/2 s. N., par Iéna, 1/2 s. N.
Montier-en-Der : 1876. — Abattu en septembre 1877.

QUARTZ, 1/2 s. N. — H. N.
N. 1872. — Manche.
Par *Ugolin*, 1/2 s. N., et *N.*, 1/2 s. N., par Riga, 1/2 s. N.
Montier-en-Der : 1876. — Réformé en août 1892.

QUASI, 1/2 s. N. — H. N.
Al. 1894. — Manche.
Par *Shamrock*, 1/2 s. A., et *Soumise*, 1/2 s. N., par Franconi,
1/2 s. N.
Sa grand'mère : par Macouba, Quasi et Orgueilleuse, 1/2 s. N.
Rosières : depuis 1898.

QUASI, 1/2 s. N.
Approuvé. — M. Létalnet (Haute-Marne).
B. 1894. — Normandie.
Par *Kurde*, 1/2 s. N., et *N.*, 1/2 s. N., par Lodi, 1/2 s. N.
Montier-en-Der : depuis 1898.

QUASIMODO, 1/2 s.
Approuvé. — M. Berthon, 1855. — M. Jourdan, 1864-1868.
N. 1851. — France.
Par *Licteur*, 1/2 s. N., et *Bergère*, 1/2 s. N.
Annecy : 1855. — Vendu à M. Jourdon (Isère).

QUASIMODO, 1/2 s.
Approuvé. — M. Sylvestre, 1877 ; M. Chauffenne, 1876
(Haute-Saône).
B. 1872. — Normandie.
Besançon : 1876-1879.

QUASIMODO, 1/2 s.
Approuvé. — M. Gairaut, 1877.
B. c. 1873. — France.
Annecy : 1877. — Réformé en 1885.

QUATERNE, 1/2 s. N. — H. N.
B. 1872. — Calvados.
Par *Jactator*, 1/2 s. N., et une fille de Trouville, P. S. A.
Sa grand'mère : par The Nemrod, 1/2 s. A.
Compiègne : 1876. — Passé au Pin après la monte de 1879.

QUATERNE, 1/2 s.
Approuvé. — M. Vacher, 1876 ; M. Bourgeot (Côte-d'Or).
B. 1872. — Normandie.
Par *Caraffa*, 1/2 s. N., et une jument anglaise.
Besançon : 1876-1884.

QUATRE, 1/2 s.
Approuvé. — M. Cariney (Haute-Saône).
B. 1894. — Orne.
Par *Jambe*, 1/2 s. N., et *Idalise*, jument 1/2 s., par Himalaya,
1/2 s. N.
Sa grand'mère : jument de trait léger.
Besançon : depuis 1898.

QUATRE-BRAS, 1/2 s. N. — H. N.
B. 1872. — Orne.
Par *Taconnet*, 1/2 s. N., et *Biche*, par Centaure, 1/2 s. N.
Compiègne : 1876. — Passé au Pin après la monte de 1879.

QUATRE-CENTS, 1/2 s.
Approuvé. — M. Pernin (Jura).
B. 1894. — Manche.
Par *Dacapo*, 1/2 s. N., et *Cocotte*, jument 1/2 s., par Fabricant,
1/2 s. N.,
Sa grand'mère : fille de Fermier, 1/2 s. N. (approuvé).
Sa bisaïeule : fille de Hunter, 1/2 s. N.
Besançon : 1898. — Castré en novembre 1898.

QUATRE-TARBE, 1/2 s. N. — H. N.
B. 1894. — Manche.
Par *Gibraltar*, 1/2 s. N., et *Camille*, 1/2 s. N., par Quality,
1/2 s. N.
Sa grand'mère : 1/2 s. N., par Regnard, 1/2 s. N.
Sa bisaïeule : N., 1/2 s. N., par Dimanche, 1/2 s. N. (approuve).
Montier-en-Der : depuis 1898.

QUATUOR, ex-**QUOTIENT**, |1/2 s. N. — H. N.
Al. 1872. — Normandie.
Par *Interprète*, 1/2 s. N., ou *Jeffrys*, 1/2 s. N., et une fille de Buci,
1/2 s. N.
Rosières : 1876. — Castré en novembre 1877.

QUATUOR, ex-**QUARTIER-MAITRE**, 1/2 s. N. — H. N.
Al. 1894. — Manche.
Par *Japhet*, 1/2 s. N., et *Brebis*, 1/2 s. N., par Volant, 1/2 s. N.
Sa grand'mère : par Bravo, P. S. A.
Rosières : depuis 1898.

QUAY, 1/2 s. N. — H. N.
B. 1894. — Calvados.
Par *Jusant*, 1/2 s. N., et *Bijou*, par Ray-Gross, 1/2 s. N.
Besançon : depuis 1898.

QUELEN, 1/2 s. N.
Approuvé. — M. Breard (Côte-d'Or).
B. 1872. — Normandie.
Par *Matchless*, 1/2 s. A., et une jument 1/2 s., par François,
1/2 s. N.
Besançon : 1876-1886.

QUELIER, 1/2 s.
Approuvé. — M. Pretet (Haute-Saône).
Al. br. 1894. — Calvados.
Par *Grand-Maitre*, 1/2 s. N., et *Pallas*, jument 1/2 s., par Phare,
1/2 s. N.
Sa grand'mère : fille de Ribaul, 1/2 s. N.
Sa bisaïeule : fille de Historien, 1/2 s. N.
Besançon depuis : 1898.

QUELLY, 1/2 s.
Approuvé : 1855. — M. Guillaud, 1855 ; M. Guillermin, 1856 ;
M. Badin, de 1859 à 1861.
B. 1851. — France.
Par *Don-Quichotte*, P. S., et une fille de Minister.
Annecy : 1855. — Vendu à M. Badin (Isère).

QUELPAERT, 1/2 s.
Approuvé. — M. Jamais (Haute-Saône).
B. 1894. — Calvados.
Par *Koeklany*, 1/2 s. N., et *Arlette*, jument 1/2 s., par Montfort,
P. S. A.
Besançon : depuis 1898.

QUELQUEFOIS, 1/2 s. N. — H. N.
Al. 1872. — Calvados.
Par *Matchless II*, 1/2 s.A., et une fille de Pretender, 1/2 s. N.
Annecy : 1876. — Castré en juillet 1876.

QUEMA, 1/2 s.
Approuvé : 1855.   M. Ducurtil, 1855 ; M. Rosset, 1865.
Bb. 1851. — France.
Par *Herculanum*, 1/2 s., et une fille de Phaeton, 1/2 s. N.
Annecy : 1855. — Vendu à M. Rosset (Isère).

QU'EN-DIRA-T'ON, 1/2 s. V. — H. N.
Al. 1894. — Vendée.
Par *Jourdan*, 1/2 s. N., et *Ivresse*, 1/2 s. V., par Amical, 1/2 s. V.
Sa grand'mère : par Terme, 1/2 s. N.
Rosières : depuis 1898.

QU'EN-DITES-VOUS, 1/2 s. N. — H. N.
B. 1894. — Calvados.
Par *Kamtchatka*, 1/2 s. N., et *Rosette*, 1/2 s. N.,
par Balzac, 1/2 s. N. (approuvé).
Montier-en-Der : depuis 1898.

QUERCY, 1/2 s.
Approuvé. — M. Chogaard (Doubs).
B. 1894. — Manche.
Par *Dacapo*, 1/2 s. N., et *Coquette*, jument 1/2 s.,
par Aventin, 1/2 s. N.
Sa grand'mère : fille de Hunter, 1/2 s. N.
Sa bisaïeule : fille de Hyacinthe, 1/2 s. N. (approuvé).
Besançon depuis : 1899.

QUÉRÉGUS, 1/2 s.
Approuvé. — M. Renard (Haute-Marne).
Bb. 1872.
Par *Garibaldi II*, 1/2 s. A.
Montier-en-Der : 1877. — Réformé en 1881.

QUERELLEUR, 1/2 s.
Approuvé. — M. Personnier (Côte-d'Or).
Al. 1872. — Normandie.
Besançon : 1876-1882.

QUEREN, 1/2 s.
Gr. 1859
S. R.
Approuvé. — M. Rollin.
Rosières : 1863. — Réformé en 1864.

QUERETARO, ex-**QUENTIN**, 1/2 s. N. — H. N.
N. 1894. — Eure.
Par *Kalmia*, 1/2 s. N., et *Mouvante*, 1/2 s. N., par Galba,
1/2 s. N., et une fille de Mazeppa, 1/2 s. N.
Besançon : depuis 1898.

QUÉROY, ex-**QUESTEUR**, 1/2 s. N. — H. N.
Al. 1872. — Manche.
Par *Pater*, 1/2 s. N., et une fille de Kapiraï, 1/2 s. N.
Compiègne : 1876. — Réformé en août 1877.

QUERRY, 1/2 s. N. — H. N.
B. 1872. — Calvados.
Par *Liberator*, 1/2 s. A., et *N.*, 1/2 s. N.,
par The Norfolk-Phœnomenon, 1/2 s. A.
Montier-en-Der : 1878. — Réformé en août 1888.

QUESNEL, 1/2 s.
Approuvé. — M. Bertrand (Jura) ; M. Pernin (Jura), 1899.
Al. br. 1894. — Calvados.
Par *Grand-Maitre*, 1/2 s. N., et *Bijou*, jument 1/2 s.,
par Bourgmestre, 1/2 s. N.
Sa grand'mère : fille de Vol-au-Vent, 1/2 s. N.
Sa bisaïeule : fille de Joli-Cœur, 1/2 s. N.
Besançon : depuis 1898.

QUESTEMBERG, 1/2 s. N.
Bb. 1894. — Normandie.
Par *Tigris*, 1/2 s. N., et une fille d'Acquila, 1/2 s. N.
Approuvé. — Cte de Nettancourt.
Rosières : depuis 1898.

QUESTEMBERT, 1/2 s. V. — H. N.
B. 1872. — Loire-Inférieure.
Par *Dollar*, P. S. A., et une jument 1/2 s., par Coral, 1/2 s. V.
Besançon : 1876. — Castré en 1886.

QUESTEMBERT, 1/2 s. N. — H. N.
Bb. 1894. — Manche.
Par *Frondeur*, 1/2 s. N., et *Charmante*, par Aristocrate, 1/2 s. N.
Annecy : depuis 1898.

QUESTEUR, 1/2 s. N. — H. N.
B. 1850. — Calvados.
Par *Adolphus*, P. S. A., et une fille de Carnassier, 1/2 s. N.
Saint-Lo : 1854-1856. — Compiègne : 1857.
Réformé en juillet 1858.

QUESTEUR, 1/2 s. N.
Approuvé. — M. Potier (Ardennes).
Bb. 1894. — Orne.
Par *Valdempierre*, 1/2 s. N., et *Follette*, 1/2 s. N., par Coulant
1/2 s. N.
Sa grand'mère : N., 1/2 s., par The Heir-of-Linne.
Montier-en-Der : depuis 1898.

QUESTIONNEUR, 1/2 s.
Approuvé. — M. Deborchet (Jura).
N. 1894. — Manche.
Par *Ivoire*, 1/2 s. N. (approuvé), et *Hortense*, jument 1/2 s.,
par Balzac, 1/2 s. N. (approuvé).
Sa grand'mère : fille de Thorigny, N.
Besançon : depuis 1898.

QUESTIONNEUR, 1/2 s. N. — H. N.
B. 1894. — Calvados.

Par *Léopard*, 1/2 s. N., et *Gamine*, par Incroyable, 1/2 s. N.
Sa grand'mère : par Cavalieri, P. S. A.-A.
Compiègne : depuis 1898.

QUETEUR, 1/2 s. V. — H. N.
B. m. 1872. — Vendée.

Par *Japara*, 1/2 s. N., et *Vendéenne*, 1/2 s. V.
Annecy : 1876. — Castré en juillet 1879.

QUEVERDO, 1/2 s.
Approuvé. — M. Gousset (Haute-Saône).
B. 1872. — Normandie.
Besançon : 1876-1880.

QUEYMADERO, 1/2 s. V. — H. N.
B. ch. 1894. — Vendée.

Par *Lundelles*, 1/2 s. N., et *Camadule*, par Necker, 1/2 s. V.
Annecy : depuis 1898.

QUEYRON, 1/2 s. N. — H. N.
B. 1894. — Orne.

Par *Fuschia*, 1/2 s. N., et *Frétillon*, par Serpolet-Bai, 1/2 s. N.
Sa grand'mère : fille d'Élu, 1/2 s. N.
Compiègne : depuis 1898.

QUIBERON, 1/2 s.
Approuvé. — M. Jacquinot (Aube).
Montier-en-Der : 1876. — Réformé en 1881.

QUIBRON, 1/2 s.
Approuvé. — M. Picaud (Jura).
B. 1894. — Calvados.

Par *Vice-Président*, 1/2 s. N., et *Lisette*, jument 1/2 s.,
par Dragon, P. S. A.
Besançon : depuis 1898.

QUIBUS, 1/2 s.
Approuvé. — M. Modesse-Berquet.
B. 1872. — Normandie.
Par *Grandiose*, 1/2 s., et une fille de Kurde, 1/2 s. N.
Compiègne : 1876-1882.

QUICK, 1/2 s. N. — H. N.
Al. 1872. — Manche.
Par *Lothaire*, 1/2 s. N., et *Lisette*, 1/2 s, N.
Annecy : 1876. — Castré en septembre 1882.

QUICKSAND, 1/2 s. N. — H. N.
B. 1872. — Manche.
Par *Daniel*, 1/2 s. N., et *Castille*. 1/2 s. N.
Montier-en-Der : 1876. — Réformé en juillet 1885.

QUICKSET, 1/2 s. N. — H. N.
B. 1872. — Manche.
Par *Kabin*, 1/2 s. N., et *Brebis*, 1/2 s. N.
Montier-en-Der : 1878. — Mort en septembre 1886.

QUICKSILVER, 1/2 s.
Approuvé. — M. Merlin, à Victor-l'Abbaye (Seine-Inférieure).
R. 1866.
Compiègne : 1871-1879.

QUIDAM, 1/2 s. V. — H. N.
B. 1894. — Charente-Inférieure.
Par *Heteroclite*, 1/2 s. N., et *Betti*, par Quiter, 1/2 s. N.,
et une fille de Gustave, 1/2 s. N.
Besançon : depuis 1893.

QUIDAM, 1/2 s. V. — H. N.
B. 1894. — Charente-Inférieure.
Par *Kellermann*, 1/2 s. V., et *Mal-Habile*, par Lazzarone,
P. S. A.-A.
Sa grand'mère : par Obéron, 1/2 s. N.
Compiègne : depuis 1898.

QUID-JURIS, 1/2. s. N. — H. N.
B, 1894. — Manche.
Par *Kronstadt*, 1/2 s. N., et *Normandie*, 1/2 s. N.,
par Espadem, 1/2 s. N.
Sa grand'mère : Bergère, 1/2 s. N., par Royal, P. S. A.
Sa bisaïeule : N., 1/2 s. N., par Lucullus, 1/2 s. N.
Montier-en-Der : depuis 1898.

QUID-NOVI, 1/2 s.
Approuvé. — M. Agnas (Côte-d'Or).
B. 1872. — Normandie.
Besançon : 1877. — Réformé en 1880.

QUID-NOVI, 1/2 s.
Approuvé. — M. Courtot (Haut-Rhin).
Al. 1894. — Manche.
Par *Connétable*, 1/2 s. N., et *Coquette*, jument 1/2 s., par Tibère,
1/2 s. N. (approuvé).
Sa grand'mère : fille d'Ignoré, 1/2 s. N.
Sa bisaïeule : fille de Pretty-Boy, P. S. A.
Besançon : depuis 1898.

QUIETISTE, 1/2 s. N. — H. N.
B. 1826. — Normandie.
Par Vaillant, 1/2 s. N., et *N.*, jument normande.
Rosières : 1833. — Castré en octobre 1840.

QUIÉVRAIN, 1/2 s. Char. — H. N.
B. 1872. — Charente-Inférieure.
Par *Ibrahim*, 1/2 s. N., et *N.*, 1/2 s. Char., par Sauteur, 1/2 s. N.
Montier-en-Der : 1876. — Réformé en août 1879.

QUIÉVRAIN, 1/2 s.
Approuvé. — M. Aubert (Haute-Marne).
Al. 1872.
Montier-en-Der : 1876. — Réformé en 1893.

QUILLEBŒUF, 1/2 s. N. — H. N.
N. rub. 1894. — Manche.
Par *King*, 1/2 s. N., et *Bijou*, par Antipode, 1/2 s. N.
Annecy : depuis 1898.

QUILLET, 1/2 s. N. — H. N.
B. 1872. — Manche.
Par *Harmonieux*, 1/2 s. N., et *N.*, 1/2 s. N., par Bravo, P. S. A.
Moutier-en-Der : 1876. — Réformé en septembre 1882.

QUIMPER, 1/2 s.
Approuvé. — M. Jacquinot (Aube) ; M. Gallaire (Aube).
B. 1872.
Moutier-en-Der : 1876. — Vendu en 1890.

QUIMPER, 1/2 s.
Approuvé. — M. Vuillemin (Donbs).
Al. 1894. — Calvados.
Par *Léopard*, 1/2 s. N., et *Mignonne*, jument 1/2 s., par Gasparin,
1/2 s. N.
Sa grand'mère : fille de Nadar, 1/2 s. N. (approuvé).
Besançon : depuis 1898.

QUIMPERLÉ, 1/2 s. N. — H. N.
Al. 1894. — Manche.
Par *Heaume*, 1/2 s. N., et *Brillante*, par Franconi, 1/2 s. N.
Annecy : depuis 1898.

QUINCAMPOIX, 1/2 s.
Approuvé. — M. Guillaume-Zéphir.
B. 1872.
S. R.
Rosières : 1876. — Réformé en 1882.

QUINCE, 1/2 s.
Approuvé. — M. Richard (Haut-Rhin).
B. 1894. — Manche.
Par *Jusant*, 1/2 s. N., et *Tranquille*, jument 1/2 s.,
par Séduisant, 1/2 s. N. (approuvé).
Sa grand'mère : fille de Divus, 1/2 s. N.
Besançon : depuis 1898.

QUINCOLOR, ex-**QUIBUS**, 1/2 s. N. — H. N.
B. 1872. — Orne.
Par *Séducteur*, 1/2 s. N., et une jument 1/2 s., par Solide, 1/2 s. N.
Besançon : 1876. — Réformé en 1882.

S. B. 1/2 S. N., t. I. p. 219.

QUINE, 1/2 s. N. (approuvé).
B. 1872. — Normandie.

Par *J'y-Songerai*, 1/2 s. N., et une jument 1/2 s. N.
Compiègne : 1876. — S. R. depuis.

QUINE, 1/2 s.
Approuvé. — M. Revy (Jura).
N. 1894. — Manche.

Par *Levraut*, 1/2 s. N , et *Irlande*, jument 1/2 s.,
par Reynolds, 1/2 s. N.
Sa grand'mère : fille de Lavater, 1/2 s. N.
Sa bisaïeule : jument irlandaise.
Besançon : 1398. — Castré en juillet 1898.

QUINE, 1/2 s. N. — H. N.
Bb. 1894. — Orne.

Par *Cicéron II*, 1/2 s. N., et *Italienne*, par Valdempierre, 1/2 s. N.
Sa grand'mère : par Oriental, 1/2 s. N.
Compiègne : depuis 1898.

QUINE, 1/2 s.
Approuvé. — M. Chapot (Doubs).
Bb. 1894. — Calvados.

Par *Gerardmer*, 1/2 s. N., et *Sauterelle*, jument 1/2 s.,
par Stade, 1/2 s. N.
Sa grand'mère : fille d'Union-Jack, 1/2 s. N.
Besançon : depuis 1898.

QUINEY, 1/2 s. N. — H. N.
B. 1872. — Manche.

Par *Hussein*, 1/2 s. N., et une fille de Paddy, 1/2 s. N.
Compiègne : 1876. — Réformé après la monte de 1884.

QUINGEY, ex-**QUENTIN**, 1/2 s. N. — H. N.
N. 1894. — Manche.

Par *Colporteur*, 1/2 s. N., et *Négresse*, par Lavater, 1/2 s. N.,
et une fille de Colbert, P. S. A.
Besançon : depuis 1898.

QUINOLA, 1/2 s. N. — H. N.
B. 1894. — Manche.
Par *Hallali*, 1/2 s. N., et *Normande*, 1/2 s. N.,
par Franconi, 1/2 s. N.
Sa grand'mère : N., 1/2 s. N., par Protestant,
1/2 s. N. (approuvé).
Sa bisaïeule : N., 1/2 s. N., par Succès, 1/2 s. N.
Montier-en-Der : depuis 1898.

QUINQUINA, 1/2 s.
Approuvé. — M. Bricaire (Haute-Marne).
B. 1851.
Montier-en-Der : 1855. — S. R. depuis.

QUINQUINA, 1/2 s.
Approuvé. — M. Rousselet (Côte-d'Or).
B. 1872. — Normandie.
Par *Victorieux*, 1/2 s. N., et une jument 1/2 s., par Pont-d'Or,
1/2 s. N.
Besançon : 1876. — Réformé en 1883.

QUINQUINA II, 1/2 s. N. — H. N.
N. 1894. — Eure.
Par *Kiffis*, 1/2 s. N., ou *Nabucho*, 1/2 s. N. Sa mère : *Thalie,*
par Noville, 1/2 s. N., et une fille de Conquérant, 1/2 s. N.
Besançon : depuis 1899.

QUINTAL, 1/2 s. V. — H. N.
B. 1872. — Charente.
Par *Intelligent*, 1/2 s. N., et une jument 1/2 s., par Oracle,
1/2 s. V.
Besançon : 1876. — Réformé en 1876.

QUINTESSENCE, 1/2 s.
Approuvé. — M. Grandjean (Haute-Saône).
B. 1872. — Normandie.
Besançon : 1876. — Réformé en 1879.

QUINTIL, 1/2 s. N.
Approuvé. — M. Brunel-L'Hoste.
B. 1872. — Normandie.
Par *Lion* et une fille de Talleyrand, 1/2 s. N.
Rosières : 1876. — Réformé en 1893.

QUINTILLIEN, 1/2 s. N. — H. N.
B. 1872. — Calvados.

Par *Conquérant*, 1/2 s. N., et *Brebis*, 1/2 s. N.
Compiègne : 1877. — Réformé en août 1895.

QUINTUPLE, 1/2 s. N.
Approuvé. — M. Mouton, 1876 ; **M. Barthélemy**, 1880.
B. 1872. — Normandie.

Par *Ignoré*, 1/2 s. N., et une fille de Kapirat, 1/2 s. N.
Rosières : 1876. — Mort en 1887.

QUINZE-VINGT, 1/2 s. N. — H. N.
Al. 1872. — Calvados.

Par *Interprète*, 1/2 s. N., et une fille de The Nemrod, 1/2 s. A.
Compiègne : 1876. — Réformé en août 1877.

QUINZE-VINGT, 1/2 s. N. — H. N.
B. ch. 1894. — Manche.

Par *Jean-de-Nivelle*, 1/2 s. N., et *Élégante*, par Schamrock,
1/2 s. N.
Annecy : depuis 1898.

QUI-PASSE-LA ? ex-**QUI-VA-LA ?** 1/2 s.
Approuvé. — M. Lyautey-Robin (Haute-Saône).
Al. 1894. — Calvados.

Par *Jemmapes*, 1/2 s. N., et *Diane*, jument, 1/2 s., par Liberator,
1/2 s. N.
Besançon : depuis 1898.

QUIRINAL, 1/2 s.
Approuvé : 1887. — M. Chndel.
Al. 1881. — France.
Annecy : 1887-1893.

QUIRINUS, 1/2 s. N. — H. N.
Al. 1872. — Calvados.

Par *Jacobin*, 1/2 s. N., et une fille de Highlander, 1/2 s. A.
Sa grand'mère : une fille de Turcaret, 1/2 s. N.
Compiègne : 1876. — Passé au Pin après la monte de 1879.

QUIRISTER, 1/2 s. N. — H. N.
Bb. 1872. — Manche.
Par *Tamerlan*, 1/2 s. N., et *N.*, 1/2 s. N., par Beaumarchais,
1/2 s. N.
Montier-en-Der : 1876. — Réformé en juillet 1878.

QUITCHGRASS, 1/2 s. N. — H. N.
B. 1894. — Manche.
Par *Leibnitz*, 1/2 s. N., et *Près-de-Terre*, par Calambec, 1/2 s N.
Sa grand'mère : par Gloire, 1/2 s. N.
Compiègne : depuis 1898.

QUITIGNY, 1/2 s. N. — H. N.
B. 1872. — Manche.
Par *Harmonieux*, 1/2 s. N., et *N.*, 1/2 s. N., par Victorieux,
1/2 s. N.
Montier-en-Der : 1876. — Réformé en juillet 1886.

QUITOT, 1/2 s.
Approuvé. — M. Mercier (Côte-d'Or).
Al. 1872. — Normandie.
Par *Fernando*, 1/2 s. N., et une jument 1/2 s., par Denmark,
1/2 s. A.
Besançon : 1876. — Castré en 1883.

QUITTANCIER, 1/2 s.
Approuvé. — M. Martin (Côte-d'Or).
B. 1872. — Normandie.
Besançon : 1876-1879.

QUITUS, 1/2 s.
Approuvé. — M. Charton, 1876 ; M. Lesprit (Côte-d'Or), 1874.
B. 1872. — Normandie.
Par *Séducteur*, 1/2 s. N., et une jument 1/2 s., par Condé, 1/2 s. N.
Besançon : 1876. — Réformé en 1888.

QUI-VA-LA ? ex-**QUI-VIVE ?** 1/2 s. N. — H. N.
B. 1894. — Orne.
Par *Edimburg*, 1/2 s. N., et *Normande*, par Jactator, 1/2 s. N.,
ou Parthenon, 1/2 s. N., et une fille d'Esculape, 1/2 s. N.
Besançon : depuis 1898.

QUIVIÈRE, 1/2 s. N. — H. N.
B. 1872. — Manche.
Par *Inventeur*, 1/2 s. N., et une jument 1/2 s., par Forey, 1/2 s. N.
Besançon : 1878 (?). — S. R. depuis.

QUIVIÈRE, 1/2 s. N. — H. N.
B. ch. 1894. — Manche.
Par *Dacapo*, 1/2 s. N., et *Glorieuse*, par Schamrock, 1/2 s. N.
Annecy : depuis 1898.

QUI-VIVE, 1/2 s.
Approuvé. — M. Martin (Côte-d'Or).
Al. 1872. — Normandie
Par *Feu-de-Joie*, 1/2 s. N., et une jument 1/2 s., par Dragon,
1/2 s. N.
Besançon : 1876. — Réformé en 1883.

QUI-VIVE, 1/2 s. Lorr. — H. N.
B. 1872. — Meurthe-et-Moselle.
Par un étalon lorrain et une jument normande.
Rosières : 1876. — Castré en août 1890.

QUI-VIVE, 1/2 s.
Approuvé. — M. André (Doubs).
B. 1894. — Manche.
Par *Kent*, 1/2 s. N., et *Sidi*, jument 1/2 s., par Sidi, P. S. Ar.
Sa grand'mère : fille de Riga, 1/2 s. N.
Besançon : depuis 1898.

QUOI, 1/2 s. N. — H. N.
B. 1872. — Manche.
Par *Baron-Knight*, 1/2 s. A., et *Paulot*, 1/2 s. N.
Montier-en-Der : 1876. — Réformé en août 1888.

QUOIQUE, 1/2 s. N.
Approuvé. — M. Félix Pottier (Ardennes).
B. 1894. — Manche.
Par *Reynolds*, 1/2 s. N., et *Kissmy* 1/2 s. N., par Domino-Noir,
1/2 s. N.
Sa grand'mère : N., 1/2 s. N., par Conquérant, 1/2 s. N.
Sa bisaïeule : N., 1/2 s. N., par The Heir-of-Linne, P. S. A.
Sa trisaïeule : N., 1/2 s. N., par Ugolin, 1/2 s. N.
Montier-en-Der : depuis 1898.

S. B. 1/2 s. N., t. I, p. 222.

QUOLIBET, 1/2 s. N.
Approuvé. — M. du Douët.
Bb. 1872. — Normandie.
Par *Gall*, 1/2 s. N., et une jument 1/2 s. A.
Compiègne : 1876-1879.

QUOLIBET, 1/2 s. N. —- H. N.
B. m. 1894. — Calvados.
Par *Qui-Vive* (approuvé), 1/2 s. N., et *Jahel*, par Phaeton,
1/2 s. N.
Annecy : depuis 1898.

QUONIAM, 1/2 s. — H. N.
Al. 1872. — France.
Par *Deurlys*, 1/2 s., et *N.*, 1/2 s. N.
Montier-en-Der : 1876. — Réformé en juillet 1886.

QUOUSQUE, ex-**QUINE**, 1/2 s. N. — H. N.
Al. 1872. — Calvados.
Par *Marquis*, 1/2 s. N., et une jument 1/2 s. A.
Compiègne : 1876. — Réformé en juillet 1878.

QUOTIÈS, 1/2 s. N. — H. N.
N. 1894. — Calvados.
Par *Phare*, 1/2 s. N., et *Coquette*, 1/2 s. N., par Grand-Maître,
1/2 s. N.
Sa grand'mère : par Institut (approuvé).
Rosières : depuis 1898.

RABAT-JOIE, 1/2 s. N. — H. N.
B. 1895. — Manche.
Par *Fulminant*, 1/2 s. N., et *Gazelle*, par Laboureur, 1/2 s. N.
Sa grand'mère : fille de Madère, 1/2 s. R.
Compiègne : depuis 1899.

RABELAIS, 1/2 s.
Approuvé. — M. Ennemond, 1856 ; M. Apprin, 1857-1861.
Al. 1852. — France.
Par *Hospodar*, 1/2 s., et *Nourricières*.
Annecy : 1856. — Vendu à M. Apprin (Isère).

RABOT, 1/2 s. N. — H. N.
Al. 1895. — Manche.

Par *Interim*, 1/2 s. N., et *Camille*, par Socrate, 1/2 s. N.,
et une fille de Connétable, 1/2 s. N.
Besançon : depuis 1899.

RABOUGRI, 1/2 s. N. — H. N.
B. 1895. — Calvados.

Par *Kamtchatka*, 1/2 s. N., et *Mignonne*, par Valérien, 1/2 s. N.,
et une fille de Quintus, 1/2 s. N., et une fille de Quotient,
1/2 s. N.
Besançon : depuis 1899.

RADAMAH, 1/2 s. V. — H. N.
Bb. 1873. — Vendée.

Par *Jambes-d'Argent*, 1/2 s. N., et *N.*, 1/2 s. V., par Cornichon,
1/2 s. V.
Montier-en-Der : 1877. — Réformé en octobre 1877.

RADAMANTE, 1/2 s.
Approuvé. — M. Parcheminey (Haute-Saône).
B. 1873.
Besançon : 1877-1884.

RADICAL, 1/2 s.
Approuvé. — M. Many, 1877 ; M. Jolly-Carret (Haute-Saône).
B. 1873. — Normandie.

Par *Glorieux*, 1/2 s. N., et une jument 1/2 s., par Agenda, 1/2 s. N.
Besançon : 1877. — Mort en 1890.

RADJAH, 1/2 s. N. — H. N.
B. 1873. — Vendée.

Par *Kapirat II*, 1/2 s. N., et une jument 1/2 s, par Henri-IV,
1/2 s. V.
Besançon : 1877. — Abattu en 1882.

RAFALE, 1/2 s. N. — H. N.
B. 1851. — Calvados.

Par *Polecat*, P. S. A., et une jument 1/2 s., par Nerestan, 1/2 s. N.
Besançon : 1862. — Réformé en 1863.

RAGEUR. 1/2 s. N. — H. N.
B. 1895. — Manche.
Par *Esbly*, 1/2 s. N., et *Cocotte*, par Alsacien, 1/2 s. N.
Sa grand'mère : fille d'Harmonieux, 1/2 s. N.
Compiègne : depuis 1899.

RAG-MERCHANT, 1/2 s. N. — H. N.
N. 1875. — Seine-Inférieure.
Par *Kilomètre*, 1/2 s. N., et *L'Espérance*, par Trotting-Ratiler,
1/2 s. A.
Compiègne : 1888. — Lamballe : 1888. — S. R. depuis.

RAINCY, ex-**RÉSOLU**, 1/2 s. N. — H. N.
B. 1873. — Orne.
Par *Buci*, 1/2 s. N., et une jument 1/2 s., par Vicomte, 1/2 s., N.
Besançon : 1877. — Abattu en 1890.

RAISON, 1/2 s.
Approuvé. — M. Aubert (Haute-Marne).
Al. 1873.
Par *Hippocrate*, 1/2 s. N.
Montier-en-Der : 1877. — Réformé en 1893.

RAMBAUD, ex-**LÉOPARD**, 1/2 s.
Approuvé. — M. Meraut (Haute-Saône).
Par *Léopard*, 1/2 s. N., et *Mignonne*, jument 1/2 s., par Vidi,
1/2 s. N.
Sa grand'mère : fille de Hick, 1/2 s. N.
Besançon : depuis 1899.

RAMBERCOURT, 1/2 s.
Approuvé. — M. Goldsmith (Haute-Marne).
Al. 1873.
Par *Mathurin*, 1/2 s. N., ou *Ismaël*, 1/2 s. N. (approuvé.
Montier-en-Der : 1877. — Castré en 1884.

RAMEAU, 1/2 s. N. — H. N.
Al. 1851. — Manche.
Par *Carnassier*, 1/2 s. N., et une fille de Marengo, 1/2 s. N.
Compiègne : 1855. — Réformé en septembre 1861.

RAMEAU-D'OR, 1/2 s. N. — H. N.
Al. 1873. — Manche.
Par *Dagobert*, 1/2 s. N., et une fille d'Adolphus, P. S. A.
Compiègne : 1877. — Réformé en juillet 1887.

RAMSAY, ex-**PRINCE,** 1/2 s. N. — H. N.
R. 1872. — Normandie.
Par *Norfolk-Trotter*, 1/2 s. A., et N., 1/2 s. N.
Compiègne : 1877. — Réformé après la monte de 1881.

RAMSÈS II, 1/2 s. N. — H. N.
Al. 1873. — Manche.
Par *Jarnac*, 1/2 s. N., et une fille d'Ursin, 1/2 s. N.
Annecy : 1877. — Abattu en septembre 1892.

RAMUS, 1/2 s. N. — H. N.
B. 1851. — Calvados.
Par *Governor*, P. S. A., et une fille de Mulato, 1/2 s. N.
Compiègne : 1855. — Passé à Montier-en-Der en janvier 1856.
Réformé en juillet 1857.

RANCIO, ex-**RUBIS,** 1/2 s. N. — H. N.
Bb. 1873. — Orne.
Par *Kilomètre*, 1/2 s. N., et une fille d'Héliotrope, 1/2 s. N.
Rosières : 1877. — Castré en août 1893.

RANÇON, 1/2 s. N. — H. N.
Gr. 1851. — Normandie.
Par *Villiam*, P. S. A., et une fille de Xerxès, 1/2 s. N.
Rosières : 1858. — Passé au Haras du Pin en juillet 1868.

RANÇON, 1/2 s.
Approuvé. — M. Tarbouché (Côte-d'Or).
Al. 1873. — Normandie.
Besançon : 1877-1882.

RANDON, 1/2 s.
Approuvé. — M. Langinieux (Côte-d'Or).
B. 1873. — Normandie.
Par *Volant*, 1/2 s. N., et une jument 1/2 s., par Rosel (?).
Besançon : 1877. — Castré en 1884.

22.

RANSON, P. S. A.
Autorisé. — M. Potier (Ardennes).
B. 1888.
Par *Télémaque* et *Résistance*, par Monarque.
Montier-en-Der : 1893. — S. R. depuis 1894.

RAOUL, 1/2 s.
Approuvé. — M. Garnier, 1878 ; M. Gachot, 1879 (Côte-d'Or).
Al. 1873.
Besançon : 1878. — Réformé en 1883.

RAPHAËL, 1/2 s.
Approuvé. — M. Fourcault (Côte-d'Or).
Ro. 1873. — Normandie.
Besançon : 1878. — Réformé en 1879.

RAPHAËL, 1/2 s. V. — H. N.
B. 1895. — Charente-Inférieure.
Par *Decrescendo*, 1/2 s. V., et *Gazelle*, par Marengo, 1/2 s. N.
Sa grand'mère : fille de Kalife, 1/2 s. N.
Compiègne : depuis 1899.

RAPIDE, 1/2 s.
Approuvé. — M. Mareschal ; M. Cornevin (Haute-Marne).
B. 1873.
Par *Esculape* ou *Introuvable*, 1/2 s. N.
Montier-en-Der : 1877. — Réforme en 1894.

RAPIDE, 1/2 s. L.
Gr. 1885. — Lorraine.
Par *Richard*, 1/2 s. (approuvé).
Approuvé. — M. Bellot.
Rosières : depuis 1889.

RAPIDE, 1/2 s.
Autorisé. — M. Leblanc (Pas-de-Calais).
Bb. 1887.
Par *Quintillien*, 1/2 s.
Compiègne : 1891. — S. R. en 1892.

RAPIDE, 1/2 s. V. — H. N.
B. 1895. — Vendée.

Par *Mail-Coach*, 1/2 s. V., et *Tremière*, par Novus, 1/2 s. N.
Sa grand'mère : par Heureux, 1/2 s. N.
Compiègne : depuis 1899.

S. B. 1 2 s. N., t. I., p. 302.

RAPID-ROAN, 1/2 s. A.
Approuvé. — M. Dudacrel, à Bernières (Seine-Inférieure).
R. 1861. — Angleterre.

Par *Y. Performer*, 1/2 s. A., et *Lady-Bird*, P. S. A.
Compiègne : 1873-1879.

RAPIN, 1/2 s. L. — H. N.
Bb. 1840. — Haras de Rosières.

Par *Windeliffe*, P. S. A., et une jument de la race Ducale,
née au Haras de Rosières.
Rosières : 1844. — Castré en décembre 1845.

RAPP, 1/2 s. N. — H. N.
B. 1853. — France.
Montier-en-Der : 1860. — Abattu en novembre 1864.

RAPPEL, 1/2 s.
Approuvé. — M. Cariney (Haute-Saône).
Al. f. 1895. — Orne.

Par *James-Watt*, 1/2 s. N., et *Glaneuse*, jument 1/2 s.,
par Parthenon, 1/2 s. N.
Sa grand'mère : fille de Séducteur, 1/2 s. N.
Sa bisaïeule : fille de Tipple-Cider, P. S. A.
Besançon : depuis 1899.

RATAPLAN, 1/2 s.
Appprouvé. — M. Cariney (Haute-Saône).
Al. 1895. — Orne.

Par *Juvigny*, 1/2 s. N., et *Hélène*, jument 1/2 s.,
par Gabier, P. S. A.
Sa grand'mère : fille de Usquebac, 1/2 s. N.
Besançon : depuis 1899.

RATAPOIL, 1/2 s.
Approuvc. — M. de La Roque (Côte-d'Or).
B. 1851.
Montier-en-Der : 1856. — S. R. depuis 1856.

RAT-D'ÉGLISE, 1/2 s.
Approuvé. — M. Chanussot (Jura).
Bb. 1895. — Manche.
Par *Alsacien*, 1/2 s. N., et *Bijou*, jument 1/2 s., par Ménélas,
1/2 s. N.
Besançon : depuis 1899.

RARENSBERG, 1/2 s.
Approuvé. — M. Choynard (Doubs).
B. 1895. — Manche.
Par *Klephte*, 1/2 s. N., et *Bijou*, par Nadar, 1/2 s. N. (approuvé).
Sa grand'mère : fille d'Agenda, 1/2 s. N.
Besançon : depuis 1899.

RÉALISTE, 1/2 s. N. — H. N.
B. 1873. — Manche.
Par *Kent*, 1/2 s. N., et *N.*, 1 2 s. N., par Eylau, P. S. A.-A.
Montier en-Der : 1877. — Réformé en août 1889.

REBROUSSE-POIL, 1/2 s.
Approuvé. — M. George (Haute-Saône).
Al. br. 1895. — Manche.
Par *Dacapo*, 1/2 s. N., et *Coquette*, jument 1/2 s., par Verdun,
P. S. A.
Besançon : depuis 1899.

RÉBUS, 1/2 s. N.
Approuvé. — M. Dougois (Haute-Marne).
B. 1873. — Calvados.
Par *Guelfe*, 1/2 s. N. (approuvé), et *N.*, 1/2 s. N., par Hunter,
1/2 s. N.
Montier-en Der : 1877. — **Mort en 1894.**

RÉBUS, 1/2 s.
Approuvé. — M. Dougois (Haute-Marne).
Al. 1894. — Haute-Marne).
Par *Khan*, 1/2 s. N. (approuvé), et *N.*, 1/2 s. par Rébus, 1/2 s. N.
(approuvé).
Montier-en-Der : depuis 1898.

RECÉLEUR, 1/2 s. N. — H. N.
Al. 1873. — Calvados.
Par *Gaulois*, 1/2 s. N., et *N.*, 1/2 s. N., par Pretender, 1/2 s. A.
Montier en-Der : 1877. — Réformé en juillet 1896.

RECELEUR, 1/2 s.
Approuvé. — M. Lapointe.
B. 1885. — Meuse.
Par *Receleur* et une jument 1/2 s.
Rosières : 1893. — Castré en 1898.

RECTEUR, ex-**RADIS**, 1/2 s. N. — H. N.
B. 1873. — Manche.
Par *Élie*, 1/2 s. N., ou *Héliotrope*, 1/2 s. N., et une fille d'Utrecht,
1/2 s. N.
Sa grand'mère : fille de Tipple-Cider, P. S. A.
Compiègne : 1877. — Passé au Pin en juillet 1879.

REDJIB, 1/2 s. — H. N.
Gr. 1846. — Venant du Haras du Pin.
Par *Hamdam-Blanc*, P. S. Ar., et une jument limousine.
Rosières : 1859. — Castré en août 1861.

REDON, 1/2 s. N. — H. N.
B. 1895. — Calvados.
Par *Fumet*, 1/2 s. N., et *Belle*, par Surveillant, 1/2 s. N.
Besançon : depuis 1899.

REEL, 1/2 s. N. — H. N.
Al. 1873. — Manche.
Par *Tamberlick*, P. S., et une fille de Hunter, 1/2 s. N.
Annecy : 1873. — Castré en septembre 1890.

REFLET, 1/2 s. N. — H. N.
Al. 1873. — Manche.
Par *Hussein*, 1/2 s. N., et *N.*, 1/2 s. N., par Ugolin, 1/2 s. N.
Montier en-Der : 1877. — Réformé en août 1879.

REFLUX, 1/2 s. N. — H. N.
B. 1873. — Calvados.
Par *Fleuron*, 1/2 s. N., et *N.*, 1/2 s. N., par Sultan, 1/2 s. N.
Montier-en-Der : 1877. — Réformé en décembre 1882.

REFUGE, 1/2 s.
Approuvé. — M. Jardel (Côte-d'Or).
B. 1873. — Normandie.
Besançon : 1877. — Réformé en 1878.

RÉGENT, 1/2 s. N.
Approuvé. — M. Chaufenne (Haute-Saône).
Al. 1851. — Normandie.
Besançon : 1859. — Réformé en 1863.

RÉGENT, 1/2 s.
Approuvé : 1856. — M. Servonnat ; M. Thuiller, de 1857 à 1861.
Gr. f. 1852. — France.
Annecy : 1856. — Vendu à M. Thuiller (Isère).

RÉGIMENT, 1/2 s.
Approuvé : 1877. — M. Thuiller, 1877.
B. c. 1873. — France.
Annecy : 1877. — Castré en 1884.

RÉGISSEUR, 1/2 s. N. — H. N.
B. c. 1873. — Caen.
Par *Kabin*, 1/2 s. N., et une fille de Paternel, 1/2 s. N.
Annecy : 1877. — Castré en août 1885.

RÉGNIER, 1/2 s. N. — H. N.
Bb. 1873. — Manche.
Par *Hussein*, 1/2 s. N., et une fille de Divus, 1/2 s. N.
Annecy : 1877. — Mort en janvier 1880.

RÉGULUS, 1/2 s.
Approuvé : 1887. — M. Saint-Cyr.
Al. 1882. — France.
Par *Velasquez* et une fille d'Ignoré.
Annecy : depuis 1887.

RÉGULIER, 1/2 s. N. — H. N.
Al. 1873. — Calvados.
Par *Impérial*, 1/2 s. N., et une fille de Navigateur, 1/2 s. N.
Compiègne : 1877. — Passé au Pin en juillet 1879.

REITZ, 1/2 s. N. — H. N.
Al. 1873. — Manche.
Par *Hussein* et une fille de Nemrod, 1/2 s. N.
Annecy : 1877. — Castré en septembre 1883.

REJETON, 1/2 s. N. — H. N.
B. 1873. — Orne.
Par *Faust*, P. S. A., et une fille de Centaure, 1/2 s. N.
Rosières : 1877. — Castré en octobre 1879.

REMBRANDT, 1/2 s. N. — H. N.
Ro. 1851. — Normandie.
Par *Merlerault*, 1/2 s. N., et une fille d'Émule, 1/2 s. N.
Compiègne : 1855. — Réformé en août 1867.

REMEMBER, 1/2 s.
Approuvé. — M. Felivre (Côte-d'Or).
B. 1873. — Normandie.
Par *Bisson*, 1/2 s. N.; et une jument 1/2 s., par Navigateur,
1/2 s. N.
Besançon : 1877-1888.

RÉMI, 1/2 s. N. — H. N.
B. 1873. — Aisne.
Par *Tobolsk* 1/2 s. Orloff, et une fille de Quimper, 1/2 s. N.
Compiègne : 1877. — Abattu en novembre 1891.

RÉMINIAC, 1/2 s. N. — H. N.
B. 1895. — Calvados.
Par *Qui-Vive*, 1/2 s. N , et *La Durance*, par Valencourt, 1/2 s. N.
Sa grand'mère : par Noville, 1/2 s. N.
Compiègne : depuis 1899.

REMOULEUR, 1/2 s. N. — H. N.
B. 1873. — Orne.

Par *Kilomètre*, 1/2 s. N., et une fille de Galba, 1/2 s. N.
Sa grand'mère : par Jéricho, 1/2 s. N.
Compiègne : 1877. — Passé au Pin en juillet 1879.

REMOURS, ex-**NEMOURS**, 1/2 s.
Approuvé. — M. Perrin (Jura).
Bb. 1895. — Calvados.

Par *Jockey*, 1/2 s. N., et *Lisette*, jument 1/2 s., par Idoménée,
1/2 s. N.
Sa grand'mère : fille de Quotidien, 1/2 s. N. (approuvé).
Besançon : depuis 1899.

REMPART, 1/2 s. N. — H. N.
B. 1873. — Orne.

Par *Hick*, 1/2 s. N., ou *Inkermann*, 1/2 s. N., et *Mignonne*,
1/2 s. N.
Montier-en-Der : 1877. — Réformé en juillet 1880.

RÉMUS, 1/2 s.
Approuvé : M. Textoris (Yonne).
Gr. 1850.
Montier-en-Der : 1855. — Vendu en 1856.

RÉMUS, 1/2 s.
Approuvé. — M. Chevance (Haute-Marne).
B. 1873.
Par *Daniel*, 1/2 s. N.
Montier-en-Der : 1877. — Réformé en 1884.

REMUS, 1/2 s.
Approuvé. — M. Chapiat.
B. 1873.
S. R.
Rosières : 1877. — Réformé en 1882.

REMUSART, 1/2 s.
Approuvé. — M. Modeste.
B. 1873.
Compiègne : 1879-1886.

RENAISSANT, 1/2 s. N. — H. N.
Al. 1895. — Manche.
Par *Dominant*, 1/2 s. N., et *Charmante*, par Fournichon, 1/2 s. N.
Sa grand'mère : par Qu'en-Pensez-Vous ? 1/2 s. N.
Compiègne : depuis 1899.

RENARD, 1/2 s.
Approuvé. — M. Thevenin (Jura).
B. 1895. — Manche.
Par *Colporteur*, 1/2 s. N., et *Facile*, jument 1/2 s., par Regnard,
1/2 s. N.
Sa grand'mère : fille de Dimanche, 1/2 s. N. (approuvé).
Besançon : depuis 1899.

RENÉ, 1/2 s. N. — H. N.
Bb. 1873. — Orne.
Par *Trouville*, P. S. A., et une fille de Séducteur, 1/2 s. N.
Compiègne : 1878. — Passé au Pin après la monte de 1882.

RENÉ B, 1/2 s.
Approuvé. — M. Baudrey (Doubs).
B. 1895. — Orne.
Par *Fuschia*, 1/2 s. N., et *Ma Gentille*, jument 1/2 s., par Cicéron II.
Sa grand'mère : fille de Ximénès, 1/2 s. N.
Besançon : depuis 1899.

RENFORT, ex-BAMBOCHE, 1/2 s.
Approuvé. — M. Rochelandet (Haute-Saône).
B. 1895. — Manche.
Par *Ladislas*, 1/2 s. N., et *Coquette*, jument 1/2 s., par Orphée,
1/2 s. N.
Sa grand'mère : par Sir-Henry, 1/2 s. N.
Sa bisaïeule : fille de Lothaire, 1/2 s. N. (approuvé).
Besançon : depuis 1899.

RÉNO, 1/2 s. N. — H. N.
Al. 1873. — Calvados.
Par *Montpensier*, 1/2 s. N., et *N.*, 1/2 s. N., par Navigateur,
1/2 s. N.
Montier-en-Der : 1877. — Réformé en juillet 1886.

S. B. 1/2 s. V., p. 141.

RENOVATOR, 1/2 s. Norfolk.
B. 1862. — Angleterre.
Par *Devonshire-Raimbow* (Norfolk) et *Shales-Merry-Leggs*
(Norfolk).
Rosières : 1869. — Castré en juillet 1874.
A fait la monte en Vendée en 1871.
(Les dates de naissance et d'origine prises sur la feuille signalétique.
Le S. R. 1/2 s. le porte né en 1861 et par Devonshire
ou Raimbow.)

RÉSOLU, 1/2 s. N. — H. N.
B. 1851. — Calvados.
Par *Lucain*, 1/2 s. N., et une jument 1/2 s. par Voltaire,
1/2 s. N.
Besançon : 1862. — Abattu en 1867.

RÉSOLU, 1/2 s.
Approuvé. — M. Fabry.
B. 1873.
S. R.
Rosières : 1877. — Réformé en 1885.

RETRO, 1/2 s. N. — H. N.
B. 1873. — Calvados.
Par *Ignace*, 1/2 s. N., et *N.*, 1/2 s. N., par Pledge, 1/2 s. N.
Montier-en-Der : 1877. — Réformé en septembre 1883.

RETROUVÉ, 1/2 s. N. — H. N.
B. 1851. — Calvados.
Par *Turenne*, 1/2 s., et une jument de trait.
Besançon : 1862. — Mort en 1863.

REUF, 1/2 s. N. — H. N.
B. 1895. — Orne.
Par *Cherbourg*, 1/2 s. N., et *Palestine* par Barrabas, 1/2 s. N.,
et une fille d'Héliotrope, 1/2 s. N.
Besançon : depuis 1899.

RÉUSSI, 1/2 s.
Approuvé. — M. Chabeuf (Côte-d'Or).
B. 1873. — Vendée.
Par *Pied-de-Chêne*, 1/2 s. V., et *Espérance*, P. S. A.
Besançon : 1878-1883.

RÊVE, 1/2 s. N. — H. N.
B. 1873. — Manche.

Par *Torticolis*, P. S. A , et une fille d'Ugolin, 1/2 s. N.
Rosières : 1877. — Mort en mai 1884.

RÉVEIL, 1/2 s. N. — H. N.
Al. 1873. — Manche.

Par *Sir-Edwin-Landser*, 1/2 s. A., ou *Idoménée*, 1/2 s. N.,
et une fille de Sackos, 1/2 s. N.
Rosières : 1877. — Castré en septembre 1881.

RÉVEILLON, 1/2 s. N. — H. N.
B. 1873. — Manche.

Par *J'y-Songerai*, 1/2 s. N., et une fille d'Agenda, 1/2 s. N.
Compiègne : 1878. — Passé au Pin en juillet 1879.

RÉVEIL-MATIN, 1/2 s. N. — H. N.
B. 1873. — Manche.

Par *Bravo*, P. S. A., et une jument 1/2 s., par Pendor, 1/2 s. N.
Besançon : 1877. — Réformé en 1882.

REVENDEUR, ex-**REMUS**, 1/2 s. N. — H. N.
B. 1873. — Calvados.

Par *Montmorency*, 1/2 s. N., et une jument 1/2 s.,
par The Great-Western, 1/2 s. A.
Besançon : 1877. — Réformé en 1878.

RÉVÉRENCIEUX, 1/2 s.
Approuvé. — M. Monasson (Haute-Saône).
B. 1895. — Manche.

Par *Magenta*, 1/2 s. N., et *Lisette*, jument 1/2 s., par Darnetal,
1/2 s. N.
Sa grand'mère : fille d'Agenda, 1/2 s. N.
Besançon : depuis 1899.

REVIGNY, 1/2 s. N. — H. N.
B. ch. 1873. — Normandie.

Par *Hidalgo*, 1/2 s. N., et une fille de Valdemar, 1/2 s. N.
Annecy : 1877. — Abattu en juillet 1895.

RÉVOLVER, ex-**RIVAL**, 1/2 s. V. — H. N.
B. 1873. — Charente-Inférieure.
Par *Imperator*, 1/2 s. N., et une jument 1/2 s., par Amadis,
P. S. A.
Besançon : 1877. — Castré en 1882.

REX, 1/2 s.
Approuvé. — M. Gautheret (Haute-Marne).
Bb. 1873.

Par *Hussein*, 1/2 s. N., ou *Giboyer*.
Montier-en-Der : 1877. — S. R. depuis 1886.

RHÉTEUR, ex-**BOB**, 1/2 s. N. — H. N.
B. 1895. — Manche.
Par *Jusant*, 1/2 s. N., et *Pellerine*, par Fred-Archer, 1/2 s. N.
ou Follet, 1/2 s. N., et une fille de Newton, 1/2 s. N.,
et une fille de Ballin-Keele, P. S. A.
Besançon : depuis 1899.

RHUM, 1/2 s.
Approuvé. — M. Jeanson (Haute-Marne).
B. 1873.

Par *Ignoré* ou *Lionceau II* (approuvé), 1/2 s. N.
Montier-en-Der : 1877. — S. R. depuis 1882.

RIBEIRA, 1/2 s.
Approuvé. — M. Morel (Haute-Saône).
B. 1873.
Besançon : 1877. — Réformé en 1883.

RICARDI, 1/2 s.
Approuvé. — M. Quentin.
B. 1873.
S. R.
Rosières : 1877. — Réformé en 1893.

RICHARD, 1/2 s.
Approuvé. — M. Bellot.
B. 1873.
S. R.
Rosières : 1876. — Vendu en 1890.

RICHEBOURG, 1/2 s.
Approuvé. — M. P. Darbot (Haute-Marne).
B. 1895.
Montier-en-Der : depuis 1899.

RICHMOND, 1/2 s. N. — H. N.
Al. 1895. — Manche.

Par *Louis-d'Or*, 1/2 s. N., ou *Sérieux*, 1/2 s. N., et *Brebis*,
par Pénitent, 1/2 s. N.
Sa grand'mère : par Traquenard, 1/2 s. N. (approuvé).
Compiègne : depuis 1899.

RICQUET, 1/2 s.
Approuvé : 1877. — M. Berger, 1877.
R. 1873. — France.
Annecy : 1877. — Réformé en 1884.

S. B. 1/2 s. V., p. 142.
RIFLE-BOY, 1/2 s. A. — H. N.
Al. 1850. — Angleterre.
S. R.
Rosières : 1864. — Castré en juillet 1876.
A fait la monte en Vendée en 1871.

RIGHT, ex-**PRÉSIDENT**, 1/2 s. N. — H. N.
B. 1873. — Seine-Inférieure.
Par Y. *Quick Silver*, 1/2 s. A., et une fille de Y. Performer, 1/2 s A.
Compiègne : 1877. — Passé au Pin en juillet 1879.

RIGOLETTO, 1/2 s.
Approuvé. — M. Maldant (Côte-d'Or).
B. 1873. — Normandie.

Par *Mario*, P. S. A., et une jument 1/2 s. par Dimanche,
1/2 s. N. (approuvé).
Besançon : 1877. — Réformé en 1883.

RIGOLO, 1/2 s. Lorr.
Approuvé. — M. Dogat, 1885 ; M. Simonin, 1886.
B. 1881. — Lorraine.

Par *Jacobin*, 1/2 s. N., et une jument de la remonte.
Rosières : 1885. — Réformé en 1892.

RIGOLO, 1/2 s.
Approuvé. — M. Bellot.
Bb. 1887.
Par *Brasseur* et une jument de 1/2 s.
Rosières : depuis 1891.

RIGOLO, 1/2 s.
Approuvé. — M. Revy (Jura).
Bb. 1895. — Manche.
Par *Jericho*, 1/2 s. N., et *Fillette*, jument 1/2 s.,
par Inaudi-Jacques, 1/2 s. N.
Sa grand'mère : fille d'Algésiras, 1/2 s. N.
Besançon : depuis 1899.

RIGOMER, 1/2 s. N. — **H. N.**
B. 1895. — Calvados.
Par *Saint-Rigomer*, 1/2 s. N., et *Basquine*, par Stade, 1/2 s. N.,
et Ulbach, 1/2 s. V.
Besançon : depuis 1899.

RING, 1/2 s. Br. — **H. N.**
Al. 1875. — Finistère.
Par *Fire-King*, 1/2 s..Norf.-**A**.. ou *Ingres*, 1/2 s. N., et *N*.,
1/2 s. Br., par Hermion, 1/2 s. Br., ou Pretender, 1/2 s. Norf.-A.
Montier-en-Der : 1880. — Réformé en août 1893.

RISSLER, 1/2 s.
Approuvé. — M. Basset de Chaultres.
B. 1873.
Compiègne : depuis 1877.

RIVAL, 1/2 s. N.
Approuvé. — M. Ferdinand Lamy.
B. 1873.
Par *Diego*, 1/2 s. N., et une fille de Victorieux, 1/2 s. N.
Rosières : 1877. — Acheté par l'Administration des Haras en
novembre 1882.

RIVAL, 1/2 s. Lorr.
Approuvé. — M. Pierremay, 1886 ; M. Balland, 1888.
Al. 1882. — Lorraine.
Par *Othello*, 1/2 s. Lorr., et une fille de Point-de-Départ, 1/2 s. N.
(approuvé).
Rosières : depuis 1886.

RIVAL, 1/2 s. V. — H. N.
B. 1895. — Vendée.
Par *Landelles*, 1/2 s. N., et *N*., par Huguenot, 1/2 s. N.
Sa grand'mère : par Calvin, 1/2 s. V.
Compiègne : depuis 1899.

RIVAL, 1/2 s.
Approuvé. — M. Lavrut (Jura).
Al. 1895. — Manche.
Par *Santerre*, 1/2 s. N., et *Roulette*, jument 1/2 s., par Exeat,
1/2 s. N.
Sa grand'mère : par Schamrock, 1/2 s. A.
Sa bisaïeule : par Géant-des-Batailles, P. S. A.
Besançon : depuis 1899.

RIZZIO, ex-**RICHELIEU**, 1/2 s. N. — H. N.
N. 1873. — Manche.
Par *Idoménée*, 1/2 s. N., et une jument 1/2 s., par Pigeon-Vole,
P. S. A.
Besançon : 1877. — Réformé en 1878.

ROACK, 1/2 s.
Approuvé. — M. Cottin.
B. 1873. — France.
Annecy : 1887. — Mort en 1887.

ROBERT, 1/2 s.
Approuvé. — M. Gay (Côte-d'Or).
B. 1873. — Normandie.
Besançon : 1877. — Réformé en 1878.

ROBERT, 1/2 s.
Accepté. — M. Gaudin (Pas-de-Calais).
B. 1886.
Compiègne : depuis 1889.

ROBIN-DES-BOIS, 1/2 s. N. — H. N.
B. 1873. — Calvados.
Par *Ignare*, 1/2 s. N., et une jument 1/2 s., par Éventail, 1/2 s. N.
Besançon : 1878. — Mort en 1885.

ROBIN-HOOD, 1/2 s. A. — H. N.
N. 1874. — Angleterre.
Par *Norfolk-Heros*, 1/2 s. A., et une fille de Robin-Hood, 1/2 s. A.
Rosières : 1878. — Castré en août 1886.

ROBINSON, 1/2 s.
Approuvé. — M. Camuroy (Aisne) ; M. Fougeron (Somme).
B. 1877.
Compiègne : 1882-1889.

ROBINSON, 1/2 s.
Autorisé : M. Renard (Haute-Marne).
Al. 1887.
Par *Ostade*, 1/2 s. N., et *N.*, 1/2 s., par Kronstadt, 1/2 s.
(approuvé).
Montier-en-Der : 1893. — S. R. depuis 1894.

ROBINSON, 1/2 s. N. — H. N.
B. 1895. — Calvados.
Par *Martial*, 1/2 s. N., et *La Fougeuse*, par Favori, 1/2 s. N.,
et Gavotte, par Valencourt, 1/2 s. N., et une fille de Conquérant,
1/2 s. N.
Besançon : depuis 1899.

ROBOAM, ex-**RIVERAIN**. 1/2 s. N. — H. N.
B. 1872. — Orne.
Par *Inhermann*, 1/2 s. N., et une fille de Phœnomenon, 1/2 s. A.
Rosières : 1877. — Castré en août 1886.

ROBUSTE, 1/2 s.
Approuvé : 1856. — M. Comte, 1856 ; M. Guinet, de 1868 à 1869.
B. m. 1852. — France.
Par *Don-Quichotte*, P. S.
Annecy : 1856. — Vendu à M. Guinet (Isère). — S. R. depuis 1869.

ROCAMBOLE, 1/2 s.
Approuvé. — M. Pirlot.
B. 1873.
S. R.
Rosières : 1877-1879.

ROCHESTER, 1/2 s. N.
Approuvé. — M. Basset de Chaulnes (Somme).
Al. 1867.
Compiègne : 1878-1880.

ROCKETT, 1/2 s.
Approuvé. — M. Fongeron, à Breilly (Somme).
Bb. 1875.
Compiègne : 1880-1882.

ROCROI, 1/2 s. N.
Approuvé. — M. Mangin, 1877 ; M. Aubry, 1890.
Al. 1873. — Normandie.
Par *Volant*, 1/2 s. N , et une fille de Rivoli. 1/2 s. N.
Rosières : 1877. — Réformé en 1893.

RODNEY, 1/2 s. Lorr. — H. N
B. 1836. — Haras de Rosières.
Par *Belmont*, P. S. A., et *Mirandola*, de la race Deux-Ponts,
née au Haras de Rosières.
Rosières : 1840. — Castré en novembre 1849.

ROITELET 1/2 s.
Approuvé. — M. Silvestre (Haute-Saône).
Aub. 1895. — Calvados.
Par *Illustre*, 1/2 s. N., et *La Bleue*, jument normande.
Besançon : depuis 1890.

ROLLAND, 1/2 s.
Approuvé. — M. Foy (Côte d'Or).
B. 1860.
Besançon : 1871. — Vendu en 1873.

ROLLAND, 1/2 s.
Approuvé. — M. Bertrand (Jura).
B. 1873. — Normandie.
Besançon : 1877-1881.

ROLLON, 1/2 s.
Approuvé. — Duc de Vicence.
Bb. 1873.
Par *Lavater*, 1/2 s. A., et *Espérance*, 1/2 s.
Compiègne : depuis 1891.

23.

ROMAIN, 1/2 s. N. — H. N.
B. n. 1873. — Manche.
Par *Lion-d'Or*, 1/2 s. N., et une fille d'Ugolin, 1/2 s. N.
Annecy : 1877. — Castré en septembre 1883.

ROMARIN, 1/2 s. N.
Approuvé. — M. Donjean, 1877 ; M. Chalon, 1887.
B. 1873. — Normandie.
Par *Taconnet*, 1/2 s. N.
Rosières : 1877. — Réformé en 1889.

ROMÉO, 1/2 s.
Approuvé. — Bon de Fourmeut, à Frevent (Pas-de-Calais).
Al. brûlé. 1872.
Compiègne : 1876-1882.

ROMÉO, 1/2 s.
Autorisé. — M. Vignoble (Nord).
B. 1884.
Compiègne : depuis 1897.

ROMÉO, 1/2 s.
Autorisé. — M. Delabroy (Pas-de-Calais).
B. 1886.
Par *Quintillien*, 1/2 s.
Compiègne : 1891. — S. R. depuis 1892.

ROMÉO, 1/2 s.
Approuvé. — M. Vincent (Jura).
B. f. 1895. — Orne.
Par *Cherbourg*, 1/2 s. N., et *Colombine*, jument 1/2 s.,
par Niger. 1/2 s. N.
Sa grand'mère : fille de Taconnet, 1/2 s. N.
Besançon : depuis 1899.

ROMULUS, 1/2 s. N.
B. 1825. — Normandie.
Par *Sultan*, 1/2 s N., et *Corine*, 1/2 s. A.
Rosières : 1830. — Castré en novembre 1847.

ROMULUS, 1/2 s.
Autorisé. — M. Wemaëre (Oise).
Al. 1888.
Par *Pilgrim*, 1/2 s. N., et une fille de Pompée, 1/2 s.
Compiègne : 1892-1895.

RONFLAND, 1/2 s. N. — H. N.
Al. 1872. — Manche.
Par *Jambon* ou *Dictateur*, 1/2 s. N., et *N.*, 1/2 s. N.,
par Badin, 1/2 s. N. (approuvé).
Montier-en-Der : 1877. — Mort en août 1887,

RONGEUR, ex-**RODEZ**, 1/2 s. N. — H. N.
B. 1873. — Manche.
Par *Hélios*, 1/2 s. N., et une jument 1/2 s.
Besançon . 1877. — Castré en 1885.

ROQUELAURE, 1/2 s. V. — H. N.
Ro. 1895. — Vendée.
Par *Landelles*, 1/2 s. N., et *Floribane*, par Queymadero, 1/2 s. V.
Sa grand'mère : fille de Romuald, 1/2 s. V.
Compiègne : depuis 1899.

ROQUET, 1/2 s N. — H. N.
Al. 1873. — Manche.
Par *Moka*, 1/2 s. N., et une fille de Despote, 1/2 s. N.
Compiègne : 1877. — Réformé en novembre 1891.

ROSEAU II, 1/2 s. Br. — H. N.
B. c. 1892. — Finistère.
Par *Roseau*, 1/2 s. Br., et *Belette*, jument de trait bretonne.
Annecy : depuis 1896.

ROSIER, 1/2 s. N. — H. N.
Al. 1851. — Calvados.
Par *Tipple-Cider*, P. S. A., et une fille d'*Émule*, 1/2 s. N.
Compiègne : 1855. — Réformé après la monte de 1870.

ROSIÈRES, 1/2 s. N.
Approuvé. — M. Fournier.
Al. 1873.
Par *Vice-Roi*, 1/2 s. N.
Rosières : 1877. — Mort en 1883.

ROTHOMAGO. 1/2 s.
Approuvé. — M. Magniez, à Revellon (Somme).
N. 1858.
S. R.
Compiègne : 1871-1874.

ROUBAIX, 1/2 s.
Approuvé. — M. Lachot (Côte-d'Or).
B. 1873. — Normandie.
Par *Élu*, 1/2 s. N., et une jument 1/2 s., par Séducteur, 1/2 s. N.
Besançon : 1877-1885.

ROUBLE, ex-**RATTLER**, 1/2 s. N. — H. N.
Al. 1873. — Normandie.
Par *Agenda*, 1/2 s. N., et une fille d'Électeur, 1/2 s. N.
Compiègne : 1877. — Passé au Pin en juillet 1879.

ROUGE-GORGE, 1/2 s. N. — H. N.
B. 1873. — Manche.
Par *Gouverneur*, 1/2 s. N., et N., 1/2 s. N., par Kapirat, 1/2 s. N.
Montier-en-Der : 1877. — Réformé en août 1889.

ROULEUR, 1/2 s.
Approuvé. — M. Jeannin, 1877 ; M. Ponsot-Quenot (Côte-d'Or).
B. 1873. — Normandie.
Par *Lion-d'Or*, 1/2 s. N., et une jument 1/2 s., par Pater, 1/2 s. N.
Besançon : 1877. — Réformé en 1883.

ROVILLE, 1/2 s.
Approuvé. — M. Euriat-Perrin.
B. 1856.
S. R.
Rosières : 1863. — Réformé en 1864.

ROYAL-ALBERT, 1/2 s.
Autorisé. — M. Delangle (Nord).
B. 1888.
Compiègne : 1892. — S. R. en 1893.

ROYAL-TOM, 1/2 s.
Approuvé. — M. Copreaux (Nord) ; M. Modesse-Berquet, 1884.
B. 1879.
Compiègne : 1883-1890.

RUBICON, 1/2 s. N. — H. N.
B. 1873. — Manche.
Par *Léopold*, 1/2 s. N., et *N.*, 1/2 s. N., par Qui-Perd-Gagne,
1/2 s. N.
Montier-en-Der : 1877. — Réformé en août 1883.

RUBIÇON, 1/2 s.
Approuvé, — M. Ballot (Haute-Saône).
B. 1873.
Besançon : 1877. — Mort en 1884.

RUBIÇON, 1/2 s.
B. 1895. — Manche.
Approuvé. — M. Parcheminey (Haute-Saône).
Par *Gibraltar*, 1/2 s. N., et *Brunette*, jument 1/2 s.
Besançon : depuis 1899.

RUDOLPHI, 1/2 s. Big. — H. N.
B. 1873. — Hautes-Pyrénées.
Par *Fitz-Gladiator*, P. S. A., et une fille d'Émir, P. S. Ar.
Rosières : 1878. — Abattu en décembre 1882.

RUMINANT, 1/2 s.
Approuvé. — M. Huguenin (Haute-Marne).
Al. 1873.
Par *Quasi*, 1/2 s. N.
Montier-en-Der : 1877. — Non présenté en 1885.

RUSSEY, ex-**RIVAL**, 1/2 s. N. — H. N.
B. 1895. — Manche.
Par *Dacapo*, 1/2 s. N., et *Cocotte*, par Lodi, 1/2 s. N.,
et une fille d'Urus, 1/2 s. N.
Besançon : depuis 1899.

RUSTIQUE, 1/2 s.
Approuvé. — M. Boulnois ; M. de Wazières, 1899.
B. 1873.
Par *Séducteur*, 1/2 s. N.
Compiègne : 1877. — Réformé en 1898.

RUSTIQUE, 1/2 s.
Approuvé. — M. Macarez, à Saint-Python (Nord).
Bb. 1873.
Compiègne : depuis 1880.

RUSTIQUE, 1/2 s. Br. — H. N.
N. 1883. — Finistère.
Par *Y. Trottaway*, 1/2 s. Norf.-A., et *N*, 1/2 s. Br., par Bijou,
1/2 s. Br.
Montier-en-Der : 1887. — Réformé en novembre 1896.

RUSTIQUE, 1/2 s.
Autorisé. — M. C. Froc (Seine-et-Marne).
Al. 1886.
Compiègne : 1890. — S. R. en 1892.

RUSTIQUE, 1/2 s.
Accepté. — M. Dervaux, à La Vicogne (Somme).
B. c. 1893.
Compiègne : depuis 1898.

SABLON, 1/2 s. N. — H. N.
B. 1874. — Orne.
Par *Centaure*, 1/2 s. N., et une fille de Wladimir, 1/2 s. N.
Compiègne : 1878. — Réformé en août 1889.

SABREUR, 1 2 s.
Approuvé. — M. Fourcault (Côte-d'Or).
B. 1874. — Normandie.
Par *Dragon*, 1/2 s., et une jument 1/2 s , par Bisson, 1/2 s. N.
Besançon : 1878-1885.

SACKINI, 1/2 s. N. — H. N.
Al. 1874. — Calvados.
Par *Ruy-Blas*, P. S. A., et *La Poule*, 1/2 s. N.
Compiègne : 1878. — Réformé en août 1879.

SAINT-CHRISTOPHE, 1/2 s.
Approuvé. — M. Berthet (Jura).
B. 1874. — Normandie.
Besançon : 1878-1883.

SAINT-FLOXEL, 1/2 s. N. — H. N.
Al. 1874. — Manche.
Par *Hussein*, 1/2 s. N., et une jument 1/2 s.,par Ugolin, 1/2 s. N.
Besançon : 1878. — Mort en 1882.

SAINT-MARS, 1/2 s. N. — H. N.
B. 1874. — Manche.
Par *Victorieux*, 1/2 s. N., et une jument 1/2 s., par Vandermulin,
P. S. A.
Besançon : 1880. — Castré en 1891.

SAKKI, 1/2 s. — H. N.
Gr 1874. — Aisne.
Par *La Clôture*, 1/2 s., et *Falaise*, trait léger.
Montier-en-Der : 1878. — Réformé en août 1883.

SALADIN, 1/2 s. N. — H. N.
Al. 1874. — Manche.
Par *Torticolis*, P. S. A., et *Rapide*, 1/2 s. N., par Carnassier,
1/2 s. N.
Rosières : 1880. — Abattu en août 1895.

SAMARY, 1/2 s.
Approuvé. — M. Pentat (Côte d'Or).
B. 1874. — Normandie.
Par *Jules-César*, 1/2 s. N., et une jument 1/2 s.,
par Dragon, P. S. A.
Besançon : 1878. — Réformé en 1885.

SAMAS, 1/2 s. N. — H. N.
R. 1874. — Orne.
Par *Inkermann*, 1/2 s. N., et une jument 1/2 s.,
par Shales, 1/2 s. A.
Besançon : 1878. — Abattu en 1894.

SAMEDI, 1/2 s.
Approuvé. — M. Robardy-Badoz (Haute-Saône).
B. 1874. — Normandie.
Par *Hussein*, 1/2 s. N., et une jument 1/2 s.,
par Dimanche, 1/2 s. N. (approuvé).
Besançon : 1878. — Réformé en 1888.

S. B. 1/2 s. N., t. I, p. 237.
SAMSON, 1/2 s. N.
Approuvé. — M. Magniez, à Revellon (Somme).
B. 1852. — Normandie.
Par *Kurde*, 1/2 s. N., et une jument 1/2 s.,
par Don-Quichotte, P. S. A.
Compiègne : 1871-1873.

SANDARAQUE, 1/2 s.
Approuvé. — M. Behn (Côte-d'Or).
B. 1874. — Normandie.
Par *Jactator*, 1/2 s. N., et une jument 1/2 s.,
par Trouville, 1/2 s. N.
Besançon : 1878-1884.

SANHEDRIN, ex **SALVATOR**, 1/2 s. N. — H. N.
B. 1874. — Charente-Inférieure.
Par *Héliodore*, 1/2 s. N., et une jument 1/2 s.,
par Oracle, 1/2 s. N.
Besançon : 1878. — Castré en 1880.

SANS-PAREIL, 1/2 s.
Approuvé. — M. Tillière (Yonne).
Gr. 1853.
Montier-en-Der : 1858. — Vendu en 1860.

SANS-SOUCI, 1/2 s.
Approuvé. — M. Henry.
Bb. 1874.
Par *Bravo*.
Rosières : 1878. — Castré en 1881.

SAP, ex-**SULTAN**, 1/2 s. V. — H. N.
R. f. 1874. — Vendée.
Par un fils de Lion 1/2 s. N., et une fille d'Intact, 1/2 s. V.
Annecy : 1878. — Castré en novembre 1887.

SAPEUR, 1/2 s.
Approuvé. — M. Etienne Laurent (Jura).
B. 1874. — Normandie.
Besançon : 1878. — Réformé en 1885.

SAPEUR, 1/2 s. V. — H. N.
B. 1874. — Charente-Inférieure.
Par *Heliodore*, 1/2 s. N., et une jument 1/2 s., par Ruban, 1/2 s. N.
Besançon : 1878. — Castré en 1883.

SARCUS, 1/2 s. N. — H. N.
Bb. 1873. — Oise.
Par *Bayard*, 1/2 s. N., et une fille de Fidèle-au-Malheur, 1/2 s. N.
Compiègne : 1877. — Réformé en juillet 1879.

SARREBOURG, 1/2 s. Lorr. — H. N.
B. 1821. — Lorraine.
Par *Serviteur*, 1/2 s. Lorr., et une jument lorraine.
Rosières : 1825. — Abattu en mars 1842.

SATIN, 1/2 s. N. — H. N.
B. 1874. — Calvados.
Par *Estafette*, 1/2 s. N., et *Odine*, 1/2 s. N., par Liberator,
1/2 s. A.
Rosières : 1878. — Castré en août 1882.

SATURNE, 1/2 s.
Approuvé : 1857. — M. Curty, 1857 ; M. Seigner, 1861.
France.
Par *Othello*, 1/2 s.
Annecy : 1857. — Vendu à M. Seigner (Isère).

SCAMANDRE, ex-**SYLVAIN**, 1/2 s. N. — H. N.
B. 1874. — Orne.
Par *Gall*, 1/2 s. N., et une fille de Gaulois, 1/2 s. N.
Rosières : 1878. — Castré en août 1892.

SCHAMYL, 1/2 s.
Approuvé : 1874. — M. de Virieu, 1874; M. Geoffroy, 1883.
N. 1867. — France.
Annecy : 1874. — Mort en 1887.

SCHAKABRACK, 1/2 s.
Approuvé. — ¡Baron de Fourment, à Frevent (Pas-de-Calais).
Gr. 1865.
Compiègne : 1871-1872.

SCIPION, 1/2 s. N. — H. N.
B. 1874. — Calvados.
Par *Français*, 1/2 s. N., et *Rosalie*, 1/2 s. N., par Jactator,
1/2 s. N.
Rosières : 1878. — Castré en novembre 1893.

SCRIBE, 1/2 s. N. — H. N.
B. 1874. — Manche.
Par *Kabin*, 1/2 s. N., et une jument 1/2 s., par Feu-de-Joie, 1/2 s. N.
Besançon : 1878. — Réformé en 1878.

SCYTHE, 1/2 s. N. — H. N.
Bb. 1874. — Calvados.
Par *Jactator*, 1/2 s. N., et *Furina*, 1/2 s. N., par Honorable,
1/2 s. N.
Montier-en-Der : 1878. — Réformé en août 1882.

SÉBASTIEN, 1/2 s.
Approuvé. — M. Marc (Côte-d'Or).
Al. 1874. — Normandie.
Par *Gouverneur*, 1/2 s. N., et une jument 1/2 s., par Vandermulin,
P. S. A.
Besançon : 1878. — Castré en 1885.

SEBESTE, 1/2 s. N.
Approuvé. — M. Pirlot.
Al. 1874. — Normandie.
S. R.
Rosières : 1878. — Castré en 1887.

SÉDUISANT, 1/2 s.
Approuvé. — M. Larcher, à Saint-Pierre (Seine-Inférieure).
N. 1860.
Compiègne : depuis 1871.

SÉDUISANT, 1/2 s.
Approuvé. — M. Magniez, à Revellon (Somme).
Gr. 1863.
Compiègne : depuis 1872.

SÉDUISANT, 1/2 s.
Approuvé. — M. Graucher, à Villefaux (Seine-Inférieure).
N. 1870.
Compiègne : depuis 1874.

SÉLIM, 1/2 s. Midi. — H. N.
R. 1837. — France.
Par *Arrogant*, P. S. A., et *N.*, 1/2 s. Midi.
Compiègne : 1841-1842. — Rodez : 1843-1846.

SEMALLÉ, 1/2 s. N. — H. N.
B. 1852. — Orne.
Par *Noteur*, 1/2 s. N., et une fille de William, 1/2 s. N.
Compiègne : 1856-1859. — Passé à Rosières en janvier 1860.
Castré en septembre 1862.

SÉNATEUR, 1/2 s.
Approuvé. — M. E. Lœuillet.
Gr. 1876.
Compiègne : 1880-1882.

SENÉ, 1/2 s. N. — H. N.
B. 1852. — Normandie.
Par *Y. Pegase*, 1/2 s. N., et une fille de Lahore, 1/2 s A
Rosières : 1857. — Castré en juin 1870.
N'a pas fait la monte en 1870.

SENÉGAL, 1/2 s. N.
Approuvé. — M. Gérard, 1884 ; M. Gehay, 1889.
B. 1880. · Normandie.
Par *Fortuné*, 1/2 s. N.
Rosières : 1884. — Vendu en 1891.

SÉNÉGAL, 1/2 s.
Approuvé. — M. Carmey (Haute-Saône).
B. 1880. — Bretagne.
Par *Fortuné*, 1/2 s. N., et une jument bretonne.
Besançon : 1892. — Vendu en décembre 1893.

SÉNÉGAL, 1/2 s.
Approuvé. — M. Broyard.
B. 1883.
S. R.
Rosières : 1890. — Vendu en 1890.

SÉNÉGAL, 1/2 s.
Approuvé. — M. A. Lambert (Ardennes).
B. 1883.
Montier-en-Der : 1888. — S. R. depuis 1892.

SÉNÈQUE, 1/2 s. N. — H. N.
B. 1874. — Manche.
Par *Daniel*, 1/2 s. N., et une jument 1/2 s., par Ignoré, 1/2 s. N.
Besançon : 1880. — Réformé en 1884.

SENLIS, ex-**SOUVENIR**, 1/2 s. N. — H. N.
B. 1874. — Manche.
Par *Pater*, 1/2 s. N., et *Gloire*, 1/2 s., par Ursin, 1/2 s. N.
Besançon : 1878. — Castré en 1889.

SENTINELLE, 1/2 s.
Approuvé. — M. Bourgeot (Côte-d'Or).
Gr. 1874. — Normandie.
Besançon : 1878. — Réformé en 1879.

SERBE, 1/2 s.
Approuvé. — M. Martin (Côte-d'Or).
1874.
Besançon : 1878. — Castré en 1880.

SERGE, 1 2 s.
Approuvé. — M. Duvernoy (Haute-Saône).
B. 1874. — Normandie.
Par *Gaulois*, 1/2 s. N., et une jument 1/2 s., par Pretender, 1/2 s. A.
Besançon : 1878. — Vendu en 1888.

SERINGA, 1/2 s.
Approuvé. — M. Jacquemot.
B. 1874.
S. R.
Rosières : 1878. — Mort en 1878.

SERIOSNOY, 1/2 s. Orl. — H. N.
Gr. 1863. — Russie.
De race Orloff.
Compiègne : 1869. — Passé à La Roche en décembre 1872.

SERPOLET, 1/2 s.
Approuvé. — M. Fraichard (Jura).
B. 1874. — Normandie.
Besançon : 1878-1884.

SERPOLET-ROUAN, 1/2 s. N. — H. N.
Ro. 1874. — Seine-Inférieure.
Par *Conquérant*, 1/2 s. N., et une fille de Confidence, 1/2 s. N.
Compiègne : 1879. — Passé au Pin en juillet 1879.

SERQUIGNY, 1/2 s. N.— H. N.
B. 1874. — Eure.
Par *Lavater*, 1/2 s. N., et *Fortune*, 1/2 s. N., par Matchless,
1/2 s. A.
Montier-en-Der : 1878. — Réformé en août 1892.

SÉSOSTRIS, 1/2 s.
Approuvé : 1857. — M. Clusin.
B. 1853. — France.
Annecy : 1857. — S. R. depuis.

SEUL, 1/2 s. N. — H. N.
B. 1874. — Manche.
Par *J'y-Songerai*, 1/2 s. N., et *La Zélée*, P. S. A.,
par Allez-y-Gaîment.
Compiègne : 1878. — Passé au Pin en juillet 1879.

SHALLUM, 1/2 s. R.
Autorisé. — M. Réant (Pas-de-Calais).
Bb. 1885. — Russie.
Père et mère Russes.
Compiègne : 1896. — S. R. en 1897.

SIFFLET, 1/2 s. V. — H. N.
Al. 1894. — Charente Inférieure.
Par *Héliodore*, 1/2 s. N., et une jument normande.
Besançon : 1878. — Castré en 1883.

SIGNAL, 1/2 s. N. — H. N.
Al. 1852. — Orne.
Par *Boléro*, P. S. A., et *N.*, 1/2 s. N., par Chasseur, 1/2 s. N.
Montier-en-Der : 1852. — S. R. depuis.

SIGOVÈSE, ex-**SÉDUISANT,** 1/2 s. N. — H. N.
B. 1874. — Manche.
Par *Victorieux*, 1/2 s. N., et *Madelon*, 1/2 s. N., par Séduisant,
1/2 s. N. (approuvé).
Rosières : 1878. — Abattu en juillet 1893.

SIGOVÈSE, 1/2 s.

Approuvé. — M. Gavard, 1888; M. Clement, 1889; M. Dufour, 1895.
B. 1883.

Par *Sigovèse*, 1/2 s. N., et une jument bretonne.
Rosières : 1888. — Mort en 1896.

SILVA, 1/2 s. N. — H. N.
Bb. 1874. — Manche.

Par *Volant*, 1/2 s. N., et *Julie*, par Bravo, P. S. A.
Rosières : 1878. — Mort en juillet 1884.

SIMOÏS, 1/2 s. N. — H. N.
N. 1852. — Calvados.

Par *The Juggler*, P. S. A., et une fille de Voltaire, 1/2 s. N.
Compiègne : 1856. — Mort en monte en mars 1864.

SIMOUN, 1/2 s. N. — H. N.
B. 1874. — Aisne.

Par *Normando*, 1/2 s. N., et *La Cuirassière*, 1/2 s., par
Bon-Cœur, 1/2 s.
Montier-en-Der : 1878. — Réformé en août 1892.

SINCÈRE, 1/2 s. N. — H. N.
B. 1874. — Calvados.

Par *Pretender*, 1/2 s. A., et *N.*, 1/2 s. N., par Conquérant,
1/2 s. N.
Montier-en-Der : 1878. — Réformé en janvier 1881.

SINCERITY, 1/2 s. N. — H. N.
B. 1874. — Orne.

Par *Sincerity*, P. S. A., et une fille de Buci, 1/2 s. N.
Compiègne : 1880. — Réformé en octobre 1880.

SINON, 1/2 s. N. — H. N.
B. 1882. — Normandie.

Par *Noteur*, 1/2 s. N., et une fille d'Eylau, P. S. A.-Ar.
Rosières : 1857. — Castré en septembre 1861.

SINON, 1/2 s. N. — H. N.
B. 1874. — Calvados.
Par *Muphti*, 1/2 s. N. (approuvé), et *Brebis*, 1/2 s. N., par
Rocroi, 1/2 s. N.
Montier-en-Der : 1878. — Réformé en août 1881.

SIRET, 1/2 s.
Approuvé. — M. Bourgeois (Jura).
B. 1874. — Normandie.
Besançon : 1878. — Castré en 1885.

SIR-GARNET, 1/2 s. A. — H. N.
Al. 1870. — Angleterre.
Par *Charlis-Merry-Legs*, 1/2 s. A., et une fille de Sir-Charles,
1/2 s. A.
Compiègne : 1876. — Réformé en novembre 1876.

SIRIUS, 1/2 s.
Approuvé. — M. Fougeron à Breilly (Somme).
B. 1868. — Amérique.
Compiègne : 1873-1884.

SIROCCO, 1/2 s. Barbe. — H. N.
B. 1851. — Afrique.
Montier-en-Der : 1858-1860. — Passé à Villeneuve en janvier 1861.

SISYPHE, 1/2 s. N. — H. N.
B. 1874. — Manche.
Par *Nicias*, 1/2 s. N., et une fille de Mystérieux, 1/2 s. N.
Compiègne : 1878. — Réformé en octobre 1879.

SLACK, 1/2 s. L. — H. N.
Gr. 1836. — Haras de Rosières.
Par *Premium*, P. S. A., et *Mirra*, de la race Ducale,
née au Haras de Rosières.
Rosières : 1840. — Passé au Pin en janvier 1841.

SMOLENSK, 1/2 s. Russe.
Approuvé. — M. Magniez, à Revellon (Somme).
Gr. 1858.
Par *Krolik I*.
Compiègne : 1871-1878.

SOBRIQUET, 1/2 s.
Autorisé. — M. Leurgeois (Oise).
B. 1887.

Par *Sobriquet*, 1/2 s. N.
Compiègne : 1892-1896.

SOCRATE, 1/2 s. N.
Approuvé. — M. Arnoux-Monteau, 1878 ; M. Molinet, 1884.
B. 1874. — Normandie.

Par *Magicien*, 1/2 s. N., et une fille de Tamerlan, 1/2 s. N.
Rosières : 1878. — Vendu en 1887.

SODA, 1/2 s. N. — H. N.
B. 1874. — Calvados.

Par *Ulysse*, 1/2 s. N., et une jument 1/2 s., par Historien, 1/2 s. N.
Besançon : 1878. — Mort en 1878.

SODOME, 1/2 s.
Approuvé : 1857. — M. Pasquet, 1857 ; M. Reignaud, 1858 ;
M. Sirault, 1865.
Al. 1853. — France.

Par *Ramsès*, P. S.
Annecy : 1857. — Vendu à M. Sirault (Isère).

SOLEIL, 1/2 s.
Approuvé. — M. Legentil (Marne).
Ro. 1883. — Haute-Marne.

Par *Absalon*, 1/2 s. N. (approuvé), et *Biche*,
par Inkermann, 1/2 s. N.
Montier-en-Der : depuis 1887.

SOHEVAST.
Approuvé. — M. Bridan (Côte-d'Or).
Besançon : 1878. — Réformé en 1880.

SOLIDE, 1/2 s.
Approuvé. — M. Bartholomo (Jura)
B. 1859. — Normandie (?).
Annecy : 1863. — Mort en 1874.

24.

SOLFÈGE, 1/2 s. N. — H. N.
B. c. 1874. — Calvados.
Par *Vladimir*, 1/2 s. N., et une fille d'Ignace, 1/2 s. N.
Besançon : 1878. — Castré en juillet 1895.

SOLFÉRINO, 1/2 s. N. — H. N.
Al. 1874. — Calvados.
Par un fils d'Ignace, 1/2 s. N., et une fille de Pledge, 1/2 s. N.
Annecy : 1878. — Castré en août 1879.

SOLIMAN, 1/2 s. N. — H. N.
Al. 1874. — Eure.
Par *Narval*, 1/2 s. N., et *Mademoiselle-des-Rouges-Terres*, 1/2 s. N.
par Rousseau, 1/2 s. N.
Montier-en-Der : 1878. — Réformé en août 1890.

SOLITAIRE, 1/2 s. N. — H. N.
Al. 1874. — Manche.
Par *Ignoré*, 1/2 s. N., et une fille de Lothaire, 1/2 s. N.
Annecy : 1878. — Castré en août 1891.

SONGE, 1/2 s. V. — H. N.
R. 1874. — Vendée.
Par un fils de Julien, 1/2 s. N., et une fille de Jambes-d'Argent,
1/2 s. V.
Annecy : 1878. — Castré en septembre 1892.

SORBIER, 1/2 s. V. — H. N.
Al. f. 1874. — Vendée.
Par *Méliodore*, 1/2 s. N., et une fille de Boïeldieu, 1/2 s.
Annecy : 1878. — Castré en juillet 1880.

SOUDAN, 1/2 s.
Approuvé : 1891. — Accepté : 1899. — Mis de Balathier (Côte-d'Or).
Al. 1886. — Côte-d'Or.
Par *Kalath el-Heusin*, P. S. Ar., et une jument 1/2 s., par Pelerin,
1/2 s. N. (approuvé).
Besançon : depuis 1891.

SOUHAIT, 1/2 s.
Approuvé. — M. de Wazières ; M. Lablez, à Crécy.
Al. br. 1875. — Normandie.
Par *Mustapha*, 1/2 s., et une fille de Sakos, 1/2 s.
Compiègne : 1880-1898.

SOUHAIT, 1/2 s.
Autorisé. — M. F. Labbez (Aisne).
Al. 1876.
Compiègne : depuis 1899.

SOUPÇON, 1/2 s. N. — H. N.
Al. 1874. — Manche.
Par *Garibaldi*, 1/2 s. A., et *N.*, 1/2 s. N., par Orgueilleux,
1/2 s. N.
Montier-en-Der : 1878. — Réformé en août 1889.

SOURIRE, 1/2 s.
Approuvé. — M. Rochelandet (Haute-Saône).
B. 1874. — Normandie.
Par *Harmonieux*, 1/2 s. N., et une jument 1/2 s., par Nelson,
1/2 s. N.
Besançon : 1878. — Réformé en 1889.

SOUS-MAITRE, 1/2 s.
Accepté. — M. Lelong, à Lécluse (Nord).
B. 1888.
Compiègne : 1891-1892.

SOUVENIR, 1/2 s. N. — H. N.
B. 1852. — Manche.
Par *Robinson*, P. S. A., et *Marguerite*, 1/2 s. A.
Compiègne : 1857-1859. — Rodez : 1860-décembre 1862.

SOUVENIR, 1/2 s.
Autorisé. — M. Victor Douay (Nord).
B. 1895.
Compiègne : depuis 1899.

SOUVILLY, 1/2 s. N.
Approuvé. — M. Boisseau (Marne) ; M Al. Potier (Marne).
N. 1876. — Orne.
Par *Marx*, 1/2 s. Russe, et *Isabelle*, 1/2 s. N., par Phœnomenon,
1/2 s. A.
Montier-en-Der : 1880. — Réformé en 1896.

SPARTIATE, 1/2 s. N. — H. N.
B. 1874. — Calvados.
Par *Normand*, 1/2 s. N., et *Cendrillon*, 1/2 s. N., par Henriot,
1/2 s. N.
Montier-en-Der : 1878. — Mort en avril 1880.

SPEECH, 1/2 s. V. — H. N.
B. 1874. — Vendée.
Par *Lahire*, 1/2 s. N., et une fille de Jambes-d'Argent, 1/2 s. N.
Compiègne : 1878. — Abattu en octobre 1891.

SPENCER, 1/2 s. V. — H. N.
B. 1874. — Charente-Inférieure.
Par *Lilier*, 1/2 s. N., et une jument 1/2 s., par Boïldieu, 1/2 s. N.
Besançon : 1878. — Réformé en 1882.

SPINOSA, ex-**SANS-SOUCI**, 1/2 s. N. — H. N.
Bb. 1874. — Manche.
Par *Ignoré*, 1/2 s. N., et une fille de Vandermulin, P. S. A.
Compiègne : 1878. — Réformé après la monte de 1882.

SPIRITE, 1/2 s. N. — H. N.
B. 1873. — Eure.
Par *Lavater*, 1/2 s. N., et *Mademoiselle-des-Rouges-Terres*,
1/2 s. N., Par Rousseau, 1/2 s. N.
Montier-en-Der : 1878. — Abattu en mai 1879.

SPLEEN, 1/2 s.
Approuvé. — M. du Perthuis (Haute-Saône).
B. 1874. — Normandie.
Besançon : 1878-1880.

SQUIRE II, 1/2 s. Norf. du Midi. — H. N.
Bb. 1887. — Gers.
Par *Country-Squire*, 1/2 s. Norf., et *Catherine*, 1/2 s. Norf.
Rosières : 1892. — Castré en août 1893.

STAR, 1/2 s. Lorr.
Approuvé. — M. Perrin, 1876 ; M. Marchal, 1877.
B. 1870. — Lorraine.
Par *Étoffé*, 1/2 s. N., et une jument du pays.
Rosières : 1876. — Réformé en 1878.

STERLING, 1/2 s. Lorr. — H. N.
B. 1828. — Haras de Rosières.
Par *Holbein*, P. S. A., et *Sultane*, 1/2 s. N.
Rosières : 1832. — Castré en décembre 1842.

SUBLIME, 1/2 s. Char. — H. N.
B. c. 1874. — Charente-Inférieure.
Par *Heron*, 1/2 s. N.
Annecy : 1878. — Castré en juillet 1894.

SUEZ, 1/2 s. N. — H. N.
Bb. 1874. — Manche.
Par *Ignoré*, 1/2 s. N., et une fille de Sir-Henry, 1/2 s. N.
Compiègne : 1878. — Réformé en août 1890.

SULKY, 1/2 s.
Autorisé. — M. Labbez (Aisne).
B. 1877.
Compiègne : 1887. — S. R. en 1888.

SULTAN, 1/2 s. A. — H. N.
B. 1874. — Angleterre.
S. R.
Rosières : 1879. — Mort en février 1880.

SULTAN, 1/2 s.
Approuvé. — M. Donjeau, 1878 ; M. Camouin, 1879 ;
M. Gérard-Benjamin, 1887 ; M. Gehay, 1889.
B. 1874.
S. R.
Rosières : 1878. — Réformé en 1896.

S. B. 1/2 s. N., t. I, p. 304

SULTAN, 1/2 s. N.
Approuvé. — Mis d'Imbleval.
B. 1874. — Vendée.

Par *Lahire*, 1/2 s. N., et une jument 1/2 s. V., par Jambes-d'Argent,
1/2 s. N.
Compiègne : 1878-1879.

SULTAN, 1/2 s. Ar.
Approuvé. — M. Delamarre, à Melun (Seine-et-Marne).
Bb. 1880.

Arabe.
Compiègne : 1890-1891.

SUPERBE, 1/2 s. N. — H. N.
B. 1874. — Manche.

Par *Newton*, 1/2 s. N., et *Rosette*, 1/2 s. N., par Malakoff,
1/2 s. N. (approuvé).
Rosières : 1878. — Castré en août 1885.

SUPPLIANT, 1/ s. N. — H. N.
Al. 1852. — Normandie.

Par *Chactas*, P. S. A., et *N.*, 1/2 s. N., par Oscar, 1/2 s. N.
Montier-en-Der : 1856. — Réformé en janvier 1873.

SURCOUF, 1/2 s. N. — H. N.
B. 1874. — Orne.

Par *Condé*, 1/2 s. N., et *Cocotte*, 1/2 s. N., par Régnier, 1/2 s. N.
Montier-en-Der : 1880. — Réformé en septembre 1883.

SURCOUF, 1/2 s.
Approuve. — M. Lhuillier (Jura).
Al. 1877.
Besançon : 1881-1885.

SYLVAIN, 1/2 s.
Approuvé. — M. Henry.
B. 1861. — Vosges.

Par *Gabriel* (approuvé).
Rosières : 1865-1870.

SYLVIO, 1/2 s.
Approuvé. — M. Lemblin (Aube).
B. 1838.
Montier-en-Der : 1843. — S. R. depuis.

SYMPATHIQUE, 1/2 s.
Approuvé. — M. Cheveau (Jura).
N. 1872. — Normandie.
Besançon : 1877. — Vendu en 1881.

SYRIUS, 1/2 s. N. — H. N.
B. 1874. — Calvados.
Par *Necy*, 1/2 s. N., et *Javotte*, 1/2 s. N., par Pompée,
1/2 s. N. (approuvé).
Rosières : 1878. — Castré en septembre 1890.

SYSTÈME, 1/2 s. L.
Approuvé. — M. Chazal-Laflotte.
B. 1874.
S. R.
Rosières : 1878-1886.

TABELLION, 1/2 s. N. — H. N.
Al. 1875. — Manche.
Par *Égésippe*, 1/2 s. N., et *Sophie*, 1/2 s. N.,
par Germanicus, 1/2 s. N.
Montier-en-Der : 1879. — Réformé en octobre 1892.

TABLEAU, 1/2 s.
Approuvé. — M. Delaitre-Merat (Aube) ; M. Lignier (Aube), 1884.
Al. 1875.
Montier-en-Der : 1879-1893.
N'a pas fait la monte de 1888 et 1889.

TABOURIN, 1/2 s. N. — H. N.
B. 1875. — Manche.
Par *Oiseau*, 1/2 s. N., et *Sérinette*, 1/2 s. N
par Quid-Juris, P. S. A.
Montier-en-Der : 1879. — Réformé en août 1892.

TACITE, 1/2 s.
Approuvé. — M. Maitrechory (Côte-d'Or).
B. 1875. — Normandie.
Par *Harmonieux*, 1/2 s. N., et une jument 1/2 s.,
par Volant, 1/2 s. N., et une jument 1/2 s., par Dictateur, 1/2 s. N.
Besançon : 1879. — Mort en 1888.

TACITE, 1/2 s. N. — H. N.
B. 1875. — Orne.
Par *Sincerity*, P. S. A., et une jument 1/2 s., par Galba, 1/2 s. N.
Besançon : 1879. — Réformé en 1881.

TAFIA, 1/2 s. N. — H. N.
B. 1875. — Manche.
Par *Victorieux*, 1/2 s. N., et *Charmante*, 1/2 s. N.,
par Perfection, 1/2 s. N.
Montier-en-Der : 1880. — Mort en août 1881.

TAIAULT, 1/2 s. N. — H. N.
Bb. 1875. — Manche.
Par *Violent*, 1/2 s. N., et *Boulot*, 1/2 s. N.
Annecy : 1879. — Castré en août 1885.

TAILLEBOURG, 1/2 s. N. — H. N.
Bb. 1875. — Calvados.
Par *Conquérant*, 1/2 s. N., et *Miss-Pierce*, par Succès, 1/2 s. N.
Compiègne : 1880. — Réformé en août 1888.

TAILLEBOURG II, 1/2 s.
Approuvé. — M. Legrand (Saint-Omer).
B. 1881.
Par *Taillebourg*, 1/2 s. N.
Compiègne : 1886-1887.

TAILLEUR, ex-**ÉCLAIR**, 1/2 s. Big. — H. N.
Gr. ro. 1875. — Hautes-Pyrénées.
Par *Abou-Farès*, P. S. Ar., et une fille d'Ethelwolf, P. S. A.
Rosières : 1879. — Castré en août 1881.

TAIS-TOI, 1/2 s. N. — H. N.
Bb. 1875. — Orne.

Par *Selim*, 1/2 s. N., et *Rose*, 1/2 s. N.
Annecy : 1879. — Castré en juillet 1882.

TALLEYRAND, 1/2 s. N. — H. N.
B. 1875. — Calvados.

Par *Liberator*, 1/2 s. A., et *La Colonne*, 1/2 s. N.,
par Fire-Away, 1/2 s. A.
Compiègne : 1879. — Passé au Pin en juillet 1879.

TALLIEN, 1/2 s. N.
Approuvé. — M. Fournier, 1879 ; M. Bouchet, 1880.
Bb. 1875. — Normandie.

Par *Lucullus*, 1/2 s. N., et une fille de Feu-de-Joie, 1/2 s. N.
Rosières : 1879. — Réformé en 1889.

TALLION, 1/2 s. N. — H. N.
Al. 1875. — Manche.

Par *Pater*, 1/2 s. N., et une fille de Kapirat, 1/2 s. N.
Compiègne : 1879. — Réformé après la monte de 1880.

TALMA, 1/2 s.
Approuvé. — M. de Barrin, 1858 ; M. Jacquier, 1864 ;
M. Thuiller, 1871-1877.
B. 1853. — France.

Par *Chactas*, P. S.
Annecy : 1858. — Vendu à M. Thuiller (Isère).

TALMA, 1/2 s.
Approuvé. — M. Chauffenne (Haute-Saône).
B. 1857. — Normandie (?).
Besançon : 1861. — Réformé en 1873.

TALMA, 1/2 s. N. — H. N.
B. 1875. — Calvados.

Par *Mazeppa*, 1/2 s. N., et une jument 1/2 s., par Vladimir,
1/2 s. N.
Besançon : 1879. — Réformé en 1879.

TAM, 1/2 s. N. — H. N.
Al. 1875. — Calvados.
Par *Mithridate*, 1/2 s. N., et *Roulot*, par Navigateur, 1/2 s. N.
Rosières : 1883. — Castré en août 1886.

TAMBOFF, 1/2 s. Lorr. — H. N.
Al. 1833. — Haras de Rosières.
Par *Zopine*, P. S. A.-A., et *Sultane*, 1/2 s. N.
Rosières : 1838. — Castré en décembre 1856.

TAMBOUR, 1/2 s. Br. — H. N.
B. 1874. — Finistère.
Par *Ino*, 1/2 s. N., et *N.*, 1/2 s. Br., par Pretender, 1/2 s. Norf. A.
Montier-en-Der : 1879. — Mort en janvier 1880.

TAMBOW, 1/2 s. R.
Approuvé. — Ctsse de Béthune.
Bb. 1870. — Russie.
Compiègne : 1875-1880.

TAMERLAN, 1/2 s. V. — H. N.
Al. 1875. — Vendée.
Par *John-Bull*, 1/2 s. N., et *N.*, 1/2 s. V., par Acacia, 1/2 s. N.
Montier-en-Der · 1879. — Réformé en août 1884.

TAM-TAM, 1/2 s. N. — H. N.
Bb. 1875. — Calvados.
Par *Interprète*, 1/2 s. N., et *Célina*, 1/2 s. N., par Trouville,
P. S. A.
Compiègne : 1879. — Passé au Pin en juillet 1879.

TANCRÈDE, 1/2 s. N.
Autorisé : 1871. — M. Vinon (Haute-Saône).
B. 1853. — Normandie.
Besançon : 1859-1872.

TAPIS, 1/2 s. N. — H. N.
Al. 1875. — Manche.
Par *Magicien*, 1/2 s., et *Julie*.
Annecy : 1879. — Castré en septembre 1892.

TAQUIN, 1/2 s.
Approuvé. — M. Chauffenne (Haute-Saône).
B. 1875. — Normandie.
Par *Ovide*, 1/2 s. N., et une jument 1/2 s., par Centaure, 1/2 s. N.
Besançon : 1879. — Castré en 1892.

TARARE, 1/2 s. N. — H. N.
B. 1875. — Manche.
Par *Jarnac*, 1/2 s. N., et *Émigrée*, par Hussein, 1/2 s. N.
Compiègne : 1879. — Mort en monte en juillet 1895.

TARQUIN, 1/2 s.
Approuvé : 1858. — Mis de Virien.
Al. 1853. — France.
Par *Granisborough* et *L'Émule*.
Annecy : 1858. — S. R. depuis.

TARTUFFE, 1/2 s. N. — H. N.
B. 1875. — Calvados.
Par *Le More*, 1/2 s. N., et une fille de Noteur, 1/2 s. N.
Compiègne : 1879. — Mort en mars 1880.

TASMAN, 1/2 s. N. — H. N.
B. 1875. — Calvados.
Par *Muphti*, 1/2 s. N. (approuvé), et *Lisette*, 1/2 s. N., par
Pigeon-Vole, P. S. A.
Montier-en-Der : 1879. — Réformé en août 1883.

TAURUS, 1/2 s. N. — H. N.
B. 1852. — Normandie.
Par *Galéon*, 1/2 s. N., et *N.*, 1/2 s. N.
Montier-en-Der : 1857. — Réformé en février 1861.

TAYAUT, 1/2 s. N. — H. N.
B. 1853. — Orne.
Par *The Great-Western*, 1/2 s. A., et une fille de December,
1/2 s. N.
Compiègne : 1857-1859. — Passé à Perpignan en janvier 1860.

TÉLÉGRAPH, 1/2 s.
Approuvé. — M. Pargon.
Bb. 1849.
S. R.
Rosières : 1866. — Passé au pays annexé en 1870.

TÉLÉGRAPHE, 1/2 s.
Approuvé. — M. Boulnois.
B. 1874.
Compiègne : 1880-1881.

TÉLÉGRAPHE, 1/2 s. V. — H. N.
B. 1875. — Charente-Inférieure.
Par *Ordinal*, 1/2 s. N., et une jument 1/2 s., par Carmin, 1/2 s. N.
Besançon : 1879. — Réformé en 1880.

TÉLÉGRAPHIQUE, 1/2 s. N. — H. N.
Al. 1875. — Manche.
Par *Macouba*, 1/2 s. N., et *Bourette*, par Urus, 1/2 s. N.
Rosières : 1879. — Abattu en août 1895.

TÉLÉPHONE, 1/2 s.
Approuvé. — M. Loiseau (Aube); M. Bourgeois (Aube).
B. 1875.
Montier-en-Der : 1879. — Réformé en 1886.

TELESCOPE, 1/2 s. V. — H. N.
B. 1875. — Vendée.
Par *Jambes-d'Argent*, 1/2 s. N., et une jument 1/2 s., par Acacia,
1/2 s. N.
Besançon : 1879. — Réformé en 1882.

TEMPÉRANT, 1/2 s. N. — H. N.
Bb. 1875. — Manche.
Par *Lansborne*, 1/2 s. N., et *N.*, 1/2 s. N., par Négro, 1/2 s. N.
(approuvé).
Montier-en-Der : 1879. — Réformé en 1889.

TEMPLIER, 1/2 s.
Approuvé. — M. Marchand (Jura).
B. 1875.
Besançon : 1879-1884.

TEMPLIER, 1/2 s.
Approuvé. – M. Barberet, 1879. — M. Poillot (Côte-d'Or).
B. 1873. — Normandie.

Par *Sackos*, 1/2 s. N., et une jument 1/2 s., par Rodolphi, 1/2 s. N.
(approuvé).
Besançon : 1879. — Mort en 1891.

TÉNÉBREUX, 1/2 s.
Approuvé. — M. Billette.
B. 1875.
S. R.
Rosières : 1879. — Mort en avril 1889.

TENIERS, 1/2 s. N. — H. N.
B. 1853. — Calvados.

Par *Kenilworth*, 1/2 s. N., et *N.*, 1/2 s. N., par The Juggler,
P. S. A.
Sa grand'mère : N., 1/2 s. N., par Y. Rattler, 1/2 s. A.
Le Pin : 1857-1859. — Compiègne : 1860. — Réformé en juillet 1861.

TÉNOR, 1/2 s. N. — H. N.
B. 1875. — Calvados.

Par *Sussex-Stag*, P. S. A., et *N.*, 1/2 s. N., par Buci, 1/2 s. N.
Montier-en-Der : 1879. — Réformé en janvier 1881.

TENTATEUR, 1/2 s.
Approuvé. — M. Calais-Bouclet.
B. 1875.
Compiègne : 1879-1880.

TENTATIF, 1/2 s.
Approuvé. — M. Billy (Côte-d'Or).
B. 1875. — Normandie.

Par *Umber*, 1/2 s. N., et une jument anglaise.
Besançon : 1879-1888.

TERGNIER, 1/2 s. N. — H. N.
Al. 1875. — Manche.
Par *Sackos*, 1/2 s. A., et *Gisèle*, P. S. A.,
par Royal-Quand-Même.
Compiègne : 1879. — Réformé en septembre 1882.

TÉRENCE, 1/2 s.
Approuvé. — M. Barbaut (Jura).
B. 1875. — Normandie.
Besançon : 1879-1881.

S. B. 1/2 s. **Midi**, p. 300.
TERRAY, 1/2 s. N. — H. N.
Al. 1853. — Manche.
Par *Ballinkeele*, P. S. A., et une fille de Sir-Henry, 1/2 s.
Rosières : 1860. — Abattu en mars 1873.
A fait la monte en 1873.

TÉTRARQUE, 1/2 s. N. — H. N.
B. 1875. — Manche.
Par *Volant*, 1/2 s. N., et *Lisa* 1/2 s.
Montier-en-Der : 1879. — Réformé en août 1893.

TEXTUEL, 1/2 s. — H. N.
Ro. 1875. — Aisne.
Par *Cavendish*, 1/2 s. N., et *La Blonde*, 1/2 s., par Rochester,
1/2 s. A.
Montier-en-Der : 1879. — Réformé en août 1891.

THALAME, 1/2 s. N. — H. N.
Al. 1875. — Calvados.
Par *Ravenshoë*, P. S. A., et *Glorieux*, 1/2 s. N., par Egésippe,
1/2 s. N.
Rosières : 1879. — Castré en août 1887.

THALER, 1/2 s.
Approuvé. — M. Grépinet-Péchinet (Haute-Marne).
B. 1875.
Montier-en-Der : 1877. — S. R. depuis 1891.

THÉ, 1/2 s.
Approuvé. — M. Guichard (Haute-Saône).
B. 1875.
Besançon : 1879-1881.

THE CAMBRIGHIRE-ROASTER, 1/2 s.
Approuvé. — M. Modesse-Berquet.
Al. 1871.
Compiègne : 1875-1891.

THE COLONEL, 1/2 s. A. — H. N.
Ro. 1850. — Angleterre.
Par *Phœnomenon*, 1/2 s. A., et une fille de Y. Darnley, 1/2 s. A.
Compiègne : 1866. — Abattu en juillet 1869.
(Voir S. B. N., t. I, p. 305.)

THE EMPEROR, 1/2 s.
Approuvé. — M. Houdaille (Yonne).
Al. 1852.
Montier-en-Der : 1856. — S. R. depuis.

THE FREAD-OF-THE-NOST, 1/2 s.
Approuvé. — M. Modesse-Berquet.
Bb. 1854.
Compiègne : 1867-1868.

THE LINCOLSHIRE-HERO, 1/2 s.
Approuvé. — M. Modesse-Berquet (Aisne).
R. 1864.
Compiègne : 1871. — Mort en 1873.

THEMISTOCLE, 1/2 s.
Approuvé. — M. Labbé, à Crécy.
Bb. 1875.
Compiègne : 1880-1881.

THÉMISTOCLÈS, 1/2 s. N. — H. N.
Al. 1875. — Calvados.
Par *Centaure*, 1/2 s. N., et *Hermine*, par Abrantès, 1/2 s. N.
Compiègne : 1879. — Réformé en juillet 1884.

THE NORFOLK-NAG, 1/2 s. Norf. — H. N.
B. 1871. — Angleterre.
Par *Jacksons-Perfection*, 1/2 s. A., et une fille de Quid-Sylvio,
1/2 s. A.
Rosières : 1876. — Castré en août 1889.

THÉORICIEN, 1/2 s. N. — H. N.
B. 1875. — Calvados.
Par *Mazeppa*, 1/2 s. N., et *Bijou*, /2 s. N.
Montier-en-Der : 1879. — Réformé en juillet 1893.

THÉORICIEN, 1/2 s.
Approuvé. — M. Bonhomme (Yonne).
Par *Théoricien*, 1/2 s. N.
Montier-en-Der : 1886. — S. R. depuis.

THE PREMIER, 1/2 s. A. — H. N.
N. 1875. — Angleterre.
Par *Israëli*, 1/2 s. A., et *N*, 1/2 s. A., par Fire-Away, 1/2 s. A.
Montier-en-Der : 1880. — Passé à Blois en novembre 1880.

THURIAN, 1/2 s.
Approuvé. — M. Truffet (Côte-d'Or).
B. 1875. — Normandie.
Besançon : 1879. — Castré en 1879.

TIBÈRE, 1/2 s.
Approuvé. — M. Joly-Carré (Haute-Saône).
B. 1875. — Vendée.
Par *Kapirat II*, 1/2 s. N., et une jument 1/2 s., par John-Bull
1/2 s. N.
Besançon : 1879-1888.

TIC-TAC, 1/2 s.
Approuvé. — M. Bartholomot (Jura).
B. 1875.
Besançon : 1879-1882.

TIMOLÉON, 1/2 s.
Approuvé. — M. Rouhey (Côte-d'Or).
B. 1875. — Normandie.
Besançon : 1879. — Réformé en 1886.

TIMOLÉON, 1/2 s. N. — H. N.
Al. 1875. — Calvados.
Par *Noville* ou *Mazeppa*, 1/2 s. N., et une jument 1/2 s.,
par Jéricko, 1/2 s. N.
Besançon : 1879. — Mort en 1891.

TIMOTHÉE, 1/2 s. N. — H. N.
B. 1875. — Manche.
Par *Gouverneur*, 1/2 s. N., et *Sophie*, 1/2 s. N., par Essence,
1/2 s. N.
Montier-en-Der : 1879. — Abattu en juillet 1893.

TINGHAM, 1/2 s. Br. — H. N.
B. 1881. — Finistère.
Par *Oach*, 1/2 s. N., et *Brune*, par Flying-Cloud, 1/2 s. Br.
Annecy : 1885. — Castré en août 1885.

TINTAMARRE, 1/2 s.
Approuvé. — M. Laborde, 1879 (Côte-d'Or) ; M. Michelin, 1880.
B. 1875. — Normandie.
Besançon : 1879-1881.

TIPPLE, 1/2 s.
Approuvé. — Société d'Agriculture de l'Yonne.
Gr. 1848.
Montier-en-Der : 1853. — S. R. depuis 1856.

TISSOT, ex-**TROUBADOUR**, 1/2 s. N. — H. N.
N. 1875. — Calvados.
Par *Josaphat*, 1/2 s. N., et *Sophie*, 1/2 s.
Besançon : 1879. — Abattu en 1896.

TITE-LIVE, 1/2 s. N. — H. N.
Al. 1875. — Manche.
Par *Bandit*, 1/2 s. N., et *Cocotte*, 1/2 s. N., par Inkermann,
1/2 s. N.
Rosières : 1879. — Castré en août 1892.

TITRÉ, 1/2 s. V. — H. N.
B. 1875. — Vendée.
Par *Marignan*, P. S. A., et une fille de Julien, 1/2 s. N.
Rosières : 1879. — Castré en août 1882.

TITUS, 1/2 s.
Approuvé. — M. Guy, 1859-1864.
Bb. 1853.
S. R.
Rosières : 1859. — Réformé en 1864.

TITUS, 1/2 s.
Approuvé. — M. Picot, 1858 ; M Gallois, 1861.
Bb. 1853. — France.
Par *Iloker*, P. S., et une fille d'Impérieux.
Annecy : 1858. — Vendu à M. Gallois (Isère).

TITUS, 1/2 s.
Approuvé : 1870. — M. Gallain.
B. 1866. — France.
Annecy : 1870. — S. R. depuis.

TITYRE, 1/2 s. N. — H. N.
Approuvé. — M. Hutin (Meuse).
Gr. 1853. — Normandie.
Par *Stoker*, P. S. A., et une fille d'Impérieux, 1/2 s. N.
Rosières : 1858 — Vendu en janvier 1864.
Montier-en-Der : 1864. — Réformé en 1864.

TOAST, 1/2 s. N. — H. N.
B. 1875. — Manche.
Par *Idoménée*, 1/2 s. N., et *Fillette*, 1/2 s. N., par Félibien,
1/2 s. N.
Montier-en-Der : 1879. — Réformé en décembre 1882.

TOBIE, 1/2 s.
Approuvé : 1887. — M. Collet.
B. m. 1875. — France.
Annecy : depuis 1887.

TOBIE, 1/2 s.
Accepté. — M. Crété (Somme).
Gr. 1888.
Compiègne : 1891-1892.

TOBOLSK, 1/2 s.
Approuvé. — Duc de Vicence, à Coulaincourt.
Gr. cl. — 1852.
S. R.
Compiègne : 1868-1875.

TOIRAT, 1/2 s. N. — H. N.
B. ac. 1875. — Orne.
Par *Abrantès*, 1/2 s. N., et une fille de Séducteur, 1/2 s. N.
Annecy : 1879. — Castré en septembre 1883.

TOLÉRANT, 1/2 s.
Approuvé. — M. Wallon (Oise).
Al. br.
Compiègne : 1882. — S. R. depuis.

TOLÉRANT, 1/2 s. N.
Approuvé. — M. Mosbach, 1879 ; M. Collet (E.), 1882.
Al. 1875. — Normandie.
Par *Centaure*, 1/2 s. N., et une fille de Buci, 1/2 s. N.
Rosières : 1879. — Réformé en 1897 avant la monte.

TOM, 1/2 s. Char. -- H. N.
B. 1875. — Charente-Inférieure.
Par *Ordinal*, 1/2 s. N., et *N.*, 1/2 s. Char., par Bissextile, P. S. A.
Montier-en-Der : 1879. — Réformé en décembre 1882.

TOMMY-WILKES, 1/2 s. Amér.
Autorisé. — M. Foconnier (Pas-de-Calais).
BB. 1885. — Amérique.
Par *Y. Wilkes*, 1/2 s. Amér., et *Lady-Gill*, 1/2 s. Amér.
Compiègne : 1898. — Non autorisé en 1899.

TONDEUR, 1/2 s. N. — H. N.
Al. 1875. — Vendée.
Par *Black-Eyes*, P. S. A., et *N.*, 1/2 s. N.
Compiègne : 1879.
Passé à l'Ecole des Haras du Pin en octobre 1880.

TONIQUE, 1/2 s. N. — H. N.
B. 1875. — Calvados.
Par *Ignace*, 1/2 s. N., et *Rigolette*, 1/2 s., par Nestor, 1/2 s. N.
Besançon : 1879. — Réformé en 1882.

TONNERRE-DES-INDES, 1/2 s. V. — H. N.
N. 1875. — Vendée.
Par *Nique*, 1/2 s. N., et *N.*, 1/2 s. V.
Montier-en-Der : 1879. — Abattu en juillet 1835.

TOQUE, 1/2 s. N. — H. N.
B. 1875. — Manche.
Par *Diégo*, 1/2 s. N., et *Blancpied*, 1/2 s. N., par Navigateur,
1/2 s. N.
Montier-en-Der : 1879. — Réformé en novembre 1882.

TORRENT, 1/2 s.
Approuvé. — M. Lesenfants (Côte-d'Or).
B. 1875. — Normandie.
Par *Gouverneur*, 1/2 s. N., et une jument 1/2 s., par Sinope,
1/2 s. N.
Besançon : 1879. — Mort en 1886.

TORRENT, 1/2 s. N. — H. N.
B. 1875. — Orne:
Par *Nouvion*, 1/2 s. N., et *Cybèle*, 1/2 s. N., par Prince-Colibri,
P. S. A.
Sa grand'mère : fille de Martagon, 1/2 s. N.
Compiègne : 1879. — Passé au Pin en juillet 1879.

TORRENT, 1/2 s. N. — H. N.
Bb. 1875. — Calvados.
Par *Lavater*, 1/2 s. N., et *Source*, par Conquérant, 1/2 s. N.
Compiègne : 1880. — Réformé en août 1890.

TORTIL, 1/2 s.
Approuvé. — M. Jarmiard (Côte-d'Or).
B. 1875. — Normandie.
Besançon : 1879. — Réformé en 1880.

TORTILLARD, 1/2 s.

Approuvé. — M. Communal (Marne).

Al. 1887.

Par *Caprice* et *Rigolette*, 1/2 s.

Montier-en-Der : 1892. — Castré avant la monte de 1899.

TORTONI, 1/2 s.

Approuvé. — M. Dugard.

Al. 1875.

S. R.

Rosières : 1879. — Castré en 1881.

TOTILA, 1/2 s. N. — H N.

B. 1875. — Orne.

Par *Héliotrope*, 1/2 s. N , et *N.*, 1/2 s. N., par Séducteur,
1/2 s. N.

Montier-en-Der : 1879. — Réformé en août 1884.

TOTT, ex-**THERMIDOR**, 1/2 s. N. — H. N.

B. 1875. — Calvados.

Par *Le More*, 1/2 s. N., et une fille de Beaumarchais, 1/2 s. N.

Compiègne : 1879. — Mort en mars 1880,

TOURLOUROU, 1/2 s.

Autorisé. — M. Jumeau (Aisne).

Al. 1862.

Compiègne : 1866. — Castré après la monte de 1866.

TOURMALET, 1/2 s.

Approuvé. — M. Pollantre (Aube).

B. 1875.

Montier-en-Der : 1879. — Réformé en 1888.

TOURNEFORT, 1/2 s. N. — H. N.

B. 1852. — Calvados.

Par *Jocko*, P. S. A., et une fille de Démocrate, 1/2 s. N.

Compiègne : 1857-1859. — Passé à Montier-en-Der en janvier 1860.
Abattu en décembre 1863.

TOURNOI, 1/2 s. N.— H. N.
B. 1874. — Calvados.
Par *Ignace*, 1/2 s. N., et *Bijou*, 1/2 s. N., par Gainsborough,
1/2 s. A.
Montier-en-Der : 1879. — Abattu en août 1884.

TOUROUVRE, 1/2 s. N. — H. N.
Al. 1853. — Orne.
Par *Kramer*, 1/2 s. N., et une fille de Xerxès, 1/2 s. N.
Compiègne : 1857. — Abattu en mars 1868.

TOURVILLE, 1/2 s. — H. N.
S. R.
Annecy : 1862. — Castré en août 1869.

TOUTON, 1/2 s. N. — H. N.
B. ch. 1875. — Vendée.
Par *Bravo*, P. S., et *Lapin*, par Forcy, 1/2 s. N.
Annecy : 1879. — Castré en septembre 1883.

TRAC, 1/2 s.
Approuvé : 1887. — M. Cottin.
B. m. 1875. — France.
Annecy : 1887. — Castré en 1894.

TRADUCTEUR, 1/2 s. N. — H. N.
B. 1875. — Manche.
Par *Invariable*, 1/2 s. N., ou *Intact*, 1/2 s. N., et *Brebis*,
par Feu-de-Joie, 1/2 s. N.
Besançon : 1879. — Réformé en 1886.

TRAFALGAR, 1/2 s. N. — H. N.
B. 1875. — Manche.
Par *Volant*, 1/2 s. N., et *Mounique*, 1/2 s. N.,
par Harmonieux IV, 1/2 s. N.
Montier en-Der : 1879. — Réformé en juillet 1893.

TRAJAN, 1/2 s. N. — H. N.
B. 1853. — Calvados.
Par *Calderstone*, P. S. A., et une fille de The Juggler, 1/2 s. A.
Compiègne : 1857. — Réformé en septembre 1861.

TRAMWAY, 1/2 s. V. — H. N.
Bb. 1876. — Charente-Inférieure.
Par *Ordinal*, 1/2 s. N., et une fille d'Obéron, 1/2 s. N.
Compiègne : 1879. — Réformé en août 1880.

TRAPPISTE, 1/2 s.
Approuvé. — M. Chaboz (Haute-Saône).
B. 1875.
Besançon : 1879. — Réformé en 1892.

TRAVELLER, 1/2 s. N. — H. N.
B. 1853. — Orne.
Par *Stoker*, P. S. A., et *N.*, 1/2 s. N., par D.-1.-O., P. S. A.
Montier-en-Der : 1858. — Réformé en avril 1862.

TREMPLIN, 1/2 s.
Approuvé. — M. Ragoin (Côte-d'Or).
B. 1875. Normandie.
Par *Hussein*, 1/2 s. N., et une jument 1/2 s., par Lothaire, 1/2 s. N.
Besançon : 1879-1886.

TRENCK, 1/2 s. N. — H. N.
B. 1875. — Orne.
Par *Abrantès*, 1/2 s. N., et *Laure*, 1/2 s. N., par Elu, 1/2 s. N.
Montier-en-Der : 1879. — Réformé en août 1882.

TRENTE-UN, 1/2 s.
Approuvé. — M. Chevassus (Jura).
B. 1875. — Normandie.
Besançon : 1879-1886.

TRIANCOURT, 1/2 s. N. — H. N.
Al. 1875. — Calvados.
Par *Normand*, 1/2 s. N., et *Pomponette*, par Ignace, 1/2 s. N
Besançon : 1881. — Passé à Cluny en 1881.

TRIBOULET, 1/2 s.
Approuvé. — M. Ozanon (Jura).
B. 1875.
Besançon : 1879-1881.

TRIOLET, 1/2 s. N.
Approuvé. — M. Schantz (Moselle).
B. 1860. — Normandie.
Par *Triolet* et *Lisette*.
Montier-en-Der : 1864. — S. R. depuis 1869.
Rosières : 1864. — Réformé en 1864.

TRIPTOLÈME, 1/2 s. N. — H. N.
B. 1875. — Orne.
Par *Niger* ou *Kilomètre*, 1/2 s. N., et *Drôlesse*, 1/2 s. N.,
par Pledge, 1/2 s. N.
Montier-en-Der : 1879. — Réformé en septembre 1883.

TRITON, 1/2 s.
Approuvé. — M. Pelte, à Kaltweillz,
Gr. 1863. — Moselle.
Par *Triton*, P. S. Ar., et une jument du pays.
Montier-en-Der : 1867. — S. R. depuis 1869.

TRITON, 1/2 s.
Approuvé. — M. Dambricourt, à Wizernes (Pas-de-Calais).
B. 1875.
Compiègne : 1879. — S. R. depuis.

TRIUMVIR, 1/2 s.
Approuvé. — M. Lavrut (Jura).
B. 1875. — Normandie.
Besançon : 1879. — Mort en 1879.

TRIVAN, 1/2 s. N. — H. N.
Bb. 1875. — Orne.
Par *Marignan*, 1/2 s. N., et *Centaurée*, par Centaure, 1/2 s. N.
Annecy : 1879. — Castré en août 1893.

TROTTAWAY, 1/2 s. Br. — H. N.
Gr. 1880. — Finistère.
Par *Y. Trottaway*, 1/2 s. Norf.-A., et une jument bretonne.
Montier-en-Der : 1884. — Abattu en août 1891.

S. B. 1/2 s. N., t. I, p. 307.

TROTTEN-RATTLER, 1/2 s. A.

Approuvé. — Vte de Croixmart ; M. Campion, à Saint-Nicolas (Seine-Inférieure), 1873.

B. 1856. — Normandie.

Compiègne : 1872. — Mort en 1876.

TROTTEUR, 1/2 s.

Approuvé. — M. Breart, à Cottevrard (Seine-Inférieure).

N. 1860.

Compiègne : 1871-1873.

TROTTEUR, 1/2 s.

Approuvé. — M. Le Roy ; M. Gourdin.

Bb. 1869.

Compiègne : 1878-1882.

TROTTEUR, 1/2 s.

rouvé. — M. Lecoq, 1879 ; M. Evrard, 1889.

B. 1875.

S. R.

Rosières : 1879-1890.

TROUBADOUR, 1/2 s.

Approuvé : 1887. — M. Galin.

Bb. 1875. — France.

Par *Centaure* et une fille de François.

Annecy : 1887-1898.

TROUBADOUR, 1/2 s.

Approuvé. — M. Delorgey, 1879 (Côte-d'Or).

Al. 1875. — Normandie.

Par *Interprète*, 1/2 s. N., et une jument 1/2 s., par Buci, 1/2 s. N.

Besançon : 1879. — Mort en 1883.

TRUGUET, 1/2 s. N. — H. N.

B. 1875. — Calvados.

Par *Liberator*, 1/2 s. A., et *Victoire*, 1/2 s. N., par Trouville, P. S. A.

Montier-en-Der : 1879. — Réformé en août 1881.

TURBULENT, 1/2 s.
Approuvé. — M. Bannelier (Côte-d'Or).
B. 1872.
Besançon : 1879-1888.

TURC, 1/2 s. — H. N.
S. R.
Annecy : 1862. — Castré en juillet 1866.

TURCO, 1/2 s. N.
Approuvé. — M. Husson-Droulst, 1879 ; M. Henry, 1883 ;
M. Thomas, 1887 ; M. Blaise Gabriel, 1893.
B. 1875. — Normandie.
Par *Jactator*, 1/2 s. N., et une fille de Pledge, 1/2 s. N.
Rosières : 1879. — Castré en 1894.

TURION, 1/2 s. N. — H. N.
B. 1875. — Manche.
Par *Ugolin*, 1/2 s. N., et *Jarnacine*, par Jarnac, 1/2 s. N.
Besançon : 1879. — Réformé en 1882.

TURPIN, ex-**TURENNE**, 1/2 s. V.
B. 1875. — Charente-Inférieure.
Par *Cauvicourt*, 1/2 s. N , et une jument 1/2 s., par Cauvicourt,
1/2 s. N.
Besançon : 1879. — Réformé en 1832.

TUTELAIRE, 1/2 s.
Approuvé. — M. Lombard (Jura).
B. 1875.
Besançon : 1879-1882.

TYCHO, 1/2 s. N. — H. N.
Bb. 1875. — Normandie.
Par *Niger*, 1/2 s. N., et *Elise*, par Kapirat, 1/2 s. N.
Compiègne : 1880. — Abattu en décembre 1891.

TYROLIEN, 1/2 s.
Approuvé. — M. Royer (Jura).
B. 1875. — Normandie.
Besançon : 1879. — Réformé en 1883.

TZAR, 1/2 s. N. — H. N.
B. 1875. — Manche.
Par *Memento*, 1/2 s. N., et une fille de Félibien, 1/2 s. N.
Compiègne : 1879. — Mort en mai 1892.

UBERT, ex-**URVILLE**, 1/2 s. N. — H. N.
B. 1876. — Manche.
Par *Ignoré*, 1/2 s. N., et une fille de Saminam, 1/2 s. N.
Compiègne : 1880. — Réformé après la monte de 1884.

UBERTIF, ex-**URANUS**, 1/2 s. Char. — H. N.
B. c. 1876. — Charente-Inférieure.
Par *Ordinal*, 1/2 s. N., et une fille de Carmin, 1/2 s. N.
Annecy : 1880. — Castré en août 1882.

UBIQUE, 1/2 s. N. — H. N.
B. 1876. — Normandie.
Par *Hidalgo*, 1/2 s. N., et une fille d'Inkermann, 1/2 s. N.
Compiègne : 1880. — Réformé après la monte de 188?.

UGAZE, 1/2 s.
Approuvé. — M. Thoret (Jura).
B. 1876.
Besançon : 1880-1884.

UCHON, 1/2 s. N. — H. N.
Al. 1876. — Manche.
Par *Mine-d'Or*, 1/2 s. N., et *L'Étoile*, 1/2 s. N., par Garde-à-Vous,
1/2 s. N.
Montier-en-Der : 1880. — Réformé en août 1881.

UCHTEIN, 1/2 s. N. — H. N.
B. 1876. — Manche.
Par *Sultan*, P. S. Ar., et *Fillette*, 1/2 s. N., par Villiers, 1/2 s.
(approuvé).
Montier-en-Der : 1880. — Réformé en octobre 1893.

UDEN, 1/2 s. Char. — H. N.
Al. 1876. — Charente-Inférieure.
Par *Avant-Garde*, P. S. A., et une fille de Gallipoli, 1/2 s. V.
Annecy : 1880. — Castré en août 1887.

UDOM, ex-**URANUS**, 1/2 s. V. — H. N.
B. 1876. — Charente-Inférieure.
Par *Phœbus*, 1/2 s. V., et une jument 1/2 s., par Cauvicourt.
Besançon : 1880. — Castré en 1887.

UDOMÈTRE, 1/2 s. V. — H. N.
B. 1876. — Vendée.
Par *Marignan*, P. S. A., et une jument 1/2 s., par Naucrate II,
1/2 s. V.
Besançon : 1881. — Castré en 1883.

UGNY, 1/2 s. N. — H. N.
Al. 1876. — Calvados.
Par *Ignaee*, 1/2 s. N., et une fille de Navigateur, 1/2 s. N.
Compiègne : 1880. — Abattu en janvier 1890.

UGOLIN, 1/2 s.
Approuvé. — M. Baudot (Jura).
N. 1876.
Besançon : 1880. — Réformé en 1886.

UHL, ex-**USAGER**, 1/2 s. N. — H. N.
Bb. 1876. — Calvados.
Par *Impérial*, 1/2 s. N., et une fille d'Isolier, 1/2 s. N.
Compiègne : 1880. — Réformé en août 1887.

UHLAN, 1/2 s.
Approuvé. — M. Gand.
B. 1876.
S. R.
Rosières : 1880-1886.

UHLAN II, 1/2 s.
Approuvé. — M. Picot.
Aub. 1876.
S. R.
Rosières : 1881-1886.

UKALEGON, 1/2 s.
Approuvé. — M. Mourot (Côte-d'Or).
B. 1876. — Normandie.
Besançon : 1880-1882.

UKRAINE, 1/2 s. V. — H. N.
B. c. 1876. — Vendée.
Par *Julien*, 1/2 s. N., et une fille de Necker, 1/2 s. N.
Annecy : 1880. — Castré en août 1881.

ULFED, ex-**UNI**, 1/2 s. N. — H. N.
B. c. 1876. — Orne.
Par *Oméga*, 1/2 s. N., et *La Poule*, 1/2 s. N.
Annecy : 1880. — Castré en septembre 1890.

ULGOT, ex-**UNISSON**, 1/2 s. N. — H. N.
B. 1876. — Manche.
Par *Kent*, 1/2 s. N., et la jument *Pondite*, 1/2 s. N., par Volcan,
1/2 s. N., par Colibri, P. S. A.
Rosières : 1881. — Castré en août 1883.

ULLOR, 1/2 s. N. — H. N.
Al. 1876. — Manche.
Par *Oiseau*, 1/2 s. N., et *Mouvette*, 1/2 s. N., par Ignoré, 1/2 s. N.
Montier-en-Der : 1880. — Mort en août 1881.

ULLOA, 1/2 s.
Approuvé. — Cte de Villers la Faye, 1881 ; M. Droin (Côte-d'Or).
Al. 1876. — Normandie.
Par *Liberator*, 1/2 s. A., et une jument 1/2 s., par Jactator,
1/2 s. N.
Besançon : 1881-1888.

ULLY, ex-**URANUS**, 1/2 s. N. — H. N.
B. cl. 1876. — Manche.
Par *Wild-Bid*, P. S. Irlandais, et *Lapallière*, par Agenda, 1/2 s. N.
Annecy : 1880. — Castré en juillet 1894.

ULMA, 1/2 s. N. — H. N.
B. 1876. — Manche.
Par *Luther*, 1/2 s. N. (approuvé), et *Martine*, trait.
Montier-en-Der : 1880. — Réformé en septembre 1883.

ULMOS, 1/2 s. N. — H. N.
B. 1876. — Calvados.
Par *Noville*, 1/2 s. N., et *Indiana*, par Conquérant, 1/2 s. N.
Besançon : 1880. — Castré en 1883.

ULPHILAS, 1/2 s.
Approuvé. — M. Arnoult (Haute-Saône).
B. 1876. — Normandie.
Par *Interprète*, 1/2 s. N., et une jument 1/2 s., par Eperon, P. S. A.
Besançon : 1880. — Castré en 1895

ULTIMA, 1/2 s.
Approuvé. — M. Tisserand (Côte-d'Or).
B. 1876. — Normandie.
Par *Beaumanoir*, 1/2 s. N., et une jument 1/2 s., par *Lansborn*,
1/2 s. A.
Besançon : 1880-1883.

ULTIMUS, 1/2 s. N. — H. N.
Bb. 1876. — Calvados.
Par *Tamberlick*, P. S., et *Juliette*, par Noteur, 1/2 s. N.
Annecy : 1880. — Castré en août 1886.

ULTIO, 1/2 s. N. — H. N.
Bb. 1876. — Manche.
Par *Auguste*, P. S., et *Castille*, par Forcy, 1/2 s. N.
Annecy : 1880. — Castré en août 1882.

ULTRA, 1/2 s.
Approuvé. — M. Fougeron (Somme).
B. f. — 1876.
Compiègne : depuis 1880.

ULTRA, 1/2 s. N. — H. N.
Al. 1876. — Manche.
Par *Ignoré*, 1/2 s. N., et *Rapide*, 1/2 s, N., par Égésippe, 1/2 s. N.
Montier-en-Der : 1880. — Mort en juin 1892.

ULTRACISME, 1/2 s.
Approuvé. — M. Petitot.
B. 1876. — Normandie.
Par *Esculape*, 1/2 s. N., et une jument 1/2 s., par Ignace, 1/2 s. N.
Besançon : 1880-1886.

ULTRA-MARIN, 1/2 s. V. — H. N.
N. 1876. — Vendée.
Par *Paris*, 1/2 s. N., et *N.*, 1/2 s., par Uniady, 1/2 s. N.
Besançon : 1880. — Réformé en 1881.

ULTRAMONTAIN, 1/2 s. N. — H. N.
B. 1854. — Orne.
Par *Idalis*, 1/2 s. N., et une fille de Sylvio, P. S. A.
Compiègne : 1858. — Réformé en septembre 1864.

ULTRAMONTAIN, 1/2 s.
Approuvé. — M. Berthier (Jura).
B. 1876.
Besançon : 1880. — Réformé en 1882.

UMAGO, 1/2 s. N. — H. N.
Bb. 1876. — Orne.
Par *Pédro*, 1/2 s. N., et *Rita*, par Henriot, 1/2 s. N.
Annecy : 1880. — Castré en août 1882.

UMBLE, 1/2 s. N. — H. N.
B. c. 1876. — Calvados.
Par *Centaure*, 1/2 s. N., et *Bichette*, N.
Annecy : 1881. — Castré en septembre 1892.

UMBO, 1/2 s.
Approuvé. — M. Mugnier (Côte-d'Or).
B. 1876. — Normandie.
Par *Unau*, 1/2 s. N., et une jument 1/2 s., par Orville, 1/2 s. N.
Besançon : 1881-1887.

UMBROCK, 1/2 s.
Approuvé. — M. Ragois (Côte-d'Or).
Gr. 1876. — Normandie.
Par *Ambition*, 1/2 s. A., et une jument 1/2 s.
Besançon : 1880-1888.

UMERA, 1/2 s. N. — H. N.
B. ch. 1876. — Manche.
Par *Schamyl*, 1/2 s. N., et *Blanc-Pied*, par Jay, 1/2 s. N.
Annecy : 1880. — Castré en août 1881.

UMUERA, 1/2 s.
Approuvé. — M. Gardel (Côte-d'Or).
Al. 1876. — Normandie.
Par *Luther*, 1/2 s. N., et une jument 1/2 s., par Despote, 1/2 s. N.
Besançon : 1880-1887.

UN, 1/2 s. N. — H. N.
Al. 1876. — Calvados.
Par *Interprète*, 1/2 s. N., et une fille de Fleuron, 1/2 s. N.
Rosières : 1880. — Castré en août 1887.

UNAU, 1/2 s.
Approuvé. — M. Foissey (Haute-Marne).
Al. 1876.
Montier-en-Der : 1881. — Mort en 1885.

UNAVOIR, 1/2 s.
Appprouvé. — M. Pichery (Haute-Saône).
B. 1876.
Par *Oranger*, 1/2 s. N., et une jument 1/2 s.,
par Sans-Gêne, 1/2 s. N.
Besançon : 1880. — Réformé en 1892.

UNDECIMO, 1/2 s. N. — H. N.
B. 1876. — Calvados.
Par *Estafette*, 1/2 s. N., et une fille de Locomotif, 1/2 s. N.
Compiègne : 1880. — Réformé en octobre 1880.

UNDERGO, 1/2 s. N. — H. N.
B. 1876. — Normandie.
Par *Pilgrim*, 1/2 s. N., et *N.*, 1/2 s., par Tobolsk, 1/2 s. Russe.
Montier-en-Der : 1880. — Réformé en juillet 1885.

UNDERWOOD, 1/2 s. N. — H. N.
B. 1876. — Manche.
Par *Schamyl*, 1/2 s. Lim., et une fille de Tamerlan, 1/2 s. N.
Compiègne : 1880. — Passé au Pin après la monte de 1883.

UNDUST, 1/2 s. N. — H. N.
B. 1876. — Orne.
Par *Loustic*, 1/2 s. N., et *Fillette*, 1/2 s. N., par Désiré, 1/2 s. N.
Montier-en-Der : 1880. — Mort en mai 1897.

UNGER, ex-**USURPATEUR**. 1/2 s. N. — H. N.
B. c. 1876. — Calvados.
Par *Officier*, 1/2 s. N., et *Roblote*, par Vladimir, 1/2 s. N.
Annecy : 1880. — Castré en juillet 1895.

UNGUIFÈRE, ex-**USAGER**, 1/2 s. Br. — H. N.
Al. 1877. — Finistère.
Par *Dauphin*, 1/2 s. N., et une jument 1/2 s., par Bélus, 1/2 s. N.
Besançon : 1881. — Castré en 1890.

UNIBICULUS, ex-**USURPATEUR**, 1/2 s. N. — H. N.
Al. 1876. — Manche.
Par *Nagel*, 1/2 s N., et la jument *Bravo*, 1/2 s. N., par Bravo,
P. S. A.
Rosières : 1880. — Castré en décembre 1883.

UNIFLORE, 1/2 s. N. — H. N.
Bb. 1854. — Calvados.
Par *Bolero*, P. S. A., et *N.*, 1/2 s. N., par Eylau, P. S. A.-A.
Montier-en-Der : 1858. — Réformé en juillet 1864.

UNIFLORE, 1/2 s. N. — H. N.
Bb. 1876. — Manche.
Par *Periplin*, 1/2 s. N., et *Lisette*, 1/2 s. N., par Y. Phœnomenon,
1/2 s. A.
Rosières : 1880. — Castré en août 1882.

UNIFORME, 1/2 s.
Approuvé : 1887. — M. Montbarbon.
B. m. 1876. — France.
Annecy : 1887. — S. R. depuis.

26.

UNIGAM, 1/2 s. N. — H. N.
B. 1876. — Manche.

Par *Hélios*, 1/2 s. N., et *Lisa*, jument 1/2 s., par Faucon,
1/2 s. N.
Besançon : 1880. — Réformé en 1882.

UNIGENITUS, 1/2 s. Char. — H. N.
N. 1876. — Charente-Inférieure.

Par *Lycurgue*, 1/2 s. N., et *N.*, 1/2 s. N.
Montier-en-Der : 1880. — Mort en février 1880

UNIEUX, 1/2 s. N. — H. N.
Al. 1876. — Manche.

Par *Bandit* ou *Victorieux*, 1/2 s. N., et une fille de Volcan,
1/2 s. N.
Compiègne : 1880. — Réformé après la monte de 1884.

UNIOLA, 1/2 s. N. — H. N.
Bb. 1876. — Calvados.

Par *Nicias*, 1/2 s. N., et *Mignonne*, 1/2 s. N., par Héros, 1/2 s. N.
(approuvé).
Montier-en-Der : 1880. — Réformé en août 1883.

UNIQUE, 1/2 s. All. — H. N.
B. 1821. — Allemagne.

Par *Unique*, 1/2 s. A., et une jument fille d'Anglais et d'un étalon
d'Oldembourg.
Rosières : 1827. — Castré en novembre 1847.

UNISSON, 1/2 s. N. — H. N.
B. 1876. — Manche.

Par *Kilogramme*, 1/2 s. N. (approuvé), et *Martinne*, 1/2 s. N.,
par Paladin, P. S. A.
Montier-en-Der : 1880. — Mort en juillet 1892.

UNITÉ, 1/2 s. N.
Approuvé : 1859. — Autorisé : 1871. — M. Parcheminey
(Haute-Saône).
B. 1853. — Normandie.
Besançon : 1859-1872.

UNITÉ, 1/2 s. N. — H. N.
N. 1876. — Manche.
Par *Partisan*, 1/2 s. N., et *Ignorée*, par Ignoré, 1/2 s. N.
Annecy : 1880. — Castré en août 1887.

UNIVALVE, ex-**ULTOR**, 1/2 s. N. — H. N.
Al. 1876. — Calvados.
Par *Officier*, 1/2 s. N., ou *Estafette*, 1/2 s. N., et Elisa, 1/2 s. N.,
par Liberator, 1/2 s. A.
Rosières : 1880. — Castré en août 1885.

UNIVERS. 1/2 s.
Approuvé. — M. Chalons (Côte-d'Or).
R. 1876. — Normandie.
Par *Dragon*, 1/2 s. N., et une jument 1/2 s., par Fontenay,
1/2 s. N.
Besançon : 1880-1887.

UNIVERSEL, 1/2 s. V. — H. N.
B. 1876. — Vendée.
Par *Kapirat II*, 1/2 s. N., et *N.*, 1/2 s. V., par Julien, 1/2 s. N.
Montier-en-Der : 1880. — Mort en février 1880.

UNIVERSEL, 1/2 s.
Approuvé. — M. Briottet.
B. 1876. — Normandie.
Par *Volant*, 1/2 s. N., et une jument 1/2 s., par Bravo, P. S. A.,
et une jument 1/2 s., par Rivoli, 1/2 s. N.
Besançon : 1880-1887.

UNIVERSITAIRE, ex-**NIQUE**, 1/2 s. N. — H. N.
Al. 1876. — Manche.
Par *Macouba*, 1/2 s. N., et *Papillon*, 1/2 s. N., par Ourson,
1/2 s. N. (approuvé).
Rosières : 1880. — Castré en août 1889.

UNIVOQUE, 1/2 s.
Approuvé. — M. Couillard (Jura).
B. 1876.
Besançon : 1880. — Réformé en 1886.

UNIVOQUE, 1/2 s. N. — H. N.
B. 1876. — Calvados.
Par *Vice-Roi*, 1/2 s. N. (approuvé), et *Bijou*, 1/2 s. N., par
Montpensier, 1/2 s. N.
Montier-en-Der : 1880. — Réformé en août 1898.

UN-SEUL, 1/2 s. N. — H. N.
B. ch. 1876. — Manche.
Par *Pater*, 1/2 s. N., et *Sophie*, par Riga, 1/2 s. N.
Annecy : 1881. — Mort en mai 1893.

UNTERWALD, 1/2 s. N. — H. N.
Al. 1876. — Manche.
Par *Egésippe*, 1/2 s. N., et une fille de Pater, 1/2 s. N.
Compiègne : 1880. — Réformé après la monte de 1880.

UNTHRIFT, 1/2 s. N. — H. N.
Bb. 1876. — Manche.
Par *Néthou*, P. S. A., et *Lisette*, 1/2 s. N., par Turcaret, 1/2 s. N.
Montier-en-Der : 1880-1882. — Passé à Perpignan, en novembre 1882.

UNYORO, 1/2 s.
Approuvé. — M. l'abbé Cornut (Côte-d'Or).
B. 1876.
Besançon : 1880. — Réformé en 1880.

UPAS, 1/2 s.
Approuvé. — M. Chaboz.
B. 1876. — Normandie.
Par *Irlandais*, 1/2 s. N., et une jument 1/2 s., par *Abrantès*,
1/2 s. N.
Besançon : 1881. — Castré en 1892.

UPATA, 1/2 s.
Approuvé : 1887. — M. Montbarbon.
B. f. 1876. — France.
S. R.
Annecy : 1887. — Réformé en 1898.

UPILIUS, 1/2 s.
Approuvé. — M. Pretet, 1881 ; M. Carriney, 1891 (Haute-Saône).
B. 1876. — Normandie.
Par *Protée*, 1/2 s. N., et une jument 1/2 s., par J'y-Sougerai,
1/2 s. N.
Besançon : 1881. — Réformé en 1892.

UPIS, ex-**UN**, 1/2 s. N. — H. N.
N. 1876. -- Manche.
Par *Ignoré*, 1/2 s. N., et *Nigra*, par Riga, 1/2 s. N.
Annecy : 1880. — Castré en août 1897.

UPSAL, 1/2 s. N. — H. N.
Al. 1876. — Manche.
Par *Bandit*, 1/2 s. N., et *Cocote*, 1/2 s. N.,par Tamerlan, 1/2 s. N.
Montier-en-Der : 1880-1882. — Passé à Annecy en décembre 1882.
Annecy : 1883. — Castré en juillet 1894.

UR, ex-**ULTOR**, 1/2 s. N. — H. N.
B. m. 1876. — Calvados.
Par *Muphty*, 1/2 s. N., et *Rosette*, par Vice-Roi, 1/2 s. N.
Annecy : 1880. — Castré en août 1882.

URAGAY, 1/2 s. N. — H. N.
Gr. 1854. — Normandie.
Par *Painotaher*, 1/2 s. N., et une jument normande.
Rosières : 1859. — Vendu en janvier 1864.
M. Pargon.
Rosières : 1864. — Passé en pays annexé en 1870.

URAGUS, ex-**ULLOA**, 1/2 s. N. — H. N.
Al. 1876. — Calvados.
Par *Revigny*, P. S. A. (approuvé), et *l'Étoile*, par Speculum.
Rosières : 1880. — Castré en août 1881.

URANE, 1/2 s. N. — H. N.
Al. 1876. — Manche.
Par *Original*, 1/2 s. N., et *Rosette*, 1/2 s. N.,
par Daniel, 1/2 s. N.
Rosières : 1880. — Castré en août 1882.

URANE, 1/2 s. Lorr.
B. 1881. — Lorraine.
Par *Urane,* 1/2 s. N., et une fille de Mutzelim, P. S. Ar.
Approuvé. — M. Thomas.
Rosières : 1885-1886.

URANOS, ex-UNTERWALD, 1/2 s. N. — H. N.
Al. d. 1876. — Orne.
Par *Oriental,* P. S., et *Séduisante,* 1/2 s. N.
Annecy : 1880. — Castré en septembre 1892.

URANUS, 1/2 s. N. — H. N.
Gr. 1854. — Orne.
Par *Noteur,* 1/2 s. N., et *N.,* 1/2 s. N., par Fatibello, 1/2 s. N.
Montier-en-Der : 1864. — Mort en juillet 1876.

URANUS, 1/2 s. N. — H. N.
B. 1876. — Calvados.
Par *Irlandais,* 1/2 s. N., et une fille de Hallebardier, 1/2 s. N.
Compiègne : 1880. — Réformé en octobre 1893.

URANUS, 1/2 s.
Approuvé. — M. Brulez.
Al. 1876. — Normandie.
Par *Ugolin,* 1/2 s. N.
Besançon : 1880-1887.

URAU, 1/2 s. N. — H. N.
Al. 1876. — Manche.
Par *Argonaut,* P. S. A., et *Freden,* 1/2 s. N., par *Ignoré,*
1/2 s. N.
Montier-en-Der : 1880. — Réformé en août 1890.

URBAIN, 1/2 s.
Approuvé. — M. Charreau (Côte-d'Or).
B. 1876. — Normandie.
Par *Producteur,* 1/2 s. N.
Besançon : 1880-1887.

URBARY, 1/2 s. N. — H. N.
Al. 1876. — Calvados.
Par *Estafette*, 1/2 s. N., et *Graziella*, 1/2 s. N., par Jactator,
1/2 s. N.
Montier en-Der : 1880. — Réformé en août 1881.

URBIN, 1/2 s.
Approuvé. — M. Máthieu, 1880 ; M. Royer (Jura).
B. 1876.
Besançon : 1880-1884.

URCHIN, 1/2 s. N., — H. N.
B. 1876. — Manche.
Par *Mathurin*, 1/2 s. N., et une fille d'Hélios, 1/2 s. N.
Compiègne : 1880. — Réformé en août 1886.

URÉDO, 1/2 s. N. — H. N.
Gr. 1854. — Orne.
Par *Kramer*, 1/2 s. N., et une fille de Québec, 1/2 s. N.
Compiègne : 1858-1860. — Passé à Montier-en-Der en février 1861.
S. R. depuis.

URENS, ex-**UNANIME**, 1/2 s. N. — H. N.
B. 1876. — Calvados.
Par *Interprète*, 1/2 s. N., et *Cigarette*, 1/2 s. N , par Jeffrys,
1/2 s. N.
Rosières : 1880. — Castré en décembre 1883.

URI, 1/2 s. N. — H. N.
Gr. 1854. — Orne.
Par *Prince*, 1/2 s. N., et *N.*, 1/2 s. N., par Regretté, 1/2 s. N.
Montier-en-Der : 1858. — Réformé en août 1865.

URI, 1/2 s.
Approuvé. — M. Claquin.
B. 1876.
S. R.
Rosières : 1880. — Castré en 1885.

UROSCOPE, ex-**ULTRA**, 1/2 s. V. — H. N.
Ro. 1876. — Vendée.
Par *Nique*, 1/2 s. N., et une fille de Magistrat, 1/2 s. N.
Rosières : 1880. — Castré en août 1885.

URSIDIUS, 1/2 s.
Approuvé. — M. Parcheminey (Haute-Saône).
B. 1876. — Normandie.
Par *Nicanor*, 1/2 s. N. et une jument 1/2 s., par Tallien, 1/2 s. N.
Besançon : 1880-1894.

URSUS, 1/2 s. Char. — H. N.
B. n. 1876. — Charente-Inférieure.
Par *Lycurgue*, 1/2 s. N., et une fille d'Etourneau, 1/2 s. V.
Annecy : 1880. — Castré en septembre 1883.

URUGUAY, 1/2 s.
Approuvé. — M. Prost.
B. 1876.
Besançon : 1880-1885.

URUSKY, ex-**ULYSSE**, 1/2 s. V. — H. N.
Ro. 1876. — Vendée.
Par *Jambes-d'Argent*, 1/2 s. N., et une fille de Sir-Benjamin,
P. S. A.
Rosières : 1880. — Castré en août 1886.

USAGE, 1/2 s. N. — H. N.
B. 1876. — Orne.
Par *Gaulois* et *Palanquin*, 1/2 s. N., et *Félicia*, 1/2 s. N.,
par Inkermann, 1/2 s. N.
Montier-en-Der : 1880. — Réformé en août 1881.

USAGER, 1/2 s. N.
Approuvé. — M. Perignon.
B. 1876. — Normandie.
Par *Tamberlick*, P. S. A., et *Bichette*.
Rosières : 1880-1886.

USBAC, 1/2 s. V. — H. N.
N. 1853. — Vendée.
Par *Intact*, 1/2 s. N., et une jument 1/2 s., par Karmignac,
1/2 s. V.
Besançon : 1862. — Réformé en 1869.

USBÈQUE, 1/2 s. N. — H. N.
Al. 1876. — Orne.
Par *Koping*, 1/2 s. N., et *Sultane*, 1/2 s. N., par Séducteur,
1/2 s. N.
Rosières : 1880. — Castré en septembre 1883.

USEB, ex-**UTILE**, 1/2 s. N. — H. N.
Al. br. 1876. — Calvados.
Par *Le More*, 1/2 s. N., et *Pouliche*, par Baryton, N.
Annecy : 1880. — Castré en septembre 1890.

USEBROCK, 1/2 s. N. — H. N.
Al. 1876. — Manche.
Par *Macouba*, 1/2 s. N., et *Bijou*, 1/2 s. N., par Adolphus,
P. S. A.
Rosières : 1880. — Castré en août 1888.

USEFUL, 1/2 s. N.
Approuvé. — M. Thivet (Haute-Saône).
B. 1854. — Normandie
Besançon : 1859-1870.

USIGLIO, 1/2 s. N. — H. N.
B. 1876. — Calvados.
Par *Palm*, 1/2 s. N., et *Juliette*, 1/2 s. N., par Mazeppa, 1/2 s. N.
Montier-en-Der : 1880. — Réformé en août 1881.

USIGNY, 1/2 s. N. — H. N.
B. 1876. — Eure.
Par *Norfolk-Trotter*, 1/2 s. A., et *Martinette*, 1/2 s. N., par
Pledge, 1/2 s. N.
Montier-en-Der : 1881-1882. — Passé au Pin en octobre 1882.
Annecy : 1885. — Castré.

USINIER, 1/2 s. N. — H. N.
B. 1876. — Manche.
Par *Kent*, 1/2 s. N., et *Catin*, 1/2 s. N., par Ursin, 1/2 s. N.
Montier-en-Der : 1860. — Réformé en décembre 1882.

USITÉ, 1/2 s. N.
Approuvé. — M. Chatté.
Al. 1876. — Normandie.
Par *Centaure*, 1/2 s. N., et une jument anglaise.
Rosières : 1880-1890.

USUM, 1/2 s.
Approuvé. — M. Léquet (Jura).
B. 1876. — Normandie.
Besançon : 1880. — Mort en 1888.

UTIOT, 1/2 s.
Approuvé. — M. Courtois (Côte-d'Or).
Al. 1876.
Par *Milord*, 1/2 s. N., et une jument 1/2 s., par Ourson, 1/2 s. N.
Besançon : 1880-1884.

UTIQUE, 1/2 s.
Approuvé. — M. Chauffenne (Haute-Saône).
B. 1876. — Normandie.
Par *Harmonieux*, 1/2 s. N., et une jument 1/2 s., par Bravo,
P. S. A.
Besançon : 1880. — Réformé en 1890.

UTÉR, 1/2 s. N. — H. N.
Bb. 1876. — Calvados.
Par *Ignace*, 1/2 s. N., et une fille d'Abrantès, 1/2 s. N.
Compiègne : 1880. — Réformé en 1884.

UTÉTUR, 1/2 s. N. — H. N.
Gr. 1876. — Aisne.
Par *Norfolk*, 1/2 s. (par Tobolsk, russe), et *Grisette*, 1/2 s. A.
Montier-en-Der : 1880. — Abattu en août 1884.

UTHA, ex-**ULTRA**, 1/2 s. N. — H. N.
B. 1876. — Calvados.
Par *Esculape*, 1/2 s. N., et *Reine-des-Indes*, 1/2 s. N.,
par Marco-Spada, 1/2 s. N.
Rosières : 1880. — Abattu en octobre 1896.

UTILE, 1/2 s.
Approuvé. — M. Berthier (Jura).
B. 1876.
Besançon : 1880. — Vendu en 1888.

UTILISÉ, 1/2 s. V. — H. N.
B. 1876. — Charente-Inférieure.
Par *Montibari*, P. S. A., et une jument 1/2 s.,
par Boïïdieu, 1/2 s. N.
Besançon : 1880. — Castré en 1883.

UTIN, ex-**URGENT**, 1/2 s. N. — H. N.
B. 1876. — Manche.
Par *Jarnas*, 1/2 s. N., et une jument 1/2 s., par *Pater*, 1/2 s. N.
Besançon : 1880. — Mort en 1891.

UTOPISTE, 1/2 s.
Approuvé : 1887. — M. Moronoz.
Bb. 1876. — France.
Annecy : 1887-1892.

UVÉ, 1/2 s. N. — H. N.
Bb. 1876. — Calvados.
Par *Jactator*, 1/2 s. N., et *Lorette*, 1/2 s. N.
Annecy : 1880. — Abattu en juillet 1893.

UXEM, ex-**ULM**, 1/2 s. Ch. — H. N.
B. 1876. — Charente-Inférieure.
Par *Orphéon*, 1/2 s. N., et une fille de Général-Sherman, 1/2 s. A.
Rosières : 1880. — Castré en décembre 1883.

UZÉMA, 1/2 s. N. — H. N.
B. 1876. — Calvados.
Par *Ignace*, 1/2 s. N., et *Fatma*, 1/2 s. N., par Urus, 1/2 s. N.
Montier-en-Der : 1880. — Réformé en août 1890.

UZIA, 1/2 s. V. — H. N.
B. 1876. — Loire-Inférieure.
Par *Houdon*, 1/2 s. N., et la jument Negra, née en Irlande.
Rosières : 1880. — Castré en août 1889.

VA-DE-BON-CŒUR, 1/2 s.
Approuve. — M. Magniez, à Revellon (Somme).
Gr. 1856.
S. R.
Compiègne : 1871. — S. R. depuis.

VAIGATZ, 1/2 s. Char. — H. N.
B. c. 1877. — Charente-Inférieure.
Par *Liber*, 1/2 s. N., et une fille de Carmin, 1/2 s. V.
Annecy : 1881. — Castré en août 1881.

VAILLANT, 1/2 s. N. — H. N.
B. 1855. — Calvados.
Par *The Nemrod*, 1/2 s. A., et une fille de Voltaire, 1/2 s. N.
Compiègne : 1859. — Mort en février 1861.

VALADON, 1/2 s.
Approuvé. — M. Lacour (Haute-Marne).
B. 1877.
Montier-en-Der : 1881. — S. R. depuis 1892.

VALANÇAY, ex-**VERNEUIL**, 1/2 s. N. — H. N.
B. 1877. — Calvados.
Par *Montfort*, P. S. A., et *Palmyre*, 1/2 s. N., par Interprète,
1/2 s. N.
Rosières : 1881. — Castré en septembre 1881.

VAL-D'ANDORRE, 1/2 s. N. — H. N.
Al. 1877. — Manche.
Par *Losange*, P. S. A., et *Adèle*, 1/2 s. N., par Succès, 1/2 s. N.
Rosières : 1881. — Castré en 1887.

VALENCIENNES, 1/2 s.
Approuvé. — M. Caillet (Haute-Marne).
Al. 1877.
Montier-en-Der : 1882. — S. R. depuis 1887.

VALENTIN, 1/2 s. Midi. — H. N.
Al. br. 1882. — Hautes-Pyrénées.
Par *Mandrake*, P. S. A., et *Viola*, 1/2 s. Fr.
Annecy : 1888. — Passé au Dépôt de Blois en mars 1890.

VALÈRE, 1/2 s. N. — H. N.
B. 1855. — Calvados.
Par *Calderstone*, P. S. A., et une fille de Voltaire, 1/2 s. N.
Compiègne : 1859. — Réformé en septembre 1859.

VALÉRIUS, 1/2 s. N. — H. N.
B. ch. 1877. — Calvados.
Par *Éla*, 1/2 s. N., et *Éclatante*, par Noteur, 1/2 s. N.
Annecy : 1881. — Castré en juillet 1895.

VALETTE, 1/2 s.
Approuvé. — M. Flaget (Haute-Marne) ; M. Silvestre, 1895
(Haute-Marne).
B. 1877.
Montier-en-Der : 1881. — Castré en 1896.

VALEUREUX, 1/2 s.
Approuvé. — M. Morel.
Al. 1876.
S. R.
Rosières : 1881. — Réformé en 1894.

VALEUREUX, 1/2 s.
Approuvé. — M. Pechinot (Côte-d'Or).
Normandie.
Par *Lavater*, 1/2 s. N., et une jument 1/2 s., par Kapirat, 1/2 s. N.
Besançon : 1881-1885.

VALINSKI, 1/2 s. N. — H. N.
Al. 1877. — Manche.
Par *Quinte-Curce*, 1/2 s. N., et *Blanc-Pied*, 1/2 s. N.
Compiègne : 1881. — Abattu en octobre 1896.

VALKENAER, 1/2 s.
Approuvé. — M. Henry, 1885 ; M. Balland, 1890.
B. 1877.
S. R.
Rosières : 1885. — Réformé en 1895.

VALKENDER, 1/2 s.
Approuvé. — M. Ozanon (Jura).
B. 1877. — Normandie.
Besançon : 1882. — Réformé en 1884.

VALLADOLID, ex-**VISCONTI**, 1/2 s. N. — H. N.
B. c. 1877. — Manche.
Par *Mine-d'Or*, 1/2 s. N., et *Bijou*, par Jay, 1/2 s. N.
Annecy : 1881. — Castré en août 1884.

VALLON, 1/2 s. N. — H. N.
B. 1832. — Orne.
Par *Jaggar*, 1/2 s. A., et une jument 1/2 s., par D.-I.-O , P. S. A.
Besançon : 1844. — Réformé en 1849.

VALMY, 1/2 s. N. — H. N.
B. 1877. — Calvados.
Par *Palm*, 1/2 s. N., et *Fleur-de-Lys*, par Matchless II, 1/2 s. A
Compiègne : 1881. — Abattu en juin 1896.

VALOGNES, 1/2 s. N. — H. N.
Al. 1877. — Manche.
Par *Patrice*, 1/2 s. N., et *Cocotte*, par Victorieux, 1/2 s. N.
Compiègne : 1881. — Réformé en septembre 1884.

VANCOUVER, 1/2 s. N. — H. N.
B. 1877. — Manche.
Par *Laboureur*, 1/2 s. N., et *Finette*, par Harmonieux, 1/2 s. N.
Compiègne : 1881. — Réformé en août 1890.

VAN-DYCK, 1/2 s.
Approuvé. — M. Taisne (Haute-Marne).
B. 1877.
Montier-en-Der : 1881. — Réformé en 1884.

VANITEUX, 1/2 s. N. — H. N.
N. 1877. — Calvados.
Par *Marignan*, 1/2 s. N., et *Aspirante*, 1/2 s. N., par Conquérant,
1/2 s. N.
Rosières : 1881. — Castré en juillet 1884.

VANNEAU, 1/2 s. Br. — H. N.
Gr. 1877. — Finistère.
Par *Trottaway*, 1/2 s. Norf., et une jument 1/2 s., par Dauphin,
1/2 s. N.
Besançon : 1881. — Castré en 1888.

VANNEAU, 1/2 s.
Approuvé. — M. Bréger (Haute-Marne).
B. 1877.
Montier-en-Der : 1881. — Non présenté en 1890.

VANNEUR, 1/2 s.
Approuvé. — M. Renard (Haute-Marne).
B. 1876.
Montier-en-Der : 1881. — S. R. depuis 1886

VAN-OSTADE, 1/2 s. N. — H. N.
N. 1877. — Manche.
Par *Lavater*, 1/2 s. N., et *Mazette*, par Divus, 1/2 s. N.
Annecy : 1881. — Castré en août 1896.

VANTADOUR, 1/2 s. N. — H. N.
Al. 1877. — Calvados.
Par *Centaure*, 1/2 s. N., et une fille de Montmorency, 1/2 s. N.
Rosières : 1881. — Castré en août 1894.

VANTON, 1/2 s.
Approuvé : M. Noirot (Jura).
Gr. 1859. — Normandie (?).
Besançon : 1864-1868.

VARNA, 1/2 s.
Approuvé. — M. Lequet (Jura).
B. 1877.
Besançon : 1881. — Réformé en 1885.

VARRON, 1/2 s. N. — H. N.
B. ac. 1877. — Manche.
Par *Nicanor*, 1/2 s. N., et *Sophie*, par Torticolis, 1/2 s. N.
Annecy : 1881. — Castré en août 1893.

VASCO, 1/2 s. N. — H. N.
Al. 1877. — Manche.
Par *Wild-Bird*, P. S. A., et *Lisette*, 1/2 s. N.
Montier-en-Der : 1881. — Mort en février 1899.

VASSAL, 1/2 s. N. — H. N.
B. 1877. — Calvados.
Par *Glorieux*, 1/2 s. N., et *Bijou*, 1/2 s. N., par Uzel, 1/2 s. N.
Montier-en-Der : 1881. — Mort en novembre 1881.

VATICAN, 1/2 s.
Approuvé. — M. Boillot (Côte-d'Or).
Par *Houdon*, 1/2 s. N., et une jument 1/2 s., par John-Bull, 1/2 N.
Besançon : 1881. — Réformé en 1886.

VATICAN, 1/2 s. N. — H. N.
B. 1877. — Calvados.
Par *Quadruple*, 1/2 s. N., et *Lisette*, par Persil, 1/2 s. N.,
(autorisé).
Compiègne : 1881. — Réformé en août 1895.

VAUBAN, 1/2 s.
Autorisé. — M. Hazard (Aisne).
B. 1856.
Compiègne : 1863. — Castré après la monte de 1863.

VAUBAN, 1/2 s. N. — H. N.
B. 1877. — Manche.
Par *Ugolin*, 1/2 s. N., et *Lionne-d'Argent*,
par Lion-d'Or, 1/2 s. N.
Annecy : 1881. — Abattu en juillet 1899.

VAUBLANC, 1/2 s. N. — H. N.
B. 1877. — Manche.
Par *Newton*, 1/2 s. N., et *Bijou*, 1/2 s. N., par Agenda, 1/2 s. N.
Montier-en-Der : 1881. — Abattu en août 1898.

VAUGIRARD, 1/2 s. N. — H. N.
B. 1855. — Normandie.
Par *Namur*, 1/2 s. N., et une jument 1/2 s., par Sir-Henry,
1/2 s. N.
Besançon : 1862. — Réformé en 1873.

VAUQUELIN, ex-**VOLUPTUEUX**, 1/2 s. V. — H. N.
B. 1877. — Vendée.
Par *Printemps*, P. S. A., et une jument 1/2 s.,
par Farfadet, 1/2 s. N.
Besançon : 1881. — Castré en 1883.

VAUTRAIT, 1/2 s. N. — H. N.
B. m. 1877. — Orne.
Par *Sincerity*, P. S. A., et *Fleurie*, par Centaure, 1/2 s. N.
Annecy : 1881. — Abattu en novembre 1896.

VAVINCOURT, 1/2 s. N. — H. N.
Al. 1877. — Manche.
Par *Pretty-Boy*, P. S. A., et la jument *Scolopendre*, 1/2 s. N.,
par Succès, 1/2 s. N.
Rosières : 1881. — Castré en août 1883.

VÉLASQUEZ, 1/2 s.
Approuvé. — M. Briquet (Haute-Marne).
B. 1877.
Montier-en-Der : 1881. — Non présenté en 1896.

VÉLOCIPÈDE, 1/2 s. N. — H. N.
B. 1877. — Calvados.
Par *Palin*, 1/2 s. N., et *Bijou*, 1/2 s. N., par Umber, 1/2 s. N.
Montier-en-Der : 1881. — Réformé en octobre 1881.

VELOUTÉ, 1/2 s. N. — H. N.
Al. 1877. — Calvados.
Par *Tamberlick*, P. S. Fr., et *Bichette*, par Taconnet, 1/2 s. N.
Annecy : 1881. — Castré en juillet 1894.

VENDEUVRE, ex-**VENDREDI**, 1/2 s. V. — H. N.
Ro. 1877. — Vendée.
Par *Soulonque*, 1/2 s. V., ou *Myosotis*, 1/2 s. N., et une fille
de Calderon, 1/2 s. N.
Rosières : 1881. — Abattu en décembre 1894.

VENDOME, 1/2 s.
Approuvé. — M. Michel Léopold (Marne).
N. 1854.
Montier-en-Der : 1872. — S. R. depuis 1872.

27.

VENDREDI, 1/2 s.
Approuvé. — M. Arnoult (Haute-Saône).
B. 1877. — Normandie.
Par *Mufpti*, 1/2 s. N.
Besançon : 1881. — Mort en 1891.

VENEUR, 1/2 s.
Approuvé. — M. Carthere: (Côte-d'Or), 1881.
Al. 1877. — Normandie.
Par *Kent*, 1/2 s. N., et une jument 1/2 s , par Pont-d'Or, 1/2 s. N.
(approuvé).
Besançon : 1881. — Réformé en 1892.

VENGEUR, 1/2 s.
Approuvé. — M. Bleuze (Aisne).
Bb. 1875.
Compiègne : 1880-1881.

VERDUN, 1/2 s.
Approuvé. — M. Geste-Renoussenafd (Côte-d'Or).
B. 1877. — Normandie.
Par *Nadar*, 1/2 s. N., et une jument 1/2 s., par Y. William (?)
Besançon . 1881. — Réformé en 1884.

VERMÉIL, 1/2 s. N.
Approuvé. — M. Thivet (Haute-Saône).
Al. 1855. — Normandie.
Par *Tipple-Cider*, P. S. A.
Besançon : 1859-1870.

VERMICELLE, 1/2 s. N. — H. N.
B. 1877. — Calvados.
Par *Ovide*, 1/2 s. N., et *Colerine*, 1/2 s. N., par Coleraine, 1/2 s. A.
Rosières : 1883. — Abattu en octobre 1896.

VERMILLON, 1/2 s. Niv. — H. N.
Gr. 1855. — Nièvre.
Par *Boléro*, P. S. A.
Montier-en-Der : 1860. — Réformé en juillet 1864.

— 419 —

VERMOUTH, 1/2 s. Lorr.
Approuvé. — M. Claquin.
Al. 1880. — Lorraine.
Par *Thalame*, 1/2 s. N., et une jument 1/2 s.
Rosières : 1884. — Réformé en 1885.

VERRIÈRES, 1/2 s. N. — H. N.
B. c. 1877. — Manche.
Par *Mathurin*, 1/2 s. N., et *Palmyre*, par Ugolin, 1/2 s. N.
Annecy : 1881. — Castré en août 1898.

VERSEAU, 1/2 s.
Approuvé. — M. Lebrun (Jura).
B. 1877.
Besançon : 1881. — Vendu en 1890.

VERTIGE, 1/2 s.
Approuvé. — M. Figarol (Côte-d'Or).
B. 1891. — Finistère.
Par *Vertige*, 1/2 s. Br., et *Rosette*, jument 1/2 s., par Beauvais,
1/2 s. N.
Sa grand'mère : fille de Matador, 1/2 s. Br. (approuvé).
Besançon : depuis 1895.

VERTOT, 1/2 s.
Approuvé. — M. Paris, 1881 ; M. Vannier (Jura).
Al. 1877.
Besançon : 1881-1885.

VERT-PRÉ, 1/2 s. N. — H. N.
Bb. 1877. — Manche.
Par *Mirliton*, 1/2 s. N., et *Bijou*, par Volant, 1/2 s. N.
Compiègne : 1882. — Réformé en décembre 1891.

VERVINS, 1/2 s. N. — H. N.
Al. 1877. — Calvados.
Par *Médicis*, P. S. A., et *Rigolette*, par Introuvable, 1/2 s. N.
Besançon : 1881. — Passé à Cluny en 1881.

VESPASIEN, 1/2 s.

Approuvé. — M. Noirot (Haute-Marne); M. Renard (Haute-Marne);
M. Bréger, 1894 (Haute-Marne).
B. 1877.
Montier-en-Der : 1881. — Non présenté en 1896.

VESPER, 1/2 s. N. — H. N.
B. 1877. — Calvados.

Par *Centaure*, 1/2 s. N., et *Séverine*, par Carignan, 1/2 s. N.
Besançon : 1881. — Réformé en 1884.

VESTA, 1/2 s. Br. — H. N.
Al. 1880. — Finistère.

Par *Ino*, 1/2 s. N., et Y., 1/2 s. Br., par John, 1/2 s. A.
Montier-en-Der : 1884. — Réformé en juillet 1894.

VETO, 1/2 s. N. — H. N.
Al. 1877. — Calvados.

Par *Menelas*, 1/2 s. N., et *Inès*, P. S. A., par Monarque et Théa.
Rosières : 1883. — Castré en juillet 1884.

VEXIN, 1/2 s. N. — H. N.
B. 1877. — Calvados.

Par *Nomen*, 1/2 s. N., et une fille de Umber, 1/2 s. N.
Rosières : 1881. — Castré en septembre 1891.

VIADUC, 1/2 s. N. — H. N.
B. c. 1877. — Manche.

Par *Eckmuhl*, P. S. Fr., et une jument, par Jambon, 1/2 s. N.
Annecy : 1881. — Castré en juillet 1894.

VICTORIEUX, 1/2 s.

Approuvé. — M. France, à Lucq-Ribemont (Aisne).
B. 1866.
Compiègne : 1871-1882.

VIDAME, 1/2 s. N. — H. N.
N. 1877. — Manche.

Par *Quaker*, 1/2 s. N., et *Négresse*, 1/2 s. N., par Ursin,
1/2 s. N.
Montier-en-Der : 1881. — Abattu en juillet 1894.

VIDER, 1/2 s. N. — H. N.
N. 1876. — Orne.
Par *Niger*, 1/2 s. N., et *Reine-de-Castille*, par Centaure, 1/2 s. N.
Annecy : 1881. — Castré en août 1882.

VIF-ARGENT, 1/2 s.
Approuvé. — M. de Wazières (Pas-de-Calais).
Al. 1892.
Par *Souhait*, 1/2 s., et *Vanité* (Russe).
Compiègne : 1896-1899.

VIGILANT, 1/2 s. N. — H. N.
Bb. 1877. — Calvados.
Par *Quémandeur*, 1/2 s. N., et *Lisette*, par Glorieux, 1/2 s. N.
Compiègne : 1881. — Réformé en août 1893.

VIGINTI, 1/2 s. L. — H. N.
B. 1837. — Haras de Rosières.
Par *Bolmont*, P. S. A., et la jument *Aglaé*, de la race Ducale,
née au Haras de Rosières.
Rosières : 1841. — Castré en janvier 1857.

VIGNOLLE, 1/2 s. N. — H. N.
N. 1877. — Orne.
Par *Phare*, 1/2 s. N., et *Brebis*, 1/2 s. N., par Impérial, 1/2 s. N.
Rosières : 1881. — Castré en août 1894.

VILLARS, ex-**VILLAGEOIS**, 1/2 s. N. — H. N.
B. 1877. — Manche.
Par *Quality*, 1/2 s. N., et *Belle-de-Nuit*, par Ignoré, 1/2 s. N.
Rosières : 1881. — Castré en août 1894.

VILLARS, 1/2 s.
Approuvé : 1881. — M. Caillet, 1881.
B. ch. 1877. — France.
Annecy : 1881. — Réformé en 1885.

VILLARS, 1/2 s. L.
Al. 1882. — Meurthe-et-Moselle.
Par *Villars*, 1/2 s. N., et une fille de Gold-Dust, 1/2 s. A.
Approuvé. — M. Thomas.
Rosières : 1885. — S. R. depuis.

VILLEDIEU, 1/2 s. N. — H. N.
Al. 1877. — Manche.
Par *Oranger*, 1/2 s. N., et *Rosette* 1/2 s. N.
Montier-en-Der : 1881. — Mort en janvier 1882.

VINGT, 1/2 s. N. — H. N.
Al. d. 1877. — Manche.
Par *Schamrock*, 1/2 s. A., et *Coquette*, par Succès, 1/2 s. N.
Annecy : 1881. — Mort en juin 1887.

VINTIMILLE, 1/2 s. N. — H. N.
B. 1853. — Calvados.
Par *Ramsay*, P. S. A., et une fille de Voltaire, 1/2 s. N.
Compiègne : 1859. — Réformé en septembre 1861.

VIOLENT, 1/2 s.
Approuvé. — M. Larnut (Jura).
B. 1877.
Besançon : 1881. — Réformé en 1889.

VIRE, 1/2 s.
Approuvé. — M. Ozanon.
B. 1877.
Besançon : 1881. — Mort en 1890.

VIRGULE, 1/2 s. N. — H. N.
Al. 1877. — Manche.
Par *Quicly*, 1/2 s. N., et *Brebis*, 1/2 s. N., par Triolet, 1/2 s. N.
Montier-en-Der : 1881-1882. — Passé à Perpignan en novembre 1882.

VISITEUR, 1/2 s. N. — H. N.
Al. d. 1877. — Manche.
Par *Pretty-Boy*, P. S. A., et une fille d'Electeur, 1/2 s. N.
Annecy : 1881. — Castré en septembre 1888.

VISITEUR, 1/2 s.
Approuvé. — M. Dupuis (Côte-d'Or).
B. 1877. — Normandie.
Par *Quatre-Cents*, 1/2 s. N.
Besançon : 1881-1890.

VITIGÈS, 1/2 s. — H. N.
Bh. 1877. — Aisne.
Par *Liétoune*, 1/2 s. Orloff, et *Iris*, 1/2 s. N , par The Heir of-
Linne, P. S. A.
Montier-en-Der : 1881. — Réformé en juillet 1886.

VITUMNUS, ex-**VOLNAY**, 1/2 s. N. — H. N.
Al. 1877. — Calvados.
Par *Glorieux*, 1/2 s. N., et *Coquette*, 1/2 s. N., par Vice-Roi.
1/2 s. N.
Rosières : 1881. — Castré en août 1888.

VIVAT, 1/2 s.
Approuvé. — M. Boulnois.
Al. doré. 1877.
Compiègne : 1881. — S. R. depuis.

VOBISCUM, ex-**VALENTIN**, 1/2 s. N. — H. N.
B ch. 1877. — Manche.
Par *Nectar*, 1/2 s. N., et *Lisette*, par Garibaldi, 1/2 s. N.
Annecy : 1881. — Castré en juillet 1884.

VOILA, 1 2 s.
Approuvé. — M. Leblanc, 1881 (Côte-d'Or) ; M. Roy, 1892
(Haut-Rhin) ; M. Georges, 1894 (Haute-Saône).
B. 1877. — Normandie.
Par *Ugolin*, 1/2 s. N., et une jument 1/2 s., par Fontenay,
1/2 s. N.
Besançon : 1881. — Castré en 1894.

VOITURIER, 1/2 s. A. Ar. — H. N.
Al. 1877. — Manche.
Par *Elghor*, P. S Ar., et *Bijou*, 1/2 s. N., par Perfection, 1/2 s. N.
Montier-en-Der : 1881-1882.
Passé à Perpignan en septembre 1882.

VOLE-A-L'EST, 1/2 s. N. — H. N.
B. p. 1877. — Orne.
Par *Hanson*, 1/2 s. N., et *Néma*, 1/2 s. N., par Pledge, 1/2 s. N.
Montier-en-Der : 1881. — Réformé en décembre 1882.

VOLONTAIRE, 1/2 s.
Approuvé. — M. Quenot (Côte-d'Or).
Al. 1877. — Normandie.
Par *Daniel*, 1/2 s. N., et une jument 1/2 s., par Lothaire, 1/2 s. N.
Besançon : 1881. — Mort en 1886.

VOLUPTUEUX, 1/2 s. N. — H. N.
B. 1877. — Calvados.
Par *Noville*, 1/2 s. N., et *Létitia*, par Y., 1/2 s. A.
Besançon : 1881. — Abattu en 1896.

VOUVRAY, ex-**VAUBAN**, 1/2 s. V. — H. N.
B. 1877. — Charente-Inférieure.
Par *Quibbler*, 1/2 s. N., et une jument 1/2 s., par Misanthrope,
1/2 s. N.
Besançon : 1881. — Castré en 1885.

VOYAGEUR, 1/2 s. N. — H. N.
B. 1833. — Normandie.
Par *Buffalo*, 1/2 s. A., et une jument 1/2 s., par Y. Rattler,
1/2 s. A.
Besançon : 1843. — Réformé en 1850.

VRAI, 1/2 s. N. — H. N.
Al. 1877. — Manche.
Par *Schamyl*, 1/2 s. N., et *Lisette*, par Inkermann, 1/2 s. L.
Annecy : 1881. — Castré en août 1882.

VULCAIN, 1/2 s. Br. — H. N.
Al. 1876. — Finistère.
Par *Dauphin*, 1/2 s. N., et une jument 1/2 s., par Hermian,
1/2 s. Br.
Besançon : 1880. — Réformé en 1882.

VULCAIN, 1/2 s.
Approuvé. — M. Terrillon (Côte-d'Or).
B. 1877. — Normandie.
Par *Lansborn*, 1/2 s. A., et une jument 1/2 s., par Bravo, P. S. A.
Besançon : 1881-1887.

— 425 —

VULCAIN, 1/2 s.,
Autorisé. — Bon de Fresnoye (Pas-de-Calais).
Bb. 1884.
Par *Sabre*, 1/2 s.
Compiègne : depuis 1892.

VULNÉRABLE, ex-**VERT-VERT**, 1/2 s. N. — H. N.
Al. 1877. — Orne.
Par *Gaulois*, 1/2 s. N., et *Valentine*, par Buci, 1/2 s. N.
Besançon : 1880. — Réformé en 1888.

WAGRAM, 1/2 s.
Approuvé. — M. du Placy, à Vismes-au-Val (Somme).
B. 1856.
Compiègne : 1874-1875.

WILD, 1/2 s.
Approuvé. — M. Migeon (Haute-Saône).
B. 1877. — Normandie.
Par *Centaure*, 1/2 s. N., et une jument 1/2 s., par Français,
1/2 s. N.
Besançon : 1881. — Réformé en 1894.

WITCHFORT, 1/2 s. A. — H. N.
Aub. 1873. — Angleterre.
Compiègne : 1879-1880. — Blois : 1881-1884.

WOLFRAIN, 1/2 s.
Approuvé. — M. Raffiot (Côte-d'Or).
B. 1877. — Normandie.
Par *Jarnac*, 1/2 s. N., et une jument 1/2 s., par Ugolin, 1/2 s. N.
Besançon : 1881-1885.

Y. AGENT, 1/2 s. N. — H. N.
B. 1854. — Venant du Dépôt d'Abbeville.
S. R.
Rosières : 1859. — Castré en janvier 1861.

Y. AMBITION, 1/2 s. A. — H. N.
Aub. 1873. — Angleterre.
Compiègne : 1878-1879. — Le Pin : 1880-1881.

Y. BEAUMINOIS, 1/2 s. Lorr.
Approuvé. — M. Husson.
Al. 1861. — Meurthe.

Par *Beauminois*, 1/2 s. Lorr., et une jument Lorraine.
Rosières : 1865. — Mort en 1879.

Y. CALIPH, 1/2 s. — H. N.
Gr. 1840. — Venant du Haras du Pin.

Par *Shassader*, Ar.
Rosières : 1852. — Castré en août 1858.

Y. CHAMPION, 1/2 s. A. — H. N.
B. 1845. — Angleterre.

Par *Champion*, 1/2 s. A., et *Old-Yorkshire*, 1/2 s. A.
Compiègne : 1853. — Réformé en août 1864.

Y. CHÉLOIN, 1/2 s. L. — H. N.
Al. 1875. — Meurthe-et-Moselle.

Par *Chelin*, P. S. Ar., et *Cocotte*, par Espion, 1/2 s. Lorr.,
par Premium, P. S. A.
Rosières : 1879. — Castré en août 1883.

Y. HECTOR, 1/2 s. Lorr.
Approuvé. — M. Michelet, 1859.
B. 1850. — Meurthe-et-Moselle.

Par *Donato*, 1/2 s. N., et une fille d'Hector, P. S. Ar.
Rosières : 1859. — Réformé en 1868.

Y. HECTOR, 1/2 s. L.
B. 1857.
S. R.
Approuvé. — M. Michelet.
Rosières : 1861. — Réformé en 1864.

Y. LUXOR, 1/2 s. Lorr. — H. N.
B. 1856. — Meurthe-et-Moselle.

Par *Luxor*, P. S. A.-A., et une jument Lorraine.
Rosières : 1860. — Vendu en janvier 1864.
M. Pargon.
Rosières : 1864. — Passé en pays annexé en 1870.

YOUSSOUF, 1/2 s. Lorr. — H. N.
Bb. 1875. — Meurthe-et-Moselle.
Par *Chelin*, P. S. Ar., et une fille de Caraffa, 1/2 s. N.
Rosières : 1879. — Castré en août 1888.

Y. PERFORMER, 1/2 s.
Approuvé. — M. D'Imbleval, à Neslas-Normandeuse
(Seine-Inférieure).
Gr. 1862.
Compiègne : 1871. — S. R. depuis.

Y. PERFORMER, 1/2 s. (approuvé).
Al. 1863.
S. R.
Compiègne : 1869-1880.

Y. SINON, 1/2 s. Lorr.
Ro. 1860. — Meurthe.
Par *Sinon*, 1/2 s. N., et une jument du pays.
Approuvé. — M. Geny.
Rosières : 1865. — Réformé avant la monte en 1872.

Y. STAR, 1/2 s.
Approuvé. — M. Ferd. Delangle (Lille).
B. 1871.
Compiègne : 1878. — Réformé en 1881.

S. B. 1/2 s. V., p. 103.
YVONET, 1/2 s. N. — H. N.
B. 1858. — Normandie.
Par *Gainsborough*, 1/2 s. A., et *Badinage*, P. S., née en Belgique.
Rosières : 1862. — Castré en août 1878.
N'a pas fait la monte en 1871.
(Inscrit au S. B. 1/2 s. sans origine du côté de la mère.)

Y. WONDER, 1/2 s. A. — H. N.
B. 1870. — Angleterre.
Par *Little-Wonder*, 1/2 s. A., et une jument
par Merris-Cooper-Black-Horse et Fire-Away.
Rosières : 1877. — Mort en février 1880.
N'a pas fait la monte en 1880.

— 428 —

Y. YATAGAN, 1/2 s.
Appróuvé. — M. Husson.
B. 1862.
S. R.
Rosières : 1866. — S. R. depuis.

ZAMOR, 1/2 s. N. — H. N.
B. 1859. — Normandie.

Par *Gainsboroulth*, 1/2 s. A., et *Noisette*, 1/2 s. N.
Montier-en-Der : 1874. — Réformé en août 1879.

S. B. 1/2 s. N.; t. I, p. 286.

ZAMOR, 1/2 s. N.
Approuvé. — M. Magniez, à Revellon (Somme).
B. m. 1859. — Normandie.

Par *Gainsborough*, 1/2 s. A., et une fille de Black-Jack, 1/2 s. A.
Compiègne : 1871-1873.

ZAMPA, 1/2 s.
Approuvé. — M. Magniez, à Revellon (Somme).
Bb. 1860.
S. R.
Compiègne : 1871.— S. R. depuis.

ZÉTHUS, 1/2 s.
Autorisé. — M. Nicolas (Somme).
Bb. 1878.

Par *Epreuve*, 1/2 s.
Compiègne : 1892. — S. R. en 1896.

ÉTALONS DE PUR SANG

AYANT FAIT LA MONTE DANS LES CIRCONSCRIPTIONS

DE BESANÇON,

COMPIÈGNE, MONTIER-EN-DER ET ROSIÈRES

ÉTALONS DE PUR SANG

Ayant fait la monte dans les circonscriptions de Besançon
Compiègne, Montier-en-Der et Rosières.

———

ABARIS, P. S. A.-A.   S. B. F., t. X, p. 355.
H. N.
B. 1889. — Corrèze.
Par *Assad*, P. S. Ar., et *Sweet-Bite*, P. S. A.
Besançon : depuis 1893.

ABOU-ARABI, P. S. Ar.   S.B.F., t. XI, p. 59.
H. N.
Gr. 1875. — Chez M. Souberbielle.
Par *Djerasch* et *Kalifa*, par Kerbela.
Compiègne : 1885-1891. — Pompadour : 1892-1893. — Pau : 1894.
Mort en septembre 1896.

ALBERT, P. S. A.   S.B.F., t. I, p. 3.
H. N.
B. 1844. — France.
Par *Ali-Baba* et *Grisi*, par Pick-Pocket.
Compiègne : 1848-1852. — Passé à Charleville en août 1852.

ALBERTUS, P. S. A.   S.B.F., t. II, p. 1.
Autorisé : 1894. — Approuvé : 1895. — Bon Henry (Haute-Saône).
B. 1885. — Angleterre.
Par *Albert-Victor* et *Velindra*, par Y. Melbourne.
Besançon : 1894. — Vendu en juillet 1898.

ALGUAZIL, P. S. A.   S.B.F., t. XII, p. 2.
Autorisé. — M. Ricard (Oise).
Al. 1887. — Chez M. H. Jennings.
Par *Don-Carlos* et *Carpette*, par Kidderminster.
Sa grand'mère : Croix-du-Sud, par Le Mandarin.
Compiègne : 1898. — Non autorisé en 1899.

ALIBABA, P. S. A.   S.B.F., t. I, p. 118.
H. N.
B. 1834. — Haras du Pin.
Par *Holbein*, P. S. A., et *Cloton*, P. S. A.
Rosières : 1840. — Passé à Libourne en janvier 1843.

ALLEGRO, P. S. A.   S.B.F., t. I, p. 112.
H. N.
Al. 1835. — Haras de Rosières.
Par *Belmont*, P. S. A., et *Caracolle*, P. S. A.
Rosières : 1840. — Castré en décembre 1840.

AMURAT, P. S. Ar.   S.B.F., 1er Supp., p. 228.
H. N.
Gr. 1853. — Haras de Pompadour.
Par *Hamdani-Blanc* et *Marquise-de-Pompadour*, P. S. Ar.
Rosières : 1859. — Castré en août 1864.

ANGORA, P. S. A.   S.B.F., t. I, p. 6.
H. N.
B. 1839. — Chez M. Lupin.
Par *Lottery* et *Y. Mouse*, par Godolphin.
Compiègne : 1845. — Réformé en octobre 1847.

APPOLLON, P. S. A.   S.B.F., t. II, p. 34.
Approuvé. — M. Humbert.
Al. 1870. — France.
Par *Vermouth*, P. S. A., et *Anecdote*, P. S. A.
Rosières : 1888. — Mort en 1890.

ARCHIDUC, P. S. A.   S.B.F., t. IX, p. 8
Approuvé : 1887-1888. — Autorisé : M. Lefebvre (Aisne).
B. 1881. — Chez M. de Lagrange.
Par *Consul* et *The Abbess*, par Atherstone.
Compiègne : 1886-1887. — S. R. en 1891.

ARCHIMANDRITE, P. S. A. S.B.F., t. IV, p. 2.
H. N.
B. 1870. — Angleterre.
Par *Cathedral* et *Jonica*, par Ion.
Montier-en-Der: 1874-1879.— Passé à Pompadour en décembre 1879.

ARREAU, P. S. A. S.B.A , t. XII, p. 3.
Approuvé. — M. J. Stern (Oise).
B. 1893. — Chez M. Ed. Blanc.
Par *Clover* et *Asta*, ex-*Cambuslang mare*, par Cambuslang.
Sa grand'mère : Lady-Superior, par Caterer.
Compiègne : depuis 1897.

ARTHUR, P. S. A. S.B.F., t. V, p. 5.
H. N.
Bb. 1842. — Angleterre.
Par *Dick*, P. S. A., et *Susan*, P. S. A.
Rosières : 1848. — Castré en novembre 1854.

ASHANTÉE, P. S. A. S.B.A , t. VI, p. 2.
Approuvé. — M. Th. Carter fils (Chantilly).
B. 1873. — France.
Par *Empire*, P. S. A., et *Caravane*, par West-Australian
et Cingara, par Sir-Isaac.
Compiègne : 1879-1879.

ATTILA, P. S. A. S.B.F., t. I, p. 260.
H. N.
Bb. 1838. — Le Pin.
Par *Terror*, P. S. A., et *Juliette*, P. S. A.
Besançon : 1842. — Réformé en 1846.

AVILLY, P. S. A. S.B.F., t. XII, p. 4.
Autorisé. — M. Th. Carter (Oise).
Bb. 1887. — Chez M. F. Robinson.
Par *Cameliard* et *Queenfisher*, par Kingfisher.
Sa grand'mère : Lady-Mentmore, par King-Tom.
Compiègne : depuis 1894.

AVOR, P. S. A.   S.B.A. t. IX, p. 4.
Approuvé. — M. Briggs (Avilly).
Bl. 1881. — M. Lupin.

Par *Dollar*, P. S. A., et *Finlande*, par Ion et Fraudulent,
par Venison.
Compiègne : 1888-1891.

S.B.F., t. III. p. 4.
BACKGAMMON, P. S. A.-A.
B. 1849. — Haras de Pompadour.

Par *Prince-Karadoc*, P. S. A., et *Pauletta*, P. S. A.-A.
Rosières : 1858. — Castré en septembre 1859.

BALANCIER, P. S. A.   S.B.F., t. XII, p. 5.
Approuvé : 1887-1898. — Autorisé : depuis 1899.
M. Thillière (Yonne).
B. 1883. — Chez M. P. de Vanteaux.

Par *Doublon* et *Balancelle*, par Zouave.
Sa grand'mère : Yole, par Ionian.
Montier-en-Der : depuis 1887.

BALZAN, P. S. A.   S.B.A., t. X, p. 5.
Approuvé. — Mis Maison, à Paris.
B. 1883. — France.

Par *Balagny* ou *Wellingtonia*, ex-*Queen-of-the-Valley*, par Queen-
of-the-Forest et Nimble, par Newminster, P. S. A.
Compiègne : depuis 1892.

BANCO, P. S. Ar.   S.B.F., t. II, p. 1094.
H. N.
Gr. 1854. — Haras de Pompadour.
Par *Bagdali*, P. S. Ar., et *Furette*, P. S. Ar.
Rosières : 1858. — Passé à Rodez en janvier 1860.

BARBILLON, P. S. A.   S.B.A., t. VII, p. 5.
Approuvé. — M. Lefèvre, à Chamant.
B. 1869. — France.

Par *Pretty-Boy*, P. S. A., et *Scozzonne*, par Ionian et Image, par
Langar, P. S. A.
Compiègne : depuis 1880.

BARON, P. S. A. S.B.F., t. II, p. 4
H. N.
B. 1857. — France.
Par *Lanercost*, P. S. A., et *Baroness*, P. S. A.
Rosières : 1862. — Castré en juillet 1866.

BATACLAN, P. S. A. S.B.F., t. III, p. 54.
H. N.
B. 1844. — France.
Par *Lanercost* et *Bassinoire*, par Emilius.
Compiègne : 1852-1858. — Passé à Rosières en janvier 1859.
Rosières : 1859. — Castré en août 1861.

BATACLAN, P. S. A. S.B.F., t. II, p. 14.
Approuvé. — Bon de Seillière.
B. 1844. — France.
Par *Lanercost*, P. S. A., et *Bassinoire*, P. S. A.
Rosières : 1862-1865.

BEAUMINET, P. S. A. S.B.A., t. V, p. 70.
Approuvé. — M. Lefèvre (Oise).
B. 1877. — France.
Par *Flageolet*, P. S. A., et *Beauty*, par Knowsley et Bargain, par
Barenton.
Compiègne : 1882-1886.

BEAUVAIS, P. S. A. S.B.F., t. II, p. 1067.
Approuvé. — M. Teisseire (Côte d'Or).
B. 1857. — France.
Par *Elthiron*, et *Wirthschaft*.
Besançon : 1872. — Vendu en 1872.

BELMONT, P. S. A. S.B.F., t. I p. 10.
H. N.
B. 1819. — Angleterre.
Par *Thunderbolt*, P. S. A., et *Fanina*, P. S. A.
Rosières : 1831. — Passé au dépôt d'Abbeville en janvier 1841.

BERNADOTTE, P. S. A. S.B.A., t. X, p. 6.
Approuvé. — Vtesse de Rainneville (Somme).
B. 1883. — France.
Par *Faublas*, P. S. A., et *Bernerette*, par Monarque, P. S. A.,
et Emma-Donna, par Galanthus.
Compiègne : 1891-1892.

BERTRAM, P. S. A.   S.B.A., t. V, p. 3.

Approuvé. — M. J. Lefèvre, à Chamant.

B. 1871. - - Angleterre.

Par *The Duke*, P. S. A., et *Constance*, par Faugh-a-Bellagh
et Wilk-Maid.

Compiègne : 1878. — S, R. depuis.

BIERNÉ, P. S. A.-A.

Accepté. — M. Audy (Compiègne).

B. 1884. — Hautes-Pyrénées.

Par *Ruy-Blas*, P. S. A., et *Banquise*, P. S. A.-A.

Compiègne : depuis 1893.

BIGOURDAN, P. S. A.   S.B.A., t. XII, p. 7.

Autorisé : 1897. — Approuvé. — M. Gibson, à Chantilly (Oise).

B. 1890. — France.

Par *Bay-Archer*, P. S. A., et *Bellone*, par Le Mandarin
et Bouillabaisse, par Saint-Germain.

Compiègne : depuis 1897.

BIRON, P. S. A.   S.B.F., t. I, p. 11.
H. N.

B. 1833. — Haras du Pin.

Par *Captain-Candid* et *Hélène*, par Eastham.

Compiègne : 1847-1849. — Passé à Abbeville en décembre 1849.

BLACK-BROWN, P. S. A.   S.B.F., t. II, p. 9.
H. N.

Bb. 1853. — Haute-Vienne.

Par *Nunny-Kirk* et *Tanaïs*, par Terror.

Compiègne : 1857. — Réformé en juillet 1862.

BLENHEIM, P. S. A.   S.B.A., t. V, p. 3.

Approuvé. — M. Lefèvre, à Chamant.

Bb. 1868. — Angleterre.

Par *Oxford*, P. S. A., et *Miss-Livingstone*,
par The Flying-Dutchmann et *Nancy*, par Caïn.

Compiègne : 1877. — S. R. depuis.

BLINKHOOLIE, P. S. A.   S.B.F., t. V. p.
H. N.

B. 1864. — Angleterre. — Importé en 1875.

Par *Rataplan* et *Queen-Mary*, par Gladiator.
Compiègne : 1878-1879. — Le Pin en 1880.
Blois : 1881-1884.

BOIARD, P. S. A.   S.B.A., t. V. p.
Approuvé. — Bon de Rothschild.
B. 1870. — France.

Par *Lermatch*, P. S. A., et *La Bossue*, par De Clare,
par Canezou, par Melbourne.
Compiègne : 1876. — S. R. depuis.

BORÉAL, P. S. A.   S.B.F., t. II, p. 618.
Approuvé. — Cte d'Alsace.
Bb. 1868. — France.

Par *Vermouth*, P. S. A., et *La Bossue*, P. S. A.
Rosières : 1885. — Mort en 1892 avant la monte.

BORODINO, P. S. A.   S.B.F., t. I., p. 257.
H. N.

Al. 1837. — Calvados.

Par *Glaucus*, P. S. A., et *Meliora*, P. S. A.
Besançon : 1842. — Passé à Cluny en 1844.

BOSOST, P. S. A.   S.B.A., t. V, p. 8.
Approuvé. — M. Le Roy (Chantilly).
Al. 1867.

Par *The Nabob*, P. S. A., et *La Maladetta*, par The Baron
et Refraction, par Glaucus, P. S. A.
Compiègne : 1874. — Mort en 1881.

BOUCANIER, P. S. A.   S.B.F., t. IX, p. 86.
H. N.

Al. 1885. — Loire-Inférieure.

Par *Montargis*, P. S. A., et *Bouvines*, P. S. A.
Annecy : 1896. — Abattu en août 1899.

BOULET, P. S. A.   S.B.F., t. V, p. 4.
H. N.
B. 1871. — Chez le Cte de Lagrange.

Par *Monarque* et *Cremorne*, par Wild-Dayrell.
Compiègne : 1876. — Passé au Pin après la monte de 1879.

                                        S.B.A., t. VI, p. 5.
BRACONNIER, P. S. A.
Approuvé. — M. J. Lefèvre, à Chamant.
Al. 1873. — France.
Par *Caterer*, P. S. A., et *Isoline*, par Ethelbert et Bassihaw,
par The Prime-Warden.
Compiègne : 1879-1883.

BRAVO, P. S. A.-A.   S.B.F., t. I, p. 13.
H. N.
Al. 1844. — Haras du Pin.
Par *Y. Emilius* et *Agar*, par Eastham.
Sa grand'mère : Danaë, par Massoud, Ar.
Compiègne : 1848-1852. — Passé à Charleville en décembre 1852.

BREST, P. S. A.   S.B.A., t. X, p. 8.
Approuvé en 1887. — Autorisé. — M. Lefèvre, à Chamant.
B. 1881. — Angleterre.
Par *Ethus*, P. S. A., et *Baroness*, par Y. Melbourne, P. S. A.
Compiègne : depuis 1887. — S. R. en 1891.

BRIENNE, P. S. A.-A.   S.B.F., t. IV, p. 71.
H. N.
B. 1845. — Normandie.
Par *Eylau*, P. S. A.-A., et *Citron*, P. S. A.
Rosières : 1849. — Castré en juillet 1851.

BRIGHTON, P. S. A.   S.B.F., t. IX, p. 15.
H. N.
Al. 1834. — Haras de Rosières.
Par *Général-Mina*, P. S. A., et *Vanity*, P. S. A.
Rosières : 1840. — Passé à Montier-en-Der en 1844.

BROUGHAM, P. S. A.   S.B.F., t. I, p. 14.
H. N.
B. 1883. — Angleterre.
Par *Captain-Candid* et *Coral*, par Orville.
Compiègne : 1840-1847. — Passé à Cluny en novembre 1847.

BROWN-DAYRELL, P. S. A.   S. B. 1/2 S. N., t. I, p. 356.

Approuvé. — M. Moreau-Chaslon, à Paris.

B. 1862. — Angleterre.

Par *Will-Dayrell* et *Postulent*, par Cowl.

Compiègne : 1871-1872.

BUCKTHORN, P.S.A.   S.B.F., t. II, p. 23.
H. N.

B. 1849. — Angleterre. — Importé en 1855.

Par *Venison* et *Zelia*, par Emilius.

Compiègne : 1860-1863. — La Roche-sur-Yon : 1864-1869.

BUZET, P. S. A.   S.B.F., t. II, p. 23.
H. N.

Al. 1859. — France.

Par *Lamartine*, P. S. A., et *Diletta*, P. S. A.

Rosières : 1868. — Castré en avril 1869.

BUZZARD, P. S. A.   S.B.F., t. II. p. 23.
H. N.

Al. 1854. — France.

Par *Napier* et *Teresina*, par Jereed.

Montier-en-Der : 1858. — Réformé en août 1860.

CALIGULA, P. S. A.   S.B.F., t. VIII, p. 179.

Approuvé. — M. du Coetlosquet, 1888 ; M. Colette, 1890 ;
M. Thomas, 1896.

B. 1884. — France.

Par *Le Petit-Caporal*, P. S. A., et *Cataconia*, P. S. A.

Rosières : depuis 1888.

CAMARENS, P. S. A.-A.   S.B.F., t. V, p. 109.
H. N.

Bb. 1876. — Hautes-Pyrénées.

Par *Ceylon*, P. S. A., et *Chinola*, P. S. A.

Besançon : 1881. — Passé à Annecy en 1881.

Annecy : 1882. — Passé au Dépôt de Cluny en janvier 1884.

CAMPAN, P. S. A.
Autorisé. — M. Balli (Oise).
Al. 1889. — France.
Par *Flavio* ou *Etoilé* et *Catherine*, par Lozenge.
Compiègne : 1897. — S. R. en 1898.

GANADIEN, P. S. A.   S.B.A., t. X, p. 8.
Approuvé. — Bon d'Herlincourt (Pas-de-Calais) ;
M. Lablez (Aisne), 1897.
B. 1886. — France.
Par *Albion*, P. S. A., et *Black-Bess*, par Zouave et Day-Spring,
par Annandale, P. S. A.
Compiègne : depuis 1892.

S. B. A., t. IV, p. 5.
CAPITALISTE, P. S. A.
Approuvé. — M. Planner (Chantilly).
B. 1865. — France.
Par *Tonnerre-des-Indes*, P. S. A., et *Capucine*, par Gladiator,
P. S. A., et Bathilde, par Y. Emilius.
Compiègne : 1876-1879.

CAPORAL, P. S. A.   S.B.F., t. II, p. 25.
H. N.
B. 1856. — France.
Par *Guignolet* et *Nicotine*, par Jocko.
Compiègne : 1860. — Réformé en février 1861.

S.B.F., t. II, p. 711.
CAPRICE, ex-**GASCON**, P. S. A.
Approuvé. — Cte de Villers-la-Faye.
B. 1866. — Normandie.
Par *Cobnut* et *Marionette*.
Besançon : 1874-1876.

CAPRICE, P. S. A.   S.B.A., t. V, p. 4.
Approuvé. — M. Modesse-Berquet.
B. 1865. — France.
Par *Cobnut*, P. S. A., et *Marionnette*, P. S. A.,
par The Heir-of-Linne et *Miss-Sting*, par Sting.
Compiègne : 1877-1885.

CARAFON, P. S. A.   S.B.A., t. II, p. 6.
Approuvé. — M. Hennessy, à Saint-Nicolas (Oise).
B. 1885. — France.
Par *Tabac*, P. S. A., et *Collerette*, par Plutus et *Bernerette*,
par Monarque.
Compiègne : depuis 1894.

CARLINO, P. S. A.   S.B.F., t. I, p. 17.
H. N.
B. 1835. — Haras de Rosières.
Par *Belmont* et *Carline*, par Holbein.
Sa grand'mère : Zoraïme, par Aslam, turc.
Compiègne : 1840-1848. — Passé au Pin en août 1848.

CARROUSSEL, P.S.A.   S.B.A., t. IX, p. 108.
Approuvé. — M. Abeille, à Gouvieux (Oise).
Al. 1888. — France.
Par *Escogriffe*, P. S. A., et *Clémentine*, par Mortemer, P. S. A.,
et *Régalia*, par Stockwell.
Compiègne : depuis 1893.

CARTHAGO, P. S. A.-A.   S.B.F., t. I, p. 18.
H. N.
Gr. 1833. — Haras de Rosières.
Par *Impétueux*, P. S. Ar., et *Caroline*, P. S. A.-A.
Rosières : 1840. — Abattu en juillet 1858.

CASETONIAN, P. S. A.   S.B.F., t. VII, p. 8.
M. Polge (Marne).
B. 1876. — Angleterre.
Par *Sterling* et *Countess-Agnès*, par Wild-Dayrell.
Montier-en-Der : 1883. — Mort en 1884.

CÉLADON, P. S. A.   S.B.F., t. I, p. 18.
M. de Prejan (Yonne).
Bb. 1840. — Haras de Meudon.
Par *Lottery* et **Manille**.
Montier-en-Der ; en 1845.

CÉLESTIN, P. S. A.   S.B.F., t. VII, p. 162.
Autorisé : 1897. — Mlle Jeanne Bartholoni.
N. 1883. — France.
Par *Insulaire* et *Cerdagne*.
S. R.

CHAMBORAN, P. S. A.   S.B.F., t. IX, p. 8.
M. F. Potier (Ardennes).
B. 1882. — France.
Par *Mirliflor* et *Chemise*, par Le Mandarin.
Montier-en-Der : 1887-1892.

S.B.F., t. XII, p. 11.
CHAMPAGNE II, P. S. A.
H. N.
B. 1885. — Chez M. J. Stern.
Par *Beauminet* et *Californie*, par Gabier.
Sa grand'mère : Mademoiselle-de-Charolais, par Monarque.
Compiègne : depuis 1891.

CHANCE, P. S. A.   S.B.F., t. II, p. 319.
H. N.
B. c. 1862. — France.
Par *The Prime-Minister*, P. S. A., et *Charlotte*, P. S. A.
Annecy : 1867. — Passé au Dépôt de Cluny en avril 1867.

S. B. F., t. V, p. 105.
CHARIVARI II, P. S. A. ,
H. N.
B. 1874. — France.
Par *Capitaliste* et *Charity*, par Poynton.
Compiègne : 1880. — Mort en décembre 1887.

CHARLATAN, P. S. A.   S.B.A., t. II, p. 30
Approuvé. — M. Chapard, à Chantilly (Oise).
B. 1855. — France.
Par *Caravan*, P. S. A , et *Lady-Charlotte*, par Reveller
et Rubens mare, par Guldfork-Nan, P. S. A.
Compiègne : 1872-1876.

CHARVET, P. S. A.   S.B.A., t. IX, p. 104

Approuvé. — M. Abeille, à Gouvieux (Oise).

B. marron 1884. — France.

Par *Balagny*, P. S. A., et *Chemise*, par Le Mandarin et Chemisette,
par Sting.

Compiègne : depuis 1893.

S.B.A., t. II, p. 31.

CHAT-BOTTÉ, P. S. A.

Approuvé. — Mᶦˢ de Valangrat, à Moyenneville (Somme).
B. 1860. — France.

Par *Marsyas*, P. S. A., et *Whirl*, par Alarm et Distaffina,
par Don-John et Industrie.

Compiègne : 1871. — Castré en mai 1876.

CHEHIM, P. S. Ar.   S.B.F., t. IV, p. 474.
H. N.

Al. 1866. — Orient.

De race Hamdani-Simri.

Rosières : 1873. — Passé au Pin en octobre 1879.

S.B.F., t. I, p 31.

CHESTERFIELD-JUNIOR.

Al. 1844. — Angleterre.

Par *Chesterfield*, P. S. A., et *Glaneus mare*, P. S. A.

Rosières : 1856. — Castré en août 1860.

S. B. A., t. III, p. 5.

CHIEF-BARON, P. S. A.

Approuvé. — M. Carter fils, à Chantilly.
B. 1861. — France.

Par *The Baron*, P. S. A., et *Caladenia*, par Ray-Midleton.

Compiègne : 1872-1878.

CHISLEHURST, P. S. A.

(Non inscrit au S. B. Français.)

Approuvé. — M. Delamarre.

Compiègne : depuis 1888.

(Loué en Angleterre, n'a pas fait la monte en 1888.)

S. B. F., t. IX, p. 9.

CHURCHMAN, P. S. A.

Autorisé : M. Stern (Oise).

Al. 1872. — Chez M. le duc de Hamilton.

Par *Pace* et *Church-Militant*, par Woolwich.

Compiègne : 1887. — Disparu en 1890.

CLARENCE, P. S. A.
Approuvé. — M. Ridgway (Oise).
B. 1889. — France.
Par *Saraband*, P. S. A., et *Princess-Arena*, P. S. A
Compiègne : 1895. — Mort en 1896.

CLAYMORE, P.S.A. S.B.A., t. X, p. 11.
Approuvé. — M. Albert Menier.
Par *Camballo*, P. S. A., et *Setapore*, par Sundeelah.
B. 1884. — Angleterre.
Compiègne : 1892. — Passé au Haras du Pin en 1898.

COCAGNE, P. S. A. S.B.F., t. IX, p. 45.
H. N.
B. 1886. — France.
Par *Garrick* ou *Paul's-Gray* et *Albania*, P. S. A.
Besançon : depuis 1898.

S.B.A., t. II, p. 32.
CŒUR-DE-CHÊNE, P. S. A.
Approuvé. — M. Magniez, à Revellon (Somme).
B. ch. 1850.
Par *Polecat*, P. S. A., et *Feuille-de-Chêne*, par Royal-Oack.
Compiègne : 1871. — S. R. depuis.

COGNAC, P. S. A. S.B.F., t. V, p. 45.
H. N.
Al. 1871. — Chez M. Laffitte.
Par *Marskmon* et *Anisette II*, par West-Australian.
Compiègne : 1876. — Abattu après la monte de 1884.

COMBAT, P. S. A. S.B.F., t. III, p. 52.
H. N.
Al. 1870. — France.
Par *Gladiateur* et *Ballerina*, par Nunny-Kirk.
Montier-en-Der : 1876-1880. — Passé à Angers en janvier 1881.

S.B.A., t. II, p. 9.
COMPAGNON II, P. S. A.
Approuvé. — M. Ed. Blanc.
Al. doré 1888. — France.
Par *Energy*, P. S. A., et *Consolation*, P. S. A., par Montagnard
et Sérénade, par Festival, P. S. A.
Compiègne : depuis 1893.

S.B.A., t. V, p. 6.

CONTROVERSY, P. S. A.

Approuvé. — M. Lefèvre, à Chamant.

Par *Lambton*, P. S. A., ou *The Miner*, P. S. A., et *Lady-Caroline*,
par Orlando et Lady-Blanche, par Stockwell, P. S. A.

Compiègne : 1878. — S. R depuis.

S.B.A., t. IX, p. 10.

COQ-DU-VILLAGE, P. S. A.

Approuvé. — M. Jorel, à Fay (Oise).

B. 1877. — Angleterre.

Par *Y. Trumpeter*, P. S. A., et *Village-Maid*, par Stockwell.

Compiègne : 1884. — Vendu aux Haras en 1886.

S.B.F., t. IX, p. 97.

CORIOLAN II, P. S. A.

Autorisé. — M. R. Wagner (Nord).

Al. 1889. — Chez M. le Bon de Soubeyran.

Par *Bariolet* et *Cassiopeia*, par B. Cadalbane.

Compiègne : 1896. — S. R. en 1897.

S.B.F., t. II, p. 902.

CORPUS-JURIS, P. S. A.
H. N.

B. 1855. — France.

Par *The Baron*, P. S. A., et *Quiz*, P. S. A.

Besançon : 1865. — Passé à Cluny en 1870.

S.B.F., t. V, p. 152.

CROISSANT, ex-ÉTUDIANT, P. S. A.
H. N.

Al. 1876. — France.

Par *Marksman*, P. S. A., et *Eneïde*, P. S. A.

Rosières : 1881. — Passé à Tarbes en octobre 1882.

CROISSANT, P. S. A.   S.B.F., t. II, p. 37.
H. N.

B. 1847. — France.

Par *Caravan* et *Discrète*, par Eastham.

Montier-en-Der : 1857. — Abattu en juillet 1868.

CROMWELL, P. S. A.   S.B.F., t. I, p. 403.
H. N.

Al. 1834. — Le Pin.

Par *Capitaine-Candid*, P. S. A., et *Vesta*, P. S. A.

Besançon : 1839-1854.

CYMBAL, P. S. A.   S. B. A., t. IV, p. 7.

Approuvé. — M. Lefèvre, |à Chamant.

Al. 1867. — Angleterre.

Par *Kettledrum* et *Nelly-Hill*, par Springny-Jack et Annie-Page,
par Touchstaw, P. S. A.

Compiègne : en 1877.

DAHER, P. A. Ar.   S. B. F., t. II, p. 1101.
H. N.

Gr. 1854. — Orient.

Par *Deheiman*, P. S. Ar., et *Saclanwy*, P. S. Ar.

Rosières : 1863. — Castré en août 1864.

DANBY, P. S. A.   S. B. F., t. VII, p. 9.
H. N.

B. 1876. — Angleterre.

Par *King-Tom* et *Bay-Rosalind*, par Orlando.

Compiègne : 1882. — Passé au Pin en septembre 1882.

DANGEROUS, P. S. A.   S. B. F., t. 1, p. 25.
H. N.

Al. 1830. — Angleterre.

Par *Tramp*, P. S. A., et *Défiance*, P. S. A.

Rosières : 1842. — Passé au Dépôt de Strasbourg en février 1844.

S. B. F., t. XIII (à paraître).

DANICHEFF, P. S. A.

Autorisé. — M. A. Menier (Seine-et-Marne).

B. 1891. — Chez M. Menier.

Par *Claymore* et *Victory II*, par Hermit.

Sa grand'mère : Salamanca, par Student.

Compiègne : depuis 1899.

S. B. A., t. XII, p. 14.

DÉBARRASSÉ, P. S. A.

Approuvé. — Vtesse de Rainneville.

Bb. 1890. — Chez M. le Vte de Baracé.

Par *Bruce* et *N.*, par Gilbert et Souvenance, ex-Fille-de-Souvenir,
par Souvenir.

Compiègne : depuis 1898.

DÉBUT, P. S. A.   S.B.A., t. III, p. 6.

Approuvé. — Cte Perrégaux (Chantilly).

B. 1864. — France.

Par *Fitz-Gladiator*, P. S. A., et *Duchess*, par Caravan et Dorade,
par Royal-Oack.

Compiègne : 1874. — S. R. depuis.

DÉBUTANT, P. S. A.   S.B.F., t. IV, p. 8.
H. N.

Al. 1870. — France.

Par *Début* et *Tragédie*, par Loadstone.

Compiègne : 1874. — Mort en mars 1876.

DELEGATE, P. S. A.   S.B.F., t. II, p. 40.
H. N.

Al. 1848. — France.

Par *Nuncio* et *Loïsa*, par Harlequin.

Compiègne : 1853. — Réformé en juillet 1859.

S.B.F., t. II, p. 410.

DIVERSITÉ, ex-**DÉBUT**, P. S. A.

Approuvé. — M. Esdouhart (Côte-d'Or).

B. 1864.

Par *Fitz-Gladiator* et *Duchess*.

Besançon : 1872. — S. R. depuis.

DODU, P. S. A.   S.B.F., t. II, p. 265.

Autorisé. — M. André (Aisne).

B. 1860. — France.

Par *Collingwood* et *Betty*, par Sting.

Compiègne : 1869. — S. R. en 1871.

DOGE, P. S. A.   S.B.F., t. XII, p. 253.

Approuvé. — M. J. Arnaud (Yonne).

B. 1894. — Chez M. J. Arnaud.

Par *Fricandeau* et *Dogaresse*, par Vigilant.

Sa grand'mère : Dovedale, par Beadsman.

Sa bisaïeule : Columba, par Charleston.

Montier-en-Der : depuis 1899.

S. B. F., t. II, p. 808.

DON-CARLOS, P. S. A.

Approuvé. — M. Teisseire (Côte-d'Or).

Al. 1867. — France.

Par *Monarque*, P. S. A., et *Noëlie*, P. S. A.

Besançon : 1874. — Mort en 1887.

DRUSE, P. S. A.   S. B. F., t. II, p. 955.

Approuvé. — Cte de Villers-Lafaye, 1872 ;

Vte de Chazelle (Côte-d'Or), 1873 ; M. Fougeron, à Brilly (Somme).

Al. 1862. — France.

Par *The Cossack* et *Security*.

Besançon : 1872. — Vendu en 1874. — Compiègne : 1874-1880.

DUC, P. S. A.   S.B.F., t. XI, p. 10.

Autorisé. — Duc de Vicence (Aisne).

Al. 1880. — France.

Par *Nougat* et *Duchesse*, par Mortemer.

Compiègne : 1889. — S. R. en 1894.

ECKMUTL, P. S. A.   S.B.A., t. II, p. 1045.

Approuvé. — Vte de l'Aigle.

B. 1866. — France.

Par *Orphelin*, P. S. A., et *Victorine*, par Volcan et Colombine,
par Harlequin.

Compiègne : 1877-1885.

EDWIN, P. S. A.   S.B.F., t. I, p. 128.
H. N.

Bb. 1841. — Lamorlaye (Oise).

Par *Royal-Oak* et *Béguine*, par Waxy-Pope.

Compiègne : 1846.— Passé aux remontes de Paris en octobre 1848.

EFFENDI, P. S. A.   S.B.F., t. XII, p. 16.

Antorisé. — M. Ridgway (Oise).

Al. 1892. — Chez M. Bedout.

Par *Artois* et *Farceuse*, par Salvator.

Sa grand'mère : Fair-Lyonese, par Lord-Lyon.

Compiègne : depuis 1897.

— 449 —

ELTHIRON, P. S. A.   S. B.F., t. II, p. 45.
H. N.
B. 1846. — Angleterre.

Par *Pantaloon* et *Phryné*, par Touchstone.
Compiègne : 1853-1859. — Passé en novembre 1859 à Pompadour.

ÉMILIEN, P. S. A.   S.B.F., t. I, p. 29.
H. N.
B. 1847. — Haras du Pin.

Par *Royal-Oak* et *Corysandre*, par Holbein.
Compiègne : 1851-1856. — Saintes : 1857-1862.

EMIR, P. S. A.   S.B.A., t. IV, p. 10.
Approuvé. — Vte de l'Aigle (Compiègne) ; M. C. Bergère (Marne).
Al. 1867. — France.

Par *The Nabob*, P. S. A., et *Roxana*, par Lanercost et Sheam,
par Sheet-Anchor, P. S. A.
Compiègne : depuis 1873. — Montier-en-Der : 1874-1878.

EMPIRE, P. S. A.   S.B.A., t. III, p. 47.
Approuvé. — M. Th. Carter, à Chantilly.
Al. 1856. — France.

Par *The Baron* et *Annetta*, par Ibrahim et une fille de Sultan.
Compiègne : 1871-1879.

EREMOS, P. S. A.-A.   S.B.F., t. II, p. 48.
H. N.
Al. 1845. — France.

Par *Y. Emilius* et *Agar*, A.-A., par Eastham.
Montier-en-Der : 1851. — Abattu en juillet 1866.

ERIDAN, P. S. A.-A.   S.B.F., t. II, p. 48.
B. 1857. — Haras de Pompadour.

Par *Commodor-Napier*, P. S. A., et *Iris*, P. S. A.-A.
Rosière : 1861. — Castré en août 1863.

ÉTOURDI, P. S. A.   S.B.F., t. V, p. 176.
H. N.
Al. 1840. — Haras de Rosières.

Par *Général-Mina*, P. S. A., et *Folla*, P. S. A.
Rosières : 1844. — Mort en juillet 1844.

EUSÈBE, P. S. A.   S.B.A., t. VII, p. 11.

Approuvé. — M. Lefèvre, à Chamant.

Al. 1878.

Par *Favonius*, P. S. A., et *Euphorbia*, par Touchwood
et Laddy-Abbess, par Surplice.

Compiègne : en 1886.

FAGUS, P. S. A.   S.B.F., t. II, p. 51.

H. N.

B. 1854. — Oise.

Par *Elthiron* et *Discrétion*, par Napoléon.

Compiègne : 1858-1866. — Passé au Pin en août 1866.

FAIR-HEAD, P. S. A.   S.B.A., t. II, p. 11.

Approuvé. — M. de Gheest, à Chantilly (Oise).

Gr. 1889. — France.

Par *Pepper-and-Salt* et *Fair-Star*, par Parmesan
et Lady-of-The-Forest, par Lord-of-The-Isler.

Compiègne : depuis 1893.

FAISAN, P. S. A.   S.B.A., t. VI, p. 10.

Approuvé. — M. J. Prat, à La Croix-Saint-Ouen.

Al. 1875. — France.

Par *Monitor II*, P. S. A., et *Fluke*, par Turnus et Pomme-de-Terre,
par Slane.

Compiègne : en 1880.

FALSTAFF, P. S. A.   S.B.F., t. I, p. 31.

H. N.

B. 1838. — Haras du Pin.

Par *Pick-Pocket* et *Hélène*, par Eastham.

Compiègne : 1852. — Réformé en septembre 1856.

FANEUR, P. S. A.   S.B.A., t. XII, p. 18.

Approuvé. — M. H. Rémy (Oise).

B. 1891. — Chez M. E. Blanc.

Par *Retreat* et *Fragoletta*, par Sterling.

Sa grand'mère : Fraulein, par Nutbourne.

Compiègne : 1898. — Passé dans Seine-et-Oise en 1899.

FAUST, P. S. A.   S.B.F., t. II, p. 54.
H. N.
Al. 1851. — Angleterre.
Par *Loutherbourg* et *Rambler mare*.
Conipiègne : 1857. — Réformé la même année.

FESTIVAL, P. S. A.   S.B.F., t. II, p. 55.
H. N.
Bb. 1851. — Oise.
Par *Nuncio* et *Bienséance*, par Friedland.
Compiègne : 1860-1861. — Passé au Pin en février 1862.

S.B.A., t. V, p. 8.
FEU-D'AMOUR, P. S. A.
Approuvé. — M. de Savignies.
B. 1871. — France.
Par *Monarque*, P. S. A., et *Fleurette*, par Ventre-Saint-Gris, P. S. A.,
et Britannia, par Collingwood.
Compiègne : 1878-1879.

FIL, P. S. A.   S.B.F., t. IX, p. 157.
Autorisé : 1897. — M. Costa de Beauregard.
Al. 1885. — France.
Par *Beauminet* et *Fille-de-l'Oise*.
Annecy : depuis 1897.

FIRST-BORN, P. S. A.   S B.F., t. II, p. 55.
H. N.
Bb. 1848. — France.
Par *Nuncio* et *Bienséance*, par Friedland.
Compiègne : 1858-1859. — Passé à Blois en janvier 1860.

S.B.F., t. II, p. 56.
FITZ-GIBOYER, P. S. A.
H. N.
B. 1863. — France.
Par *Radlezki*, P. S. A., et *Cavatine*, P. S. A.
Rosières : 1868. — Passé au Pin en juillet 1868.

S.B.F., t. VI, p. 372.
FITZ-MANDRAKE, P. S. A.
H. N.
Bb. 1879. — France.
Par *Mandrake*, P. S. A., et *Laurentine*, P. S. A.
Annecy : 1883. — Castré en septembre 1883.

S.B.F., t. II, . 57.

FITZ-PALESTRO, P. S. A.
H. N.
B. 1864. — France.
Par *Palestro*, P. S. A., et *Miss-Berthe*, P. S. A.
Rosières : 1868. — Passé au Pin en juillet 1868.

FITZ-ROYA, P. S. A.   S.B.A., t. II, p. 11.
Approuvé. — M. Stern ; M. Fitz-James (Oise).
B. 1887. — Bon de Schickler (France).
Par *Atlantic*, P. S. A., et *Perplexité*, P. S. A., par Perplexe
et King-Tom mare, par Mincemeat.
Compiègne : 1894. — Mort en 1895.

FLAGEOLET, P. S. A.   S.B.A., t. V, p. 8.
Approuvé. — M. Lefèvre, à Chamant.
Al. 1870. — Cte Lagrange.
Par *Plutus*, P. S. A., et *La Favorite*, par Monarque et Constance,
par Gladiator.
Compiègne : 1877-1885.

FLAMBEAU, P. S.
Approuvé. — M. Jacquinot.
S. R.
Rosières : 1871.
Vendu à l'administration des Haras en 1871.

S.B.F., t. IX, p. 225.
FLAMBOYANT, P. S. A.
M. Vimont (Marne).
B. 1884. — France.
Par *Carterer* et *La Flandrie*, par Vertugadin.
Montier-en-Der : 1892. — Non présenté à l'approbation en 1895.

FLANDRIN, P. S. A. S.B.A., t. VII, p 405.
Accepté. — M. Oudard, à Fay (Oise).
B. 1881. — Cte de Lagrange.
Par *Saint-Christophe* et *La Favorite*, par Monarque et Constance
par Gladiator.
Compiègne : 1891. — Vendu en 1891.

FLEURET, P. S. A. S.B.F., t. IX, p. 14.

M. le Cte de Morny (Marne).

B. 1877. — France.

Par *Consul* et *Fleurette*, par Ventre-Saint-Gris.

Montier-en-Der : 1886. — S. R. depuis 1887.

FLORESTAN, P. S. A. S.B.A., t. IX, p. 14.

Approuvé. — M. Delattre, à Gouvieux ; M. Ridgway (Oise), 1897.

Al. 1880. — M. Lupin.

Par *Vermouth*, P. S. A., et *Deliane*, par The Flying-Dutchman
et *Impérieuse*, par Orlando.

Compiègne : 1888-1891.

S.B.A., t. X. p. 17.

FOREST-DANCER, P. S. A.

Approuvé. — M. Fasquel, à Senlis (Oise).

B. 1886. — Angleterre.

Par *Rosicrucian* et *Culinka*, par Paul-Jones.

Compiègne : depuis 1893.

S. D. A., t. II, p. 61.

FORT-A-BRAS, P. S. A.

Approuvé. — M. Moreau-Chaslon.

B. 1855. — France.

Par *The Baron* et *Suprema*, par Physician et Slime, par Picton.

Compiègne : 1871-1872.

S.B.F., t. IV, p. 11.

FRANÇOIS Ier, P. S. A.

H. N.

B. 1869. — France.

Par *Marignan* et *Furze*, par Fitz-Gladiator.

Montier-en-Der : 1873. — Réformé en août 1884.

FRIEDLAND, P, S. A. S.B.F., t. I, p. 35.

H. N.

B. 1835. — Haras du Pin.

Par *Napoléon* et *Clothon*, par Eastham.

Compiègne : 1849. — Abattu en décembre 1855.

FRIMAS, P. S. A.   S.B.A., t. IX, p. 220.

Approuvé. — Mis Maison-Paris.

B. 1887. — France.

Par *Border-Minstrel* et *La Demoiselle*, par Gilano et La Dheune,
par Black-Eyes.

Compiègnes : depuis 1893.

FRIPON, P. S. A.   S.B.A., t. XII, p. 21.

Approuvé. — **M**. Gibson, à Chantilly (Oise).

Al. 1889. — France.

Par *Fil-en-Quatre*, P. S. A., et *Fanny*, par Le Mandarin et
Alphonsine, par Fitz-Gladiator.

Compiègne : depuis 1895.

FRIVOLIN, P. S. A.-A.   S.B.F., t. XI, p. 529.

Approuvé. — M. Carriney (Haute-Saône).

Al. 1892. — Hautes-Pyrénées.

Par *Mougtaki*, P. S. Ar., et *Follette*, P. S. A.-A., par Videsc,
P. S. A.-A.

Besançon : 1896. — Castré en août 1896.

FRONTIN, P. S. A.   S.B.A., t. IX, p. 15.

Approuvé. — Duc de Castries ; M. Albert Menier (Seine-et-Marne).

Al. 1880. — France.

Par *Georges-Frederick*, P. S. A., et *Frolicsome*, par Weatherbit,
et Frolic, par Toutchstone.

Compiègne : depuis 1892.

GALBA, P. S. A,   S.B.F., t. IV, p. 213.

H. N.

B. 1872. — France.

Par *Consul*, P. S. A., et *Gourmande*, P. S. A.

Rosières : 1877. — Passé au Pin en décembre 1882.

GANTELET, P. S. A.   S.B.A., t. IV, p. 11.

Approuvé. — M. Th. Carter, à Chantilly,

B. 1868. — France.

Par *Tournament*, P. S. A., et *Garenne*, par Gladiator, et Jessy,
par Emancipation.

Compiègne : 1874-1879.

GÉNÉRAL-MINA, P. S. A. S.B.F., t. I, p. 39.
H. N.
Al. 1820. — Angleterre.
Par *Camillus*, P. S. A., et *Williamson's-Ditto mare*, P. S. A.
Rosières : 1829.—Passé au Dépôt de Strasbourg en décembre 1841.

GIL-BLAS, P. S. A. S.B.F., t. I, p. 321.
H. N.
Bb. 1831. — Limoges.
Par *Mustachio*, P. S. A., et *Nanny-Shanks*, P. S. A.
Besançon : 1838. — Réformé en 1846.

GIL-BLAS, P. S. A. S.B.A., t. XII, p. 22.
Approuvé. — M. Stern.
B. 1890. — Mis de Castelbajac (France).
Par *Vignemale*, P. S. A., et *Gipsy*, par Vespasian et Brown-Agnès,
par Gladiateur.
Compiègne : depuis 1895.

GRAND-DUC, P. S. A. S.B.F., t. VII, p. 584.
H. N.
B. 1882. — France.
Par *Vignemale*, P. S. A., et *Orfraie*, P. S. A.
Rosières : 1886. — Abattu en juin 1894.

S.B.A., t. IX, p. 17.
GRAND-MASTER, P. S. A.
Approuvé. — M. Lefèvre, à Chamant.
Al. 1880. — Angleterre.
Par *Kingcraft* et *Queen-Bertha*.
Compiègne : 1885. — S. R. depuis.

GUARDI, P. S. A. S.B.A., t. XII, p. 23.
Approuvé. — M. A. Menier.
Al. 1893. — Chez M. Michel Ephrussi.
Par *Gamin* et *Georgina*, par Trocadéro.
Sa grand'mère : Gladia, par Tournament.
Compiègne : depuis 1898.

GUSTAVE, P. S. A. S.B.A., t. II. 72.
Approuvé. — M. G. de Rothschild.
B. 1857. — La Morlaye.
Par *Lanercost*, P. S. A., et *Bounty*, par Inheritor et Annetta,
par Ibrahim, P. S. A.
Compiègne : 1873-1876.

HARA-KIRI, P. S. A. S.B.F., t. XII, p. 24.
H. N.
Bb. 1887. — Chez M. le Bᵒⁿ de Schickler.
Par *Perplexe* et *Leap-Year*, par Kingcraft.
Sa grand'mère : Wheat-Ear, par Y. Melbourne.
Compiègne : 1892. — Réformé en août 1898.

HARBINGER, P. S. A. S.B.F., t. XII, p. 24.
S.B.A., t. XVII, p. 492.
M. J. Arnaud (Yonne).
Bb. 1890. — Angleterre. — Chez M. Douglas-Baird.
Importé en 1895.
Par *Galopin* et *Primavera*, par Springfield.
Sa grand'mère : Opaline, par Vertugadin.
Montier-en-Der : depuis 1895.

HASARD, P. S. A. S.B.F., t. II. p. 78.
H. N.
Al. 1838. — Haras de Rosières.
Par *Chance*, P. S. A., et *Filagrée*, P. S. A.
Rosières : 1842. — Mort en avril 1858.

HECTOR, P. S. Ar. S.B.F., t. I, p. 273.
H. N.
Gr. 1834. — Haras de Pompadour.
Par *Massoud*, P. S. Ar., et *Nichab*, P. S. Ar.
Rosières : 1841. — Castré en juillet 1852.

HÉMON, P. S. A.-A. S.B.F., t. I, p. 442.
H. N.
Al. 1834. — Haras de Pompadour.
Par *Premium* et *Java*, ar., par Raz-el-Fedawé.
Compiègne : 1846. — Réforme en juillet 1848.

S.B.A., t. IV, p. 479.

HOREB, P. S. Ar. (approuvé).
Al. 1870. — France.
Par *Saklavi*, ar., et *Sauvage*, ar., de race Saklarué.
Compiègne : 1876-1884.

HOREB, P. S. A.-A.   S. B. F., t. IX, p. 19
Autorisé. — Mis de Valanglart (Somme).
Al. 1869. — Chez M. Cambot.
Par *Kerbela*, ar., et *Aline*, par Ali-Baba.
Compiègne : 1887. — Disparu en 1891.

IBRAHIM, P. S. A.   S.B.F., t. I, p. 41.
H. N.
Bb. 1832. — Angleterre.
Par *Sultan* et *Phantom mare*.
Compiègne : 1848. — Mort en mars 1849.

INDISCRET, P. S. A.   S.B.F., t. X, p. 23.
M. F. Potier (Ardennes) ; M. E. Potier (Ardennes).
B. 1884. — France.
Par *Flageolet* et *Inquiétude*, par Kingtom.
Montier-en-Der : 1891. — S. R. depuis 1894.

INDUS, P. S. Ar.   S.B.F.. t. VII, p. 815.
H. N.
Al. 1881. — Haras de Pompadour.
Par *Mouzaffar*, P. S. Ar., et *Daïr-El-Balah*, P. S. Ar.
Rosières : 1885. — Abattu en août 1896.

S.B.A., t. VII, p. 16.

INSULAIRE, P. S. A.
Approuvé. — M. Lefèvre, à Chamant.
N. 1875.
Par *Dutch-Skater* et *Green-Sleeves*, par Beadsman
et Mrs-Quicklyp-Longbow.
Compiègne : 1882-1886.

ISLAM, P. S. Ar.   S.B.F., t. VII, p. 801.
H. N.
B. rub. 1881. — Finistère.
Par *Mouzaffar*, P. S. Ar., et *Aïssi*, P. S. Ar.
Annecy : 1885. — Castré en août 1887.

ISPAHAN, P. S. A.   S B.F., t. IX, p. 204

Autorisé. — M. de Valanglart (Somme).

Al. 1885. — Chez M. Forcinal.

Par *Flageolet* et *Isaure*, par Mortemer.

Compiègne : 1891. — S. R. en 1893.

JANISSAIRE, P. S. A.   S.B.F., t. I, p. 49.

H. N.

B. 1836. — Angleterre.

Par *Hœmus*, et *Chesnut-Filly*, par Greg-Walton.

Compiègne : 1840. — Réformé en décembre 1840.

JAVELOT, P. S. A.-A.   S. B. F., t. I, p. 487.

H. N.

Al. 1831. — Rosières.

Par *Général-Mina*, P. S. A., et *Java*, P. S. Ar., par Raz-el-Fdawe.

Besançon : 1836. — Réformé en 1847.

JAVELOT II, P. S. A.   S.B.A., t. I, p. 78.

Approuvé.

N. 1861. — France.

Par *The Nabob* et *Jessamine*, par Paragone et Jessy, par Ferry
et Georgina.

Compiègne : depuis 1871.

JOHN-DAY, P. S. A.   S.B.A., t. VII, p. 17.

Approuvé. — M. Jennings, à La Croix (Oise).

Bb. 1873. — Angleterre.

Par *John-Davis* et *Breakwater*, par Buccaner, P. S. A., par Surf,
par Storm.

Compiègne : 1885-1886.

JOUANCY, P. S. A.   S. B. F., t. XII, p. 27.

Approuvé. — M. J. Arnaud (Yonne).

Bb. 1892. — Yonne.

Par *Fontainebleau* et *Sophiette*, par Brown-Bread.

Sa grand'mère : Lady-Sophia, par Stockwell,

Montier-en-Der : depuis 1897.

JOUTEUR, P. S. A.   S.B.A., t. IX, p. 21.

Approuvé : 1891. — Autorisé : 1892. — M. Poiret, à Saint-Epin
(Oise).

Al. 1882. — France.

Par *Flageolet*, P. S. A., et *Joyeuse*, par Trocadéro et Stella, par
West-Australian.

Compiègne : 1889-1891. — S. R. en 1893.

S.B.F., t. XI, p. 17.

JULIUS-CŒSAR, P. S. A.

Approuvé. — M. de Scitivaux.

B. 1873. — Angleterre.

Par *Saint-Albans*, P. S. A., et *Julie*, P. S. A.

Rosières : 1897. — Abattu en juin 1898.

JUPITER, P. S. A.-A.   S.B.F., t, VII, p. 325.

B. m. 1882. — Hautes-Pyrénées.

Par *Nassim*, P, S. A.-A., et *Gergovie*, P. S. A.

Annecy : 1886. — Passé au Haras du Pin (Ecole) en octobre 1893.

S.B. 1/2 s. Midi, p. 489.

KALATH-EL-HEUS'N, P. S. Ar.

H. N.

Al. 1876. — Syrie.

Né en Orient.

Besançon : 1883. — Castré en 1885.

KAM, P. S. A.   S.B.F., t. I, p. 45.

H. N.

B. 1838. — Haras du Pin.

Par *Quoniam* ou *Y. Emilius*, et *Odine*, par Tigris.

Compiègne : 1843. — Passé à Pau en janvier 1844.

KARL, P. S. A.   S.B.F., t. I, p. 45.

H. N.

B. 1839. — France.

Par *Tetotum* et *Lily*, par Partisan.

Compiègne ; 1847. — Passé au Haras du Pin en 1847.

KHAN, P. S. Ar.   S.B.F., t. VII, p. 820,

H. N.

Al. 1883. — Pompadour.

Par *Edhem*, P. S. Ar., et *Dryade*, P. S. Ar.

Annecy : depuis 1887.

LAHIRE, P. S. A.   S.B.F., t. XII. p. 28.
M. J. Arnaud (Yonne).
Al. 1891. — Chez M. J. Arnaud.

Par *Xaintrailles* et *Fair-Trade*, par Salvator.
Sa grand'mère : Miss-Somerset, par King-of-Trumps.
Montier-en-Der : depuis 1898.

LE CHESNAY, P. S. A.   S.B.A.. t. II, p. 18.
Approuvé. — M. Ed. Blanc.
B. 1889. — France.

Par *Energy*, P. S. A., et *La Noue*, par Le Petit-Caporal
et Gertrude, par The Baron.
Compiègne : depuis 1893.

S.B.F., t. II, p. 82.
LE COMTE-ORY, P. S. A.
H. N.
Al. 1853. — Chez M. Lupin.

Par *The Baron* et *Cassica*, par Touchstone.
Compiègne : 1858-1864. — Passé au Pin en août 1864.

S.B.A., t. II, p. 18.
LE GLORIEUX, P. S. A.
Approuvé. — M. Albert Menier.
Al. 1887. — France. — M. Albert Menier.

Par *Frontin*, P. S. A., et *The Garry*, par Breadabane at Restless,
par Burgundy, P. S. A.
Compiègne : depuis 1893.

.   **LE MAJOR**, P. S. A.   S.B.F., t. III, p. 121.
Approuvé. — Vte de Chazelle (Côte-d'Or).
B. 1869. — France.

Par *Gladiateur* et *Deliane*.
Besançon : 1875. — Réformé en 1875.

S.B.A., t. II, p. 83
LE MONSIEUR, P. S. A.
Approuvé. — Bon de Fourment, à Frevent (Pas-de-Calais).
B. 1853. — France.

Par *Gladiator* ou *Nuncio* et *Constance*, par Gladiator et Lanterne,
par Hercule (Raimbow).
Compiègne : 1871. — Mort en février 1873.

S.B.F., t. V, p. 12.

LE VEINARD, P. S. A.
H. N.

B. 1872. — France.

Par *Ventre-Saint-Gris* et *Valériane*, par Aviceps.

Compiègne : 1877. — Passé au Pin en juillet 1879.

LIFT, P. S. A. S.B.F., t. IX, p. 245.
H. N.

B. 1886. — France.

Par *Sylvio* et *Linotte*, par Minos.

Montier-en-Der : 1891. — Passé à l'École du Pin en décembre 1898.

LIMITED, P. S. A. S.B.A., t. II, p. 10.
Approuvé. — M. Gertner (La Morlaye).
Al. 1887. — France.

Par *Archiduc*, P. S. A., et *Lina*, par Mortemer ou Monarque
et Régalia, par Stockwell.

Compiègne : 1894. — Loué à M. Poncins, à Cluny.

S.B.F., t. I, p. 48.

LIOUBLIOU, P. S. A.
H. N.

B. 1845. — France.

Par *Alteruter* et *Jenny*, par Royal-Oak.

Compiègne : 1850. — Passé en septembre 1850
aux remontes de Paris.

LIVERPOOL, P. S. A. S.B.F., t. II, p.
H. N.

B. 1854. — Angleterre.

Par *Spingy-Jack*, P. S. A., et *Anne-Page*, P. S. A.

Rosières : 1860. — Castré en août 1860.

LIVRÉ, P. S. Ar. S.B.F., t. II, p
H. N.

Al. 1856. — France.

Par *Velox*, P. S. A., et *Biche*, P. S. A.

Rosières : 1862. — Castré en août 1864.

S.B.A., t. II, p. 449.

LONGCHAMPS, P. S. A.
Approuvé. — M. Oudard, à Fay (Oise).
Al. 1864. — France.
Par *Monarque*, P. S. A., et *Étoile-du-Nord*, par The Baron
et Maid-of-Hart, par The Provost.
Compiègne : 1879-1881.

LOUTCH, P. S. A.   S.B.A., t. XII, p. 32.
Approuvé. — M. Holzer ; M. Remy (Oise).
Al. doré. 1890. — France.
Par *Grand-Master*, P. S. A., et *Lucette II*, par Blenheim
et Lucienne, par Le Madarin.
Compiègne : depuis 1896.

LUCILIO, P. S. A.   S.B.A., t. X, p. 28.
Approuvé. — M. Meurinne (Somme).
Al. 1885. — Italie.
Par *Arc*, P. S. A., et *Europa*, par Carlton.
Compiègne : depuis 1892.

LUTIN, P. S. A.   S.B.F., t. XII, p. 32.
Approuvé : 1897. — M. Stern (Oise) ; MM. M. Caillault
et Cie de Pourtalès (Orne).
Al. 1891. — Chez Mme la Bonne de Bray.
Par *Patriarche* et *Légitime*, par Don-Carlos.
Sa grand'mère : Ecliptique, par Plutus.
Compiègne : 1896. — Passé dans l'Orne en 1897.

LUTINO, P. S. A.   S.B.F., t. II, p. 403.
H. N.
B. 1853. — France.
Par *Nuncio*, P. S. A., et *Discretion*, P. S. A.
Besançon : 1869. — Abattu en 1870.

LUXOR, P. S. A.-A.   S.B.F., t. I, p. 50.
H. N.
B. 1834. — Haras de Rosières.
Par *Impétueux*, P. S. Ar., et *Elsy*, P. S. A.
Rosières : 1838. — Réformé en août 1860.

MAGNANIME, P. S. A.   S.B.F., t. IX, p. 24.

Approuvé : 1885. — Autorisé : 1889. — M. Arnaud (Yonne).

Gr. 1879. — France.

Par *Verdun* et *Marchioness*, par Marquis.

Montier-en-Der : 1885. — Non présenté en 1892.

MAHBOULE, P. S. Ar.   S.B.F., t. I, p. 448.

Gr. 1846. — Orient.

Par *N.*, P. S. Ar.

Rosières : 1855. — Castré en mai 1857.

MAJOR, P. S. A.   S.B.F., t. II, p. 81.

H. N.

Al. 1838. — Haras de Rosières.

Par *Général-Mina*, P. S. A., et *Folla*, P. S. A.

Rosières : 1842. — Passé à Tarbes en février 1843.

MALGACHE, P. S. A.   S.B.A., t. X, p. 29.

Approuvé. — M. Stern (Oise).

B. 1886. — France.

Par *Bariolet*, P. S. A., et *Miss-Bawstring*, par Strafford et Miss-Bowman, par Toxophilite.

Compiègne : 1892-1893.

MARCEAU, P. S. A.   S.B.F., t. XII, p. 33.

Approuvé. — M. J. Arnaud.

B. 1892.

Par *Entreprise* et *Marshdale*, par Hampton.

Sa grand'mère : Lady-Wassand, par Théobald.

Montier-en-Der : depuis 1898.

MARIGNAN, P. S. A.   S.B.F., t. II, p. 91   S.B.F., t. II, p. 702.

H. N.

B. 1859. — France.

Par *Womersley* et *Margaret*, par Drayton.

Compiègne : 1864. — Passé au Pin en août 1864.

Montier-en-Der : 1868-1871. — La Roche-sur-Yon : 1871.

Passé à Besançon en 1872. — La Roche-sur-Yon : 1873-1881.

MARS, P. S. A. S.B.F., t. V, p. 2.
H. H.
Al. 1842. — Haras de Rosières.
Par *Général-Mina*, P. S. A., ou *Dungerous* et *Folla*, P. S. A.
Rosières : 1846. — Passé au Dépôt de Langouet en février 1847.

S.B.A., t. IX, p. 25.
MARTIN-PÊCHEUR, P. S. A.
Approuvé. — M. Cartier.
B. 1881. — France.
Par *Dollar*, P. S. A., et *Schooner*, par Father-Thames et Admirally,
par Colling-Wood.
Compiègne : 1889-1891.

MARTIVALLE, P. S. A. S.B F., t. VII. p. 21.
B. ac. 1877. — Angleterre.
Par *Rosicrucian*, P. S., et *Miss-Winkle*, P. S.
Annecy : 1883. — Castré en juillet 1895.

S.B.F., t I, p. 54.
MÉPHISTOPHÉLÈS, P. S. A.
H. N.
B. 1836. — Haras du Pin.

Par *Bœmus* et *Cloton*, par Eastham.
Compiègne : 1842-1849. — Passé à Rosières en octobre 1849.
Rosières : 1850. — Castré en août 1852.

MERLIN II, P. S. A. S. B. F., t. XII, p. 34.
Autorisé en 1890. — M. Wattine (Pas-de-Calais).
Approuvé en 1892. — M. Merlin (Pas-de-Calais); M. Fauville
(Nord), 1895.
Al. 1880. — Chez M. le Bon de Rothschild.
Par *Enchanteur* et *Marguerite*, par West-Australian.
Sa grand'mère : Mon-Etocle, par Fitz-Gladiator.
Compiègne : depuis 1890.

MIRABEAU, P. S. A. S. B. F., t. XI, p. 21.
Approuvé. — M. Albert Menier.
Al. 1887. — M. Albert Menier (France).
Par *Saxifrage*, P. S. A., et *Mariannette*, par Ruy-Blas
et Marianne, par Sting.
Compiègne : 1893-1897.
En 1898 a fait la monte dans le Midi.

S.B.A., t. VI, p. 18.

MONSIEUR-PHILIPPE, P. S. A.

Approuvé. — M. André (La Croix-Saint-Ouen).

B. 1876. — France.

Par *Plutus*, P. S. A., et *Miss-Lucy*, par Gladiator et Rubrique,
par West-Australian.

Compiègne : 1880. — S. R. depuis.

S.B.A., t. X, p. 31.
S.B.F., t. XI, p. 22.

MONTAGAN, P. S. A.

Approuvé. — Duc de Vicence.

B. 1877. — France.

Par *Avant-Garde*, P. S. A., et *Lizzie-Hexham*, par Y. Melbourne.

Compiègne : 1887-1891. — Montier-en-Der : 1892. — Mort en 1896.

S.B.F., t. XII, p. 36.

MONTIGNY, P. S. A.

H. N.

N. 1889. — Sarthe.

Par *Boissy* et *Guadix*, par Nuneham.

Sa grand'mère : Valeta, par Adventurer.

Compiègne : depuis 1896.

S.B.A., t. II, p. 99.

MOONSHINE, P. S. A.

Approuve. — M. Magniez, à Revellon (Somme).

Al. 1855.

Par *Corranna*, P. S. A., et *Mist*, par Sir-Hercule et Ildegarda,
par Rob, par Booty, P. S. A.

Compiègne : 1871-1886.

S.B.F., t. II, p. 678.

MOUHAREBIAH, P. S. Ar.

H. N.

Gr. 1872. — Orient.

De race Saklaoni-Ibn.

Rosières : 1879. — Castré en août 1881.

S.B.F., t. XIII (à paraître).

MOULAT, P. S. A.

Autorisé. — M. X. Balli (Oise).

Al. 1892. — Chez M. Baget.

Par *Bay-Archer* et *Mytilène*, par Saint-Léger.

Sa grand'mère : Modestie, par Le Mandarin.

Compiègne : depuis 1899.

MOURLE, P. S. A.   S.B.A., t. VII, p. 23.
Approuvé. — M. Andri.
Bb. 1875. — France,

Par *Ruy-Blas*, P. S. A., et *Mademoiselle-de-Couseix*, par Sylvain
et Mademoiselle-Désirée, par Caravan.
Compiègne : depuis 1881.

S. B. 1.2 s. N.. t. I, p. 383.

MORTEMER, P. S. A.
Approuvé. — M. Lefèvre, à Chamant.
Al. 1865. — France,

Par *Compiègne*, P. S. A., et *Comtesse*, P. S. A., par The Baron
ou Nuncio et Eusebia, par Emilius.
Compiègne : 1877-1880.

MULATTO, P. S. A.   S.B.F., t. V, p. 139.
H. N.
Gr. 1836. — France.
Par *Royal-Oach*, P. S. A., et *Eglé*, P. S. A.
Rosières : 1860. — Abattu en novembre 1860.

MURILLO, P. S. A.   S.B.F., t. II, p. 160.
H. N.
Al. 1838. — Haras de Rosières.
Par *Général-Mina*, P. S. A., et *Vandyke-Junior mare*, P. S. A.
Rosières : 1842. — Castré en août 1849.

MUSTAPHA, P. S. A.   S.B.F., t. II, p. 101.
M. Rohart (Yonne).
B. 1841. — France.
Par *Mameluke* et *Clorinde*, par Holbein.
Montier-en-Der : 1849. — Vendu en 1855.

S.B.F., t. IV, p. 482.

MUTZELIM, ex-**EMIR**, P. S. Ar.
H. N.
Al. 1861.
S. R.
Rosières : 1874. — Passé au Pin en octobre 1880.

MYSTÈRE, P. S. A.-A.   S.B.F., t. VIII, p. 945.
B. ch. 1885. — Corrèze.
Par *Vulcan*, P. S. A., et *Damoiselle*, P. S. Ar.
Annecy : 1889. — Passé au Pin en décembre 1891.

MYTHÈME, P. S. A.   S.B.F., t. V, p. 286.
H. N.
Al. 1845. — France.
Par *Caravan*, P. S. A., et *Miss Rainbow*, P. S. A.
Rosières : 1856. — Castré en août 1864.

N., P. S. Ar.
Approuvé : 1845. — Vte de Bertier.
Al. 1835.
S. R.
Rosières : 1845. — Réformé en 1846.
N'a pas fait la monte en 1846.

NARVAËZ, P. S. A.   S.B.F., t. V, p. 10.
H. N.
Al. 1872. — France.
Par *Ruy-Blas* et *La Couture*, par Pretty-Boy.
Compiègne : 1877. — Réformé en août 1880.

NASSER, P. S. Ar.   S.B.F., t. I, p. 284.
H. N.
B. 1817. — Arabie.
Par P. S. Ar.
Rosières : 1840. — Mort en février 1843.

NAT, P. S. A.   S.B.A., t. IV, p. 16.
Approuvé. — Vte de l'Aigle (Compiègne).
B. 1853. — M. Paul Aumont.
Par *Master-Wags*, P. S. A., et *Nativa*, ex-*Lanterne*,
par Royal-Oack.
Compiègne : 1873. — S. R. depuis.

S.B.F., t. XII, p. 37.
NEUFCHATEAU, P. S. A.
Autorisé. — M. Gorrée (Pas-de-Calais).
Al. 1892. — Chez M. Pierre.
Par *Satory* et *Sarigue*, par Verdun.
Sa grand'mère : Sentence, ex-Autonomie, par Javelot.
Compiègne : depuis 1898.

NEUVILLE, P. S. A.   S.B.F., t. IX, p. 310.
Autorisé — M. Caroulle (Somme) ; M. Garnier (Oise), 1896.
Al. 1886. — Chez M. d'Espous de Paul.
Par *Gabier* et *Orpheline*, par Fitz-Gladiator.
Compiègne : 1895. — S. R. en 1897.

NEVERS, P. S. A.   S.B.F., t. II, p. 104.
Approuvé. — M. Mangin.
B. 1857. — France.
Par *Lantara*, P. S. A., et *Rose-of-Sharon*, P. S. A.
Rosières : 1864. — Montier-en-Der : 1864. — Castré en 1868.

NIAGARA, P. S. A.   S.B.F., t. XII, p. 37.
Approuvé. — M. Rémy (Oise).
B. 1887. — Angleterre. — Chez lord Calthorpe. — Importé en 1892.
Par *Energy* et *Haweswater*, par Lowlander.
Sa grand'mère : Mistress-Pond, par Parmesan.
Compiègne : 1897. — Passé en Algérie en 1898, au Cte Rozan.

NICK, P. S. A.   S.B.F., t. IX, p. 299
Approuvé : 1893. — M. Lallement.
B. m. 1886. — France.
Par *Beauminet* et *Négresse*.
Annecy : depuis 1893.

S.B.A., t. V, p. 35.
NOIRMOUTIERS, P. S. A.
Approuvé : 1885-1886. — Autorisé. — M. de Jumillac (Oise).
B. 1876. — France.
Par *Mars*, P. S. A., et *Ma-Normandie*, par The Flying-Dutchman
et Slapdash, par Annandale.
Compiègne : 1885-1886. — Disparu en 1889.
(Le Registre du Dépôt porte Noirmoutiers bai et le S. B. alezan.)

NOUGAT, P. S. A.   S.B A., t. X, p. 38.
Approuvé. — M. Cartier ; M. Maurice Ephrussi.
B. 1872. — France.
Par *Consul*, P. S. A., et *Nébuleuse*, par Gladiator et Belle-de-Nuit,
par Y. Emilius, P. S. A.
Compiègne : depuis 891.

NUNCIO, P. S. A. S.B.F., t. I, p. 61.
H. N.
Bb. 1839. — Angleterre.
Par *Plenipotentiary* et *Ally*, par Partisan.
Compiègne : 1847-1852. — Passé à Abbeville en janvier 1853.

OAK-STICK, P. S. A. S.B.F., t. I, p. 62.
H. N.
Bb. 1835. — France.
Par *Royal-Oak* et *Ténériffe*, par Black-Lock.
Compiègne : 1849-1851. — Passé à Charleville après la monte.

ŒGYPTUS, P. S. A. S.B.F., t. I, p. 4.
H. N.
B. 1830. — Angleterre.
Par *Centaur*, P. S. A., et *Pastille*, P. S. A.
Rosières : 1844. — Passé au Dépôt de Jussey en janvier 1848.
Besançon : 1848. — Réformé en 1850.

OISELEUR, P. S. A. S.B.F., t. II, p. 272.
H. N.
Al. f. 1859. — France.
Par *Ballinkeele*, P. S., et *Dalilah*, P. S.
Annecy : 1863. — Vendu en juillet 1864.

OLÉANDER, P. S.
Approuvé. — Mme veuve Talon, 1868.
B.
Annecy : 1868. — S. R.

OLIFANT, P. S. A. S.B.F., t. IX, p. 260.
Approuvé. — Bon Henry (Haute-Savoie).
Al. 1889. — France.
Par *Bruce* et *Mademoiselle-de-Victot*, par Vermouth.
Besançon : depuis 1899.

OMER-PACHA, P. S. A. S.B.F., t. II, p. 105.
H. N.
B. 1854. — France.
Par *Brocardo*, P. S. A., et *Cochlea*, P. S. A.
Rosières : 1865. — Abattu en juillet 1873.
En 1871, a fait la monte en Vendée.

OPTIMIST, P. S. A.   S.B.A., t. III, p. 2.

Approuvé. — Duc de Hamilton, à Gouvieux (Oise) ;
M. P. Aumont, 1873.

Al. 1857. — Amérique.

Par *Lexington*, P. S. A., et *Glencoe mare*, par Glencoe et Jeannetlan,
par Imported-Leviathan.
Compiègne : 1872-1874.
N'a pas fait la monte en 1873.

ORIENTAL, P. S. Ar.   S.B.F., t. II, p. 1118.
H. N.

Al. 1856. — France.

Par *Haleb*, P. S. Ar., et *Perrette*, P. S. Ar.
Rosières : 1861. — Castré en août 1861.

ORIFLAMME, P. S. A.   S B.F., t. III, p. 23.
H. N.

Bb. 1856. — France.

Par *Garry-Owen* et *Nanetta*, P. S. A.
Rosières : 1860. — Castré en août 1861.

OSIRIS, P. S. A.   S.B.A., t. I, p. 63.
H. N.

B. 1840. — France.

Par *Fidler* et *Jane*, par Deucalion.
Compiègne : 1847.
Passé à l'Ecole des Haras du Pin en juillet 1847.

OSTROGOTH, P. S. A.   S.B.F., t. III, p. 11.
H. N.

B. 1865. — France.

Par *Gustave* et *Villefranche*, par Ion.
Compiègne : 1872. — 1879, après la monte.

S.B.A., t. IX, p. 29.

PALAIS-ROYAL, P. S. A.

Approuvé. — M. Chapard (Chantilly).
B. 1880. — Bon de Schickler.

Par *Perplexe*, P. S. A., et *Kingtom mare*, par King-Tom
et Minerneat, par Sweetmeat et Hybla.
Compiègne : depuis 1888.

PALESTRO, P. S. A.   S.B.A., t. II. p. 107.
Approuvé. — M. de Rainvillers, à Boismont (Somme).
Al. 1859. — France.
Par *Bedford*, P. S. A., et *Forfeta*, par Harkaway-d'Agnès.
Compiègne : 1872-1876.

PARLEMENT, P. S. A.   S.B.F., t. III, p. 362.
H. N.
Bb. 1870. — France.
Par *Beauvais*, P. S. A., et *Ronzi*, P. S. A.
Rosières : 1875. — Passé à Tarbes en octobre 1882.

S.B.F., t. IX, p. 30.
PASSE-PARTOUT, P. S. A.
M. F. Potier (Ardennes).
B. 1885. — France.
Par *Pluton et Enchanteresse*, par Wellingtonia.
Montier-en-Der : 1889. — S. R. depuis 1893.

PATCHOULI, P. S. A.   S.B.F., t. XI, p 24.
M. Géliot (Marne).
B. 1878. — France.
Par *Plutus* et *Duchess-of-Athol*, par Blair-Athol.
Montier-en-Der : 1892. — Vendu en 1897.

PATRIARCHE, P. S. A.   S.B.A., t. IV, p. 363.
Approuvé : MM. Hawes, frères (Oise).
Al. 1874. — France.
Par *Dollar*, P. S. A., et *Partlet*, par Irish-Birdcatcher et Figurante,
par Venison.
Compiègne : 1881.

PATRICES, P. S. A.   S.B.F., t. I, p. 65.
H. N.
Bb. 1838. — France.
Par *Félix* et *Léopoldine*, par Hedley.
Compiègne : 1847. — Libéré en 1848. — Mort en juin 1852.

S.B.A., t. VII, p. 24.
PAUL'S-GRAY, P. S. A.
Approuvé. — Ben Sellière, à Nello (Oise).
Bb. 1875. — Angleterre.
Par *Paul-Jones*, P. S. A., et *Scintilla*, par Thunderbolt et
Dulcibella, par Voltigeur, P. S. A.
Compiègne : 1883.

PÉDAGOGUE, P. S. A.   S.B.F., t. II, p. 110.
M. Jules Verry (Côte-d'Or).
B. 1851. — France.
Par *Nuncio* et *Eoline*, par Muley-Moloch.
Montier-en-Der : 1855-1862.

PERSPICAX, P. S. A.   S.B.F., t. I, p. 66.
H. N.
Bb. 1842. — Haras du Pin.
Par *Mameluke* et *Discrète*, par Eastham.
Compiègne : 1848. — Passé au Pin en août 1848.

S.B.F., t. II, p. 3.
PEU-DE-CHANCE, P. S. A.
H. N.
Al. 1857. — France.
Par *Iago*, P. S. A., et *Olinga*, ex-*Illusion*, P. S. A.
Rosières : 1863. — Parti pour Strasbourg en février 1863.

S.B.F., t. III, p. 25.
PEU-D'ESPOIR, P. S. A.
H. N.
Par *Sting-The-Baron* ou *The Emperor* et *Belvédère*, F. S. A.
Rosières : 1858. — Passé au Haras du Pin en juillet 1868.

PICK-POCKET, P. S. A.   S.B.F., t. I, p. 68.
H. N.
B. 1828. — Importé en 1836.
Par *Saint-Patrick* et *Hedley mare*, issue de Jessy.
Compiègne : 1841. — Abattu après la monte de 1850.
(A fait la monte de 1846 dans la circonscription du Pin.)

PLOËRMEL, P. S. A.   S.B.F., t. VI, p. 21.
H. N.
B. 1874. — Chez M. P. Aumont.
Par *Trocadéro* et *Esmeralda*, par Nuncio.
Compiègne : 1879. — Abattu après la monte de 1885.

PLUTON, P. S. A.   S.B.F., t. IX, p. 31.
M. Potier (Ardennes).
B. 1879. — France.
Par *Vulcan* et *Malvina*, par Souvenir.
Montier-en-Der : 1884. — Non présenté en 1886.

PLUTUS, P. S. A.   S.B.A., t. I, p. 114.

Approuvé. — Vte de l'Aigle (Compiègne), 1872 ;
M. Teisseire (Côte-d'Or), 1873.
B. 1863. — Angleterre.

Par *Trumpeter*, P. S. A., et *Planet mare*, par Planet et Alice-Bray,
par Venison.
Compiègne : 1872. — Besançon : 1873.

POLECAT, P. S. A.   S.B.F., t. V, p. 14
B. 1843. — Angleterre.

Par *Bay-Middelton*, P. S. A., et *Pussy*, P. S. A.
Rosières : 1852. — Mort en juillet 1857.

POULET, P. S. A.   S.B.A., t. X, p. 36
Approuvé. — M. Delamarre.
Al. 1877. — France.

Par *Peut-Être*, P. S. A., et *Printanière*,
par Chattanooga et Summerside, par West-Australian.
Compiègne : depuis 1891.

POURQUOI, P. S. A.   S.B.A , t. VII, p. 25.
Approuvé. — Bon de Varennes.
B. 1876. — M. Paul Aumont (Victot).

Par *Trocadéro*, P. S. A., et *Good-Night*, par Orphelin
et Belle-de-Nuit, par Y. Emilius, P. S. A.
Compiègne : 1888-1889.

S.B.A., t. VIII, p. 27.
PRESENT-TIMES, P. S. A.
Approuvé. — M. Lefèvre, à Chamant.
Al. 1882.

Par *Phenix*, P. S. A., et *Old-Times*, P. S. A., par Lord-of-the-Isles
et Days-of-Yore, par Old-England.
Compiègne : 1887.

PRINCE, P. S. A.   S.B.F. t. II, p. 697.
H. N.
Al. 1868. — France.

Par *Orphelin*, P. S. A., et *Majesté*, P. S. A.
Rosières : 1872. — Castré en juillet 1884.

PROLOGUE, P. S. A. S.B.A., t. X, p. 37.
Approuvé. — M. Delamarre (Oise) ; Mis de Maison.
Al. 1876. — France.

Par *Dollar*, P. S. A., et *Planète*, par Gladiateur et la Reine-Berthe,
par The Baron.
Compiègne : 1887-1890.
Compiègne : 1893-1896.

S.B.A., t. IX, p. 31.
PRUDHOMME, P. S. A.
Approuvé. — M. Robinson (Chantilly).
Al. 1877. — France.

Par *Cymbal*, P. S. A., et *Preude*, par Cobaut et Progné,
par Y. Emilius.
Compiègne : 1887-1888.

S.B.A., t. XI, p. 26.
PULL-TOGETHER, P. S. A.
Approuvé. — M. de Marcillac (Oise).
B. 1885. — Angleterre.

Par *See-Saw* et *Panada*, par Newminster.
Compiègne : 1896. — S. R. en 1897.

PUNCH. P. S. A. S.B.A., t. IV, p. 283.
Approuvé. — Duc de Vicence.
Al. 1872. — France.

Par *Pompier*, P. S. A., et *Mademoiselle-de-Charolais*, P. S. A.
par Monarque, P. S. A., et Mademoiselle-de-Chantilly,
par Gladiator.
Compiègne : 1880-1886.

S.B.A., t. XI, p. 26.
PYTHAGORAS, P. S. A.
Approuvé. — M. Rigdway (Oise).
Al. 1884. — France.

Par *Kingcraft*, P. S. A., et Migration, par Trumpeter, P. S. A.
Compiègne : 1895. — Passé dans le Calvados.

RAFFAELO, P. S. A. S.B.A., t. X, p. 38.
Approuvé. — M. Delamarre (Oise).
Al. 1881. — Angleterre.

Par *Hermit*, P. S. A., et *Faraway*, par Y. Melbourne.
Compiègne : 1892-1893.

RÉVÉREND, P. S. A.   S.B.A., t. II, p. 27.
Approuvé. — M. Ed. Blanc.
B. 1888. — France.
Par *Energy*, P. S. A., et *Rêveuse*, P. S. A., par Perplexe
et Rêverie, par Marignan, P. S. A.
Compiègne : depuis 1893.

REVOLVER, P. S. A.   S.B.A., t. X, p. 39.
Approuvé. — M. Luzin (Aisne) ; M. Clavon (Nord).
B. 1883. — France.
Par *The Rake*, P. S. A., et *Letty-Lyon*, par Lord-Lyon.
Compiègne : 1887-1898.

RICHEMONT, P. S. A.   S.B.F., t. I, p. 75.
H. N.
N. 1835. — Haras du Pin.
Par *Peter-Lely* et *Princess-Mary*, par Emilius.
Compiègne : 1840-1845. — Passé à Saint-Lô en février 1846.

RIGOLETTO, P. S. A.   S.B.F., t. II, p. 122.
Approuvé. — M. Goetzmann.
B. 1857. — France.
Par *Yatagan*, P. S. A., et *Palmyre*, P. S. A.
Rosières : 1861. — Mort en 1863.

ROBINSON, P. S. A.
Approuvé : M. Rohart (Yonne).
B. 1850.
Montier-en-Der : 1856. — S. R. depuis.

ROBINSON, P. S. A.   S.B.F., t. II. p. 123.
Approuvé — Prince d'Hénin.
B. 1857. — France.
Par *Castor*, P. S. A., et *Olivia*, P. S. A.
Rosières : 1866-1867.

S.B.F., t. II, p. 124.
ROGER-BONTEMPS, P. S. A.
Approuvé. — M. Mangin.
Al. 1857. — France.
Par *Buckthorm*, P. S. A., et *Anna*, P. S. A.
Rosières : 1864. — Castré en 1866.

S.B.A., t. VI. p. 23.

ROI-DE-LA-MONTAGNE, P. S. A.
Approuvé. — Bon Sellière.
Al. 1874. — France.

Par *Le Mandarin*, P. S. A., et *Laurencia*, par Fitz-Gladiator et
Laurentine, par Sting.
Compiègne : 1879-1884.

S. B. F., t. XIII.

ROITELET II, P. S. A.
Autorisé : M. Milton (Oise).
B. 1893. — Chez M. H. Say.

Par *Ayrshire* et *Indian-Summer*, par Uncas.
Sa grand'mère : Eastern-Lily, par Spéculum.
Compiègne : depuis 1899.

ROLAND, P. S. A.   S.B.A., t. II, p. 27.
Approuvé. — M. de Bioncourt (Seine-et-Marne).
B. 1882. — France.

Par *Saint-Cyr*, P. S. A., et *Fleur-d'Oranger*, par Longchamps et
Mariage, par Ion.
Compiègne : 1893-1895.

ROYALIST, P. S. A.   S.B.F., t. II, p. 126.
M. J. Serre (Côte-d'Or) ; Cte de Dampierre (Aube), 1860.
B. 1851. — Angleterre.

Par *Melbournc* et *Her-Royal*, par Highness.
Montier-en-Der : 1858. — S. R. depuis 1862.

S.B.F., t. II, p. 127.

ROYAL-JUNIOR, P. S. A.
H. N.
Al. 1857. — France.

Par *Royal-Quand-Même*, P. S. A., et *Catherina*, P. S. A.
Rosières : 1863. — Castré en juillet 1865.

S.B.F., t. II, p. 127.

ROYAL-QUAND-MÊME, P. S. A.
H. N.
Al. 1850. — France.

Par *Gigès* et *Eusébia*, par Emilius.
Montier-en-Der : 1869. — Passé à Perpignan en janvier 1870.

RUY-BLAS, P. S. A.   S.B.A., t. II, p. 930.

Approuvé. — M. H. Jennings.

B. 1864. — France.

Par *West-Australian*, P. S. A., et *Rosalie*, par Ionian ou **Prospero**
et Reine-Margot, par Mr-Wags.

Compiègne : 1878-1879.

RUEIL, P. S. A.   S.B.A., t. II, p. 28.

Approuvé. — M. M. Ed. Blanc.

Al. d. 1889. — France.

Par *Energy*, P. S. A., et *Rêveuse*, par Perplexe et Reverie,
par Marignan, P. S. A.

Compiègne : depuis 1893.

S.B.A., t. IV, p. 233.

SAINT-CHRISTOPHE, P. S. A.

Appprouvé. — M. Lefèvre, à Chamant (Oise).

Al. 1874. — Franee.

Par *Mortemer*, P. S. A., et *Isoline*, par Ethelbert.

Compiègne : 1882. — Mort en 1882.

S.B.F., t. XII, p. 46.

SAINT-CLOUD, P. S. A.

Autorisé : M. Ricard (Oise).

Al. 1888. — France.

Par *Energy* et *Satania*, par Dollar.

Compiègne : 1896. — S. R. en 1898.

S.B.F., t. II, p. 128.

SAINT-LÉGER, P. S. A.

H. N.

B. 1847. — France.

Par *Attila* et *Cassandra*, par Priam.

Montier-en-Der : 1852. — Abattu en janvier 1859.

SALIFOU, P. S. A.   S.B.F., t. XII, p. 47.

Autorisé. — M. J. Arnaud (Yonne).

Bb. 1889. — France.

Par *Aquilin* et *Sarah III*, par Highborn.

Sa grand'mère : Camerino mare, issue de Décolletée, par Marsyas.

Montier-en-Der : depuis 1896.

SANSONNET, P. S. A.   S.B.A., t. X, p. 40.
Approuvé. — Cte Fey.
B. 1881. — France.
Par *Dollar*, P. S. A., et *Ortolan*, par Saunterer et Swalow,
par Cotherstone et The Wryneck.
Compiègne : depuis 1892.

SAPLING, P. S. A.
H. N.
B. 1844. — France.
Par *Royal-Oak* et *Vanessa*, par Gulliver.
Montier-en-Der : 1850. — Réformé en octobre 1854.

SAUMUR, P. S. A.   S.B.A., t. VII, p. 20.
Approuvé. — Cte de l'Aigle (Oise).
B. 1878. — M. Lupin.
Par *Dollar*, P. S. A., et *Finlande*, par Ion et Fraudulent,
par Venison, P. S. A.
Compiègne : 1883-1886.

SCAMANDRA, P. S. A.   S.B.F., t. II, p. 130.
H. N.
B. 1860. — France.
Par *Trajan* ou *Pédagogue* et *Fair-Helen*, par Ratapolis.
Montier-en-Der : 1868. — Passé à Pompadour en janvier 1869.

SCAMANDRE, P. S. A.   S.B.F., t. X, p. 350.
Approuvé. — M. Lallement.
B. ç, 1890. — France.
Par *Farfadet* et *Sparkle* (née en Angleterre).
Annecy : depuis 1897.

SCEPTIQUE, P. S. A.   S.B.A., t. X, p. 40.
Approuvé : M. Lefèvre, à Chamant. — Autorisé : M. Borgé (Oise).
B. 1882. — France.
Par *Uhlan*, P. S. A., et *Sathaniel*, par Zouave et Péniche,
par Collingwood, P. S. A.
Compiègne : 1891. — S. R. en 1896.

SCHAMIL, P. S. A,   S.B.F., t. 1, p. 81.
H. N.

B. 1845. — Chez M. A. Lupin.

Par *Redshank* et *Currency*, par Saint-Patrick,

Compiègne : 1849. — Passé à Blois en octobre 1849.

SCHEDONY, P. S. A.   S.B.F, t. I, p. 175.
H. N.

Bb. 1825. — Meurthe-et-Moselle.

Par *Milton*, P. S. A., et *Darthula*, P. S. A.

Besançon : 1841. — Réformé en 1841.

SEKLAVI II, P. S, Ar.   S.B.F., t. I, p. 460.
H. N.

Gr. 1838. — Orient.

Par P. S. Ar.

Rosières : 1848. — Passé au dépôt de Tarbes en octobre 1852.

SENATOR, P. S, A.   S.B.A., t. V, p. 20.

Approuvé. — M. Le Roy, à Chantilly.

B. 1872. — France.

Par *Vermouth*, P. S. A., et *Cloto*, par Bois-Roussel
et Lady-Cloklo, par Royal-Quand-Même.

Compiègne : 1877-1887. — Disparu en 1888.

S.B.F., t. II, p. 133.

SIR-DE-FRANC-BOISY, P. S. A.

M. Houette (Yonne).

B. 1855. — France.

Par *Lanercost* ou *Nunny-Kirk* et *Belvédère*.

Montier-en-Der : 1861. — S. R. depuis.

SIROP, P. S. A.   S.B.F., t. XII, p. 49.
H. N.

Al. 1884. — Chez M. P. Donon.

Par *Le Destrier* et *Stockhausen*, par Stockwell,

Sa grand'mère : Ernestine, par Touchstone.

Compiègne : depuis 1890.

S.B.F., t. IV, p. 0.

SIR-QUID-PIGTAIL, P. S. A.
H. N.
Al. 1867. — France.
Par *Black-Eyes* et *Aspasie*, par Nuncio.
Compiègne : 1875. — Passé au Pin après la monte de 1879.

SWORD, P. S. A.   S.B.F., t. II, p. 138.
H. N.
Al. 1851. — France.
Par *Gladiator* et *Défy*, par Defence.
Montier-en-Der : 1856. — Réformé en octobre 1863.

STENTOR, P. S. A.   S.B.A., t. II, p. 139.
Approuvé. — M. Lupin, à Chantilly.
B. 1860.
Par *De Clard*, P. S. A., et *Songstress*, par Irish-Birdcatcher
et Cyprian, par Partisan.
Compiègne : 1872. — S. R.

STENWORDE, P.S.A.   S.B.F., t. II, p. 137.
H. N.
N. 1854. — France.
Par *Nalton*, P. S. A., et *Gipsy*, P. S. A.
Rosières : 1860. — Castré en août 1861.

SURCOUF, P. S. A.   S.B.A., t. IX, p. 342.
Approuvé. — M. Camille Blanc (Oise).
B. 1888. — M. Paul Aumont (France).
Par *Saxifrage*, P. S. A., et *Reine-de-Saba*, P. S. A., par Orphelin
et Rubrique, par West-Australian, P. S. A.
Compiègne : 1895. — Vendu à la Russie.

S.B.F., t. IV, p. 21.

SUSSEX STAG, P. S. A.
H. N.
B. 1862. — Angleterre.
Par *Findon*, P. S. A., et *Falow-Buck-Marc*, P. S. A.
Rosières : 1876. — Castré en août 1880.

S.B.A., t. II, p. 31.

SYLVESTRE-BONNARD, P. S. A.
Approuvé. — M. Remy (Oise).
Al. 1888. — France.
Par *Florestan*, P. S. A., et *Her-Grâce*, P. S. A., par King-Tom,
P. S. A., et Duchess, par Voltigeur.
Compiègne : 1894-1896.

SYLVINO, P. S. A.   S.B.F., t. I, p. 77.
H. N.
B. 1832. — France.
Par *Sylvio*, P. S. A., et *Fair-Helen*, P. S. A.
Rosières : 1844. — Mort en avril 1848.

TABAC, P. S. A.   S.B.A., t. III, p. 282.
Approuvé. — M. H. Jennings (Oise).
B. 1869. — France.
Par *Orphelin*, P. S. A., et *Miranda*, P. S. A., par Lanercost,
P. S. A., et Celia, par Touchstone.
Compiègne : 1882. — S. R.

TACHIANI, P. S. Ar.   S.B.F., t. II, p. 463.
H. N.
Gr. 1839. — Orient.
Par *N.*, P. S. Ar.
Rosières : 1852. — Passé à Tarbes en octobre 1852.

TAIS-TOI, P. S. A.   S.B.F., t. II, p.140.
H. N.
B. 1852. — France.
Par *The Emperor* et *Serenade*, par Royal-Oak.
Compiègne : 1859. — Passé à Strasbourg en février 1860.

S.B.F., t. II, p. 140.
TAMBERLICK, P. S. A.
H. N.
Al. 1859. — France.
Par *Fitz-Gladiator*, P. S. A., et *Maid-of-Hart*, P. S. A.
Rosières : 1865. — Parti pour Saint-Lô en août 1870.

S.B.A., t. V, p. 5.
TARL-OF-DARTREY, P. S. A.
Approuvé. — M. Lefèvre, à Chamant.
B. 1873. — Angleterre.
Par *The Earl*, P. S. A., et *Rigolboche*, par Rataplan et Gardham
mare, par Clinker.
Compiègne : 1878. — S. R.

TEKÉ, P. S. Ar.   S.B.F., t. V, p. 530.
H. N.
Gr. 1866. — Orient.
S. R.
Rosières : 1876. — Passé au Pin en octobre 1879.

TEMPLIER, P. S. A.   S.B.A., t. II, p. 142.
M. Fougeron, à Breilly (Somme).
B. 1862. — France.
Par *West-Australian* et *Termagant*, par Cothersthone, P. S. A.
Compiègne : 1871-1874.

TENDER, P. S. A.   S.B.F., t. III, p. 29.
H. N.
B. 1854. — France.
Par *Strongbow*, P. S. A., et *Miss-Tarrare*, P. S. A.
Rosières : 1858. — Castré en septembre 1859.

S.B.F., t. II, p. 60.
THE FLYING-DUTCHMAN, P. S. A.
H. N.
Bb. 1846. — Angleterre.
Par *Bay-Middleton* et *Barbelle*, par Sandleck.
Compiègne : 1866. — Passé au Pin en décembre 1868.

S.B.F., t. II, p. 73
THE HEIR-OF-LINNE, P. S. A.
H. N.
Al. 1853. — Angleterre. — Importé en 1859.
Par *Galaor* et *Mrs-Walker*, par Jereed.
Compiègne : 1865. — Passé au Pin en janvier 1866.

S.B.F., t. I, p. 44.
THE JUGGLER, P. S. A.
H. N.
Bb. 1832. — Angleterre. — Importé en 1837.
Par *Wamba* et *Pantechnetheça*, par Master-Henry.
Le Pin : 1837-1840. — Compiègne : 1841. — Cluny : 1842-1843.
Le Pin : 1844-1857.

THÉMISTOCLE, P. S. A. S.B.F., t. V, p. 308.
Approuvé : 1887. —M. Morel.
B. ch. 1875. — France
Par *Tourmalet* et *Mademoiselle-Thérèse*.
Annecy : depuis 1887.

— 483 —

THE PEER, P. S. A.   S.B.F., t. III, p. 12.
S.B.A., t. X, p. 216.
Approuvé. — M. Teisseire (Côte-d'Or) : M. Richard Carter.
B. 1863. — Ang'eterre
Par *Newminster* et *Mainbrau.*
Besançon : depuis 1872. — Compiègne : 1878-1879.

S.B.F., t. I, p. 70.
THE PRIME-WARDEN, P. S. A.
H. N.
B. 1834. — Angleterre. — Importé en 1847.
Par *Cadland* et *Zarina*, par Morisco.
Compiègne : 1848. — Passé à Rodez en février 1849.

THURIO, P. S. A.   S.B.A., t. VI, p 26
Approuvé. — M. Lefèvre, à Chamant.
N. ou Bb. 1875. — Angleterre.
Par *Tibthorpe* ou *Cremorne* et *Verona*, par Orlando et Jodine,
par Ion.
Compiègne : 188 . — S. R.

THYM, P. S. A.   S.B.F., t. IX, p. 365.
H. N.
Al. 1890. — France.
Par *Montargis*, P. S. A., et *Torpille*, P. S. A.
Rosières : 1895. — Passé à l'Ecole en décembre 1898.

S.B.F., t. II. p. 961.
TONNERRE-DES-INDES, P. S. A.
Al. 1855. — France.
Par *The Baron*, P. S. A., et *Sérénade*, P. S. A.
Besançon : 1872. — Réformé en 1876.

TOURISTE, P. S. A.   S.B.A., t. III, p. 15.
Autorisé en 1867.
Approuvé en 1868. — M. Dardelle (Seine-et-Marne).
B. 1861. — France.
Par *Sting* et *Tamise*, par Garry-Owen.
Compiègne : 1867. — Vendu après la monte de 1869.

S.B.F., t. II, p. 1512.
TOURLOUROU, P. S. A.
H. N.
Al. 1864. — Haute-Vienne.
Par *Zouave*, P. S. A., et *Miss-Adventure*, P. S. A.
Besançon : 1873. — Passé au Pin en 1879.

TOURNESOL, P. S. A. S.B.A., t. XII, p. 52.
Approuvé. — M. Ridgway (Oise).
Bb. 1890. -- Chez M. le Bon de Schickler.

Par *Le Destrier* et *Perplexité*, par Perplexe.
Sa grand'mère : King-Tom mare, issue de Mincemeat,
par Sweetmeat.
Compiègne : 1898. — H. N. en 1899.

S.B.A., t. XII, p. 53.
TRANSATLANTIC, P. S. A.
Autorisé en 1894. — Approuvé en 1895. — M. Al. Menier (Oise).
Al. 1878. — Chez M. le Bon de Schickler.

Par *Atlantic* et *Grande-Demoiselle*, par The Nabob.
Sa grand'mère : Error, par Bizarre ou Y. Emilius.
Compiègne : depuis 1894.

TRAYLES, P. S. A. S.B.A., t. X. p. 43.
Approuvé. — M. Lefèvre, à Chamant.
Al. 1885. — Angleterre.

Par *Restless*, P. S. A., et *Miss-Mabel*, par Knight-of-the-Garter.
Compiègne : depuis 1892.

TRENT, P. S. A. S.B.A., t. VI, p. 27.
Approuvé. — M. Lefèvre, à Chamant (Oise).
Bb. 1871. — Angleterre.

Par *Broomielaw*, P. S. A., et *The Mersey*, par Newminster
et Rigolette, par Jerry, P. S. A.
Compiègne : 1880. — S. R. depuis.

TRISTAN, P. S. A. S.B.A., t. IX, p. 37.
Approuvé. — M. Lefèvre, à Chamant (Oise).
Al. 1878. — Angleterre.

Par *Hermit*, P. S. A., et *Thrift*, par Stockwell, P. S. A.
Compiègne : 1885-1891. — Vendu pour l'Autriche en 1891.

TRITON, P. S. A.-A. S.B.F., t. II, p. 146.
H. N.
Gr. 1846. — Saumur.

Par *Karchane*, P. S. Ar., et *Lovely*, P. S. A.
Rosières : 1862. — Castré en juillet 1867.

TURBULENT, P. S. A.   S.B.F., t. I, p. 83.
H. N.
Al. 1841.
Par *Général-Mina* et *Tapage*, par Pollio.
Compiègne : 1847-1851. — Passé à Charleville en août 1851.

UHLAND, P. S. A.-A.   S.B.F., t. , p.
H. N.
Gr. 1846. — France.
Par *Koheil-Obeyan-Sederi*, Ar., et *Kalouga*, A.-A.
Montier-en-Der : 1857. — Réformé en juillet 1864.

UZBEK, P. S. Ar.   S. B. F., t. XI, p. 615.
H. N.
Al. 1893. — Lot-et-Garonne.
Par *Nay*, P. S. Ar., et *Uranie*, P. S. Ar.
Rosières : depuis 1897.

VALENTIN, P. S. A.   S.B.A., t.X, p. 44.
Approuvé. — M. Gibson, à Chantilly.
Al. 1882. — France.
Par *Mandrake*, P. S. A., et *Viola*, par Remus, P. S. A.,
et *Violette*, par Prétondant, P. S. A.
Compiègne : 1887. — S. R. depuis.

VANNEAU, P. S. A.   S.B.A., t. IX, p. 57.
Approuvé.
B. 1884. — Cte de Berteux.
Par *Perplexe*, P. S. A., et *Ortolan*, par Saunterer et Iwalow,
par Cotherstone, P. S. A.
S. R.

VEGETARIAN, P. S. A.   S.B.F., t. IX, p. 37.
Autorisé. — M. Roussel (Oise).
B. 1876. — Angleterre.
Par *Cucumber* et *Salliet*, par Trumpeter.
Compiègne : 1887. — Disparu en 1888.

VERDUN, P. S. A.   S.B.A., t. X, p. 44.
Approuvé. — M. Barthelemy (Seine-et-Oise).
Bb. 1871. — France.
Par *Ruy-Blas*, P. S. A., et *Waman-in-Red*, par Wild-Dayrell
et Agnès-Wickfield, par Iris-Bird-Catcher.
Compiègne : 1891-1893.

S.B.A., t. II, p. 152.

VERT-GALANT, P. S. A.

Approuvé. — M. Esdouhart (Côte-d'Or).

M. Richard Carter, 1874.

Al. 1854 (Côte-d'Or).

Par *The Baron*, P. S. A., et *Fair-Helen*, par Priam, P. S. A., et Lira, par Partisan.

Besançon : 1872-1874. — Compiègne : 1874. — Mort en 1876.

VESTON, P. S. A.

S.B.A., t. VI, p. 644.

Approuvé. — M. Stern (Oise).

Bb. 1879. — France.

Par *Gabier*, P. S. A., et *Vest*, par Middlesex et Vestal, par Cowl.

Compiègne : 1886. — Mort en 1886.

S.B.A., t. IX, p. 37.

VICTOR-EMMANUEL, P. S. A.

Autorisé en 1888. — Approuvé. — M. Stern (Oise).

B. 1877. — Angleterre.

Par *Albert-Victor* et *Times-Test*, par Saunterer.

Compiègne : 1888. — S. R. en 1891.

VIN-SEC, P. S. A.

Autorisé. — M. Briet (Oise).

Al. 1888. — France.

Par *Prologue* et *Vinaignette*, par Patricien.

Compiègne : 1896. — S. R. en 1897.

VV., P. S. A.

S.B.F., t. IV, p. 151.

H. N.

B. 1841. — Manche.

Par *Pick-Pocket*, P. S. A., et *Ida*, P. S. A.

Rosières : 1849. — Envoyé à l'Ecole du Pin en octobre 1849.

WAGRAM, P. S. A.

H. N.

Bb. 1842. — France.

Par *Napoléon* et *Bellone*.

Montier-en-Der : 1855. — Réformé en octobre 1862.

S.B.A., t. X, p. 45.

WATERFORD, P. S. A.

Approuvé. — Duc de Vicence.

B. 1878. — France.

Par *Le Veinard*, P. S. A., et *Arrogance*, par Empire et Mijaurée,
par Elthiron ou First-Born.

Compiègne : 1891-1895.

Passé dans la Marne le 21 décembre 1895.

S.B.F., t. V, 2e édition, p. 174.

XÉNOPHRANE, P. S. A.-A.

H. N.

B. 1848. — Haras de Pompadour.

Par *Romagnesi*, P. S. A.-A., et *Danae*, P. S. A.-A.

Rosières : 1858. — Mort en mai 1860

XÉRÈS, P. S. A.   S.B.F., t. II, p. 158.

Approuvé. — M. Hutin.

Gr. 1857. — France.

Par *Monarch*, P. S. A., et *Badinage*, P. S. A.

Rosières · 1864. — Réformé en 1864.

XERXÈS, P. S. A.-A.   S.B.F., t. II, p. 158.

H. N.

M. Hutin (Meuse).

Gr. 1857. — France.

Par *Monarch*, P. S., et *Badinage*, P. S., par Mango.

Rosières : 1863. — Vendu en janvier 1864.

Montier-en-Der : 1864. — S. R. depuis 1869.

XYLANDER, P. S. A.   S.B.F., t. XI, p. 752.

Autorisé. — M. Delabobbe; en 1896, à M. La Tham (Pas-de-Calais).

B. 1886. — France.

Par *Narcisse et Sorceress*, par Rosicrucian.

Compiègne : 1894. — S. R. en 1897.

S.B.F., 1er Supplément, p. 23.

YATAGAN, P. S. A.

H. N.

B. 1849. — France.

Par *Idonian*, P. S. A., et *Jocaste*, P. S. A.

Rosières : 1856. — Abattu en juin 1861.

S.B.F., 1er Supplément, p. 156.

Y. CARAVAN, P. S. A.

H. N.

Approuvé. — M. Paragon.

Bb. 1850. — France.

Par *Caravan*, P. S. A., et *Olinga*, ex-*Illusion*, P. S. A.

Rosières : 1855. — Vendu en janvier 1864.

Rosières : 1864. — Castré en 1869.

S.B.F.. t. III, p. 33.

ZOUAVE-IMPÉRIAL, P. S. A.

H. N.

B. 1855. — France.

Par *Arthur*, P. S. A., et *Bella*, P. S. A.

Rosières : 1859. — Castré en août 1861.

TABLE ALPHABÉTIQUE

TABLE ALPHABÉTIQUE

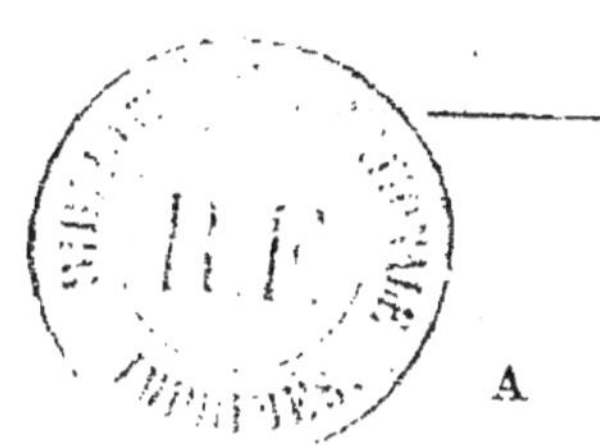

A

B

C

D

E

G

H

I

J

M

N

O

P

R

S

T

U

V

ERRATA ET ADDENDA

ERRATA ET ADDENDA

Page 188. — **Haïtan**. Lire : *Kaftan*.

Page 239. — **Nontnoir**. Lire : *Montnoir*.

Page 477. — **Ruy-Blas** doit être après *Rueil*, même page.

Page 480. — **Sword** doit être après *Sussex Stag*, même page.

Société anonyme de l'Imprimerie Kugelmann (G. Balitout. Directeur),
12, rue de la Grange-Batelière, Paris (9e Arr.)

9 782019 950750